冶金工业出版社

普通高等教育"十四五"规划教材

材 料 力 学

Mechanics of Materials

吕建国　编著

本书数字资源

北　京
冶 金 工 业 出 版 社
2023

内 容 提 要

本书共分十二章,主要内容包括材料力学基础、平面图形的几何性质、轴向拉伸与压缩、剪切与挤压、圆轴扭转、平面弯曲、应力与应变分析、强度理论、组合变形、压杆稳定、能量法、动载荷与疲劳强度。为方便自学,每章开始设置了知识框架结构图,并给出了本章学习目标,包括知识目标、能力目标、育人目标;每章后均设置了自测题和参考答案,帮助学习者梳理、总结整章的内容。

本书可作为高等院校地质工程、土木工程、城市地下空间工程等专业材料力学课程的教材,也可供从事工程设计、施工的技术人员参考。

图书在版编目(CIP)数据

材料力学/吕建国编著. —北京:冶金工业出版社,2023.2
普通高等教育"十四五"规划教材
ISBN 978-7-5024-9384-4

Ⅰ.①材… Ⅱ.①吕… Ⅲ.①材料力学—高等学校—教材
Ⅳ.①TB301

中国国家版本馆 CIP 数据核字(2023)第 024125 号

材料力学

出版发行	冶金工业出版社	电　话	(010)64027926
地　址	北京市东城区嵩祝院北巷 39 号	邮　编	100009
网　址	www.mip1953.com	电子信箱	service@ mip1953.com

责任编辑　卢　蕊　美术编辑　吕欣童　版式设计　孙跃红
责任校对　石　静　责任印制　窦　唯
三河市双峰印刷装订有限公司印刷
2023 年 2 月第 1 版,2023 年 2 月第 1 次印刷
787mm×1092mm　1/16;21.25 印张;516 千字;330 页
定价 48.00 元

投稿电话　(010)64027932　投稿信箱　tougao@cnmip.com.cn
营销中心电话　(010)64044283
冶金工业出版社天猫旗舰店　yjgycbs.tmall.com
(本书如有印装质量问题,本社营销中心负责退换)

前　　言

为了深入贯彻全国教材工作会议精神及教育部《普通高等学校教材管理办法》、国家教材委员会《全国大中小学教材建设规划（2019—2022年）》等文件精神，2021年秋，中国地质大学（北京）出台了《中国地质大学（北京）本科教材建设"十四五"规划》，本书成为学校首批"十四五"规划建设教材之一。作者的初衷是希望编写一本易学适用的《材料力学》教材，适合当代工科专业的学生使用。

本书作为中国地质大学（北京）"十四五"本科规划教材，针对材料力学理论抽象、学时少及学生前期知识积累差异等因素，在编写过程中紧密结合工程实践，增加工程案例，注重力学模型构建、解题思路和方法的分析等，使学习者能高效理解并掌握材料力学知识，同时培养学习者的工程实践能力和良好的工程素质。

在编写本书时，作者阅读了国内现有的大部分材料力学教材，参考了欧美国家普遍使用了几十年的材料力学教材，研究了有关的材料力学学术文献，结合编者三十多年材料力学的讲授体会及经验，最终确定了本书的内容构成、内容组织及编写形式。

相比国内外大部分教材而言，本书主要具备以下特色：

（1）加强教学内容的协调性。材料力学是研究构件承载能力的科学，它将工程实际中受载荷作用的构件所发生的各种复杂的变形，分成了拉伸与压缩、剪切与挤压、扭转、弯曲4种基本变形，为了突出基本变形各自的独立性，并考虑其相似性，本书将4种变形独立成章。关于材料力学的基本概念，大部分教材放在绪论中介绍，且不系统，本书在绪论中只介绍了材料力学的研究对象、任务、研究方法、发展简史等内容，而将外力、内力、应力、应变等内容作为材料力学基础独立成章，在基本变形和各章的实际教学中常常用到应力状态的概念，而大部分教材将这部分内容放在应力状态分析一章，不便于实际操作，本书将应力状态的概念放入第一章材料力学基础中。关于平面图形的几何性质，在材料力学强度、刚度、稳定性计算中占有相当重要的位置，但大部分教材均放在附录介绍，本书将其作为第二章介绍，更加注重这一基础知识的重要性。为了强调强度理论的重要性，本书将其从应力状态分析中独立出来。作者期望这种章节设置在学生的心目中建立一种深刻的印象。

（2）注重教学内容的实用性。材料力学是一门理论性和实践性都比较强的专业基础课程。材料力学所提出的一些理论与方法不仅可满足后续课程的需要，而且能直接用于生产实践，因而对培养工程型人才起着重要的作用。学生对材料力学知识和能力的掌握程度，将直接影响专业课的学习，对学生毕业后工作的开展也会产生一定影响。本书在编写过程中特别注重教学内容的实用性，如在型钢表中删除了基本不用的不等边角钢的几何性质。一些属于结构力学和弹性力学的教学内容也不作介绍，如刚架、连续梁、非圆截面杆的扭转等。

（3）突出教学内容的新颖性。在编写形式方面，本书所有章节均设置知识框架结构图、知识导引、学习目标（知识目标、能力目标、育人目标）、教学重点和难点，主要目的是介绍背景、提出问题、阐明该章内部各节之间知识点的相互关系，以及该章与其他章之间的联系，让学生产生学习兴趣，并对整章有一个概要性的了解。对于每一节内容，本书突出了"以学生为中心"的教学理念。从学生的视角出发阐述问题、分析问题，并尽量采用学生容易接受的语言，用学生容易理解的日常生活例子进行描述，这样做的目的，一方面是因为它符合思维自身的流程，另一方面也是为了加强教材的易读性，方便学生自学。每章均设置了自测题，包括判断题、单项选择题、多项选择题、填空题、作图题和计算题，并附有参考答案。题目以够用为标准，重在质量而不求数量，重点考察学生对知识和能力的掌握程度。在强度理论一章，本书引入我国俞茂宏教授提出的统一强度理论并设置了相应的例题和习题。附录型钢表采用了最新的国家标准。

在编写过程中，作者参考了国内外有关书籍，因书中有些内容参考了多本书籍，不宜单独标注，就一并放在本书的"参考文献"里。在此对文献作者表示衷心的感谢！

由于时间仓促，编著者水平有限，书中不妥之处，敬请广大读者批评指正。

吕建国

于中国地质大学（北京）

2022 年 9 月 1 日

目　　录

绪　　论

一、材料力学的研究对象

理论力学主要是研究物体的外部效应，即物体的平衡、运动、运动和力的关系，故假定受力时物体不发生变形，即研究对象为刚体。材料力学是固体力学的一个分支，是研究可变形固体承载能力的基础学科，主要研究构件在外力作用下的力学性能、变形状态和破坏规律，为工程设计中选用材料和设计构件尺寸提供依据，且研究对象主要是杆件。

杆件是指研究对象的几何特征，指研究物体的尺寸在一个方向上远大于另外两个方向。杆件作为力学术语侧重于它具有一定的承载能力，杆件是大自然中存在最为广泛的结构之一，也是人类最早认识和使用的典型结构之一，在人类早期的工具中有许多属于杆件，如棍棒、骨针、石刀、石斧、石矛的把等，许多复杂结构也多利用杆件搭建而成。

在材料力学中，根据受力特点，杆件被区分为杆、梁、轴 3 种典型模型。杆分拉杆和压杆两种情况，在工程上，对于一些在结构中起支撑作用而受压力的杆也被称为柱；轴是指在杆件内只存在扭矩的情况；梁则主要指承受弯曲作用的杆件。

需要特别强调的是，材料力学中的杆、轴、梁虽然来源于工程概念，与工程有紧密的联系，但它们并不等同于工程，而是代表特定受力条件下的力学模型。前面我们提到的"柱"实际上就是一种工程名称，在力学上柱的本质是受压杆件。同样是柱，当柱是竖直情况时，可以认为它的自重是沿着轴向向下传递，柱受压力；但当柱倾斜后，在柱身内就会产生弯矩，就具有了梁的特征。尽管材料力学将细长结构分成杆、轴、梁 3 种简单模型，但运用理论力学知识经过组合后可以解决复杂的工程问题。

可变形固体的实际组成及其性质是很复杂的，在材料力学中，为了分析和简化计算，将其抽象为理想模型，并作如下基本假设。

（1）连续性假设。假设组成固体的物质是密实的、连续的。微观上，组成固体的粒子之间存在空隙并不连续，但是这种空隙与构件的尺寸相比极其微小，可以忽略不计。于是可以认为固体在其整个体积内是连续的。这样，可以把力学量表示为固体中点的坐标的连续函数，可应用极限、微分、积分等数学方法进行分析。

（2）均匀性假设。材料在外力作用下表现出的性能，称为材料的力学性能。在材料力学中，假设在固体内到处都有相同的力学性能。就金属而言，组成金属的各晶粒的力学性能并不完全相同，但因构件中包含为数极多的晶粒，而且杂乱无序地排列，固体各部分的宏观力学性能，实际上是微观性能的统计平均值，所以可以认为各部分的力学性能是均匀的。按此假设，从构件内部任何部位所切取的微小体积单元都具有相同的力学性能。

（3）各向同性假设。假设固体沿任何方向的力学性能都是相同的。就单一的金属晶粒来说，沿不同方向性能并不完全相同。因为金属构件包含数量极多的杂乱无序排列的晶粒，这样，宏观上沿各个方向的性能就接近相同了。具有这种属性的材料称为各向同性材料。也有些材料沿不同方向性能不相同，如木材、胶合板、某些人工合成材料和复合材料等。这类材料称为各向异性材料。

实践证明，对于大多数常用的结构材料，如钢铁、有色金属、玻璃和混凝土等，上述连续、均匀和各向同性假设是符合实际的、合理的。

（4）小变形假设。假定变形是微小的。固体在外力作用下将产生变形。实际构件的变形以及由变形引起的位移与构件的原始尺寸相比甚为微小。这样，在研究构件的平衡和运动时，仍可按构件的原始尺寸进行计算。由于变形是微小的，在需要考虑变形时，也可以进行某些简化。

工程中，绝大多数物体的变形被限制在弹性范围内，即当外加载荷消除后，物体的变形随之消失，这种变形称为弹性变形，相应的物体称为弹性体。

综上所述，在材料力学中，通常把实际构件看作连续、均匀和各向同性的变形固体，且在大多数场合下局限于研究弹性小变形情况。

二、材料力学的任务

材料力学主要研究固体材料的宏观力学性能，构件的应力、变形状态和破坏准则，以解决杆件或类似杆件的物体的强度、刚度和稳定性等问题，为工程设计选用材料和构件尺寸提供依据。

材料的力学性能包括材料的比例极限、弹性极限、屈服强度、抗拉强度、抗压强度、伸长率、断面收缩率、弹性模量、泊松比等指标，这些指标都需要用实验方法进行测定。

在材料力学里，构件满足强度、刚度、稳定性要求的能力称为构件的承载能力。

强度是构件抵抗破坏（断裂或塑性变形）的能力。所有的机械或结构物在运行或使用中，其构件都将受到一定的力作用，通常称为构件承受一定的载荷；但是构件所承受的载荷都有一定的限制，不允许过大；如果过大，构件就会发生断裂或产生塑性变形而使构件不能正常工作，称为失效或破坏，严重者将发生工程事故。如飞机坠毁、轮船沉没、锅炉爆炸、曲轴断裂、桥梁折断、房屋坍塌、水闸被冲垮，轻者毁坏机械设备、停工停产，重者造成工程事故、人身伤亡，甚至带来严重灾难。因此必须研究受载构件抵抗破坏的能力，进行强度计算，以保证构件有足够的强度。

刚度是构件抵抗变形的能力。当构件受载时，其形状和尺寸都要发生变化，称为变形。工程中要求构件的变形不允许过大，如果过大，构件就不能正常工作。如机床的齿轮轴，变形过大就会造成齿轮啮合不良，轴与轴承产生不均匀磨损，降低加工精度，产生噪音；再如吊车大梁变形过大，会使跑车出现爬坡现象，引起振动；铁路桥梁变形过大，会引起火车脱轨、翻车。因此必须研究构件抵抗变形的能力，进行刚度计算，以保证构件有足够的刚度。

稳定性是构件保持原有平衡形态的能力。如细长的活塞杆或者连杆，当诸如此类的细长杆件受压时，工程中要求它们始终保持直线的平衡形态。若受力过大，压力达到某一数值时，压杆将由直线平衡形态变成曲线平衡形态，这种现象称之为压杆的失稳。失稳往往突然发生而造成严重的工程事故，如19世纪末，瑞士的孟希太因大桥的桁架结构，由于双机车牵引列车超载导致受压弦杆失稳使桥梁破坏，造成200人受难。20世纪初，加拿大的魁北克大桥由于桥架受压弦杆失稳而使大桥突然坍塌。因此必须研究构件保持原有平衡形态能力，进行稳定性计算，以保持构件有足够的稳定性。

为了确保设计安全，通常要求多用材料和用高质量材料；而为了使设计符合经济原则，又要求少用材料和用廉价材料。材料力学的目的之一就在于合理地解决这一矛盾，为实现既安全又经济的设计提供理论依据和计算方法。

三、材料力学发展简史

人们利用材料力学相关知识解决生产实践问题可追溯到古代，直到中世纪达·芬奇（Leonardo da Vinci）提出用实验方法测定材料的强度。17 世纪人们开始尝试用解析法求解构件的安全尺寸，通常认为，伽利略（Galileo）《关于两门新科学的谈话和数学证明》一书的发表（1638 年）是材料力学开始形成一门独立学科的标志。

系统地研究材料力学一般认为始于 17 世纪 70 年代，胡克（Hooke）和马略特（Mariotte）分别于 1678 年和 1680 年提出了物体的弹性变形与所受力间成正比的规律，即胡克定律。之后随着微积分的快速发展，为材料力学的研究奠定了重要的数学基础，研究成果不断涌现，如欧拉（Euler）和丹尼尔·伯努利（Daniel Bernoulli）建立的梁的弯曲理论、欧拉提出的压杆稳定理论等。

18 世纪末 19 世纪初，材料力学真正形成比较完整的学科体系。这一时期为材料力学发展作出重要贡献的科学家有库仑（Coulomb）、纳维（Navier）、杨（Young）、圣维南（Saint-Venant）等。库仑系统研究了脆性材料的破坏问题，给出了判断材料强度的重要指标。纳维明确提出了应力、应变的概念，给出广义胡克定律，研究了梁的超静定问题。杨在 1807 年得到了横截面上切应力与到轴心距离成正比的正确结论。圣维南研究了柱体扭转和一般梁的弯曲问题，提出了著名的圣维南原理，为材料力学应用于工程实际奠定了重要基础。

19 世纪中期，随着铁路运输的发展，断轴的事故常有发生，引起人们对疲劳破坏现象的研究兴趣。沃勒（Wohler）首先在旋转弯曲疲劳试验机上进行了开创性的试验研究，提出了应力-寿命图和疲劳极限的概念。其后，盖帕尔（Gerber）和古德曼（Goodman）分别研究了平均应力对寿命的影响。

我国在材料力学发展的历史中也作出了重要贡献。东汉经学家郑玄（127—200）曾提出"假令弓力胜三石，引之中三尺，每加物一石，则张一尺"，被认为是最早有关弹性定律的描述。始建于隋朝的赵州桥，由李春设计建造，充分发挥了石材的压缩强度，已有 1400 余年历史，至今昂然挺立。始建于宋朝、重建于清嘉庆九年的四川安澜竹索桥，历经 2008 年四川 8 级地震依然完好无损。宋朝李诚于 1103 年在《营造法式》中提出矩形截面的高宽比为 3∶2，介于强度最高的 $\sqrt{2}$∶1 与刚度最大的 $\sqrt{3}$∶1 之间，完全符合材料力学的基本原理。建于 1056 年的山西应州塔，是世界上现存最高大的木结构建筑。俞茂宏教授提出的统一强度理论是第一个被写入基础力学教科书的由中国人提出的理论。

四、材料力学的研究方法

材料力学的研究方法包括观察、实验、假设、理论、实践及实验校核等方面，这样的过程是科学长期历史发展的结果，是唯物辩证法的具体实施。

材料力学往往根据观察和实验，作一些表达问题主要方面的假设，使问题得到适当的简化，便于引用数学方法进行理论推导，最后还要把所得结论进行实践和实验的验证。应该指出：这些假设是经过了科学家反复修正以后才采取了现有的形式。在弹性理论及塑性理论中，有时对这些假设作一些修正，这样使理论更加精确，但解答也变得更为复杂。在工程实用中，有很多问题是不需要过高精确度的，因而材料力学的推理有相当广阔的实用前景。

材料力学要对受力构件进行强度、刚度、稳定性计算，在具体建立理论时通常采用简化计算方法、平衡方法、变形协调分析方法、能量方法、叠加方法、实验方法等。

（1）简化计算方法。这是材料力学处理一般问题的基本方法，包括载荷简化、物性关系简化、约束简化以及结构形状简化等。

（2）平衡方法。杆件整体若是平衡的，则其上任何局部也是平衡的，这是分析材料力学中各类平衡问题的基础。确定内力分量及其相互关系、确定梁的切应力、分析一点的应力状态等均采用平衡方法。

（3）变形协调分析方法。对结构而言，各构件变形间必须满足协调条件。据此，并利用物性关系即可建立求解静不定问题的补充方程。对于弹性构件，其各部分变形之间也必须满足协调条件。据此，分析杆件横截面上的应力时，通过平截面假设，并借助于物性关系，即可得到横截面上的应力分布规律。

（4）能量方法。将能量守恒定律应用于杆件或杆件系统，得到若干分析与计算方法，包括导出平衡或协调方程、确定指定点位移或杆件位移函数的近似方法、判别杆件平衡稳定性并计算临界载荷、动载荷作用效应的近似分析等。

（5）叠加方法。在线弹性和小变形的条件下，且当变形不影响外力作用时，作用在杆件或杆件系统上的载荷所产生的某些效应是载荷的线性函数，因而力的独立作用原理成立。据此，可将复杂载荷分解为若干基本或简单的情形，分别计算它们所产生的效果，再将这些效果叠加便得到复杂载荷的作用效果。可用于确定复杂载荷下的位移、组合载荷作用下的应力等。

（6）实验方法。材料的力学性能的研究只能通过实验方法，通过实验研究材料由于不同方式的作用力所引起的破坏现象，从而建立或验证安全的强度、刚度、稳定性的界限。研究应力和应变之间的关系，从而建立或验证理论分析所必须的物理条件。测定构件在不同方式的外力作用下所引起的应力、变形、承载能力等，从而验证理论分析的精确度，或补充理论分析的不足。

五、工程中的材料力学问题

材料力学广泛应用于各个工程领域中，如众所周知的飞机、飞船、火箭、火车、汽车、轮船、水轮机、汽轮机、压缩机、挖掘机、拖拉机、车床、刨床、铣床、磨床、杆塔、井架、锅炉、贮罐、房屋、桥梁、水闸等数以万计的机器和设备、结构物和建筑物，在工程设计中都须用到材料力学的基本知识。

材料力学研究构件在外力作用下的变形与力的关系以及抵抗变形和破坏的能力。在土木和水利工程中，组成桥梁和水闸闸门的个别杆件的变形会影响整个桥梁或闸门的安全；基础的刚度会影响大型坝体内的应力分布；机电设备中机床主轴的变形过大就不能保证加工精度，电机轴变形过大会使电机定子与转子不能正确正常工作；吊车梁若因载荷过大发生过度变形，吊车就不能正常行驶。另外，结构中有一些杆件在载荷作用下其原有的平衡形式可能破坏，即发生失稳，会造成整个结构倒塌。因此杆件要正常工作，必须具有足够的强度、刚度和稳定性，一般来说，只要为杆件选择较好的材料和较大的尺寸，安全即可保证，但还需考虑经济问题，做到即安全又经济，这些问题都需要运用材料力学的理论解决。

　　材料力学源于人们的生产经验，是生产经验的提炼和浓缩，同时形成理论后又应用于指导生产实践和工程设计。工程实践的需求推动了材料力学的发展，材料力学的理论反过来指导着工程实践的进步。随着工程实践的日益进步，材料力学的任务和研究内容也在不断更新。

第一章　材料力学基础

【本章知识框架结构图】

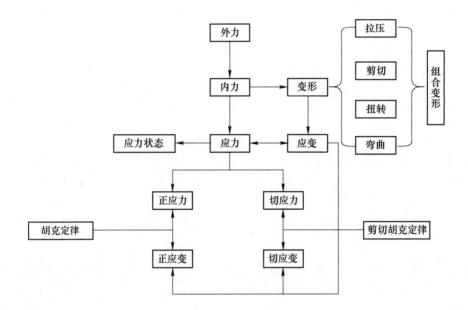

【知识导引】

　　理论力学中，将研究对象（系统）以外的物体作用于系统的力称为外力，系统内两个物体的相互作用力称为内力。在材料力学中研究对象一般为一个构件，所以周围物体对构件的作用力均为外力，而构件内两个部分之间的随外力变化的相互作用力为内力，且一般内力是一个分布力系，其分布集度称为应力。

【本章学习目标】

知识目标：

　　正确理解外力、内力、应力、位移、变形、应变等基本概念，掌握截面法求内力；了解杆件变形的基本形式。

能力目标：

　　能够应用截面法分析工程构件的内力。

育人目标：

　　通过建立应力、应变概念的微分方法，使学生明确扎实的数理知识对学习力学的重要性，培养学生运用知识解决力学问题的能力，帮助学生树立学习信心。

【本章重点及难点】

本章重点：内力、应力、应变的概念。

本章难点：截面法求内力。

第一节　外　力

各种结构或机械在使用的过程中，每一构件受到的其他物体对它作用的力称为外力。例如，桥梁上载重汽车的重量，桥梁本身的重量以及桥墩给桥梁的约束反力，都是桥梁的外力。为了方便计算，通常把构件上的外力区别为载荷和约束反力（也称支反力）。载荷是主动作用在构件上的力，也称主动力；约束反力是支持着构件的物体对构件施加的反作用力，也称被动力。约束反力一般可以由构件所受载荷或变形的情况来确定。

如果外力是连续分布在物体体积内的，称为体积力。例如，构件的自重，构件作变速运动时体内引起的惯性力，都属于体积力，可用单位体积上的合力表示，体积力的单位是 N/m^3。常见的物体间相互作用的力是连续分布在接触面上的，称为表面力或面积分布力。例如，锅炉壁板、汽缸盖板或飞机机翼上所受的气体压力，船底、水库堤坝或水压机上的液压力等，可用每单位面积上的合力表示，单位是 N/m^2。有时载荷分布在一条狭长面积上，例如，楼板对梁的压力，坦克履带对于路面的作用力等，可以把它看成连续分布在一条线上的线分布力，并用单位长度上的合力表示，单位为 N/m。当接触面积与构件表面尺寸比很小时，可以把外力当作集中力看待，认为力集中作用于一点，使计算简化。例如，图 1-1（a）所示车轮对于桥面的作用力，可视为集中力，用力的总值 F_1、F_2 表示，单位为 N。而桥面施加在桥梁上的力可简化为分布力，如图 1-1（b）所示，用单位长度上的力表示，也称集度 q，单位为 N/m。

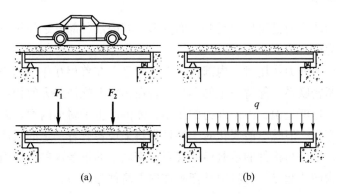

| (a) | (b) |

图 1-1　外力的简化

按照载荷随时间改变的情况，载荷可分为静载荷和动载荷。静载荷是缓慢地加于物体上的，由零增加到某一数值，它并不使构件产生加速度，或是所产生的加速度小得可以忽略，可以认为物体的各部分随时处于静力平衡状态下。若载荷的大小、方向随时间改变，这样的载荷统称为动载荷。在动载荷作用下，构件各部分通常引起显著的加速度。如果计算这些加速度比较简便，可以采用动静法，把相应的惯性力加到构件上去，再按静载荷问题所用的方法对构件进行计算。工程上有两种动载荷问题需要作特殊考虑：一种是冲击载荷，载荷不但很大，而且作用时间非常短暂，例如碰撞问题。另一种是交变载荷，载荷作用周期性改变，往往反复千百万次，例如，车轮上或发动机连杆上的作用力。在这两种载荷作用下，构件的承载性能与在静载荷下显著不同。

综上所述，外力的分类如图 1-2 所示。

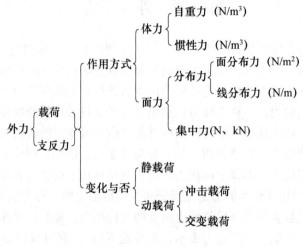

图 1-2　外力的分类

第二节　内　　力

一、内力的概念

材料力学所指的内力是物体因受外力而变形，其内部各部分之间相对位置发生改变而引起的相互作用力。

当物体不受任何外力作用时，内部各质点之间已存在着相互作用的内力，正是这种内力使物体各部分紧密联系，保持一定的形状。若在物体上施加外力使物体发生变形，从而引起内力的改变；也就是说，由于外力的作用，体内产生了附加内力。附加内力随着外力的变化而相应地变化，但是它的变化对于各种材料来说各有着一定的限度，超过了这个限度物体即将破坏，所以与构件的承载性能有着紧密联系的正是这些附加内力。材料力学只讨论附加内力，为简便起见，材料力学把附加内力简称为内力。

二、内力的求法——截面法

为了显示和确定内力，通常采用截面法。

采用截面法时，可把构件中的任一部分取出来作为研究对象，并把其余部分弃去，这时，截面上的内力应该与研究对象上作用的外力保持平衡。材料力学研究的对象是可变形物体，它们在变形后保持平衡状态，因而可以通过建立力的平衡方程式，确定所求的内力。上述求横截面上内力的截面法可归纳为以下几个步骤：

（1）欲求某一截面上的内力时，就沿该截面假想地把构件分成两部分（截）。

（2）弃去一部分，保留另一部分作为研究对象（弃）。

（3）用作用在横截面上的内力，代替弃去部分对保留部分的作用（代）。

（4）建立保留部分的平衡方程，确定未知内力（平）。

截面法是求截面上内力的一般方法。对图 1-3（a）所示的杆件，受空间平衡力系作用。若求 m-m 截面的内力，则须沿 m-m 截面假想地将杆件分成 Ⅰ 、Ⅱ 两部分。在给定外力的条件下，内力实际上是一个空间分布力系，如图 1-3（b）所示。根据理论力学力系简化的理论，向截面形心 O 简化，得到主矢量 $\boldsymbol{F}_R$ 和主矩 $\boldsymbol{M}_O$，如图 1-3（c）所示，图中主矢量用单箭头表示，主矩用双箭头表示。将主矢量和主矩向 3 个直角坐标轴分解，得到 6 个内力素，如图 1-3（d）所示。图 1-3（d）中 F_N 为杆件轴线方向的内力，称为轴力；F_{Sy}、F_{Sz} 为与杆件横截面相切的内力，称为剪力；T 为作用面与杆件轴线垂直的内力偶矩（矢量方向与轴线重合），使杆件产生扭转，称为扭矩；M_y、M_z 为作用面与杆件轴线平行的内力偶矩（矢量方向与轴线垂直），称为弯矩。这 6 个内力素，可由保留部分空间力系的 6 个独立的平衡方程来确定。

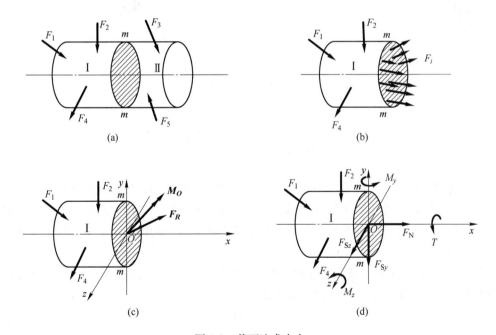

图 1-3　截面法求内力

【例题 1-1】　如图 1-4（a）所示的立柱结构，已知 F、a、b，试求 m-m、n-n 截面上的内力。

解：（1）求 m-m 截面上的内力。用 m-m 截面将立柱截开，取右侧为研究对象，受力如图 1-4（b）所示。平面内非零的内力分量一般有轴力 F_{Nm}、剪力 F_{Sm}、弯矩 M_m。列平衡方程得

$$\sum F_x = 0, \quad F_{Nm} = 0$$

$$\sum F_y = 0, \quad F_{Sm} = F$$

$$\sum M_O = 0, \quad M_m = -Fa$$

（2）求 n-n 截面上的内力。用 n-n 截面将立柱截开，取上侧为研究对象，受力如图 1-4（c）所示。内力分量为轴力 F_{Nn}、剪力 F_{Sn}、弯矩 M_n。列平衡方程得

$$\sum F_x = 0, \quad F_{Sn} = 0$$

$$\sum F_y = 0, \quad F_{Nn} = -F$$

$$\sum M_O = 0, \quad M_n = -Fb$$

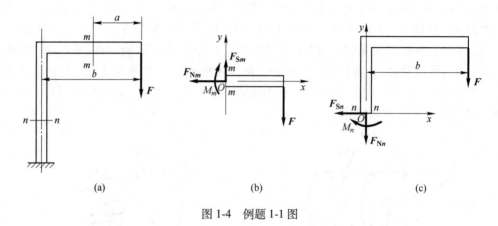

(a)　　　　　　　　　　(b)　　　　　　　　　　(c)

图 1-4　例题 1-1 图

第三节　应　　力

众所周知，同样大小的力作用在较小面积上时，对物体的破坏情况比作用在较大面积上来得严重。所以，为了解决强度问题，如果仅仅知道截面上的内力总和是不够的，必须知道内力在截面上各点的分布情况，须采用单位面积上作用的内力来衡量，这个物理量称为点的应力。

在图 1-5（a）的 m-m 截面上任取一点 C，围绕 C 取一微小面积 ΔA，设作用在该面积上的内力为 ΔF，则作用于 ΔA 上单位面积的力为

$$p_m = \frac{\Delta F}{\Delta A} \tag{1-1}$$

式中，p_m 为作用在 ΔA 上的平均应力。

截面上内力的分布可能是均匀的，也可能是不均匀的。如果所取的 ΔA 无限小，则 p_m 就能准确地表示 C 点处内力的密集程度。因此，为了表示一点的应力值，让 ΔA 无限缩小，当然作用在 ΔA 上的 ΔF 也随之缩小，单位面积上的内力会趋近于某一极限值，这个值就是 C 点处的全应力，用 p 表示，如图 1-5（b）所示，其单位为 Pa。工程上应力的数值较大，通常单位用 MPa，$1\text{MPa} = 10^6\text{Pa} = 10^6\text{N/m}^2$。

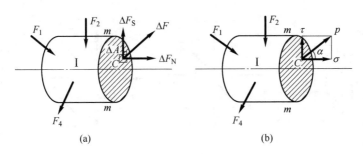

图 1-5　应力

$$p = \lim_{\Delta A \to 0} \frac{\Delta F}{\Delta A} = \frac{dF}{dA} \tag{1-2}$$

为了研究问题更便利，通常把内力 ΔF 分解为垂直于截面的法向内力（轴力）ΔF_N 和与截面相切的切向内力（剪力）ΔF_S，如图 1-5（a）所示。同样可以求出垂直于截面的法向应力和与截面相切的切向应力。

其中法向应力也称为正应力，用 σ 表示，且规定指向截面外法线的正应力为正，即产生拉伸作用的正应力为正。

$$\sigma = \lim_{\Delta A \to 0} \frac{\Delta F_N}{\Delta A} = \frac{dF_N}{dA} = p\cos\alpha \tag{1-3}$$

式中，α 为全应力 p 与横截面外法线方向的夹角。

切向应力简称切应力或剪应力，用 τ 表示，且规定对单元体取矩时顺时针的切应力为正。

$$\tau = \lim_{\Delta A \to 0} \frac{\Delta F_S}{\Delta A} = \frac{dF_S}{dA} = p\sin\alpha \tag{1-4}$$

显然

$$p^2 = \sigma^2 + \tau^2 \tag{1-5}$$

过 C 点可作许多截面，每一个截面上的正应力和切应力是不相同的，工程上将通过某一点的所有截面上的应力情况，或者说构件内任一点沿不同方向斜截面上应力的变化规律，称为一点的应力状态。为了研究一点的应力状态，在构件内围绕所研究的点取出一个无限小的几何体，称为单元体。单元体是构件内点的代表物，常用的是正六面体。如图 1-6（a）所示。单元体上的应力分量有 3 个正应力：σ_x，σ_y，σ_z。6 个切应力：τ_{xy}，τ_{yx}，τ_{yz}，τ_{zy}，τ_{zx}，τ_{xz}。

由于单元体是构件内点的代表物，因此单元体各个面上的应力必须保证均匀分布且任意一对平行平面上的应力均应相等。

考虑单元体各截面上的合力对 x、y、z 轴取矩的平衡方程，可得 $\tau_{zx} = \tau_{xz}$、$\tau_{zy} = \tau_{yz}$、$\tau_{yx} = \tau_{xy}$，即过一点的两个正交面上，如果有与相交边垂直的切应力分量，则两个面上的这两个切应力分量一定等值、方向相对或相离。这一结论称为切应力互等定理。因此独立的切应力分量为 3 个：τ_{xy}，τ_{yz}，τ_{zx}。

物体受力作用时，其内部应力的大小和方向随截面的方位而变化，通过物体内一点可

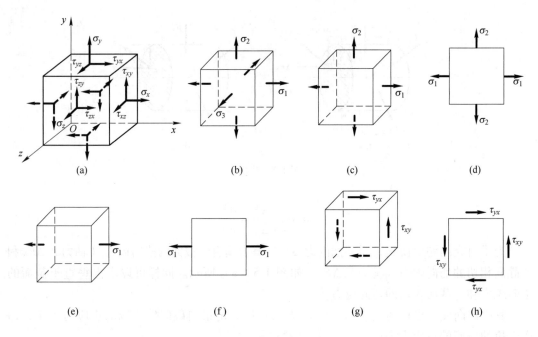

图 1-6 应力状态

以作出无数个不同取向的截面，其中一定可以选出 3 个互相垂直的截面，在它上面只有正应力作用，切应力等于零，用这 3 个截面表达某点应力的单元体称为主单元体，如图 1-6（b）所示。在单元体中只有正应力而没有切应力的平面称为主平面。主平面上的正应力称为该点的主应力。主应力按代数值的大小排列：$\sigma_1 \geqslant \sigma_2 \geqslant \sigma_3$。$\sigma_1$ 称为第一主应力，σ_2 称为第二主应力，σ_3 称为第三主应力。

三个主应力都不等于零的应力状态称为空间（三向）应力状态；如有一个主应力等于零，则称为平面（二向）应力状态，如图 1-6（c）和图 1-6（d）所示；如有两个主应力等于零则称为单向应力状态，如图 1-6（e）和图 1-6（f）所示。

如果单元体的表面上只有一对切应力，没有正应力，如图 1-6（g）和图 1-6（h）所示，称为纯剪切应力状态，它本质上属于平面应力状态，但由于工程上应用较多，与单向应力状态一起称为简单应力状态。

如果已经确定了一点的 3 个相互垂直面上的应力，则该点处的应力状态即完全确定。关于应力状态的分析，将在第七章中详细分析。

第四节 应 变

一、位移

位移是点的位置随着时间变化，由初位置到末位置的有向线段。其大小与路径无关，方向由起点指向终点。它是一个有大小和方向的矢量。如图 1-7（a）所示，在瞬时 t 质点位于 M 点，瞬时 $t+\Delta t$ 位于 M' 点，则矢量 $\boldsymbol{u} = \boldsymbol{MM'}$ 表示质点从 t 时刻开始在 Δt 时间间隔内

的位移。它等于 M' 点的矢径与 M 点的矢径之差，即

$$u = r(t + \Delta t) - r(t)$$

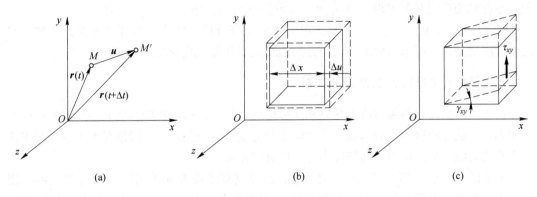

图 1-7 位移、变形和应变

位移矢量在 x、y、z 三个方向的投影称为位移分量，通常用 $u_x(x, y, z)$、$u_y(x, y, z)$、$u_z(x, y, z)$ 表示，或用 $u(x, y, z)$、$v(x, y, z)$、$w(x, y, z)$ 表示。

二、变形和应变

变形是指物体受外力作用而产生体积或形状的改变。材料力学研究的点的位移是由变形引起的，即不考虑刚体的位移。应力在截面上的分布规律与构件内各点的变形程度密切相关，为了研究构件的变形，需要了解构件内部各点的变形，为此从构件中取出一单元体如图 1-7（b）和图 1-7（c）所示。

设单元体棱长为 Δx，如果只有正应力作用，变形后 x 方向单元体棱长改变了为 Δu，Δu 即为单元体在 x 方向的线变形。令 $\Delta x \to 0$，则单位长度的线变形称为点沿 x 方向的线应变或正应变。

$$\varepsilon_x = \lim_{\Delta x \to 0} \frac{\Delta u}{\Delta x} = \frac{\mathrm{d}u}{\mathrm{d}x} \tag{1-6}$$

同理可得

$$\varepsilon_y = \lim_{\Delta y \to 0} \frac{\Delta v}{\Delta y} = \frac{\mathrm{d}v}{\mathrm{d}y} \tag{1-7}$$

$$\varepsilon_z = \lim_{\Delta z \to 0} \frac{\Delta w}{\Delta z} = \frac{\mathrm{d}w}{\mathrm{d}z} \tag{1-8}$$

式（1-6）~ 式（1-8）中，Δx、Δy、Δz 为单元体在 x、y、z 方向的棱长，Δu、Δv、Δw 为单元体受正应力作用后在 x、y、z 方向的线变形，ε_x、ε_y、ε_z 为 x、y、z 方向的正应变或线应变。

材料力学规定，线应变伸长为正，缩短为负。由于线应变是单位长度的线变形，因此它是一个量纲为 1 的量，工程上的线应变数值很小，通常将数值为 10^{-6} 的应变称为 1 个微应变，用 $\mu\varepsilon$ 表示，即有 $1\mu\varepsilon = 10^{-6}$。

当单元体在切应力作用下，相邻两棱边所夹直角的改变量即角位移，称为切应变，如图 1-7（c）所示，在 xy 平面内直角的改变量用切应变 γ_{xy} 表示，通常规定直角减小为正。

切应变的单位为 rad（弧度），本质上也是量纲为 1 的量。同理，在 yz 平面内直角的改变量用切应变 γ_{yz} 表示，在 zx 平面内直角的改变量用切应变 γ_{zx} 表示。与切应力互等定理类似，也存在切应变互等定理，即 $\gamma_{xy} = \gamma_{yx}$、$\gamma_{yz} = \gamma_{zy}$、$\gamma_{zx} = \gamma_{xz}$。

ε_x、ε_y、ε_z、γ_{xy}、γ_{yz}、γ_{zx} 统称为单元体的应变分量，应变分析理论表明，已知一点的 6 个应变分量，可求出单元体任一方向的线应变和最大线应变。

三、简单应力状态的应力-应变关系

简单应力状态包括单向应力状态和纯剪切应力状态，这两种应力状态在基本变形中经常用到，下面介绍这两种应力状态下的应力与应变之间的关系。一般情况下正应变与正应力有直接对应关系，切应变与切应力有直接对应关系。

对于图 1-8（a）所示的单向应力状态，假设只有正应力 σ_x 作用，实验结果表明，当应力不超过某一个极限值（比例极限 σ_p，与材料有关）时，x 方向的正应变 ε_x 与正应力 σ_x 成正比，即

$$\varepsilon_x = \frac{\sigma_x}{E} \tag{1-9}$$

式中，E 为与材料有关的常数，称为材料的弹性模量，单位为 Pa，工程上用 GPa，$1\text{GPa} = 10^9\text{Pa}$。此式称为胡克定律。在 x 方向的正应力 σ_x 作用时也会引起 y 方向的应变 ε_y，且有

$$\varepsilon_y = -\mu\varepsilon_x = -\mu\frac{\sigma_x}{E} \tag{1-10}$$

式中，μ 为与材料有关的常数，称为泊松比，是一个量纲为 1 的量。

对于图 1-8（b）所示的纯剪切应力状态，假设只有切应力 τ_{xy} 作用，实验结果表明，当应力不超过某一个极限值（比例极限 τ_p，与材料有关）时，xy 平面内的切应变 γ_{xy} 与切应力 τ_{xy} 成正比，即

$$\gamma_{xy} = \frac{\tau_{xy}}{G} \tag{1-11}$$

式中，G 为与材料有关的常数，称为材料的剪切弹性模量，单位为 Pa，工程上用 GPa。此式称为剪切胡克定律。

对于各向同性材料，3 个与材料有关的弹性常数 E、G、μ 之间存在下列关系：

$$G = \frac{E}{2(1 + \mu)} \tag{1-12}$$

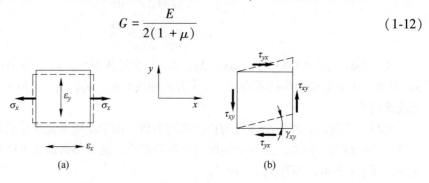

图 1-8　简单应力状态

第五节　杆件变形的基本形式

材料力学研究的构件，以杆件为主，杆件的主要几何因素是横截面形心的连线（轴线）和垂直于轴线的截面（横截面）。轴线为直线的杆件称为直杆，横截面相同的直杆简称为等直杆。杆件的主要变形一般用轴线上某点的线位移和横截面的角位移来度量。杆件在不同外力作用下，产生的变形也不同，这些变形可归纳为 4 种基本变形形式，即轴向拉伸与压缩、剪切、扭转和弯曲。

如图 1-9（a）所示等直杆，当外力或外力合力的作用线与杆件轴线重合时，杆件将产生沿轴线方向的伸长或缩短的变形，称为轴向拉伸或压缩。

如图 1-9（b）所示等直杆，在两个与杆的横截面平行且相距很近的平面内，受到大小相等、方向相反的一对外力作用时，杆件将沿两力中间截面（受剪面）发生相对错动的变形，称为剪切。

如图 1-9（c）所示等直圆形截面杆，在垂直杆轴线的平面内，受到一对大小相等、转向相反的外力偶作用时，杆件横截面将绕轴线做相对转动，杆件表面纵向线将变成螺旋线，而轴线仍然保持为直线，称为扭转。

如图 1-9（d）所示等截面直杆，在杆件纵向平面内作用外力偶或垂直于轴线的外力时，杆件轴线将变形成曲线，横截面也发生了相对转动，称为弯曲。

当杆件同时发生两种或两种以上基本变形时称为组合变形。

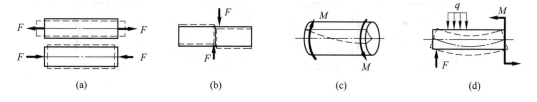

(a)　　　　　　　(b)　　　　　　　(c)　　　　　　　(d)

图 1-9　杆件变形的基本形式

自 测 题

一、判断题（正确写 T，错误写 F。每题 1 分，共 10 分）

1. 材料力学研究的内力是构件各部分间的相互作用力。（　　　）
2. 用截面法求内力时，可以保留截开后构件的任一部分进行平衡计算。（　　　）
3. 应力是横截面上的平均内力。（　　　）
4. 切应变是变形后构件中任意两根微线段夹角的变化量。（　　　）
5. 内力只作用在杆件截面的形心处。（　　　）
6. 杆件某截面上的内力是该截面上应力的代数和。（　　　）
7. 同一截面上各点的正应力一定大小相等、方向相同。（　　　）
8. 同一截面上各点的切应力方向一定相互平行。（　　　）
9. 应变分为正应变和切应变，是量纲为 1 的量。（　　　）

10. 如物体内各点应变均为零，则物体无位移。（　　）

二、单项选择题（每题2分，共20分）

1. 构件在外力作用下（　　）的能力称为稳定性。
   A. 不发生断裂　　　B. 保持原有平衡状态　　　C. 不产生变形　　　D. 保持静止

2. 物体受力作用而发生变形，当外力去掉后又能恢复原来形状和尺寸的性质称为（　　）。
   A. 弹性　　　　　B. 塑性　　　　　C. 刚性　　　　　D. 稳定性

3. 关于应力的说法，正确的是（　　）。
   A. 应力是内力的平均值　　　　　　　B. 应力是内力的集度
   C. 截面上的应力一定与截面垂直　　　D. 同一截面上的正应力一定大小相等、方向相同

4. 关于应变的说法，错误的是（　　）。
   A. 应变是量纲为1的量　　　　　　　B. 应变是位移的度量
   C. 应变分正应变和切应变两种　　　　D. 应变是变形的度量

5. 关于应力状态的说法，正确的是（　　）。
   A. 纯剪切应力状态为单向应力状态　　　B. 主应力所在截面上切应力一定为零
   C. 主应力为零的截面一定为主平面　　　D. 主应力所在截面上切应力一定最大

6. 关于主应力的说法，错误的是（　　）。
   A. 主应力按代数值排序　　　　　　　　B. 应力状态是根据主应力等于零的数目进行分类的
   C. 主平面上的正应力称为主应力　　　　D. 单向应力状态是有一个主应力等于零的应力状态

7. 杆件在垂直于轴线的横向力，或作用于包含杆轴的纵向平面内的力偶引起的变形为（　　）。
   A. 拉伸　　　　　B. 剪切　　　　　C. 弯曲　　　　　D. 扭转

8. 根据切应力互等定理，下列图1-10单元体的切应力分布中，正确的是（　　）。

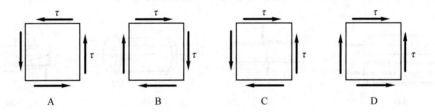

图1-10　单项选择题8图

9. 如图1-11所示，三个单元体虚线表示其受力后的变形情况，三个单元体的切应变γ分别为（　　）。
   A. 0，-2α，$-\alpha$　　　B. α，2α，$-\alpha$　　　C. 0，2α，α　　　D. α，2α，α

10. 单位宽度的薄壁圆环受内压力p作用，内径为D，如图1-12所示，其n-n截面上的内力为（　　）。
    A. pD　　　　　B. $pD/2$　　　　　C. $pD/4$　　　　　D. $pD/8$

(a)

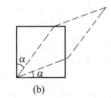
(b)

(c)

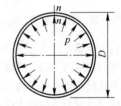

图1-11　单项选择题9图　　　　　　　　　　图1-12　单项选择题10图

三、多项选择题（每题2分，共10分。5个备选项：A、B、C、D、E。至少2个正确项，至少1个错误项。错选不得分；少选，每选对1项得0.5分）

1. 为了简化计算，又能满足工程精度要求，材料力学进行了简化假设。下列假设中，属于变形固体基本假设的有（　　）。

  A. 连续性　　　　　B. 均匀性　　　　　C. 各向同性　　　　D. 小变形　　　　E. 弹性范围
2. 构件的内力有（　　）。
  A. 自重　　　　　　B. 轴力　　　　　　C. 剪力　　　　　　D. 弯矩　　　　　E. 约束反力
3. 下列杆件的变形中，属于基本形式的有（　　）。
  A. 轴向拉伸或压缩　B. 剪切　　　　　　C. 扭转　　　　　　D. 平面弯曲　　　E. 斜弯曲
4. 关于一点应力状态的说法，正确的有（　　）。
  A. 纯剪切应力状态是单向应力状态
  B. 构件内一点处各方位截面上应力的集合称为该点的应力状态
  C. 单元体上没有切应力的平面称为主平面
  D. 单元体中正应力最大的截面上切应力必为零
  E. 一个主应力为零的应力状态称为单向应力状态
5. 根据均匀性假设，下列变量或参数中，在构件内各处均相等的有（　　）。
  A. 应力　　　　　　B. 应变　　　　　　C. 弹性模量　　　　D. 位移　　　　　E. 泊松比

四、计算题（每题 15 分，共 60 分）

1. 试求如图 1-13 所示结构 *m-m* 和 *n-n* 截面上的内力。
2. 试求如图 1-14 所示结构 *A* 截面上的内力。

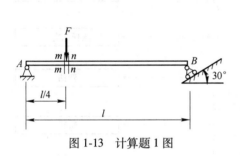

图 1-13　计算题 1 图

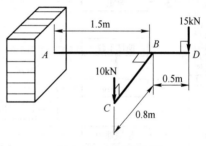

图 1-14　计算题 2 图

3. 正方形板变形如图 1-15 中虚线所示，试求棱边 *AB* 在 *x* 方向的平均线应变和 *A* 点的切应变。（图中尺寸单位为 mm。）
4. 三角板变形如图 1-16 所示，*B* 点向上位移 0.03mm，试求 *OB* 的平均线应变和 *B* 点的切应变。（图中尺寸单位为 mm。）

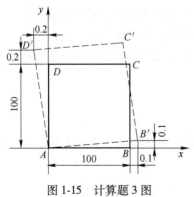

图 1-15　计算题 3 图

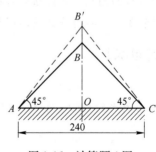

图 1-16　计算题 4 图

扫描二维码获取本章自测题参考答案

第二章　平面图形的几何性质

【本章知识框架结构图】

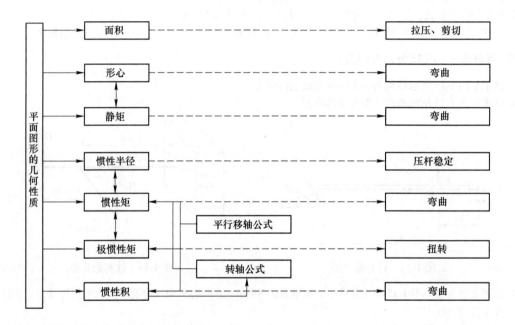

【知识导引】

在材料力学以及工程结构的计算中，经常要用到与截面有关的一些几何量。例如轴向拉压时杆件的横截面面积、圆轴扭转时截面的极惯性矩、平面弯曲时梁截面的形心、静矩、惯性矩、惯性积等。这些与平面图形形状及尺寸有关的几何量统称为平面图形的几何性质。

【本章学习目标】

知识目标：

掌握平面图形的形心、静矩、惯性矩、极惯性矩、惯性半径的计算方法；掌握平行移轴公式。

能力目标：

能够确定各种工程构件横截面的形心、惯性矩。

育人目标：

通过杆件横截面的几何性质与承载能力的关系，培养学生完善自己的知识结构，提高学生综合素质。

【本章重点及难点】

　　本章重点：形心、惯性矩的计算，平行移轴公式的应用。

　　本章难点：组合图形的惯性矩计算。

第一节　静矩和形心

一、静矩

　　任意平面图形如图 2-1 所示，其面积为 A，y 轴和 z 轴为图形所在平面内的坐标轴。在坐标（y，z）处取微面积 $\mathrm{d}A$，面积元 $\mathrm{d}A$ 与其至 z 轴或 y 轴距离之积 $y\mathrm{d}A$ 或 $z\mathrm{d}A$，分别称为该面积元对 z 轴或 y 轴的静矩，遍历整个图形面积 A 的积分分别定义为图形对 z 轴或 y 轴的静矩，也称为图形对 z 轴或 y 轴的一次矩，用 S_z 和 S_y 表示。

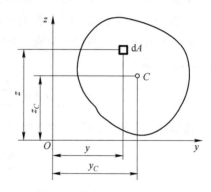

图 2-1　任意平面图形及形心

$$S_z = \int_A y\mathrm{d}A \ , \quad S_y = \int_A z\mathrm{d}A \qquad (2\text{-}1)$$

　　从式（2-1）看出，平面图形的静矩是对某一坐标轴而言的，平面图形对不同的坐标轴，其静矩也不同。静矩的数值可能为正，可能为负，也可能为零。静矩的量纲为长度的三次方，常用单位为 m^3 或 mm^3。

二、形心

　　平面图形的形心就是其几何中心。质心是针对真实物体而言的，而形心是针对抽象的几何体而言的，对于密度均匀的真实物体，质心和形心是重合的。

　　设想有一个厚度很小的均质薄板，薄板的形状与图 2-1 中的平面图形相同。显然，在 yz 坐标系中，上述均质薄板的质心与平面图形的形心有相同的坐标 y_C 和 z_C。由理论力学可知，均质薄板质心的坐标 y_C 和 z_C 分别为

$$y_C = \frac{\int_A y\mathrm{d}A}{A}, \quad z_C = \frac{\int_A z\mathrm{d}A}{A} \qquad (2\text{-}2)$$

这就是确定平面图形形心的坐标公式。利用式（2-1）可以把式（2-2）改写为

$$y_C = \frac{S_z}{A}, \quad z_C = \frac{S_y}{A} \qquad (2\text{-}3)$$

　　由式（2-3）可见，平面图形对 z 轴和 y 轴的静矩，除以图形的面积 A，可得到图形形心的坐标 y_C 和 z_C。式（2-3）可改写为

$$S_z = Ay_C, \quad S_y = Az_C \qquad (2\text{-}4)$$

式（2-4）表明，平面图形对 z 轴和 y 轴的静矩分别等于图形面积 A 乘以形心的坐标 y_C 和 z_C。

由式（2-3）和式（2-4）看出，若 $S_z = 0$ 和 $S_y = 0$，则 $y_C = 0$ 和 $z_C = 0$。可见，若图形对某一轴的静矩等于零，则该轴必通过图形的形心；反之，若某一轴通过形心，则图形对该轴的静矩等于零。

当截面具有两个对称轴时，两者的交点就是该截面的形心。据此，可以很方便地确定圆形、圆环形、长方形的形心。截面有一个对称轴时，形心一定在其对称轴上，具体在对称轴上的哪一点，则需计算才能确定。

三、组合图形的静矩和形心

由若干简单图形（如矩形、圆形、三角形）组成的平面图形称为组合图形。组合图形对某轴之静矩等于组合图形各组成部分面积对该轴之静矩的代数和。若图形 A 由 A_1，A_2，…，A_n 等 n 个图形组合而成，各图形形心坐标分别为 (y_{1C}, z_{1C})，(y_{2C}, z_{2C})，…，(y_{nC}, z_{nC})，则有

$$S_z = \int_A y \mathrm{d}A = \sum_{i=1}^{n} A_i y_{iC}, \quad S_y = \int_A z \mathrm{d}A = \sum_{i=1}^{n} A_i z_{iC} \tag{2-5}$$

比较式（2-3）与式（2-5）可得到组合图形的形心坐标公式

$$y_C = \frac{\sum\limits_{i=1}^{n} A_i y_{iC}}{A}, \quad z_C = \frac{\sum\limits_{i=1}^{n} A_i z_{iC}}{A} \tag{2-6}$$

由式（2-6）可知，当一个复杂几何图形可以分成一些已知的简单几何图形时，可先计算各部分的面积和形心坐标，然后计算整个图形的形心坐标。当组合图形中有挖去的面积时，计算时这部分面积取负值。

【例题 2-1】 试确定如图 2-2（a）所示图形的形心坐标。（图中尺寸单位为 mm。）

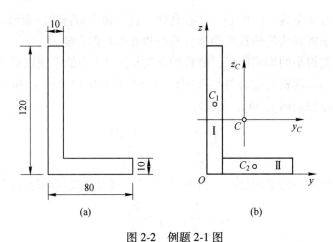

(a)　　　　　　　　(b)

图 2-2 例题 2-1 图

解：把如图 2-2（a）所示图形看成由两个矩形Ⅰ、Ⅱ组成，选取坐标系如图 2-2（b）

所示。分别计算每个矩形的面积和形心。

矩形 I：$A_1 = 120 \times 10 = 1200\text{mm}^2$，$y_{1C} = 5\text{mm}$，$z_{1C} = 60\text{mm}$

矩形 II：$A_2 = 70 \times 10 = 700\text{mm}^2$，$y_{2C} = 45\text{mm}$，$z_{2C} = 5\text{mm}$

利用式（2-6）求出整个图形的形心坐标为

$$y_C = \frac{\sum\limits_{i=1}^{n} A_i y_{iC}}{A} = \frac{A_1 y_{1C} + A_2 y_{2C}}{A_1 + A_2} = \frac{1200 \times 5 + 700 \times 45}{1200 + 700} = 19.74\text{mm}$$

$$z_C = \frac{\sum\limits_{i=1}^{n} A_i z_{iC}}{A} = \frac{A_1 z_{1C} + A_2 z_{2C}}{A_1 + A_2} = \frac{1200 \times 60 + 700 \times 5}{1200 + 700} = 39.74\text{mm}$$

第二节　惯性矩和惯性积

一、惯性矩

任意平面图形如图 2-3 所示，其面积为 A，y 轴和 z 轴为图形所在平面内的坐标轴，在坐标（y，z）处取微面积 dA，面积元 dA 与其至 z 轴或 y 轴距离平方的乘积 $y^2 dA$ 或 $z^2 dA$，分别称为该面积元对于 z 轴或 y 轴的惯性矩或二次矩。遍历整个图形面积 A 的积分分别定义为图形对 z 轴和 y 轴的惯性矩，也称为图形对 z 轴和 y 轴的二次矩，用 I_z 和 I_y 表示。

$$I_z = \int_A y^2 dA, \quad I_y = \int_A z^2 dA \tag{2-7}$$

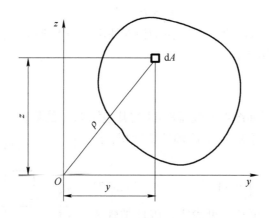

图 2-3　任意平面图形的惯性矩

式（2-7）表明，惯性矩恒为正值，量纲为长度的四次方，常用单位为 m^4 或 mm^4。

当平面图形由若干个简单图形组成时，根据惯性矩的定义，可以先算出每个简单图形对某一轴的惯性矩，然后求其总和即整个图形对同一轴的惯性矩。

若图形 A 由 A_1，A_2，…，A_n 等 n 个图形组合而成，则有

$$I_y = \sum_{i=1}^{n} I_{yi}, \quad I_z = \sum_{i=1}^{n} I_{zi} \tag{2-8}$$

二、惯性半径

工程结构的力学计算中，有时把惯性矩写成图形面积 A 与某一长度二次方的乘积，即

$$I_y = A i_y^2, \quad I_z = A i_z^2$$

或写为

$$i_y = \sqrt{\frac{I_y}{A}}, \quad i_z = \sqrt{\frac{I_z}{A}} \tag{2-9}$$

式中，i_y 为图形对 y 轴的惯性半径；i_z 为图形对 z 轴的惯性半径，量纲为长度的量纲。

三、极惯性矩

以 ρ 表示面积元 dA 到坐标原点 O 的距离，定义 $\rho^2 dA$ 遍历整个图形面积 A 的积分为平面图形对坐标原点 O 的极惯性矩，又称截面的二次极矩，用 I_p 表示，它是面积对于坐标原点（极点）的二次矩。

$$I_p = \int_A \rho^2 dA \tag{2-10}$$

极惯性矩与横截面形状和尺寸有关，是计算抗扭截面系数的一个重要物理量。

由图 2-3 可知 $\rho^2 = y^2 + z^2$，于是有

$$I_p = \int_A \rho^2 dA = \int_A (y^2 + z^2) dA = \int_A y^2 dA + \int_A z^2 dA$$

即

$$I_p = I_y + I_z \tag{2-11}$$

式（2-11）表明，平面图形对任一点的极惯性矩，等于图形对通过此点且在其平面内的任一对正交轴的惯性矩之和。

四、惯性积

如图 2-3 所示任意平面图形上微面积 dA 与其坐标 y、z 的乘积 $yzdA$ 遍历整个图形面积 A 的积分，称为该平面图形对 y、z 两轴的惯性积，用 I_{yz} 表示，即

$$I_{yz} = \int_A yz dA \tag{2-12}$$

由于 yz 乘积可正、可负、可为零，因此惯性积 I_{yz} 的值可正、可负、可为零。量纲为长度的四次方，常用单位为 m^4 或 mm^4。可以证明，在两正交坐标轴中，只要 y 轴、z 轴之一为平面图形的对称轴，则平面图形对 y 轴、z 轴的惯性积就一定等于零。

【例题 2-2】如图 2-4 所示矩形高为 h，宽为 b，试计算此图形对其对称轴 y 和 z 的惯性矩和对 z_0 轴的

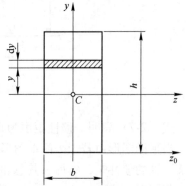

图 2-4　例题 2-2 图

惯性矩。

解： 在距离 z 轴为 y 处取微元，其面积为 $\mathrm{d}A = b\mathrm{d}y$，如图 2-4 所示。由式（2-7）可得

$$I_z = \int_A y^2 \mathrm{d}A = \int_{-\frac{h}{2}}^{\frac{h}{2}} by^2 \mathrm{d}y = \frac{bh^3}{12}$$

$$I_{z_0} = \int_A y^2 \mathrm{d}A = \int_0^h by^2 \mathrm{d}y = \frac{bh^3}{3}$$

同理可得

$$I_y = \frac{hb^3}{12}$$

【例题 2-3】 如图 2-5 所示圆形直径为 D，试计算此图形对其对称轴 y 和 z 的惯性矩和对坐标原点 C 的极惯性矩。

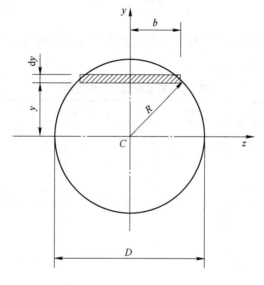

图 2-5　例题 2-3 图

解： 在距离 z 轴为 y 处取微元，其面积为 $\mathrm{d}A = 2b\mathrm{d}y$，如图 2-5 所示。设圆的半径为 R，微元面积为

$$\mathrm{d}A = 2b\mathrm{d}y = 2\sqrt{R^2 - y^2}\,\mathrm{d}y$$

由式（2-7）可得

$$I_z = \int_A y^2 \mathrm{d}A = \int_{-R}^{R} 2\sqrt{R^2 - y^2}\,y^2 \mathrm{d}y = \frac{\pi R^4}{4} = \frac{\pi D^4}{64}$$

由于 y 轴与 z 轴都与圆的直径重合，因此有

$$I_y = I_z = \frac{\pi D^4}{64}$$

由式（2-11）可得极惯性矩为

$$I_\mathrm{p} = I_y + I_z = \frac{\pi D^4}{32}$$

对于如图 2-6 所示的环形截面，看成直径为 D 的实心截面减去直径为 d 的实心截面，可利用式（2-8）计算其惯性矩。

$$I_y = I_z = \frac{\pi D^4}{64} - \frac{\pi d^4}{64}$$

设环形截面的内外直径之比为

$$\alpha = \frac{d}{D}$$

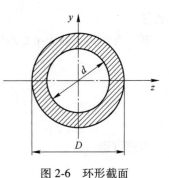

图 2-6　环形截面

则有

$$I_y = I_z = \frac{\pi D^4}{64}(1 - \alpha^4)$$

$$I_p = \frac{\pi D^4}{32}(1 - \alpha^4)$$

为方便使用，表 2-1 列出了工程上常用的简单几何图形的形心位置、面积、惯性矩和惯性半径的计算公式。

表 2-1　常见截面的几何性质

截面形状	形心位置	面积	惯性矩		惯性半径	
		A	I_z	I_y	i_z	i_y
矩形	截面中心	$A = bh$	$I_z = \frac{bh^3}{12}$	$I_y = \frac{hb^3}{12}$	$i_z = \frac{\sqrt{3}}{6}h$	$i_y = \frac{\sqrt{3}}{6}b$
三角形	$y_C = \frac{h}{3}$	$A = \frac{bh}{2}$	$I_z = \frac{bh^3}{36}$	$I_y = \frac{hb^3}{48}$	$i_z = \frac{\sqrt{2}}{6}h$	$i_y = \frac{\sqrt{6}}{12}b$
直角三角形	$y_C = \frac{h}{3}$ $z_C = \frac{b}{3}$	$A = \frac{bh}{2}$	$I_z = \frac{bh^3}{36}$	$I_y = \frac{hb^3}{36}$	$i_z = \frac{\sqrt{2}}{6}h$	$i_y = \frac{\sqrt{2}}{6}b$
圆形	圆心	$A = \frac{\pi D^2}{4}$	$I_z = \frac{\pi D^4}{64}$	$I_y = \frac{\pi D^4}{64}$	$i_z = \frac{D}{4}$	$i_y = \frac{D}{4}$

截面形状	形心位置	面积	惯性矩		惯性半径	
		A	I_z	I_y	i_z	i_y
	圆心	$A = \dfrac{\pi D^2(1-\alpha^2)}{4}$ $\alpha = \dfrac{d}{D}$	$I_z = I_y = \dfrac{\pi D^4(1-\alpha^4)}{64}$		$i_z = i_y = \dfrac{D\sqrt{1+\alpha^2}}{4}$	
	椭圆中心	$A = \pi ab$	$I_z = \dfrac{\pi ab^3}{4}$	$I_y = \dfrac{\pi ba^3}{4}$	$i_z = \dfrac{b}{2}$	$i_y = \dfrac{a}{2}$
	$y_C = \dfrac{4R}{3\pi}$	$A = \dfrac{\pi R^2}{2}$	$I_z = \dfrac{(9\pi^2-64)R^4}{72\pi}$ $\approx 0.1098R^4$	$I_y = \dfrac{\pi R^4}{8}$	$i_z = 0.264R$	$i_y = \dfrac{R}{2}$
	细圆环圆心	$A = 2\pi R\delta$ R 为平均半径	$I_z = \pi R^3\delta$	$I_y = \pi R^3\delta$	$i_z = \dfrac{\sqrt{2}R}{2}$	$i_y = \dfrac{\sqrt{2}R}{2}$
	$y_C = \dfrac{2R\sin\alpha}{3\alpha}$	$A = \alpha R^2$	$I_z = \dfrac{R^4}{4}\left(\alpha - \dfrac{16\sin^2\alpha}{9\alpha}\right)$ $+ \dfrac{R^4\sin2\alpha}{2}$	$I_y = \dfrac{R^4}{4}\left(\alpha - \dfrac{\sin2\alpha}{2}\right)$		

第三节　平行移轴公式

同一平面图形对于平行的两对坐标轴的惯性矩和惯性积是不相同的。当其中一对轴是平面图形的形心轴时,它们之间存在着比较简单的关系。

图2-7中,C 为图形的形心,y_C 和 z_C 是通过形心 C 的坐标轴,分别平行于 y 轴和 z 轴,相距距离分别为 b 和 a。取微元面积 $\mathrm{d}A$,在两个坐标系的坐标分别为 (y,z) 和 (y_C,z_C)。图形对 y_C 轴和 z_C 轴的惯性矩和惯性积分别为

$$I_{y_C} = \int_A z_C^2 \mathrm{d}A, \quad I_{z_C} = \int_A y_C^2 \mathrm{d}A, \quad I_{y_C z_C} = \int_A y_C z_C \mathrm{d}A$$

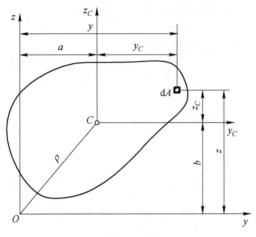

图 2-7　平行轴

图形对 y 轴和 z 轴的惯性矩和惯性积分别为

$$I_y = \int_A z^2 \mathrm{d}A, \quad I_z = \int_A y^2 \mathrm{d}A, \quad I_{yz} = \int_A yz \mathrm{d}A$$

由图 2-7 可知 $y = y_C + a$，$z = z_C + b$，则有

$$I_y = \int_A z^2 \mathrm{d}A = \int_A (z_C + b)^2 \mathrm{d}A = \int_A z_C^2 \mathrm{d}A + 2b \int_A z_C \mathrm{d}A + b^2 \int_A \mathrm{d}A$$

$$I_z = \int_A y^2 \mathrm{d}A = \int_A (y_C + a)^2 \mathrm{d}A = \int_A y_C^2 \mathrm{d}A + 2a \int_A y_C \mathrm{d}A + a^2 \int_A \mathrm{d}A$$

$$I_{yz} = \int_A yz \mathrm{d}A = \int_A (y_C + a)(z_C + b) \mathrm{d}A = \int_A y_C z_C \mathrm{d}A + b \int_A y_C \mathrm{d}A + a \int_A z_C \mathrm{d}A + ab \int_A \mathrm{d}A$$

以上三式中，$\int_A y_C \mathrm{d}A$ 和 $\int_A z_C \mathrm{d}A$ 分别为图形对形心轴 z_C 和 y_C 的静矩，其值均为零。又 $\int_A \mathrm{d}A = A$，则有

$$\begin{cases} I_y = I_{y_C} + b^2 A \\ I_z = I_{z_C} + a^2 A \\ I_{yz} = I_{y_C z_C} + abA \end{cases} \tag{2-13}$$

式（2-13）即为惯性矩和惯性积的平行移轴公式。由式（2-11）可得

$$I_p = I_y + I_z = I_{pC} + (a^2 + b^2)A = I_{pC} + \rho^2 A \tag{2-14}$$

式（2-14）为极惯性矩的平行移轴公式。需要注意的是，使用上述公式时，C 点必须为形心。

平行移轴公式表明平面图形对任一轴的惯性矩，等于平面图形对与该轴平行的形心轴的惯性矩再加上其面积与两轴间距离平方的乘积。在所有平行轴中，平面图形对形心轴的惯性矩为最小。

平行移轴公式常常用来进行组合截面惯性矩的计算，即组合图形对某轴的惯性矩，等于组成组合图形的各简单图形对同一轴的惯性矩之和。

【例题 2-4】试求如图 2-2（a）所示图形对过形心的坐标轴的惯性矩。（图中尺寸单位为 mm。）

解：例题 2-1 已求出形心的位置坐标，参见图 2-2（b）。下面分别计算矩形 I 和矩形 II 对 y_C 轴和 z_C 轴的惯性矩。

矩形 I：

$$I_{y_C}^{I} = \frac{10 \times 120^3}{12} + (60 - z_C)^2 A_1 = 1.93 \times 10^6 \text{mm}^4$$

$$I_{z_C}^{I} = \frac{120 \times 10^3}{12} + (5 - y_C)^2 A_1 = 2.71 \times 10^5 \text{mm}^4$$

矩形 II：

$$I_{y_C}^{II} = \frac{70 \times 10^3}{12} + (5 - z_C)^2 A_2 = 8.51 \times 10^5 \text{mm}^4$$

$$I_{z_C}^{II} = \frac{10 \times 70^3}{12} + (45 - y_C)^2 A_2 = 7.32 \times 10^5 \text{mm}^4$$

整个图形对 y_C 轴和 z_C 轴的惯性矩为

$$I_{y_C} = I_{y_C}^{I} + I_{y_C}^{II} = 2.78 \times 10^6 \text{mm}^4$$

$$I_{z_C} = I_{z_C}^{I} + I_{z_C}^{II} = 1.00 \times 10^6 \text{mm}^4$$

【例题 2-5】试计算如图 2-8 所示图形对形心轴 y_C 的惯性矩。（图中尺寸单位为 mm。）

解：把图形看成是由矩形 I 和 II 组成。图形的形心必在对称轴上，故 $y_C = 0$。为了确定 z_C，取坐标轴如图 2-8 所示。

$$z_C = \frac{A_1 z_{1C} + A_2 z_{2C}}{A_1 + A_2}$$

$$= \frac{200 \times 30 \times 130 + 200 \times 30 \times 15}{200 \times 30 + 200 \times 30}$$

$$= 72.5 \text{mm}$$

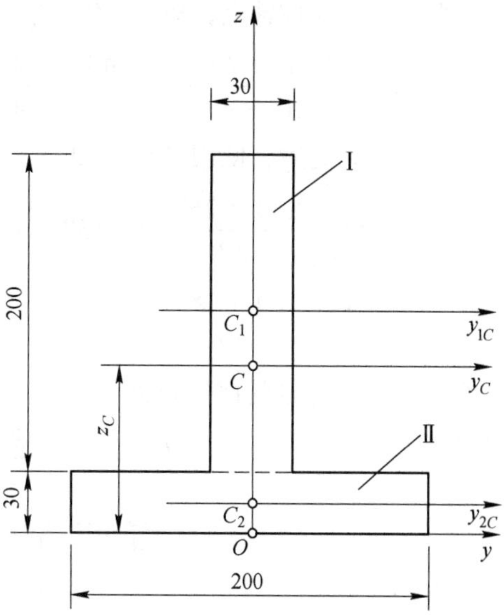

图 2-8 例题 2-5 图

形心位置确定后，使用平行移轴公式分别计算矩形 I 和 II 对 y_C 轴的惯性矩。（图中尺寸单位为 mm。）

$$I_{y_C}^{I} = \frac{30 \times 200^3}{12} + (130 - z_C)^2 A_1 = 3.98 \times 10^7 \text{mm}^4$$

$$I_{y_C}^{II} = \frac{200 \times 10^3}{12} + (15 - z_C)^2 A_2 = 2.03 \times 10^7 \text{mm}^4$$

整个图形对 y_C 轴的惯性矩为

$$I_{y_C} = I_{y_C}^{I} + I_{y_C}^{II} = 6.01 \times 10^7 \text{mm}^4$$

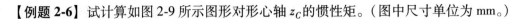

【**例题 2-6**】 试计算如图 2-9 所示图形对形心轴 z_C 的惯性矩。（图中尺寸单位为 mm。）

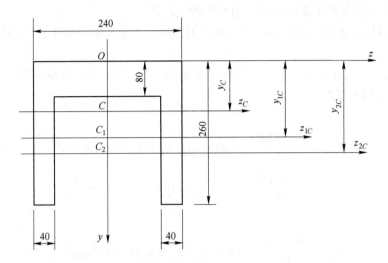

图 2-9 例题 2-6 图

解： 把图形看成由矩形 Ⅰ （240mm×260mm） 减去矩形 Ⅱ （160mm×180mm） 组成。图形的形心必在对称轴上，故 $z_C = 0$。为了确定 y_C，取坐标轴如图 2-9 所示。

$$y_C = \frac{A_1 y_{1C} + A_2 y_{2C}}{A_1 + A_2} = \frac{240 \times 260 \times 130 - 160 \times 180 \times 170}{240 \times 260 - 160 \times 180} = 95.7\text{mm}$$

形心位置确定后，使用平行移轴公式分别计算矩形 Ⅰ 和 Ⅱ 对 z_C 轴的惯性矩。

$$I_{z_C}^{\mathrm{I}} = \frac{240 \times 260^3}{12} + (130 - y_C)^2 \times 240 \times 260 = 4.25 \times 10^8 \text{mm}^4$$

$$I_{z_C}^{\mathrm{II}} = \frac{160 \times 180^3}{12} + (170 - y_C)^2 \times 160 \times 180 = 2.37 \times 10^8 \text{mm}^4$$

整个图形对 z_C 轴的惯性矩为

$$I_{z_C} = I_{z_C}^{\mathrm{I}} - I_{z_C}^{\mathrm{II}} = 1.88 \times 10^8 \text{ mm}^4$$

第四节 转 轴 公 式

一、转轴公式

如图 2-10 所示任意平面图形对 y 轴、z 轴的惯性矩和惯性积为

$$I_y = \int_A z^2 \mathrm{d}A, \quad I_z = \int_A y^2 \mathrm{d}A, \quad I_{yz} = \int_A yz \mathrm{d}A$$

若将坐标轴绕 O 点旋转角度 α，且规定逆时针旋转为正，旋转后的坐标轴为 y_1 和 z_1。图形对 y_1 轴和 z_1 轴的惯性矩和惯性积为

$$I_{y_1} = \int_A z_1^2 \mathrm{d}A, \quad I_{z_1} = \int_A y_1^2 \mathrm{d}A, \quad I_{y_1 z_1} = \int_A y_1 z_1 \mathrm{d}A$$

现在研究图形对 y_1 轴、z_1 轴的惯性矩和惯性积与对 y 轴、z 轴的惯性矩和惯性积之间

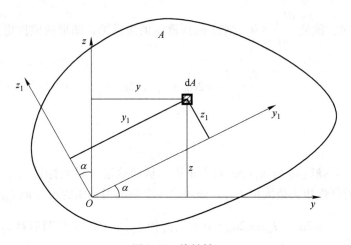

图 2-10　旋转轴

的关系。由图 2-10 可知，微面积 dA 在两个坐标系中坐标的变换关系为

$$\begin{cases} z_1 = z\cos\alpha - y\sin\alpha \\ y_1 = y\cos\alpha + z\sin\alpha \end{cases}$$

则有

$$\begin{aligned} I_{y_1} &= \int_A z_1^2 \mathrm{d}A = \int_A (z\cos\alpha - y\sin\alpha)^2 \mathrm{d}A \\ &= \cos^2\alpha \int_A z^2 \mathrm{d}A + \sin^2\alpha \int_A y^2 \mathrm{d}A - 2\sin\alpha\cos\alpha \int_A yz\mathrm{d}A \\ &= I_y\cos^2\alpha + I_z\sin^2\alpha - I_{yz}\sin2\alpha \end{aligned}$$

利用三角恒等式 $\cos^2\alpha = \dfrac{1 + \cos2\alpha}{2}$，$\sin^2\alpha = \dfrac{1 - \cos2\alpha}{2}$，有

$$I_{y_1} = \frac{I_y + I_z}{2} + \frac{I_y - I_z}{2}\cos2\alpha - I_{yz}\sin2\alpha \tag{2-15}$$

同理可得

$$I_{z_1} = \frac{I_y + I_z}{2} - \frac{I_y - I_z}{2}\cos2\alpha + I_{yz}\sin2\alpha \tag{2-16}$$

$$I_{y_1z_1} = \frac{I_y - I_z}{2}\sin2\alpha + I_{yz}\cos2\alpha \tag{2-17}$$

式（2-15）~式（2-17）称为转轴公式，公式表明 I_{y_1}、I_{z_1}、$I_{y_1z_1}$ 皆为 α 的函数，随着 α 的变化而变化；且存在 $I_{y_1} + I_{z_1} = I_y + I_z = I_p$，该式表明截面对通过同一点的任意一对相互垂直的坐标轴的两惯性矩之和为一常数，且等于对坐标原点的极惯性矩。

二、主惯性轴与主惯性矩

将式（2-15）对 α 求导数：

$$\frac{\mathrm{d}I_{y_1}}{\mathrm{d}\alpha} = -2\left(\frac{I_y - I_z}{2}\sin2\alpha + I_{yz}\cos2\alpha\right)$$

若 $\alpha = \alpha_0$ 时，能使 $\dfrac{\mathrm{d}I_{y_1}}{\mathrm{d}\alpha} = 0$，则对 α_0 所确定的坐标轴，图形的惯性矩为最大值或最小值，即

$$\frac{I_y - I_z}{2}\sin 2\alpha_0 + I_{yz}\cos 2\alpha_0 = 0$$

由此得

$$\tan 2\alpha_0 = -\frac{2I_{yz}}{I_y - I_z} \tag{2-18}$$

式（2-18）可确定 α_0 与 $\alpha_0 + 90°$ 两个角度，从而确定一对坐标轴 y_0、z_0，图形对这一对轴中一个轴的惯性矩为最大值 $I_{\max}$，而对另一个轴的惯性矩为最小值 $I_{\min}$。

注意到 $\dfrac{I_y - I_z}{2}\sin 2\alpha_0 + I_{yz}\cos 2\alpha_0 = 0$ 时恰好使 $I_{y_0 z_0} = 0$，说明图形对 y_0、z_0 这一对轴的惯性积为零，这一对轴 y_0、z_0 称为主惯性轴。图形对 y_0、z_0 两个主惯性轴的惯性矩 I_{y_0}、I_{z_0} 称为主惯性矩。如上所述，对通过 O 点的所有轴来说，对主惯性轴的两个主惯性矩，一个是最大值，另一个是最小值。

由于图形对包含对称轴的一对坐标轴的惯性积为零，所以对称轴一定是主惯性轴。

通过图形形心 C 的主惯性轴称为形心主惯性轴。图形对形心主惯性轴的惯性矩称为形心主惯性矩。如果平面图形是杆件的横截面，则截面的形心主惯性轴与杆件轴线所确定的平面称为形心主惯性平面，这一概念在梁的弯曲理论中有重要意义。

通过式（2-18）求得 α_0 与 $\alpha_0 + 90°$，代入式（2-15）和式（2-16），可求出主惯性矩。

$$\begin{cases} I_{y_0} = \dfrac{I_y + I_z}{2} + \dfrac{I_y - I_z}{2}\cos 2\alpha_0 - I_{yz}\sin 2\alpha_0 \\[2mm] I_{z_0} = \dfrac{I_y + I_z}{2} - \dfrac{I_y - I_z}{2}\cos 2\alpha_0 + I_{yz}\sin 2\alpha_0 \end{cases} \tag{2-19}$$

利用三角函数公式可得

$$\cos 2\alpha_0 = \frac{1}{\sqrt{1 + \tan^2 2\alpha_0}} = \frac{I_y - I_z}{\sqrt{(I_y - I_z)^2 + 4I_{yz}^2}}$$

$$\sin 2\alpha_0 = \tan 2\alpha_0 \cos 2\alpha_0 = \frac{-2I_{yz}}{\sqrt{(I_y - I_z)^2 + 4I_{yz}^2}}$$

代入式（2-19）得

$$\begin{cases} I_{\max} \\ I_{\min} \end{cases} = \frac{I_y + I_z}{2} \pm \sqrt{\left(\frac{I_y - I_z}{2}\right)^2 + I_{yz}^2} \tag{2-20}$$

$I_{\max}$、$I_{\min}$ 与 y_0 轴、z_0 轴对应关系的确定，可采用当 $I_{yz} > 0$ 时 $I_{\max}$ 对应于二、四象限的轴。

【例题 2-7】 试求如图 2-2（a）所示图形的形心主惯性轴和形心主惯性矩。

解：例题 2-1 已确定出形心位置 $y_C = 19.74\,\mathrm{mm}$，$z_C = 39.74\,\mathrm{mm}$；例题 2-4 求出了图形对 y_C 轴和 z_C 轴的惯性矩 $I_{y_C} = 2.78 \times 10^6\,\mathrm{mm}^4$，$I_{z_C} = 1.00 \times 10^6\,\mathrm{mm}^4$。下面计算惯性积。

$$I_{y_C z_C} = -120 \times 10 \times (60 - z_C)(y_C - 5) - 70 \times 10 \times (z_C - 5)(45 - y_C) = -9.72 \times 10^5\,\mathrm{mm}^4$$

求 α_0 和 $\alpha_0 + 90°$。

$$\tan 2\alpha_0 = -\frac{2I_{y_C z_C}}{I_{y_C} - I_{z_C}} = -\frac{2 \times (-9.72 \times 10^5)}{2.78 \times 10^6 - 1.00 \times 10^6} = 1.09$$

$$2\alpha_0 = 47.47°, \quad \alpha_0 = 23.74°, \quad \alpha_0 + 90° = 113.74°$$

求形心主惯性矩。

$$\begin{cases} I_{\max} \\ I_{\min} \end{cases} = \frac{I_{y_C} + I_{z_C}}{2} \pm \sqrt{\left(\frac{I_{y_C} - I_{z_C}}{2}\right)^2 + I_{y_C z_C}^2} = \begin{array}{l} 32.08 \times 10^5 \text{mm}^4 \\ 5.72 \times 10^5 \text{mm}^4 \end{array}$$

$I_{y_C z_C} < 0$，$I_{\max}$ 过一、三象限。

自 测 题

一、判断题（正确写 T，错误写 F。每题 2 分，共 10 分）

1. 图形对某一轴的静矩为零，则该轴必定通过图形的形心。（　　　）
2. 平行移轴公式表示图形对于任意两个相互平行轴的惯性矩和惯性积之间的关系。（　　　）
3. 有一定面积的图形对任一轴的惯性矩必不为零。（　　　）
4. 图形对任意一对正交轴的惯性矩之和，恒等于图形对两轴交点的极惯性矩。（　　　）
5. 图形对于若干相互平行轴的惯性矩中，其中数值最大的是对通过形心轴的惯性矩。（　　　）

二、单项选择题（每题 2 分，共 10 分）

1. 下列平面图形的几何性质中，其值可正、可负、也可为零的是（　　　）。
   A. 静矩和惯性矩　　　B. 极惯性矩和惯性积　　　C. 惯性矩和惯性积　　　D. 静矩和惯性积
2. 在 Oyz 直角坐标系中，一圆心在原点 O、直径为 d 的圆形截面图形对 z 轴的惯性半径为（　　　）。
   A. $d/4$　　　B. $d/8$　　　C. $d/12$　　　D. $d/16$
3. 由惯性矩的平行移轴公式，如图 2-11 所示平面图形对 z_2 轴的惯性矩为（　　　）。
   A. $\dfrac{4bh^3}{12}$　　　B. $\dfrac{7bh^3}{12}$　　　C. $\dfrac{13bh^3}{12}$　　　D. $\dfrac{15bh^3}{12}$
4. 如图 2-12 所示工字形截面对 z 轴的惯性矩为（　　　）。
   A. $\dfrac{bh^3}{11}$　　　B. $\dfrac{11bh^3}{144}$　　　C. $\dfrac{12bh^3}{121}$　　　D. $\dfrac{29bh^3}{144}$
5. 如图 2-13 所示三角形 ABC，z_2 轴 // z_1 轴，则（　　　）。

   A. $I_{z_1} = \dfrac{bh^3}{12}$，$I_{z_2} = -\dfrac{bh^3}{12}$　　　　　　B. $I_{z_1} > I_{z_2} = \dfrac{bh^3}{12}$

   C. $I_{z_1} < I_{z_2} = \dfrac{bh^3}{12}$　　　　　　D. $I_{z_1} = I_{z_2} = \dfrac{bh^3}{12}$

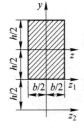　　　　　　　　　　　　　　　　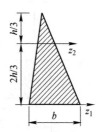

图 2-11　单项选择题 3 图　　　图 2-12　单项选择题 4 图　　　图 2-13　单项选择题 5 图

三、填空题（每题 5 分，共 20 分）

1. 在边长为 $2a$ 的正方形的中心挖去一个边长为 a 的正方形，如图 2-14 所示，该图形对 z 轴的惯性矩为_____。

2. 如图 2-15 所示直径为 D 的半圆形截面对于半圆形的底边 z 轴的惯性矩为_____。

3. 如图 2-16 所示 L 形截面对于 z 轴的惯性矩为_____。

4. 如图 2-17 所示截面对通过形心 C 的 z_C 轴的惯性矩为_____。（图中尺寸单位为 mm。）

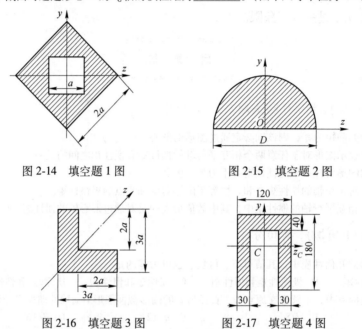

图 2-14　填空题 1 图　　　　　图 2-15　填空题 2 图

图 2-16　填空题 3 图　　　图 2-17　填空题 4 图

四、计算题（每题 12 分，共 60 分）

1. 试求如图 2-18 所示图形对形心轴 z_C 的惯性矩。（图中尺寸单位为 mm。）

2. 求如图 2-19 所示由 3 个直径为 d 的相切圆构成的组合截面对水平形心轴 z_C 的惯性矩。

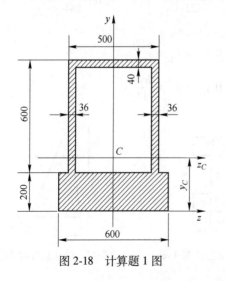

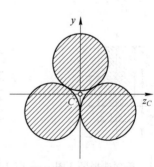

图 2-18　计算题 1 图　　　　　图 2-19　计算题 2 图

3. 在直径 $D=8a$ 的圆截面中，开了一个 $2a \times 4a$ 的矩形孔，如图 2-20 所示，试求截面对其水平形心轴和竖直形心轴的惯性矩。

4. 如图 2-21 所示由两根 20a 号槽钢组成的组合截面，若欲使截面对两对称轴的惯性矩相等，即 $I_y = I_z$，则两槽钢的间距 b 应为多少？

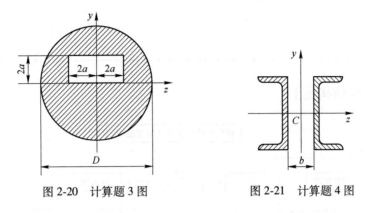

图 2-20　计算题 3 图　　　　　　　图 2-21　计算题 4 图

5. 试求如图 2-22（a）和图 2-22（b）所示截面的阴影线面积对 z 轴的静矩。（图中 C 为截面形心，且图中尺寸单位为 mm。）

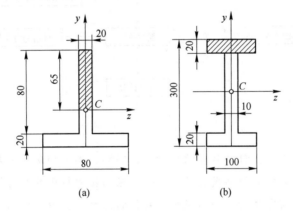

(a)　　　　　　　　　　(b)

图 2-22　计算题 5 图

　扫描二维码获取本章自测题参考答案

第三章 轴向拉伸与压缩

【本章知识框架结构图】

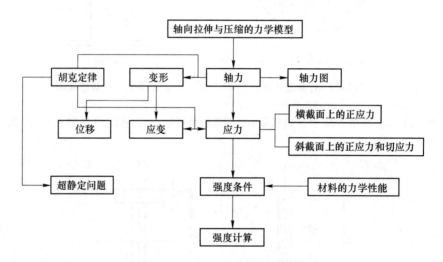

【知识导引】

理论力学中的二力杆，杆件只在两端受力，实际上属于轴向拉伸与压缩的杆件，工程中有很多杆件可简化为轴向拉伸或压缩的杆件。轴向拉伸与压缩是杆件变形的一种最基本的形式。材料力学将研究轴向拉伸与压缩时杆件的内力、应力、变形和强度问题，为设计和使用提供理论依据。

【本章学习目标】

知识目标：

1. 掌握用截面法计算轴力和绘制轴力图。

2. 掌握轴向拉压杆件横截面上的正应力。了解斜截面上的应力。

3. 掌握轴向拉、压时的强度条件及其应用。

4. 建立变形、正应变和抗拉（压）刚度的概念，掌握轴向拉、压时的胡克定律及其应用；理解横向变形因数。

5. 对低碳钢和铸铁试件在拉伸和压缩过程中反映出的力学性能和现象有明确的了解；掌握材料力学性能的主要指标；掌握塑性、脆性材料的力学性能差异。

6. 了解一次超静定杆系的解法，并注意变形协调条件的建立。

能力目标：

1. 能够运用截面法计算实际构件轴力，建立轴力方程，正确绘制轴力图。

2. 能够进行轴向拉压工程构件的强度校核、截面尺寸设计、许可载荷确定。

3. 能够进行轴向拉压工程构件的变形计算和位移计算。

4. 能够分析低碳钢和铸铁试件在拉伸和压缩过程中的力学性能、失效原因。

育人目标：

1. 通过我国古代学者熟练应用"胡克定律"的例子，培养学生热爱祖国、尊重知识。

2. 结合"以切代弧"近似计算变形方法，培养学生学会如何把复杂问题简单化，做事情要抓主要矛盾，培养学生掌握辩证哲学思维方法。

【本章重点及难点】

本章重点：轴力和轴力图，轴力的符号规则；轴向拉压横截面上应力的计算；轴向拉压强度分析，危险截面的概念，失效的概念；轴向拉压的变形计算和位移计算。

本章难点："以切代弧"近似计算变形方法。

第一节　轴向拉伸与压缩的力学模型

轴向拉伸与压缩是杆件受力或变形的一种最基本的形式。工程结构中经常使用受拉伸与压缩变形的杆件。如图 3-1 所示液压拔桩机在工作时，油缸顶起吊臂将桩从地下拔起，油缸受压缩变形，桩在拔起时受拉伸变形，钢丝绳受拉伸变形。如图 3-2 所示桁架结构中，各杆件主要承受拉伸与压缩变形。

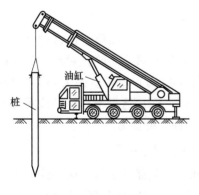

图 3-1　液压拔桩机图

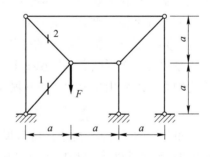

图 3-2　桁架结构

在工程中以拉伸或压缩为主要变形的构件称为拉压杆，作用线沿杆件轴向的载荷称为轴向载荷。若杆件所承受的外力或外力合力作用线与轴线重合，称为轴向拉伸或轴向压缩。

轴向拉伸或轴向压缩的构件特征是等截面直杆，其力学模型如图 3-3 所示。

图 3-3　轴向拉伸与压缩的力学模型

受力特点：外力或其合力的作用线沿杆件的轴线。

变形特征：受力后杆件沿其轴向方向伸长（缩短），即杆件任意两横截面沿杆件轴向方向产生相对的平行移动。

第二节　轴力和轴力图

一、轴力

在轴向外力 F 作用下的等截面直杆，如图 3-4（a）所示，利用截面法可以确定横截面 m-m（或称为 x 截面）上的内力。

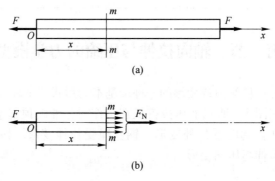

图 3-4　截面法求轴力

截面法的基本步骤为截开、代替、平衡。首先沿 m-m 截面假想地将构件截开为两部分。然后取两部分中任一部分为研究对象，一般取左半部分为研究对象，并用截面 m-m 上的内力代替弃去部分对留下部分的作用，如图 3-4（b）所示。因为外力与轴线重合，故分布内力系的合力作用线必然与轴线重合，若设为 F_N，这个与杆件轴线重合的内力系的合力称为轴力。最后用静力学平衡方程求出该截面上的轴力。

$$\sum F_x = 0, \quad F_N - F = 0, \quad F_N = F$$

轴力的单位为 N 和 kN。轴力的符号规定：轴力与截面外法线方向一致为正（拉力为正），轴力与截面外法线方向相反为负（压力为负）。这样规定可保证取右半部分为研究对象时求出的轴力，与取左半部分为研究对象求出的轴力不仅大小相等，符号也相同。

当杆件上受力较多或受力复杂时，如图 3-5（a）所示，轴力 F_N 随着截面 x 的位置变化而变化，即轴力是截面位置的函数，如图 3-5（b）所示，x 截面上的轴力为

$$F_N(x) = F_1 - F_2 - F_3 + F_4 \qquad (3\text{-}1)$$

此式称为轴力方程。由式（3-1）可见 x 截面上的轴力等于 x 截面左侧所有外力的代数和，其中向左的外力取正号，向右的外力取负号，即

$$F_N(x) = \sum F_i(\leftarrow) - \sum F_j(\rightarrow) \tag{3-2}$$

式中，F_i 为 x 截面左侧向左的外力；F_j 为 x 截面左侧向右的外力。

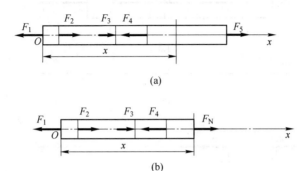

(a)

(b)

图 3-5　受复杂外力作用的轴力

二、轴力图

若以 x 为横坐标、轴力 F_N 为纵坐标，作出杆件的轴力与横截面位置关系的图线，称为轴力图。轴力图不仅可使各横截面上的轴力一目了然，即可清楚地表明各横截面上的轴力随横截面位置改变而变化的情况；另外通过轴力图可确定出最大轴力的数值及其所在横截面的位置，即确定等截面直杆的危险截面位置和轴力，为强度计算提供依据。

轴力图的绘制方法：建立坐标系，轴线位置为横坐标，轴线上的点表示横截面的位置；用垂直于轴线的坐标表示横截面上轴力的数值；从左向右画出与截面位置对应的轴力，正值轴力画在横坐标的上侧，负值轴力画在横坐标的下侧；轴力图应画在受力图的对应位置，F_N 与截面位置一一对应。

【例题 3-1】如图 3-6（a）所示一等直杆及其受力图，试作其轴力图。

解：求 AB 段内作一截面的轴力，沿 1-1 截面将杆件截开，取左段为研究对象，如图 3-6（b）所示，设 1-1 截面上的轴力 F_{N1} 为正，列平衡方程

$$\sum F_x = 0, \quad F_{N1} - 30 = 0, \quad F_{N1} = 30\text{N}$$

同理可求得 2-2 截面和 3-3 截面上的轴力 F_{N2}、F_{N3}。如图 3-6（c）和图 3-6（d）所示。

$$\sum F_x = 0, \quad F_{N2} - 30 + 40 = 0, \quad F_{N2} = -10\text{N}$$

$$\sum F_x = 0, \quad F_{N3} - 30 + 40 - 30 = 0, \quad F_{N3} = 20\text{N}$$

求 DE 段轴力时，可取外力较少的 4-4 截面右段为研究对象，如图 3-6（e）所示，设 4-4 截面上的轴力 F_{N4} 为正，列平衡方程

$$\sum F_x = 0, \quad 10 - F_{N4} = 0, \quad F_{N4} = 10\text{N}$$

建立坐标系，作出各段的轴力图，并进行标注，如图 3-6（f）所示。

由此例可以看出，杆件上没有外力时轴力图为水平线，在集中力作用处轴力图有突变，且突变值等于集中力的大小，如果从左向右看，向左的集中力在轴力图上是向上突变的，向右的集中力在轴力图上是向下突变的。因此可以利用此规律方便地画轴力图，即从

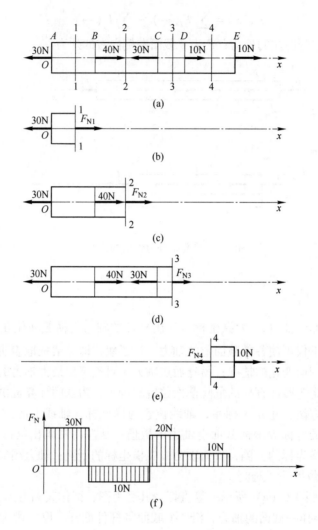

图 3-6 例题 3-1 图

左向右画，遇到向左的集中力，轴力图向上实变集中力的大小；遇到向右的集中力，轴力图向下实变集中力的大小；没有集中力处，轴力图为水平线。

【例题 3-2】 如图 3-7（a）所示杆长为 l，受水平向右的线性分布力 $q = kx$ 作用，试作出杆的轴力图。

解： x 坐标向右为正，坐标原点在自由端。取左侧 x 段为对象，如图 3-7（b）所示，考虑 x 方向的平衡，即

$$F_N + \int_0^x q\mathrm{d}x = 0$$

轴力方程 $F_N(x)$ 为

$$F_N = \int_0^x -kx\mathrm{d}x = -\frac{1}{2}kx^2$$

根据轴力方程，作出轴力图，如图 3-7（c）所示。

最大轴力为

$$\left| F_{\mathrm{Nmax}} \right| = \frac{1}{2}kl^2$$

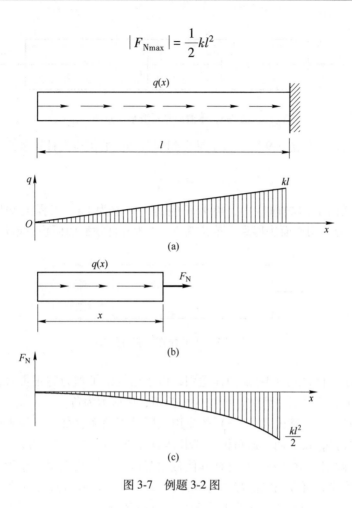

图 3-7　例题 3-2 图

第三节　轴向拉伸与压缩时截面上的应力

一、横截面上的应力

　　轴力是轴向拉压杆横截面上唯一的内力分量，但是轴力大小不能衡量拉压杆强度的大小。轴向拉压杆的强度不仅与轴力有关，而且与横截面面积有关，即与轴力在横截面上的分布集度，也即应力有关。因此必须研究轴向拉压杆横截面上的应力。

　　试验方法是研究杆件横截面上应力分布规律的主要途径。如图 3-8 所示等截面直杆，受力前在杆件表面作与轴线垂直的两条直线 ac 和 bd。在杆件两端加大小相等、方向相反的两个轴向外力 F 使杆件发生变形。此时可观察到两横向线 ac 和 bd 平移到 $a'c'$ 和 $b'd'$（图中虚线），两纵向线 ab 和 cd 伸长到 $a'b'$ 和 $c'd'$（图中虚线）。

　　根据观察到变形，由表及里，设想横向线代表横截面，作出平截面假设，即原为平面的横截面在变形后仍为垂直于轴线的平面。根据平截面假设，拉杆变形后，两横截面沿杆轴线作相对平移，即拉杆在任意两个横截面间纵向线段的伸长变形是均匀的。

　　由于假设材料是连续和均匀的，而杆件横截面上的内力分布集度与杆件纵向线段的变形相对应，因为纵向线段伸长相同，则内力在横截面上是均匀分布的，即拉杆横截面的正

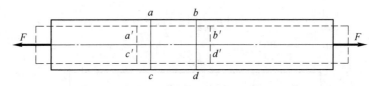

图 3-8　等截面直杆变形示意图

应力是均匀分布的，如图 3-9 所示，于是得到横截面上的正应力计算公式

$$\sigma = \frac{F_N}{A} \tag{3-3}$$

式中，σ 为横截面上的法向应力，称为正应力，单位为 Pa，工程上常用 MPa，$1\text{MPa} = 10^6\text{Pa}$；$F_N$ 为轴力，用截面法得到，单位为 N；A 为杆件横截面面积，单位为 m^2。

图 3-9　等截面直杆应力分布

对于轴向压缩杆，式（3-3）同样适用，由于已规定了轴力的正负号，因此正应力的正负号与轴力的正负号是一致的，即拉应力为正，压应力为负。

横截面上正应力计算公式（3-3）的应用范围是等截面直杆，且外力的作用线与轴线重合。对受压杆件，仅适用于短粗杆（细长压杆在压杆稳定一章分析）。

式（3-3）除端点附近外，对直杆其他截面都适用。实验表明：作用于弹性体某一局部区域上的外力系，可以用它的静力等效力系来代替，这种代替，只对原力系作用区域附近有显著影响，而对较远处（距离略大于外力分布区域），其影响即可不计，这就是圣维南原理。圣维南原理给简化计算带来了方便。

对于变截面杆，除截面突变处附近的内力分布较复杂外，其他各横截面仍可假定正应力均匀分布，此时横截面上的正应力计算公式为

$$\sigma(x) = \frac{F_N(x)}{A(x)} \tag{3-4}$$

当等截面拉压杆受多个外力作用时，可通过轴力图确定危险截面，即最大轴力 $F_{N\max}$ 所在截面，然后由下式计算最大工作应力：

$$\sigma_{\max} = \frac{F_{N\max}}{A} \tag{3-5}$$

对于等轴力变截面直杆，危险截面为面积最小的截面，最大工作应力为

$$\sigma_{\max} = \frac{F_N}{A_{\min}} \tag{3-6}$$

对于变截面变轴力直杆，需要综合考虑轴力和面积确定危险截面。

$$\sigma_{\max} = \max\left[\frac{F_N(x)}{A(x)}\right] \tag{3-7}$$

【例题 3-3】已知例题 3-1 所示的等直杆的横截面面积 $A = 200\text{mm}^2$，求该杆的最大工作应力。

解：由例题 3-1 轴力图可知，该杆上 $F_{\text{Nmax}} = 30\text{kN}$，所以此杆的最大工作应力为

$$\sigma_{\max} = \frac{F_{\text{Nmax}}}{A} = \frac{30000\text{N}}{200 \times 10^{-6}\text{m}^2} = 150 \times 10^6 \text{N/m}^2$$
$$= 150\text{MPa}$$

【例题 3-4】一横截面为正方形的变截面杆，其截面尺寸及受力如图 3-10（a）所示，试求杆内的最大工作应力。（图中尺寸单位为 mm。）

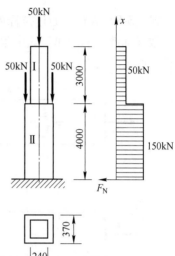

解：作杆的轴力图，见图 3-10（b）。

因为是变截面杆，所以要逐段计算应力。

$$\sigma_{\text{I}} = \frac{F_{\text{NI}}}{A_{\text{I}}} = \frac{-50000\text{N}}{240 \times 240 \times 10^{-6}\text{m}^2} = -0.87\text{MPa}（压应力）$$

$$\sigma_{\text{II}} = \frac{F_{\text{NII}}}{A_{\text{II}}} = \frac{-150 \times 10^3\text{N}}{370 \times 370 \times 10^{-6}\text{m}^2} = -1.1\text{MPa}（压应力）$$

$$\sigma_{\max} = \sigma_{\text{II}} = -1.1\text{MPa}（压应力）$$

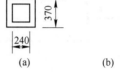

图 3-10　例题 3-4 图

二、斜截面上的应力

上面分析了轴向拉压杆一个特殊截面即横截面上的正应力，现研究与横截面成 α 角的任一斜截面 $k\text{-}k$ 上的应力。

在图 3-11（a）中，假想用一平面沿斜截面 $k\text{-}k$ 将杆截开，取左段为研究对象，如图 3-11（b）所示，根据平衡方程，可得到斜截面 $k\text{-}k$ 上的内力 F_α 为

$$F_\alpha = F$$

仿照求横截面上正应力变化规律的分析过程，同样可得到斜截面 $k\text{-}k$ 上各点处的全应力 p_α 相等的结论，于是有

$$p_\alpha = \frac{F_\alpha}{A_\alpha}$$

式中，A_α 为斜截面面积。假设横截面面积为 A，则有

$$A_\alpha = \frac{A}{\cos\alpha}$$

全应力 p_α 可写为

$$p_\alpha = \frac{F}{A}\cos\alpha = \sigma_0\cos\alpha$$

式中，σ_0 为杆件横截面上的正应力，即 $\alpha = 0°$ 的斜截面上的正应力。

全应力 p_α 是矢量，可沿截面法线和切线方向分解为正应力和切应力，分别用 σ_α 和 τ_α 表示，如图 3-11（c）所示。分解后的正应力和切应力为

$$\begin{cases} \sigma_\alpha = p_\alpha \cos\alpha = \sigma_0 \cos^2\alpha = \dfrac{\sigma_0}{2}(1 + \cos2\alpha) \\ \tau_\alpha = p_\alpha \sin\alpha = \sigma_0 \cos\alpha\sin\alpha = \dfrac{\sigma_0}{2}\sin2\alpha \end{cases} \qquad (3\text{-}8)$$

式（3-8）表达了通过拉杆内任一点处不同方位斜截面上的正应力 σ_α 和切应力 τ_α 随角 α 改变而改变的规律。式中角度 α 以横截面外法线方向转到斜截面外法线方向逆时针为正，反之为负。

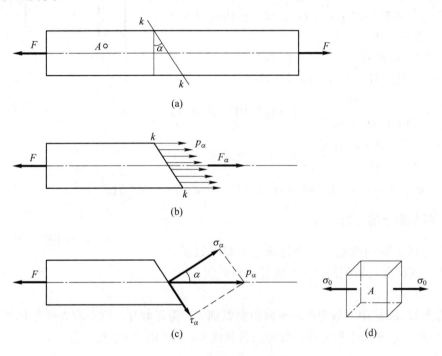

图 3-11　斜截面上的应力

当 $\alpha = 0°$ 时，$\sigma_{\alpha max} = \sigma_0$，$\tau_\alpha = \tau_0 = 0$，即通过拉杆内某一点的横截面上的正应力，是通过该点的所有不同方位斜截面上正应力的最大值，且此截面上切应力为零，因此此时的正应力也是主应力。

当 $\alpha = 45°$ 时，$\sigma_\alpha = \dfrac{\sigma_0}{2}$，$\tau_{\alpha max} = \tau_{45°} = \dfrac{\sigma_0}{2}$，即与横截面成 $45°$ 角的斜截面上的切应力，是拉杆所有不同方位斜截面上切应力中的最大值。

当 $\alpha = 90°$ 时，$\sigma_\alpha = 0$，$\tau_\alpha = 0$，即平行于轴线纵截面上既无正应力，也无切应力。

若在拉杆表面的任一点 A 处用一对横截面、一对纵截面和一对与表面平行的截面截取一各棱长均为无穷小量的正六面体，即单元体，如图 3-11（d）所示，则该单元体上仅在左右两横截面上作用正应力，其他截面上的应力均可通过式（3-8）求得，如图 3-11（d）所示的应力状态为单向应力状态。

【例题 3-5】直径为 $d = 1$cm 的圆形截面杆受轴向拉力 $F = 10$kN 的作用，试求最大切应力，并求与横截面夹角 $30°$ 的斜截面上的正应力和切应力。

解：先求横截面上的正应力。

$$\sigma = \frac{F}{A} = \frac{4 \times 10000}{3.14 \times 10^2} = 127.4 \text{MPa}$$

求最大切应力。

$$\tau_{\max} = \frac{\sigma}{2} = \frac{127.4}{2} = 63.7 \text{MPa}$$

求30°斜截面上的应力。

$$\sigma_\alpha = \frac{\sigma}{2}(1 + \cos2\alpha) = \frac{127.4}{2} \times (1 + \cos60°) = 95.5 \text{MPa}$$

$$\tau_\alpha = \frac{\sigma}{2}\sin2\alpha = \frac{127.4}{2} \times \sin60° = 55.2 \text{MPa}$$

三、应力集中

物体中应力局部增高的现象称为应力集中。应力集中一般出现在物体形状急剧变化的地方，如缺口、孔洞、沟槽以及有刚性约束处。

如图3-12所示为薄板中心开孔和两边有半圆形缺口的应力分布图，孔边或缺口边缘部分的应力最大为$\sigma_{\max}$，不开孔或无缺口处横截面上的平均应力为σ，则

$$K = \frac{\sigma_{\max}}{\sigma} \tag{3-9}$$

式中，K为应力集中因数。应力集中因数反映了局部应力增高的程度，它是最大局部应力$\sigma_{\max}$与不考虑应力集中时横截面上的平均应力σ（即名义应力）的比值。应力集中因数K只是一个恒大于1的应力比值，与材料无关，与载荷的大小无关，而与切槽深度、孔径大小有关。

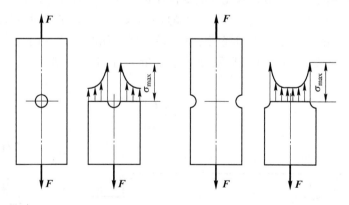

图3-12　应力集中

对于承受静载荷的塑性材料，当$\sigma_{\max} \to \sigma_s$时（$\sigma_s$为材料的屈服强度，本章第五节介绍），材料发生塑性变形。当继续增加外力，其他部分的应力继续增长逐渐达到σ_s，直至整个截面上的应力都达到σ_s，与无应力集中差别不大，故应力集中的存在对塑性材料受静载荷作用时的承载能力影响不大。但对交变应力作用下的构件，应力集中会影响构件强度，因为破坏点在$\sigma_{\max}$处开始。

对于脆性材料，没有屈服阶段，当 $\sigma_{max} \rightarrow \sigma_b$ 时就在该处裂开（σ_b 为材料的抗拉强度，本章第五节介绍）。所以对组织均匀的脆性材料，应力集中将极大地降低构件的强度。应力集中对脆性材料有影响是相对于组织均匀而言的，对组织不均匀的脆性材料，如铸铁，在它内部有许多片状石墨（不能承担载荷），这相当于材料内部有许多小孔穴，材料本身就具有严重的应力集中，因此由于截面尺寸改变引起的应力集中，对这种材料的构件的承载能力没有明显的影响。

第四节　轴向拉伸与压缩时的变形

一、纵向变形

设轴向拉伸杆的原长为 l，承受一对轴向拉力 F 的作用而伸长后，其长度为 l_1，如图 3-13（a）所示，则杆件的纵向伸长为

$$\Delta l = l_1 - l$$

纵向伸长 Δl 反映了杆的总伸长，也称为绝对纵向线变形，由于绝对变形与杆的长度有关，因此它无法说明杆的变形程度。

由于拉杆各段的伸长是均匀的，因此其变形程度可以用单位长度的纵向线变形来表示，即

$$\varepsilon = \frac{\Delta l}{l} \tag{3-10}$$

式中，ε 为线应变，即单位长度的线变形，实际是相对线变形，与杆的长度无关，反映了每单位长度的变形，即可反映杆的变形程度。线应变是量纲为 1 的量，由于拉杆的纵向伸长为正，压杆的纵向收缩为负，因此线应变在伸长时为正，缩短时为负。

式（3-10）表达的线应变是在长度 l 内的平均线应变。当杆件的变形为非均匀变形时，为研究一点处的线应变，可围绕该点取一单元体，如图 3-13（b）所示。设所取单元体沿 x 轴方向的原长为 $\mathrm{d}x$，变形后长度的改变量为 $\Delta(\mathrm{d}x)$，则该点沿 x 方向的线应变 ε_x 为

$$\varepsilon_x = \lim_{\mathrm{d}x \to 0} \frac{\Delta(\mathrm{d}x)}{\mathrm{d}x}$$

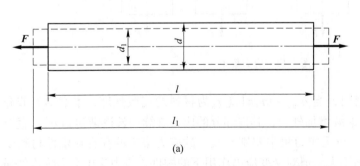
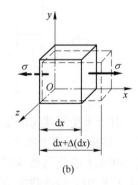

(a)　　　　　　　　　　　　　(b)

图 3-13　轴向拉伸杆变形示意图

拉压杆的变形量与其所受力之间的关系与材料的性能有关，只能通过实验来获得。对工程中常用的材料，如低碳钢、铸件、合金钢所制成的拉杆，由一系列实验证明：当杆内的应力不超过某一极限值，即在比例极限内时，杆件的伸长与所受外力 F、杆的原始长度 l 成正比，与杆的原始横截面面积 A 成反比，即有

$$\Delta l \propto \frac{Fl}{A}$$

引入弹性常数 E，则有

$$\Delta l = \frac{Fl}{EA}$$

因为轴力 $F_N = F$，故上式写为

$$\Delta l = \frac{F_N l}{EA} \tag{3-11}$$

式（3-11）称为胡克定律。式中比例常数 E 称为弹性模量，单位为 Pa。E 值随材料变化而变化，可通过实验测定，E 的大小表征了材料抵抗弹性变形的能力。轴力 F_N 和变形 Δl 的正负号是对应的，即当轴力 F_N 为正时（拉力），变形 Δl 也为正（伸长），反之为负。

对于长度相等且受力相同的拉压杆，EA 越大，杆件的变形 Δl 越小，即杆件抵抗弹性变形的能力越强，故称为杆件的抗拉刚度（抗压刚度）。

式（3-11）只适用于在杆长 l 内 F_N 和 EA 均为常量的情况。若轴力 F_N 或截面积 A 是 x 的函数，则有

$$\Delta l = \int_0^l \frac{F_N(x)\,\mathrm{d}x}{EA(x)}$$

若轴力、面积、弹性模量为分段变化时，有

$$\Delta l = \sum_{i=1}^n \frac{F_{Ni} l_i}{E_i A_i}$$

将式（3-11）改写为

$$\frac{\Delta l}{l} = \frac{1}{E} \frac{F_N}{A}$$

利用轴向拉伸与压缩时杆件的正应力和线应变的计算公式有

$$\varepsilon = \frac{\sigma}{E} \tag{3-12}$$

式（3-12）是胡克定律的另一种表达形式，显然式（3-12）中的纵向线应变和横截面上的正应力的正负号是相对应的，即拉应力引起纵向伸长的线应变。式（3-12）不仅适用于轴向拉压杆，而且适用于更普遍的单向应力状态，故又称为单向应力状态下的胡克定律。

二、横向变形

拉杆在纵向伸长的同时，伴随着横向收缩变形。设拉杆为圆截面杆，其原始直径为 d，受力后直径为 d_1，如图 3-13 所示，则横向变形为 $\Delta d = d_1 - d$。在均匀变形情况下，拉

杆的横向线应变为

$$\varepsilon_y = \varepsilon_z = \frac{\Delta d}{d} = \frac{d_1 - d}{d}$$

拉杆的横向线应变显然为负值，即与纵向线应变的正负号相反。

对于横向线应变，实验结果表明：当拉（压）杆内的应力不超过材料的比例极限时，它与纵向纵应变的绝对值之比为一常数，此比值称为横向变形因数或泊松比，通常用 μ 表示，即

$$\mu = \left| \frac{\varepsilon_y}{\varepsilon_x} \right| = \left| \frac{\varepsilon_z}{\varepsilon_x} \right|$$

μ 是一个量纲为 1 的量，其值随材料而异，可通过实验测定。考虑到横向线应变与纵向线应变的正负号相反，故有

$$\varepsilon_y = \varepsilon_z = -\mu\varepsilon_x = -\mu \frac{\sigma}{E} \tag{3-13}$$

式（3-13）表明，一点处的横向线应变与该点处的纵向正应力成正比，但符号相反。

弹性模量 E 和泊松比 μ 都是材料的弹性常数，表 3-1 给出了工程上常用材料的 E 和 μ 的约值。

表 3-1　常用材料弹性模量及泊松比

材料名称	弹性模量 E/GPa	泊松比 μ	材料名称	弹性模量 E/GPa	泊松比 μ
Q235 钢	$200 \sim 210$	$0.24 \sim 0.28$	铜	108	$0.31 \sim 0.34$
45 钢	205	$0.24 \sim 0.28$	铅	16	0.42
16Mn 钢	200	$0.25 \sim 0.30$	玻璃	55	0.25
40CrNiMoA 钢	210	$0.25 \sim 0.30$	橡胶	0.0078	0.47
灰口铸铁	$60 \sim 162$	$0.23 \sim 0.27$	混凝土	$15.2 \sim 36$	$0.16 \sim 0.18$
球墨铸铁	$150 \sim 180$	$0.28 \sim 0.29$	木材（顺纹）	$9.8 \sim 11.8$	
铝合金	$70 \sim 72$	0.33	木材（横纹）	$0.49 \sim 0.98$	

三、拉压杆的位移

物体变形后，在物体上的一些点、一些线或面就可能发生空间位置的改变，这种空间位置的改变称为位移。产生位移的原因是杆件的变形，杆件变形的结果是引起杆件中的一些点、面、线发生位移。

利用杆件的变形公式可以求取杆件上某一点或某一横截面的位移。如图 3-14（a）所示结构在外力 F 作用下，现求 B 点的水平位移和铅垂位移。

假设两杆弹性模量均为 E，横截面面积均为 A，AB 杆长度为 l_1，BC 杆长度为 l_2，两杆夹角为 α。首先以 B 为研究对象，进行受力分析，如图 3-14（b）所示，AB 杆受拉力 F_1，BC 杆受压力 F_2。然后利用胡克定律求两杆的变形量，其中 AB 杆伸长 Δl_1，BC 杆缩短 Δl_2。

$$\Delta l_1 = \frac{F_1 l_1}{EA}, \quad \Delta l_2 = \frac{F_2 l_2}{EA}$$

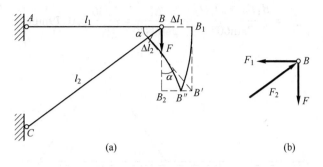

图 3-14　利用变形求位移

分别以 A、C 为圆心，以 $l_1+\Delta l_1$、$l_2-\Delta l_2$ 为半径画弧，两弧交点 B'' 即为变形后 B 点的位置。在小变形条件下，为简化计算，通常用过 B_1 和 B_2 的切线代替弧线，得到变形后 B 点的近似位置 B'，下面求 B 点的水平位移 u_B 和铅垂位移 v_B。

$$u_B = BB_1 = \Delta l_1 = \frac{F_1 l_1}{EA}$$

$$v_B = BB_2 = \Delta l_1 \cot\alpha + \frac{\Delta l_2}{\sin\alpha} = \frac{F_1 l_1 \cos\alpha + F_2 l_2}{EA\sin\alpha}$$

上述利用变形求位移的方法称为小变形放大图法。

【例题 3-6】设横梁 $ABCD$ 为刚梁，横截面面积为 76.36mm^2 的钢索绕过无摩擦的滑轮，如图 3-15（a）所示。设 $F=20$kN，钢索的 $E=177$GPa，试求钢索的应力和 C 点的垂直位移。（图中未注尺寸单位为 mm。）

解： 以 $ABCD$ 为对象，受力如图 3-15（b）所示，根据平衡方程求钢索内力。

$$\sum M_A = 0.8F_{\text{T}}\sin 60° - 1.2F + 1.6F_{\text{T}}\sin 60° = 0$$

$$F_{\text{T}} = \frac{F}{\sqrt{3}} = 11.55\text{kN}$$

钢索的应力为

$$\sigma = \frac{F_{\text{T}}}{A} = \frac{11.55}{76.36} \times 10^9 = 151\text{MPa}$$

钢索的伸长为

$$\Delta l = \frac{F_{\text{T}}l}{EA} = \frac{11.55 \times 1.6}{76.36 \times 177} = 1.36\text{mm}$$

变形如图 3-15（c）所示，C 点的垂直位移为

$$\Delta_C = CC_1 = \frac{BB_1 + DD_1}{2}$$

分别过 B 点和 D 点作 B_1G 和 D_1G 的垂线（以切线代替弧线），由几何关系可得

$$BB_1 = \frac{B_1B_2}{\sin 60°}, \quad DD_1 = \frac{D_1D_2}{\sin 60°}$$

$$\Delta_C = \frac{B_1 B_2 + D_1 D_2}{2\sin 60°} = \frac{\Delta l}{2\sin 60°} = \frac{1.36}{\sqrt{3}} = 0.79 \text{mm}$$

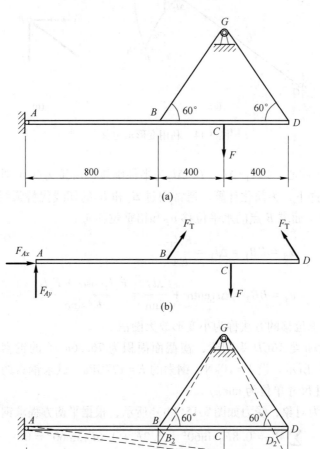

图 3-15　例题 3-6 图

四、轴向拉伸与压缩时的应变能

固体受外力作用而变形，在变形过程中，外力所做的功转变为储存于固体内的能量，固体在外力作用下，因变形而储存的能量称为变形能或应变能，用 V_ε 表示。

变形能有弹性变形能与塑性变形能。当外力逐渐减小时，变形逐渐减小，固体会释放出部分能量而做功，这部分能量为弹性变形能。

如图 3-16（a）所示为轴向拉伸时长度为 $\text{d}x$ 的微段，在轴力 $F_N(x)$ 作用下，变形量为 $\Delta(\text{d}x)$，在弹性范围内轴力 $F_N(x)$ 与变形 $\Delta(\text{d}x)$ 成正比，如图 3-16（b）所示，此时力所做的功为

$$\text{d}W = \frac{1}{2} F_N(x) \Delta(\text{d}x)$$

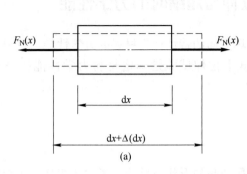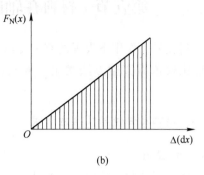

图 3-16　轴向拉伸时的应变能

不计能量损耗时，力的功等于应变能，故

$$dV_\varepsilon = dW = \frac{1}{2} F_N(x) \Delta(dx)$$

根据胡克定律

$$\Delta(dx) = \frac{F_N(x)}{EA} dx$$

微段的应变能为

$$dV_\varepsilon = \frac{F_N^2(x)}{2EA} dx$$

如内力是连续分布的，整个杆件的应变能为

$$V_\varepsilon = \int_l \frac{F_N^2(x)}{2EA} dx$$

如内力为分段常量时，整个杆件的应变能为

$$V_\varepsilon = \sum_{i=1}^{n} \frac{F_{Ni}^2 l_i}{2E_i A_i}$$

工程上将单位体积内的应变能称为应变能密度或比能，用 v_ε 表示，则拉压杆的比能为

$$v_\varepsilon = \frac{dV_\varepsilon}{dV} = \frac{1}{2} \frac{F_N(x)\Delta(dx)}{A dx} = \frac{1}{2}\sigma\varepsilon$$

利用应变能的概念解决与结构物或构件的弹性变形有关问题的方法称为能量法。如例题 3-6 中，求出钢丝绳内力后可计算其应变能，利用功能相等可得

$$\frac{F\Delta_C}{2} = \frac{F_T^2 l}{2EA}$$

C 点的垂直位移为

$$\Delta_C = \frac{F_T^2 l}{FEA} = \frac{11.55^2 \times 1.6}{20 \times 177 \times 76.36} = 0.79\text{mm}$$

第五节　材料在轴向拉伸与压缩时的力学性能

材料在外力作用下表现的有关变形、破坏方面的特性称为材料的力学性能。材料的力学性能主要依靠实验方法测定。常温、静载下拉伸试验是确定材料力学性能的最基本试验。

一、材料拉伸试验的基本要求

（一）试样

试样的形状与尺寸取决于要被试验的金属产品的形状与尺寸。通常从产品、压制坯或铸锭切取样坯经机加工制成试样。根据《金属材料　拉伸试验　第一部分：室温试验方法》（GB/T 228.1），试样截面可以为圆形、矩形、多边形等，一般采用圆形试样，标准试样原始标距 l 与横截面直径 d 之比取 $l/d = 5$ 或 $l/d = 10$ 两种。

（二）试验设备

试验机应按照 GB/T 16825 进行检验，并应为 1 级或优于 1 级准确度。引伸计的准确度级别应符合 GB/T 12160 的要求。应使用楔形夹头、螺纹夹头等合适的夹具夹持试样并尽最大努力确保夹持的试样受轴向拉力的作用。

二、低碳钢拉伸时的力学性能

低碳钢（碳含量低于 0.3% 的碳素钢，牌号 Q235）为典型的塑性材料，在拉伸试验中可得到拉力 F 与伸长量 Δl 的曲线图，如图 3-17 所示，称为拉伸图。

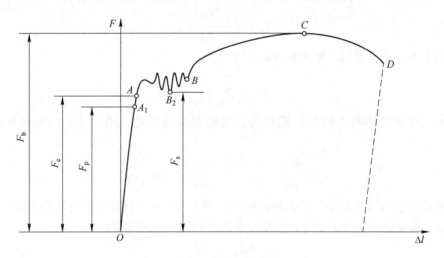

图 3-17　低碳钢拉伸图

由于拉伸图受构件几何尺寸的影响，为研究材料的力学特性，应消除几何尺寸的影响，为此将 F 和 Δl 各除以试样原始面积 A 和原始标距 l 后得到应力 σ 和应变 ε 的曲线图，如图 3-18 所示，在低碳钢的拉伸图和应力-应变图中，均呈现 4 个阶段。

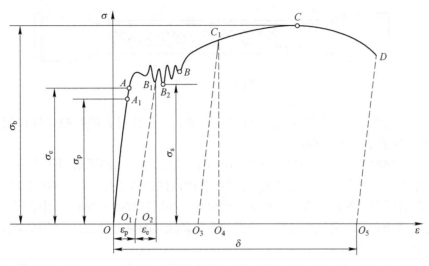

图 3-18　低碳钢应力-应变曲线

（一）弹性阶段（OA 段）

此阶段的变形为弹性变形，即在此阶段任一点卸载，卸载曲线与加载曲线完全重合，也就是变形能够完全恢复。此阶段最大应力即 A 点对应的应力称为弹性极限，用 σ_e 表示，Q235 钢的弹性极限约为 $\sigma_e = 206\text{MPa}$。

在弹性阶段的 OA_1 段，应力与应变成比例，即满足胡克定律

$$\sigma = E\varepsilon$$

式中，E 为材料的弹性模量。A_1 点对应的应力 σ_p 称为比例极限，Q235 钢的比例极限约为 $\sigma_p = 200\text{MPa}$。这一阶段称为线弹性阶段。利用线弹性阶段的这一性质可测定材料的弹性模量，即直线 OA_1 的斜率。

A_1A 段为非线性弹性变形阶段，此时不满足胡克定律，但变形仍然是弹性的。

（二）屈服阶段（AB 段）

过 A 点后，应力变化不大，应变急剧增加，曲线上出现水平锯齿形状，材料失去继续抵抗变形的能力，发生了屈服现象，因此称此阶段为屈服阶段，此时试件的变形为弹塑性变形，例如在曲线上 B_1 点卸载，卸载时应力-应变遵循线性变化规律，即沿与 OA_1 平行的 B_1O_1 到达 O_1，不能恢复的应变 ε_p 称为塑性应变，恢复的应变 ε_e 称为弹性应变。

当材料呈现屈服现象时，在试验期间由于塑性变形发生而力不增加的应力点，称为屈服强度，但应区分上屈服强度和下屈服强度。试样发生屈服而力首次下降前的最高应力称为上屈服强度。在屈服期间，不计初始瞬时效应时的最低应力，称为下屈服强度。工程上常用下屈服强度代表材料的屈服强度，用 σ_s 表示。Q235 钢的屈服强度约为 $\sigma_s = 235\text{MPa}$。

在屈服阶段可观察到在光滑试件表面上出现了大约与试件轴线成 45°角的线条，称为滑移线，如图 3-19 所示，它是屈服时晶格发生相对错动的结果。

（三）强化阶段（BC 段）

过了屈服阶段，材料晶格重组后，又增加了抵抗变形的能力，要使材料继续变形，必须增加拉力，此阶段称为强化阶段。在强化阶段，试样的变形主要是塑性变形，其变形量

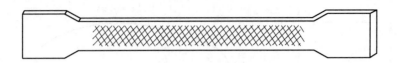

图 3-19 滑移线

要远大于弹性变形。强化阶段 C 点对应的应力最大，称为材料的抗拉强度，用 σ_b 表示。Q235 钢的抗拉强度为 $\sigma_s = 380 \sim 470$MPa。

若在强化阶段某一点（如图 3-18 所示的 C_1）停止加载，并逐渐卸除载荷，则应力与应变之间遵循直线关系，该直线 C_1O_3 与弹性阶段内的直线 OA_1 平行。卸载时应力与应变之间仍遵循直线关系的现象称为材料的卸载规律。如果卸载后再加载，则应力与应变之间基本上还是遵循卸载时的直线规律，一直到开始卸载时的应力为止，继续加载则大体上遵循原来的应力-应变曲线。

若对试样预先施加轴向拉力，使之达到强化阶段，然后卸载，则当再加载时试样在线弹性范围内所能承受的最大载荷将增加，而试样所经受的塑性变形降低，这一现象称为材料的冷作硬化。在工程中常常利用冷作硬化来提高构件在弹性阶段内的承载能力。

（四）颈缩阶段（CD 段）

过 C 点后，试样伸长到一定程度，载荷反而逐渐降低，此时可观察到试件的变形沿长度方向不再是均匀变形，而在某一段内的横截面面积显著收缩，出现如图 3-20 所示的颈缩现象。随着试件颈缩部位截面的急剧缩小，载荷随之下降，最后在颈缩处发生断裂，这一阶段称为颈缩阶段或局部变形阶段。

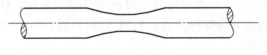

图 3-20 颈缩现象

对低碳钢而言，屈服强度 σ_s 和抗拉强度 σ_b 是衡量材料强度的两个重要指标，由下式计算：

$$\sigma_s = \frac{F_s}{A}, \quad \sigma_b = \frac{F_b}{A} \tag{3-14}$$

式中，F_s、F_b 分别为屈服力和最大力；A 为试样原始横截面面积。

σ-ε 曲线横坐标上的 δ 代表试样拉断后的塑性变形程度，其值等于试样断后标距的伸长（$l_1 - l$）与原始标距 l 之比的百分率，称为断后伸长率或延伸率，即

$$\delta = \frac{l_1 - l}{l} \times 100\% \tag{3-15}$$

此值的大小表示材料在拉断前能发生的最大的塑性变形程度，是衡量材料塑性的一个重要指标。

Q235 钢的断后伸长率一般为 25%~30%。工程上常用断后伸长率将材料分为两大类：$\delta \geqslant 5\%$ 的材料称为塑性材料，如钢、铜、铝等材料；$\delta < 5\%$ 的材料称为脆性材料，如灰口

铸铁、玻璃、岩石等。

衡量材料塑性的另一个指标为断面收缩率 ψ，即试样断裂后试样横截面面积的最大缩减量（$A-A_1$）与原始横截面面积 A 之比的百分率：

$$\psi = \frac{A - A_1}{A} \times 100\% \qquad (3\text{-}16)$$

式中，A_1 为试样拉断后断口处的最小横截面面积。

三、铸铁拉伸时的力学性能

铸铁是工程上广泛应用的一种脆性材料，其拉伸时的 $\sigma\text{-}\varepsilon$ 曲线如图 3-21 所示。

从 $\sigma\text{-}\varepsilon$ 曲线可见，该曲线没有明显的直线部分，应力与应变不成正比关系，但由于拉断时试样的变形很小，且没有明显的屈服阶段和颈缩阶段，工程上通常用割线来近似地代替曲线，从而认为材料服从胡克定律，由割线斜率确定的弹性模量称为割线弹性模量。

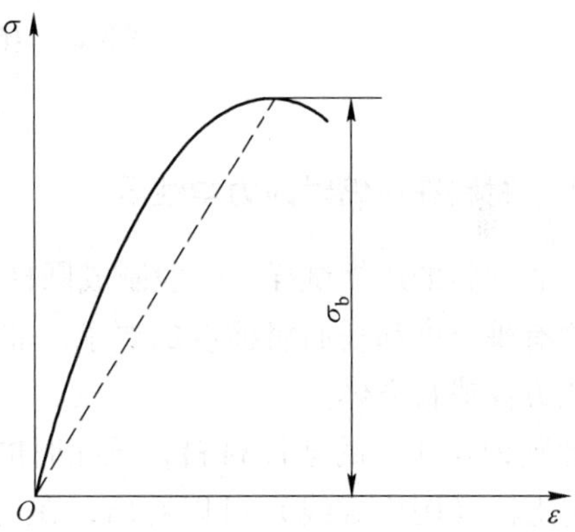

铸铁拉伸在较小的拉力下突然断裂，通常以拉断时的最大应力作为抗拉强度：

$$\sigma_b = \frac{F_b}{A} \qquad (3\text{-}17)$$

图 3-21　铸铁拉伸时的应力-应变曲线

式中，F_b 为铸铁拉伸过程中的最大力。

四、其他材料拉伸时的力学性能

有些材料，如 16Mn 钢，与低碳钢 $\sigma\text{-}\varepsilon$ 曲线相似，在拉伸过程中有明显的 4 个阶段，但其屈服强度和抗拉强度比低碳钢明显提高，而屈服阶段较短，断后伸长率略低，如图 3-22 所示。

有些材料，如黄铜、铝等，没有明显屈服阶段，但其他 3 个阶段却很明显；有些材料，如高碳钢 T10A，只有弹性和强化阶段。

对于没有明显屈服阶段的塑性材料，通常以产生 0.2% 的塑性应变时所对应的应力作为屈服强度，用 $\sigma_{0.2}$ 来表示，如图 3-23 所示，称为规定非比例延伸强度。

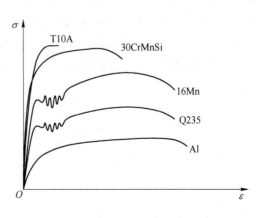

图 3-22　其他材料的应力-应变曲线

从图 3-22 可见，有些材料（如铝）塑性很好，但强度很低；有些材料（如 30CrMnSi）强度很高，但塑性很差。

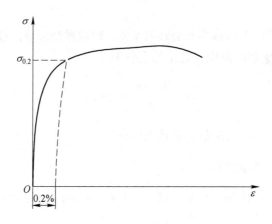

图 3-23　规定非比例延伸强度

五、材料在压缩时的力学性质

金属材料的压缩试样，一般制成圆柱体，圆柱的高度为直径的 1.5～3 倍，试样的上下平面有平行度和表面粗糙度的要求。非金属材料（如混凝土、岩石）的压缩试样通常制成正方体或长方体。

低碳钢是典型的塑性材料，压缩时的应力-应变曲线如图 3-24 所示。与拉伸时的 σ-ε 曲线比较（图中虚线）可以看出，在屈服阶段之前，两曲线基本重合，而且 σ_p、σ_s、E 与拉伸时大致相等。屈服阶段不像拉伸时呈现多个水平锯齿，通常是一个锯齿或平台。在屈服之后，试件越压越扁，呈现鼓形，最后被压成薄饼状，但并不断裂，因此测不出抗压强度。

铸铁是典型的脆性材料，压缩时的 σ-ε 曲线如图 3-25 所示，与拉伸曲线（图中虚线）相同之处是没有明显的直线部分，也没有屈服阶段。但压缩时有显著的塑性变形，随着压力增加，试件略呈鼓形，最后在很小的塑性变形下突然断裂，破坏断面与轴线大致成 45°～55° 的倾角。压缩时的抗压强度 σ_{bc} 比抗拉强度 σ_{bt} 高 3～6 倍。铸铁坚硬、耐磨，易浇铸成型，有良好的吸振能力，故宜用作机身、机座、轴承座及缸体等受压物件。

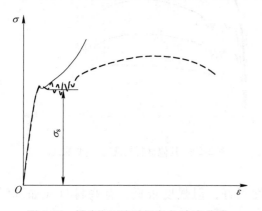

图 3-24　低碳钢压缩时的应力-应变曲线

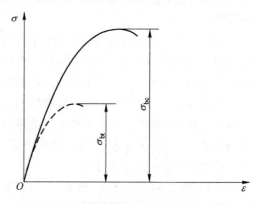

图 3-25　铸铁压缩时的应力-应变曲线

六、温度对材料力学性能的影响

工程中的许多结构处于高温或低温环境，如发动机、核反应堆、化工设备、火箭和飞机等。温度对材料的各种力学性能都有影响。就金属而言，温度升高往往使其弹性模量和强度减小，断后伸长率加大，蠕变和松弛现象更加明显，而温度降低则往往使材料脆化。

在选择工程材料时必须考虑到每一种材料只是在一定的温度范围内具有较高的强度。如某些普通塑料只能在40℃以下使用，超出此范围，强度会明显降低，甚至不能保持自身形状。多数铝合金在200℃以上强度会明显下降，在低温下，抗拉能力会显著下降而容易发生脆断。

对于各种在高温或低温下工作的材料，必须通过试验测定其力学性能，试验的加载方式与常温试验大体相同。

七、蠕变和应力松弛

材料在保持应力不变的条件下，应变随时间延长而增加的现象称为蠕变。它与塑性变形不同，塑性变形通常在应力超过弹性极限之后才出现，而蠕变是只要应力的作用时间足够长，即使在应力小于弹性极限时也能出现。许多材料（如金属、塑料、岩石和冰）在一定条件下都表现出蠕变的性质，岩石在地质条件下的蠕变可以产生相当大的变形而所需要的应力却不一定很大。

应力越大，蠕变的总时间越短；应力越小，蠕变的总时间越长。但是每种材料都有一个最小应力值，应力低于该值时不论经历多长时间也不破裂，或者说蠕变时间无限长，这个应力值称为该材料的长期强度。岩石的长期强度约为其极限强度的2/3。由蠕变导致的材料的断裂，称为蠕变断裂。

在维持恒定变形的材料中，应力会随时间的延长而减小，这种现象为应力松弛。某些材料即使在室温下也会发生非常缓慢的应力松弛现象，在高温下这种现象更加明显。应力松弛现象在工业设备的零件中是较为普遍存在的。例如，高温管道接头螺栓需定期拧紧，以免因应力松弛而发生泄漏事故。

第六节　轴向拉伸与压缩时的强度计算

一、安全系数和许用应力

材料在外力作用下丧失正常工作能力时的应力称为极限应力，用 σ_u 表示。极限应力可通过材料的力学性能试验来测定。对于塑性材料，当其达到屈服而发生显著的塑性变形时，可认为材料丧失了正常的工作能力，即失效，所以通常取屈服强度 σ_s 作为极限应力 σ_u；对于无明显屈服阶段的塑性材料，则取对应于塑性应变为 0.2% 时的应力 $\sigma_{0.2}$ 为极限应力 σ_u。对于脆性材料，由于材料在破坏前不会产生明显的塑性变形，只有在断裂时才丧失正常工作能力，所以取抗拉强度 σ_{bt}（拉伸时）或抗压强度 σ_{bc}（压缩时）为极限应力 σ_u。

为了保障构件在工作时有足够的强度，构件在外力作用下的工作应力必须小于极限应力。为确保安全，构件还应有一定的安全储备。在强度计算中把极限应力 σ_u 除以一个大于 1 的因数 n，得到的应力值称为许用应力，用 $[\sigma]$ 表示，即

$$[\sigma] = \frac{\sigma_u}{n} \tag{3-18}$$

式中，大于 1 的因数 n 为安全因数，对于塑性材料，安全因数也称屈服安全因数，用 n_s 表示，取值范围为 $n_s = 1.2 \sim 3$。对于脆性材料，安全因数也称断裂安全因数，用 n_b 表示，取值范围为 $n_b = 2 \sim 5$。

因此式（3-18）也可写为

$$[\sigma] = \begin{cases} \dfrac{\sigma_s}{n_s} & （塑性材料） \\[3mm] \dfrac{\sigma_b}{n_b} & （脆性材料） \end{cases}$$

对于脆性材料，拉伸时的许用应力为许用拉应力，用 $[\sigma_t]$ 表示；压缩时许用压应力用 $[\sigma_c]$ 表示。

工程中确定安全因数时应考虑的因素：

（1）载荷估计的准确性。

（2）简化过程和计算方法的精确性。

（3）材料的均匀性。

（4）构件的重要性。

（5）静载与动载的效应、磨损、腐蚀等。

二、强度条件

强度条件是保证构件不发生强度失效并有一定安全余量的条件准则。轴向拉压杆的强度条件为

$$\sigma_{max} \leqslant [\sigma] \tag{3-19}$$

式中，$[\sigma]$ 为材料的许用应力；σ_{max} 为受力构件内危险点的最大工作应力。对于等截面直杆，轴力最大的截面为危险截面，强度条件为

$$\sigma_{max} = \frac{F_{Nmax}}{A} \leqslant [\sigma] \tag{3-20}$$

依强度条件可进行 3 种类型的强度计算：

（1）校核强度。已知轴向拉压杆的横截面形状和尺寸（可求出面积）、外力（可求出最大轴力）、材料（许用应力），检验构件能否满足强度条件，如满足，构件可安全工作，否则不能安全工作。

（2）设计截面尺寸。已知拉压杆所受的外力（可求出轴力）、材料的许用应力，根据强度条件求出最小面积，然后设计横截面尺寸，表达式为

$$A \geqslant \frac{F_{Nmax}}{[\sigma]}$$

（3）确定许可载荷。已知轴向拉压杆的横截面形状和尺寸（可求出面积）、材料的许

用应力，计算杆件能承受的许可轴力 $[F_N]$，再根据轴力与外力的关系确定许可载荷 $[F]$，表达式为

$$[F_N] = A[\sigma], \quad [F_N] \rightarrow [F]$$

强度条件是安全与经济的统一。

【例题 3-7】 钢木构架如图 3-26（a）所示，BC 杆为钢制圆杆，AB 杆为木杆。若 $F = 10\text{kN}$，木杆 AB 的横截面面积 $A_{AB} = 10000\text{mm}^2$，许用应力 $[\sigma_{AB}] = 7\text{MPa}$；钢杆 BC 的横截面面积为 $A_{BC} = 600\text{mm}^2$，长度 $l_{BC} = 2\text{m}$，许用应力 $[\sigma_{BC}] = 160\text{MPa}$。试：（1）校核各杆的强度。（2）求该构架的许可载荷 $[F]$。（3）根据许可载荷，设计 BC 杆的直径。

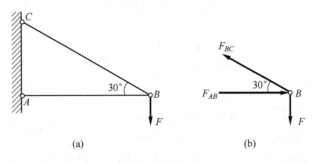

图 3-26　例题 3-7 图

解：（1）校核两杆强度。

为校核两杆强度，必须先知道两杆的应力，然后根据强度条件进行验算。而要计算杆内应力，须求出两杆的内力。选节点 B 为研究对象，受力如图 3-26（b）所示，列出静力平衡方程

$$\sum F_y = 0, \quad F_{BC}\sin30° - F = 0, \quad F_{BC} = 20\text{kN}$$

$$\sum F_x = 0, \quad F_{AB} - F_{BC}\cos30° = 0, \quad F_{AB} = 10\sqrt{3}\,\text{kN}$$

两杆横截面上的正应力分别为

$$\sigma_{AB} = \frac{F_{AB}}{A_{AB}} = \frac{10\sqrt{3} \times 10^3}{10000 \times 10^{-6}} = 1.73\text{MPa} < [\sigma_{AB}] = 7\text{MPa}$$

$$\sigma_{BC} = \frac{F_{BC}}{A_{BC}} = \frac{20 \times 10^3}{600 \times 10^{-6}} = 33.3\text{MPa} < [\sigma_{BC}] = 160\text{MPa}$$

结论：结构安全。

（2）求许可载荷。

根据上述计算可知，两杆内的正应力都远低于材料的许用应力，强度还没有充分发挥。因此，悬吊的重量还可以大大增加。下面计算 B 点处的许可载荷。

根据 AB 杆的强度计算：

$$[F_{AB}] = A_{AB}[\sigma_{AB}] = 10000 \times 10^{-6} \times 7 \times 10^6 = 70\text{kN}$$

$$[F] = \frac{[F_{AB}]}{\sqrt{3}} = 40.4\text{kN}$$

根据 BC 杆的强度计算：

$$[F_{BC}] = A_{BC}[\sigma_{BC}] = 600 \times 10^{-6} \times 160 \times 10^{6} = 96\text{kN}$$

$$[F] = \frac{[F_{BC}]}{2} = 48\text{kN}$$

根据这一计算结果，若以 BC 杆为准，取 $[F]=48\text{kN}$，则 AB 杆的强度就会不足。因此，为了结构的安全起见，取 $[F]=40.4\text{kN}$ 为宜。这样，对木杆 AB 来说，恰到好处，但对钢杆 BC 来说，强度仍是有余的，钢杆 BC 的截面还可以减小。

（3）根据许可载荷设计钢杆 BC 的直径。

因为 $[F]=40.4\text{kN}$，所以

$$F_{BC} = 2F = 80.8\text{kN}$$

根据强度条件

$$\sigma_{BC} = \frac{F_{BC}}{A_{BC}} = \frac{4F_{BC}}{\pi d^2} \leqslant [\sigma_{BC}]$$

钢杆 BC 的直径为

$$d \geqslant \sqrt{\frac{4F_{BC}}{\pi[\sigma_{BC}]}} = \sqrt{\frac{4 \times 80.8 \times 10^3}{\pi \times 160 \times 10^6}} = 2.54 \times 10^{-2}\text{m} = 25.4\text{mm}$$

【例题 3-8】 已知如图 3-27（a）所示结构中 AB 与 CD 为刚杆，BC 杆和 EF 杆为圆截面杆，直径均为 $d=30\text{mm}$，$[\sigma]=160\text{MPa}$，试求结构所能承受的许可载荷。（图中尺寸单位为 mm。）

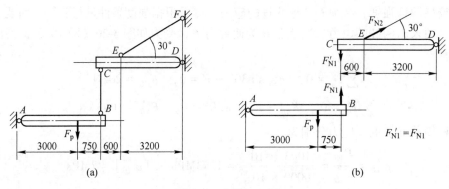

图 3-27 例题 3-8 图

解：分别选 AB、CD 为研究对象，受力如图 3-27（b）所示。

$$\sum M_A = 0, \quad F_{N1} = \frac{3F_p}{3.75} = 0.8F_p$$

$$\sum M_D = 0, \quad 3.8F_{N1} = 3.2F_{N2}\sin30°, \quad F_{N2} = 1.9F_p$$

因为 BC 杆和 EF 杆的材料和截面形状及尺寸均相同，故受力大的 EF 杆为危险杆。

$$\frac{F_{N2}}{\frac{\pi d^2}{4}} \leqslant [\sigma], \quad \frac{1.9F_p \times 4}{\pi d^2} \leqslant [\sigma], \quad F_p \leqslant \frac{\pi \times 0.03^2 \times 160 \times 10^6}{1.9 \times 4} = 59.53\text{kN}$$

$$[F_p] = 59.53\text{kN}$$

第七节　拉压超静定问题

一、拉压超静定问题的解法

杆件或杆系结构的约束反力、各杆的内力能用静力平衡方程求解的问题称为静定问题。这类结构称为静定结构。如图 3-28（a）所示的结构，取 A 为对象，根据平衡方程即可求出 1 杆和 2 杆的轴力。

杆件或杆系结构的约束反力、各杆的内力不能用静力平衡方程求解的问题称为超静定问题。这类结构称为超静定结构。超静定问题的未知力的数目超过平衡方程的数目，通常把未知力多于静力平衡方程的数目称为超静定次数。为提高图 3-28（a）所示结构的强度和刚度，可在中间加 3 杆，如图 3-28（b）所示，三个未知内力，两个平衡方程（平面汇交力系），为一次超静定结构。

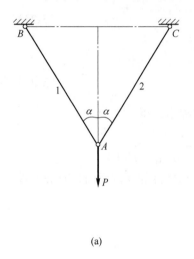 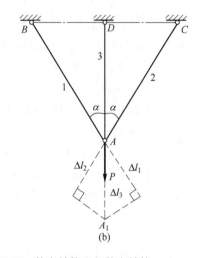 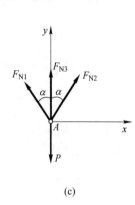

图 3-28　静定结构和超静定结构

超静定问题的一般解法：

（1）选研究对象，作受力图，建立静力平衡方程。

（2）根据变形条件建立变形协调方程，也称几何方程。

（3）根据力与变形间的关系建立物理方程。

（4）利用物理方程将几何方程改写为所需的补充方程。

（5）联立求解由平衡方程、补充方程组成的方程组，最终解出未知力。

（6）进行应力、强度、变形等计算。

【例题 3-9】设 1、2、3 三杆用铰链连接如图 3-28（b）所示，已知各杆长为 l_1、l_2、l_3（其中 $l_1 = l_2$）；各杆面积为 A_1、A_2、A_3（其中 $A_1 = A_2$）；各杆弹性模量为 E_1、E_2、E_3（其中 $E_1 = E_2$）；角度 α。外力 P 沿铅垂方向，试求各杆的内力。

解：（1）静力平衡方程。选 A 为研究对象，受力如图 3-28（c）所示，列静力平衡方程

$$\sum F_x = 0, \quad -F_{N1}\sin\alpha + F_{N2}\sin\alpha = 0$$

$$F_{N1} = F_{N2} \tag{3-21}$$

$$\sum F_y = 0, \quad F_{N1}\cos\alpha + F_{N2}\cos\alpha + F_{N3} - P = 0$$

$$2F_{N1}\cos\alpha + F_{N3} = P \tag{3-22}$$

F_{N1}、F_{N2}、F_{N3}、P 组成一汇交力系，三个未知力，只有两个平衡方程，为一次超静定问题。必须从变形间的协调关系入手建立一个补充方程，方可求解。

（2）变形协调方程。由于三杆均为受拉，设三杆伸长量分别为 Δl_1、Δl_2、Δl_3，作出变形后的图线，如图 3-28（b）所示的虚线，根据几何关系可得

$$\Delta l_1 = \Delta l_2 = \Delta l_3 \cos\alpha \tag{3-23}$$

由于 Δl_1、Δl_2、Δl_3 不是所要求的未知量，只有通过物理方程才能把变形用未知力来表示。

（3）物理方程。根据胡克定律可得到用轴力表示的变形

$$\Delta l_1 = \frac{F_{N1} l_1}{E_1 A_1}, \quad \Delta l_3 = \frac{F_{N3} l_3}{E_3 A_3} \tag{3-24}$$

（4）建立补充方程。将式（3-24）代入式（3-23）得

$$\frac{F_{N1} l_1}{E_1 A_1} = \frac{F_{N3} l_3}{E_3 A_3}\cos\alpha \tag{3-25}$$

联立解由式（3-21）、式（3-22）、式（3-25）组成的方程组，得

$$F_{N1} = F_{N2} = \frac{E_1 A_1 P \cos^2\alpha}{2E_1 A_1 \cos^3\alpha + E_3 A_3}, \quad F_{N3} = \frac{E_3 A_3 P}{2E_1 A_1 \cos^3\alpha + E_3 A_3}$$

由解答结果可见，超静定问题的内力与材料的弹性模量和杆件的横截面面积有关，即与杆件的抗拉刚度有关；且刚度越大，分配的内力越大。

二、装配应力

对于超静定结构，由于制造误差，在装配后，结构虽未承载，但各杆内已有内力存在，从而引起应力，这种因装配而引起的应力称为装配应力。

【例题 3-10】在例题 3-9 所示结构中，3 杆长度在制造过程中，比设计时的 l_3 短了 δ，如图 3-29（a）所示，求装配后各杆的应力。

解：（1）静力平衡方程。图 3-29（b）为装配后的结构图，1 杆和 2 杆收缩，3 杆伸长，铰接点成为 A_1 点。选 A_1 为研究对象，受力如图 3-29（c）所示，列静力平衡方程

$$\sum F_x = 0, \quad F_{N1}\sin\alpha - F_{N2}\sin\alpha = 0 \tag{3-26}$$

$$\sum F_y = 0, \quad -F_{N1}\cos\alpha - F_{N2}\cos\alpha + F_{N3} = 0 \tag{3-27}$$

（2）变形协调方程。由于 1、2 杆受压，3 杆受拉，设三杆变形量分别为 Δl_1、Δl_2、Δl_3，作出变形后的图线，如图 3-29（d）所示，根据几何关系可得

$$(\delta - \Delta l_3)\cos\alpha = \Delta l_1 = \Delta l_2 \tag{3-28}$$

（3）物理方程。

$$\Delta l_1 = \frac{F_{N1} l_1}{E_1 A_1}, \quad \Delta l_3 = \frac{F_{N3} l_3}{E_3 A_3} \tag{3-29}$$

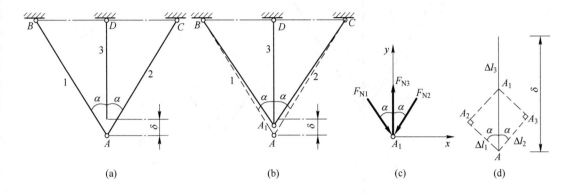

图 3-29 装配应力

（4）补充方程。将式（3-29）代入式（3-28）得

$$\frac{F_{N1}l_1}{E_1A_1} = \left(\delta - \frac{F_{N3}l_3}{E_3A_3}\right)\cos\alpha \tag{3-30}$$

联立求解式（3-26）、式（3-27）、式（3-30）组成的方程组，得

$$F_{N1} = F_{N2} = \frac{\delta}{l_3}\frac{E_1A_1\cos^2\alpha}{1 + \frac{2E_1A_1}{E_3A_3}\cos^3\alpha}, \quad F_{N3} = \frac{\delta}{l_3}\frac{2E_1A_1\cos^3\alpha}{1 + \frac{2E_1A_1}{E_3A_3}\cos^3\alpha}$$

装配应力的存在一般是不利的，因为未受力而出现初应力。工程中有时利用装配应力，如机械制造上的紧配合和土木建筑上的预应力。

三、温度应力

在超静定结构中，由于温度变化，构件产生伸长或缩短，而当伸缩受到限制时，构件内部便产生应力，这种由于温度改变而在杆内引起的应力称为温度应力。

【例题 3-11】 如图 3-30（a）所示结构，1、2 杆的尺寸及材料都相同，当结构温度由 T_1 变到 T_2 时，试求各杆的温度应力（各杆的线膨胀系数分别为 α_i；$\Delta T = T_2 - T_1$）。

解：（1）静力平衡方程。设三杆均受拉力作用，选 A 为研究对象，受力如图 3-30（b）所示，列静力平衡方程

$$\sum F_x = 0, \quad F_{N2}\sin\beta - F_{N1}\sin\beta = 0 \tag{3-31}$$

$$\sum F_y = 0, \quad F_{N1}\cos\beta + F_{N2}\cos\beta + F_{N3} = 0 \tag{3-32}$$

（2）变形协调方程。由于约束的作用，三杆均不允许自由伸长，三杆变形后如图 3-30（a）中虚线所示，变形协调方程为

$$\Delta l_1 = \Delta l_2 = \Delta l_3\cos\beta \tag{3-33}$$

（3）物理方程。每杆的变形由温度引起的变形和内力引起的变形两部分组成，即

$$\Delta l_i = \frac{F_{Ni}l_i}{E_iA_i} + \Delta T\alpha_i l_i \tag{3-34}$$

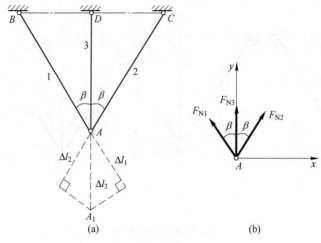

图 3-30 温度应力

（4）补充方程。将式（3-34）代入式（3-33）得

$$\frac{F_{N1}l_1}{E_1A_1} + \Delta T\alpha_1 l_1 = \left(\frac{F_{N3}l_3}{E_3A_3} + \Delta T\alpha_3 l_3\right)\cos\beta \tag{3-35}$$

联立解由式（3-31）、式（3-32）、式（3-35）组成的方程组，得

$$F_{N1} = F_{N2} = -\frac{E_1A_1(\alpha_1 - \alpha_3 \cos^2\beta)\Delta T}{1 + \dfrac{2E_1A_1}{E_3A_3}\cos^3\beta}, \quad F_{N3} = \frac{2E_1A_1(\alpha_1 - \alpha_3 \cos^2\beta)\Delta T\cos\beta}{1 + \dfrac{2E_1A_1}{E_3A_3}\cos^3\beta}$$

温度应力为

$$\sigma_1 = \sigma_2 = -\frac{E_1(\alpha_1 - \alpha_3 \cos^2\beta)\Delta T}{1 + \dfrac{2E_1A_1}{E_3A_3}\cos^3\beta}, \quad \sigma_3 = \frac{2E_1A_1(\alpha_1 - \alpha_3 \cos^2\beta)\Delta T\cos\beta}{A_3 + \dfrac{2E_1A_1}{E_3}\cos^3\beta}$$

自 测 题 1

一、判断题（正确写 T，错误写 F。每题 2 分，共 10 分）

1. 轴力的大小与外力有关，与杆件的强度和刚度无关。（　　）

2. 低碳钢材料由于冷作硬化，会使比例极限提高，而使塑性降低。（　　）

3. 受轴向拉伸的杆件，在比例极限内受力，若要减小其纵向变形，则需减小杆件的抗拉刚度。（　　）

4. 两根材料不同、长度和横截面面积相同的杆件，受相同轴向力作用，则材料的许用应力相同。（　　）

5. 杆件在轴向拉压时最大正应力发生在横截面上。（　　）

二、单项选择题（每题 2 分，共 10 分）

1. 关于低碳钢和铸铁在拉伸时的实验现象和结果的说法，错误的是（　　）。

　　A. 低碳钢拉伸经历弹性阶段、屈服阶段、强化阶段和颈缩阶段

　　B. 低碳钢破断时有很大的塑性变形，其断口为杯状

C. 铸铁拉伸经历弹性阶段、屈服阶段、强化阶段

D. 铸铁破断时没有明显的塑性变形，其断口呈颗粒状

2. 轴向拉压杆在外力和横截面面积均相等的前提下，关于矩形、正方形、圆形三种截面的应力大小的关系，正确的是（   ）。

A. $\sigma_矩 = \sigma_正 = \sigma_圆$　　　B. $\sigma_矩 > \sigma_正 > \sigma_圆$　　　C. $\sigma_矩 = \sigma_正 > \sigma_圆$　　　D. $\sigma_矩 < \sigma_正 < \sigma_圆$

3. 两根截面面积、长度及承受的轴向拉力均相等的直杆，如材料不同，下列结论中，正确的是（   ）。

A. 绝对变形不等，截面上应力也不相同　　　　　B. 绝对变形不等，但截面上应力相同

C. 二者强度不等，但绝对变形相同　　　　　　　D. 绝对变形、截面应力及强度均相同

4. 已知材料的比例极限 $\sigma_p = 200\text{MPa}$，弹性模量 $E = 200\text{GPa}$，屈服强度 $\sigma_s = 235\text{MPa}$，强度极限 $\sigma_b = 376\text{MPa}$，下列结论中，正确的是（   ）。

A. 若安全因数 $n = 2$，则 $[\sigma] = 188\text{MPa}$

B. 若 $\varepsilon = 1.1 \times 10^{-3}$，则 $\sigma = E\varepsilon = 220\text{MPa}$

C. 若安全因数 $n = 1.1$，则 $[\sigma] = 213.6\text{MPa}$

D. 若加载到应力超过 200MPa，卸载后，试件的变形必不能完全消失

5. 两根材料弹性模量 E 不同、截面面积 A 也不同的杆，若承受相同的轴向载荷，则两杆截面内（   ）。

A. 内力相同，应力相同　　　　　　　　　　　B. 内力相同，应力不同

C. 内力不同，应力不同　　　　　　　　　　　D. 内力不同，应变不同

三、填空题（每题 4 分，共 20 分）

1. 标距为 100mm 的标准试件，直径为 10mm，拉断后测得伸长后的标距为 123mm，颈缩处的最小直径为 6.4mm，则该材料的 $\delta =$ _____，$\psi =$ _____。

2. 阶梯杆受力如图 3-31 所示，设 AB 和 BC 段的横截面面积分别为 2A 和 A，弹性模量为 E，则截面 C 的位移为 _____。

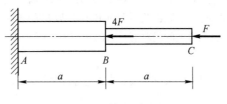

图 3-31　填空题 2 图

3. 如图 3-32 所示阶梯形拉杆，$AB = l_1$，$BC = l_2$，$CD = l_3$。AB 段为铜，BC 段为铝，CD 段为钢，在力 F 的作用下应变分别为 ε_1、ε_2、ε_3，则杆 AD 的总变形 $\Delta l =$ _____。

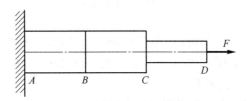

图 3-32　填空题 3 图

4. 如图 3-33 所示由 1 和 2 两杆组成的支架，从材料性能和经济性两方面考虑，现有低碳钢和铸铁两种材

料可供选择，合理的选择是 1 杆为_____，2 杆为_____。

5. 如图 3-34 所示受力结构中，若 1 杆和 2 杆的抗拉（压）刚度 EA 相同，则节点 A 的铅垂位移为_____。

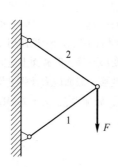

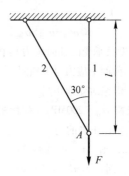

图 3-33 填空题 4 图   图 3-34 填空题 5 图

四、计算题（每题 10 分，共 60 分）

1. 试求如图 3-35 所示杆件 1-1、2-2、3-3 截面上的轴力，并作杆件的轴力图。

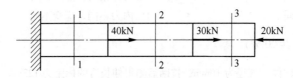

图 3-35 计算题 1 图

2. 如图 3-36 所示变截面直杆，ADE 段为铜制，EBC 段为钢制；在 A、D、B、C 四处承受轴向载荷。已知 ADEB 段杆的横截面面积 $A_{AB}=10\times10^2$ mm^2，BC 段杆的横截面面积 $A_{BC}=5\times10^2$ mm^2；$F_p=60$kN；铜的弹性模量 $E_c=100$GPa，钢的弹性模量 $E_s=210$GPa；各段杆的长度如图所示，单位为 mm。试：（1）作轴力图。（2）求直杆横截面上的绝对值最大的正应力。（3）求直杆的总变形量。

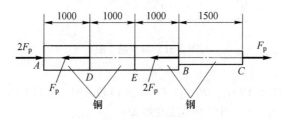

图 3-36 计算题 2 图

3. 一木柱受力如图 3-37 所示。柱的横截面为边长 200mm 的正方形，材料可认为符合胡克定律，其弹性模量 $E=10$GPa。如不计柱的自重，试：（1）作轴力图。（2）求各段柱横截面上的应力。（3）求各段柱的纵向线应变。（4）求柱的总变形。

4. 某拉伸试验机的结构示意图如图 3-38 所示。设试验机的 CD 杆与试样 AB 材料同为低碳钢，其 $\sigma_p=$ 200MPa，$\sigma_s=240$MPa，$\sigma_b=400$MPa。试验机最大拉力为 100kN。（1）用这一试验机作拉断试验时，试样直径最大可达多少？（2）若设计时取试验机的安全因数 $n=2$，则 CD 杆的横截面面积为多少？（3）若试样直径 $d=10$mm，现欲测弹性模量 E，则所加载荷最大不能超过多少？

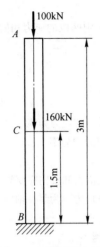

图 3-37　计算题 3 图

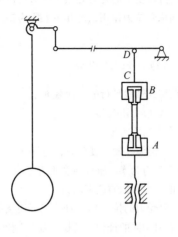

图 3-38　计算题 4 图

5. 如图 3-39 所示三角形支架，在 B 端装一滑轮，AB 为圆钢杆，直径 d = 2cm，许用应力 $[\sigma]$ = 160MPa；BC 为正方形木杆，边长 a = 6cm，许用拉应力为 $[\sigma_t]$ = 6MPa，许用压应力 $[\sigma_c]$ = 12MPa。若不计滑轮摩擦，试求许可载荷 $[P]$。

6. 如图 3-40 所示结构中，AB 为水平放置的刚性杆，1、2、3 杆材料相同，其弹性模量 E = 210GPa，已知 l = 1m，A_1 = A_2 = 100mm²，A_3 = 150mm²，F = 20kN，试求 C 点的水平位移和铅垂位移。

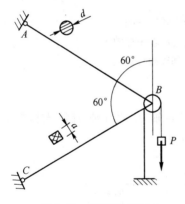

图 3-39　计算题 5 图

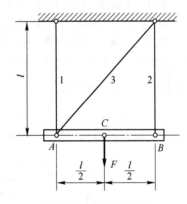

图 3-40　计算题 6 图

自 测 题 2

一、判断题（正确写 T，错误写 F。每题 2 分，共 10 分）

1. 在轴向拉伸（压缩）的杆件内，只有正应力，没有切应力。（　　）

2. 一拉伸杆件，弹性模量 E = 200GPa，比例极限 σ_p = 200MPa。现测得其轴向线应变 ε = 0.0015，则其横截面上的正应力为 σ = $E\varepsilon$ = 300MPa。（　　）

3. 一等直杆的横截面形状为任意三角形，当轴力作用线通过该三角形的形心时，其横截面上的正应力均匀分布。（　　）

4. 使杆件产生轴向拉压变形的外力必须是一对沿杆轴线的集中力。（　　）

5. 一等直杆在两端承受拉力作用，若其一半段为钢，另一半段为铝，则两段的应力相同，变形不相同。
（　　）

二、单项选择题（每题 2 分，共 10 分）

1. 轴向拉压杆，在与其轴线平行的纵向截面上（　　）。
   A. 正应力为零，切应力不为零　　　　　　　　B. 正应力不为零，切应力为零
   C. 正应力和切应力均不为零　　　　　　　　　D. 正应力和切应力均为零

2. 直杆的两端固定，当温度发生变化时，直杆（　　）。
   A. 横截面上的正应力为零、轴向应变不为零　　B. 横截面上的正应力和轴向应变均不为零
   C. 横截面上的正应力和轴向应变均为零　　　　D. 横截面上的正应力不为零、轴向应变为零

3. 对于在弹性范围内受力的拉（压）杆，以下说法中，错误的是（　　）。
   A. 长度相同、受力相同的杆件，抗拉（压）刚度越大，轴向变形越小
   B. 材料相同的杆件，正应力越大，轴向正应变也越大
   C. 杆件受力相同，横截面面积相同但形状不同，其横截面上轴力相等
   D. 正应力是由于杆件所受外力引起的，故只要所受外力相同，正应力也相同

4. 在其他条件不变时，若受轴向拉伸的杆件的面积增大一倍，则杆件横截面上的正应力将减少（　　）。
   A. 1 倍　　　　　　　　B. 1/2　　　　　　　　C. 2/3　　　　　　　　D. 1/4

5. 两根拉杆的材料、横截面面积和受力均相同，而一杆的长度为另一杆长度的 2 倍，以下关于两杆轴
   力、横截面上正应力、轴向正应变和轴向变形的说法，正确的是（　　）。
   A. 两杆的轴力、正应力、正应变和轴向变形都相同
   B. 两杆的轴力、正应力相同，而长杆的正应变和轴向变形较短杆的大
   C. 两杆的轴力、正应力和正应变都相同，而长杆的轴向变形较短杆的大
   D. 两杆的轴力相同，而长杆正应力、正应变和轴向变形都较短杆的大

三、计算题（每题 10 分，共 80 分）

1. 试求如图 3-41 所示阶梯状直杆横截面 1-1、2-2 和 3-3 上的轴力，并作轴力图。若横截面面积 $A_1 =$
   $200mm^2$，$A_2 = 300mm^2$，$A_3 = 400mm^2$，求各横截面上的应力。

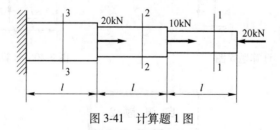

图 3-41　计算题 1 图

2. 如图 3-42 所示一混合屋架结构的计算简图。屋架的上弦用钢筋混凝土制成；下面的拉杆和中间竖向
   撑杆用角钢构成，其截面均为两个 75mm×8mm 的等边角钢。已知屋面承受集度为 $q = 20kN/m$ 的竖直
   均布载荷，试求拉杆 AE 和 EG 横截面上的应力。

3. 如图 3-43 所示拉杆沿斜截面 m-m 由两部分胶合而成，设在胶合面上 $[\sigma] = 100MPa$，$[\tau] = 50MPa$。
   从胶合强度出发，分析胶合面的方位角 α 为多大时，杆件所能承受的拉力最大（$\alpha \leqslant 60°$）？若杆的横
   截面面积 $A = 500mm^2$，计算该最大拉力为多少？

4. 在如图 3-44 所示结构中，AB 为一刚性杆，CD 为钢制斜拉杆。已知 $F_1 = 5kN$，$F_2 = 10kN$，杆 CD 横截面

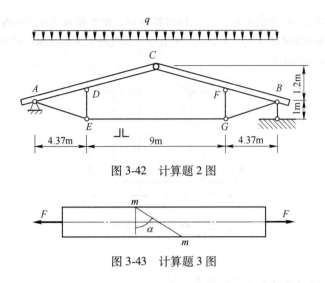

图 3-42　计算题 2 图

图 3-43　计算题 3 图

面积 $A=100mm^2$，钢的弹性模量 $E=200GPa$，试求杆 CD 的轴向变形和刚性杆 AB 的端点 B 的竖向位移。

5. 一结构受力如图 3-45 所示，杆件 AB、AD 均由两根等边角钢组成。已知材料的许用应力 $[\sigma]=170MPa$，试选择 AB、AD 杆的截面型号。

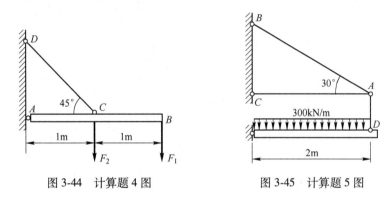

图 3-44　计算题 4 图　　　　图 3-45　计算题 5 图

6. 如图 3-46 所示刚性梁受均布载荷作用，梁在 A 端铰支，在 B 点和 C 点由两根钢杆 CE 和 BD 支承。已知钢杆 CE 和 BD 的横截面面积分别为 $A_1=400mm^2$，$A_2=200mm^2$，钢的许用应力 $[\sigma]=170MPa$，试校核钢杆 CE 和 BD 的强度。

7. 如图 3-47 所示结构，1 杆与 2 杆的横截面面积相同，材料的弹性模量均为 E，许用拉应力为 $[\sigma_t]=160MPa$，许用压应力为 $[\sigma_c]=200MPa$，梁 BC 为刚体，载荷 $F=20kN$，试确定杆的横截面面积 A。

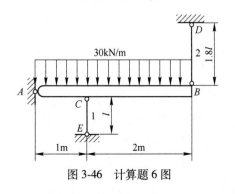

图 3-46　计算题 6 图

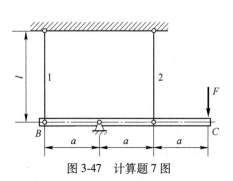

图 3-47　计算题 7 图

8. 如图 3-48 所示结构，AB 为刚性杆，1、2 杆材料相同，弹性模量 $E = 200\text{GPa}$，许用应力 $[\sigma] = 160\text{MPa}$，两杆的截面面积关系为 $A_1 = 2A_2$，1 杆比设计长度短了 $\delta = 0.1\text{mm}$，试求装配后再加载荷 $F = 12\text{kN}$ 时各杆最小的截面面积。

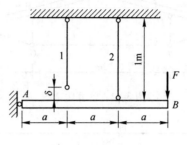

图 3-48　计算题 8 图

扫描二维码获取本章自测题参考答案

第四章　剪切与挤压

------+--+-+--+---+--+--+---+--+---+--+--+---+--+---+--+--+--+---+--+--+---+--+--+---+--+---+--+--+---+--+

【本章知识框架结构图】

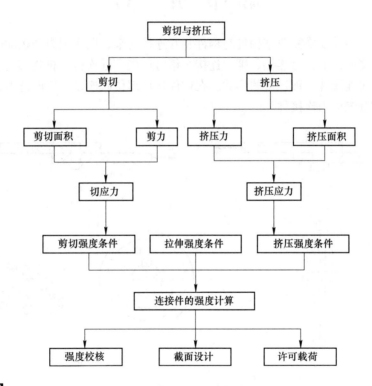

【知识导引】

　　当杆件受到与横截面平行、相距很近、大小相等、方向相反的一对外力作用时，以杆件横截面发生相对错动为主要特征的变形形式，称为剪切变形。挤压变形是两构件在相互作用的接触面上，由于局部受较大的压力，而出现压陷或起皱的现象。

【本章学习目标】

知识目标：

　　1. 了解剪切与挤压的概念。

　　2. 掌握剪切与挤压的应力和强度计算方法。

能力目标：

　　利用剪切与挤压的实用计算方法解决工程实际中连接件的强度问题。

育人目标：

通过剪切与挤压实用计算方法，培养学生分析问题时理论联系实际、抓住主要矛盾进行简化的哲学思维。

【本章重点及难点】

本章重点：剪切与挤压的实用计算方法。

本章难点：有效挤压面积的计算和连接件的强度计算。

+-+

第一节　剪　切

在工程实际中，经常需要把构件与构件相互连接起来，以实现力和运动的传递。连接构件的方式有多种，如铆钉连接、螺栓连接、销钉连接、键连接、椎连接等，图 4-1 给出了一些常见通过连接件实现连接的形式。在构件连接部位起连接作用的部件，如螺栓、铆钉、销钉、键等统称为连接件。

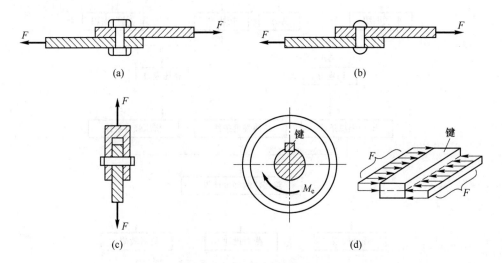

图 4-1　常用连接形式

（a）螺栓连接；（b）铆钉连接；（c）销钉连接；（d）键连接

连接件本身尺寸较小，受力与变形情况复杂，其几何形状又难以归纳为典型的杆件，故材料力学分析连接件的应力和变形时采用了假定的工程实用计算方法。

当构件受到与杆件截面平行、相距很近、大小相等、方向相反的一对外力作用时，以杆件横截面发生相对错动为主要特征的变形形式，称为剪切变形。工程中的连接件如铆钉、销钉、螺栓、键等都是承受剪切变形的构件。

以螺栓连接为例，设两块钢板用螺栓连接，如图 4-2（a）所示。当两钢板受拉时，螺栓的受力情况如图 4-2（b）所示。一般将两对外力中间的横截面称为剪切面，为分析内力，沿剪切面 m-m 将螺栓截开，取上半部分或下半部分为研究对象，如图 4-2（c）所示。由于外力均为水平方向，故剪切面上的内力均与截面相切，将剪切面上内力系的合力

称为剪力，用 F_S 表示，根据静力学平衡方程可得

$$F_S = F$$

由于剪切面上的应力分布比较复杂，在实际计算中，假设在剪切面上切应力的大小是均匀分布的，方向与剪力平行，如图4-2（d）所示。若以 A_S 表示剪切面面积，则与剪切面相切的应力 τ 称为名义切应力。

$$\tau = \frac{F_S}{A_S} \tag{4-1}$$

剪切极限应力可通过材料的剪切破坏试验确定。在试验中测得材料剪断时的剪力值，同样根据式（4-1）计算剪断时的切应力，即剪切极限应力 τ_u，极限应力 τ_u 除以安全因数 n，即得到材料的许用切应力 $[\tau]$。剪切强度条件为

$$\tau = \frac{F_S}{A_S} \leqslant [\tau] = \frac{\tau_u}{n} \tag{4-2}$$

根据强度条件可进行 3 种类型的强度计算：强度校核、设计截面尺寸、确定许可载荷。

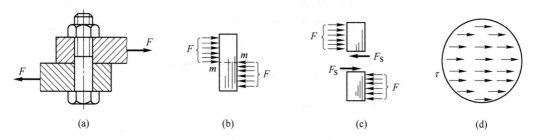

(a)   (b)   (c)   (d)

图 4-2 螺栓连接的受力分析

【例题 4-1】已知材料的剪切许用应力 $[\tau]$ 和拉伸许用应力 $[\sigma]$ 之间关系约为 $[\tau] = 0.6[\sigma]$，试求如图4-3所示螺钉直径 d 和钉头高度 h 的合理比值。

解：拉伸强度条件为

$$\sigma = \frac{F}{A} = \frac{4F}{\pi d^2} \leqslant [\sigma]$$

螺栓受到的剪力 $F_S = F$，剪切强度条件为

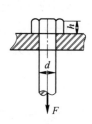

图 4-3 例题 4-1 图

$$\tau = \frac{F_S}{A_S} = \frac{F}{\pi dh} \leqslant [\tau] = 0.6[\sigma]$$

当正应力和切应力同时达到许用值，有

$$\frac{\tau}{\sigma} = \frac{\dfrac{F}{\pi dh}}{\dfrac{4F}{\pi d^2}} = \frac{d}{4h} = 0.6$$

$$\frac{d}{h} = 2.4$$

第二节　挤　　压

在外力作用下，连接件除了发生剪切破坏外，在连接件和被连接件相互接触面上承受较大的压力作用，还可能在接触处的局部区域被压溃，如图 4-4 所示钢板的圆孔被铆钉挤压成椭圆孔，这种局部受压的现象称为挤压。接触面上的压力称为挤压力，相应的应力称为挤压应力。当挤压应力过大时，连接件和被连接件发生塑性变形，导致结构连接松动而失效。

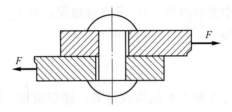

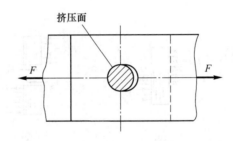

图 4-4　挤压现象

挤压应力在连接件上分布很复杂，圆柱形连接件与钢板孔壁间接触面上的挤压应力分布如图 4-5（a）所示。工程上为了简化计算，假定挤压应力在有效挤压面上是均匀分布的，挤压应力为

$$\sigma_{bs} = \frac{F_{bs}}{A_{bs}}$$

（4-3）

式中，F_{bs} 为挤压力；A_{bs} 为有效挤压面面积或计算挤压面面积；σ_{bs} 为名义挤压应力。

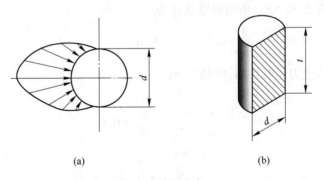

(a)　　　　　　　　　　　　(b)

图 4-5　挤压应力

当挤压面为平面时，有效挤压面面积就是实际挤压平面的面积。当挤压面为圆柱面时，有效挤压面面积为实际接触面在直径平面上的正投影面积（如图 4-5（b）所示，$A_{bs} = dt$)，此时计算得到的名义挤压应力与接触面上的理论最大挤压应力大致接近。

通过试验方法，按名义挤压应力公式得到材料的极限挤压应力，除以挤压安全因数得到许用挤压应力 $[\sigma_{bs}]$，挤压强度条件为

$$\sigma_{bs} = \frac{F_{bs}}{A_{bs}} \leqslant [\sigma_{bs}] \tag{4-4}$$

对于钢材等塑性材料，许用挤压应力 $[\sigma_{bs}]$ 与许用拉应力 $[\sigma_t]$ 的关系如下：

$$[\sigma_{bs}] = (1.7 \sim 2)[\sigma_t]$$

如果连接件和被连接件的材料不同，应按抵抗挤压能力较弱的构件进行强度计算。

【例题 4-2】矩形截面木拉杆的榫接头如图 4-6 所示，已知轴向拉力 $F = 50 \mathrm{kN}$，截面宽度 $b = 250 \mathrm{mm}$，木材的许用挤压应力 $[\sigma_{bc}] = 10 \mathrm{MPa}$，许用切应力 $[\tau] = 1 \mathrm{MPa}$，试求接头所需尺寸 l 和 a。

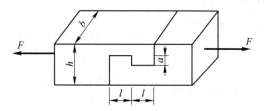

图 4-6 例题 4-2 图

解：接头处剪力 $F_S = F$，挤压力 $F_{bs} = F$。剪切面面积 $A_S = bl$，挤压面面积 $A_{bs} = ab$。由剪切强度条件得

$$\tau = \frac{F_S}{A_S} = \frac{F}{bl} \leqslant [\tau]$$

$$l \geqslant \frac{F}{b[\tau]} = \frac{50 \times 10^3}{0.25 \times 1 \times 10^6} = 200 \mathrm{mm}$$

由挤压强度条件得

$$\sigma_{bs} = \frac{F_{bs}}{A_{bs}} = \frac{F}{ab} \leqslant [\sigma_{bs}]$$

$$a \geqslant \frac{F}{b[\sigma_{bs}]} = \frac{50 \times 10^3}{0.25 \times 10 \times 10^6} = 20 \mathrm{mm}$$

【例题 4-3】齿轮与轴由平键（$b \times h \times l = 20 \mathrm{mm} \times 12 \mathrm{mm} \times 100 \mathrm{mm}$）连接，如图 4-7 所示，传递的力矩 $M = 2 \mathrm{kN} \cdot \mathrm{m}$，轴的直径 $d = 70 \mathrm{mm}$，键的许用切应力为 $[\tau] = 60 \mathrm{MPa}$，许用挤压应力为 $[\sigma_{bs}] = 100 \mathrm{MPa}$，试校核键的强度。

解：键的受力分析如图 4-7 所示。

$$F = \frac{2M}{d} = \frac{2 \times 2}{0.07} = 57 \mathrm{kN}$$

$$F_S = F_{bs} = F$$

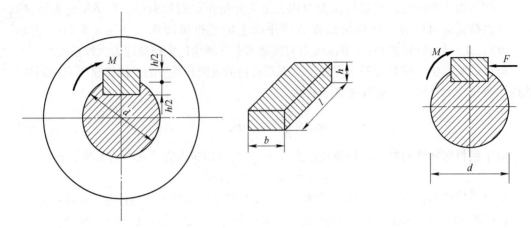

图 4-7　例题 4-3 图

切应力和挤压应力的强度校核。

$$\tau = \frac{F_S}{A_S} = \frac{F}{bl} = \frac{57 \times 10^3}{20 \times 100} = 28.6 \text{MPa} < [\tau] = 60 \text{MPa}$$

$$\sigma_{bs} = \frac{F_{bs}}{A_{bs}} = \frac{F}{lh/2} = \frac{57 \times 10^3}{100 \times 6} = 95.3 \text{MPa} < [\sigma_{bs}] = 100 \text{MPa}$$

综上，键满足强度要求。

第三节　连接件的强度计算

构件通过连接件组合成结构，为了保证结构的安全，结构的连接部位要同时满足剪切、挤压、拉伸等强度条件，因此在设计时要综合分析，按照以上强度条件分别设计构件的尺寸，然后取最大值。如确定许可载荷，则分别按以上强度条件确定并取最小值。

【例题 4-4】一铆接头如图 4-8（a）所示，受力 $P=110 \text{kN}$，已知钢板厚度 $t=1 \text{cm}$，宽度 $b=8.5 \text{cm}$，许用应力为 $[\sigma]=160 \text{MPa}$；铆钉的直径 $d=1.6 \text{cm}$，许用切应力为 $[\tau]=140 \text{MPa}$，许用挤压应力为 $[\sigma_{bs}]=320 \text{MPa}$，试校核铆接头的强度（假定每个铆钉受力相等）。

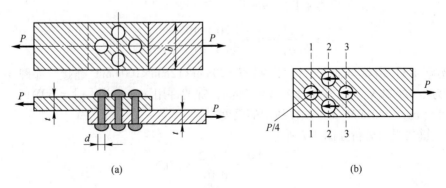

(a)　　　　　　　　　　　　　(b)

图 4-8　例题 4-4 图

解： 受力分析如图 4-8（b）所示，每个铆钉受力相等，其剪力和挤压力为

$$F_S = F_{bs} = \frac{P}{4}$$

切应力强度校核。

$$\tau = \frac{F_S}{A_S} = \frac{P/4}{\pi d^2/4} = \frac{110}{\pi \times 1.6^2} \times 10^7 = 136.8\text{MPa} < [\tau] = 140\text{MPa}$$

挤压应力强度校核。

$$\sigma_{bs} = \frac{F_{bs}}{A_{bs}} = \frac{P/4}{dt} = \frac{110}{4 \times 1 \times 1.6} \times 10^7 = 171.9\text{MPa} < [\sigma_{bs}] = 320\text{MPa}$$

拉伸应力强度校核。钢板的 2-2 截面轴力为 $3P/4$，面积最小；3-3 截面轴力为 P，面积较小，此两截面均可能为危险截面，应进行正应力强度校核。

$$\sigma_2 = \frac{3P}{4t(b-2d)} = \frac{3 \times 110}{4 \times (8.5 - 2 \times 1.6)} \times 10^7 = 155.7\text{MPa} < [\sigma] = 160\text{MPa}$$

$$\sigma_3 = \frac{P}{t(b-d)} = \frac{110}{1 \times (8.5 - 1.6)} \times 10^7 = 159.4\text{MPa} < [\sigma] = 160\text{MPa}$$

综上，强度足够。

自 测 题

一、判断题（正确写 T，错误写 F。每题 2 分，共 10 分）

1. 剪切和挤压总是同时产生，所以剪切面和挤压面是同一个面。（　　）
2. 剪切时的切应力与拉压应力都是内力除以面积，所以切应力与拉压应力一样，都是均匀分布的。（　　）
3. 构件承受剪切时，剪切面总是平行于作用力的作用线，介于构成剪切变形的两力之间。（　　）
4. 剪切与挤压同时产生时，构件强度只需按剪切强度校核就可以了。（　　）
5. 在构件上有多个面积相同的剪切面，当材料一定时，若校核该构件的剪切强度，则只对剪力较大的剪切面进行校核即可。（　　）

二、单项选择题（每题 4 分，共 20 分）

1. 如图 4-9 所示木榫接头，左右两部分形状完全一样，当力 F 作用时，接头的剪切面面积等于（　　）。
   A. ab　　　　B. cb　　　　C. lb　　　　D. lc

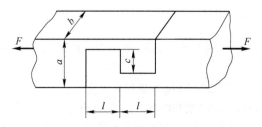

图 4-9　单项选择题 1 图

2. 如图 4-10 所示插销穿过水平放置的平板上的圆孔，在其下端受有一拉力 P。该插销的剪切面面积和计算挤压面面积分别等于（　　）。

A. πdh, $\dfrac{1}{4}\pi D^2$

B. πdh, $\dfrac{1}{4}\pi(D^2 - d^2)$

C. πDh, $\dfrac{1}{4}\pi D^2$

D. πDh, $\dfrac{1}{2}\pi(D^2 - d^2)$

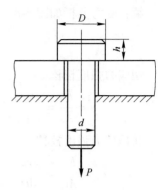

图 4-10　单项选择题 2 图

3. 挂钩连接如图 4-11 所示，一个剪切面上的剪力为（　　）。

A. F　　　　B. $2F$　　　　C. $F/2$　　　　D. $F/4$

4. 在如图 4-12 所示结构中，拉杆的挤压面面积是（　　）。

A. a^2　　　B. $a^2 - \pi d^2/4$　　C. $\pi d^2/4$　　　D. $2bd$

5. 车床传动光杠的安全联轴器由销钉和套筒组成，如图 4-13 所示，轴的直径为 D，传递力偶的力偶矩为 M，这时销钉每个剪切面上的剪力为（　　）。

A. $4M/D$　　B. $2M/D$　　C. $0.5M/D$　　　D. M/D

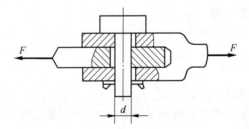

图 4-11　单项选择题 3 图

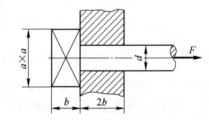

图 4-12　单项选择题 4 图

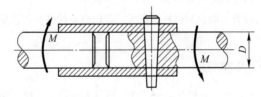

图 4-13　单项选择题 5 图

三、填空题（每空 2 分，共 10 分）

1. 剪切的受力特点是作用在构件两侧表面上的横向外力大小相等，方向相反，作用线＿＿＿＿且相距很近。

2. 剪切的变形特点是沿两力作用线之间的截面发生相对＿＿＿＿。

3. 在剪切实用计算中，假设剪切应力在剪切面上是＿＿＿＿分布的。

4. 一螺栓连接了两块钢板，其侧面和钢板的接触面是半圆柱面，因此有效挤压面面积即为半圆柱面的＿＿＿＿面积。

5. 钢板厚为 t，冲床冲头直径为 d，今在钢板上冲出一个直径为 d 的圆孔，其剪切面面积为_____。

四、计算题（每题12分，共60分）

1. 如图 4-14 所示，一轴系用两段直径 $d=100$mm 的圆轴由凸缘和螺栓连接而成，传递的力偶矩为 $M=13.74$kN·m。螺栓的直径 $d_1=20$mm，并布置在 $D=200$mm 的圆周上。设各螺栓的许用切应力 $[\tau]=60$MPa，试求所需螺栓的个数 n。

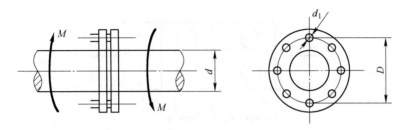

图 4-14　计算题 1 图

2. 如图 4-15 所示构件的最大冲力为 $F=400$kN，冲头材料的 $[\sigma]=400$MPa，被冲剪板的剪切强度极限 $\tau_b=360$MPa，试求最大冲力作用下所能冲剪的圆孔的最小直径 d 和板的厚度 t。

3. 如图 4-16 所示构件中，$D=2d=32$mm，$h=12$mm，拉杆材料的许用拉应力 $[\sigma]=120$MPa，许用切应力 $[\tau]=70$MPa，许用挤压应力 $[\sigma_{bs}]=170$MPa，试计算拉杆的许可载荷 $[F]$。

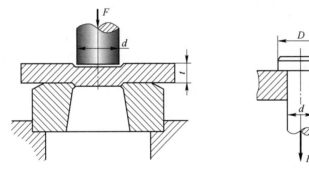

图 4-15　计算题 2 图　　　　　图 4-16　计算题 3 图

4. 如图 4-17 所示，挂钩连接部分的厚度 $t=15$mm。销钉直径 $d=30$mm，销钉材料的许用切应力 $[\tau]=60$MPa，许用挤压应力 $[\sigma_{bs}]=180$MPa，已知 $F=100$kN，试校核销钉强度。若强度不够，应选用多大直径的销钉？

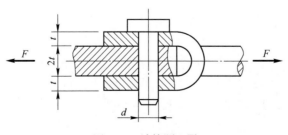

图 4-17　计算题 4 图

5. 如图 4-18 所示，对接接头的各边由两个铆钉铆接，钢板与铆钉材料均为 Q235 钢，钢板厚度均为 $t=10mm$，已知材料的许用应力 $[\sigma]=160MPa$，许用挤压应力 $[\sigma_{bs}]=320MPa$，许用切应力 $[\tau]=120MPa$，$F=100kN$，$b=150mm$，$d=17mm$，$a=80mm$，试校核此接头的强度。

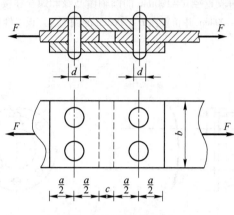

图 4-18　计算题 5 图

 扫描二维码获取本章自测题参考答案

第五章 圆轴扭转

【本章知识框架结构图】

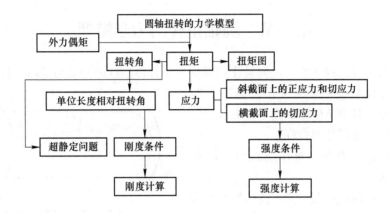

【知识导引】

轴是支承转动零件并与之一起回转以传递运动、扭矩的机械零件，一般为金属圆杆状，故称为圆轴，各段可以有不同的直径。圆轴的扭转变形是由大小相等、方向相反、作用面都垂直于杆轴的两个力偶引起的，表现为杆件的任意两个横截面发生绕轴线的相对转动。

【本章学习目标】

知识目标：

1. 掌握扭转时外力偶矩的计算，正确作出扭矩图。
2. 掌握圆轴扭转时的应力与变形计算，熟练进行扭转的强度和刚度计算。
3. 了解薄壁圆筒扭转时的切应力计算，掌握切应力互等定理和剪切胡克定律。
4. 了解扭转超静定问题。

能力目标：

1. 能根据工程轴类零件传递的功率和转速进行外力偶矩计算。
2. 能够建立工程轴类零件的力学模型，分析扭矩的变化规律。
3. 能够分析圆轴扭转的应力和变形。
4. 能够根据圆轴扭转时的强度和刚度条件进行强度和刚度计算。

育人目标：

在面积相同的情况下，空心截面的抗扭能力要比实心截面的抗扭能力强。同样的知识量，知识结构不同，能力也不同。教育学生完善自己的知识结构。

结合圆轴扭转时切应力和扭转变形基本公式的推导过程，培养学生的逻辑思维与辩证思维，以利于其形成科学的世界观和方法论。

【本章重点及难点】

本章重点：扭矩图，圆轴扭转横截面上应力分析，扭转的强度计算，扭转的变形计算与刚度计算。

本章难点：圆轴扭转横截面上应力分析。

第一节　圆轴扭转的力学模型

在杆件的两端作用等值、反向且作用面垂直于杆件轴线的一对力偶时，杆的任意两个横截面都发生绕轴线的相对转动，这种变形称为扭转变形。其力学模型如图 5-1 所示。

构件特征：等圆截面直杆。

受力特点：外力为一对作用面与直杆轴线垂直的力偶 M_e。

变形特点：两截面发生相对转动（故称为扭转变形，B 截面相对 A 截面转过的角度称为相对扭转角，用 φ_{AB} 表示）；平行于直杆轴线的直线变为斜直线（如图中虚线，γ 为直角改变量，称为切应变）。

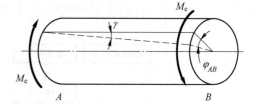

图 5-1　圆轴扭转力学模型

工程中把以扭转为主要变形的构件称为轴，如机器中的传动轴、汽车方向盘传动轴、钻探作业中的钻杆等，如图 5-2 所示。

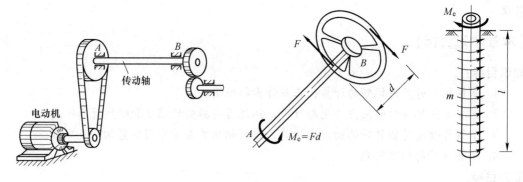

图 5-2　圆轴扭转工程实例

第二节　外力偶矩

力偶矩是矢量，其方向和组成力偶的两个力的方向间的关系，遵从右手螺旋法则。对于有固定轴的物体，在力偶的作用下，物体将绕固定轴转动。材料力学中把作用在轴上且作用面垂直于轴线或力偶矩矢量与轴线平行的力偶矩称为外力偶矩。

工程中常用的传动轴，往往仅已知其传递的功率和转速，为此需根据所传递的功率和转速，计算使轴发生扭转变形所需的外力偶矩。

如图 5-3 所示一传动轴，其转速为 n（单位为 r/min），轴传递的功率由主动轮输入，然后通过从动轮分配出去。设通过某一轮所传递的功率为 P，在工程实际中，其常用单位为 W 或 kW。根据理论力学，当轴在稳定转动时，功率 P 等于外力偶矩 M_e 与角速度 ω 的乘积，即

$$P = M_e\omega$$

式中，P 为功率，单位为 W；M_e 为外力偶矩，单位为 N·m；ω 为角速度，单位为 s^{-1}。

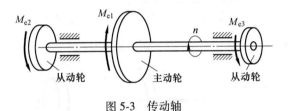

图 5-3　传动轴

利用角速度与转速的关系

$$\omega = \frac{\pi n}{30}$$

则可得

$$M_e = \frac{P}{\omega} = \frac{30P}{\pi n} \approx 9.549 \frac{P}{n} \tag{5-1}$$

若功率单位使用 kW，则式（5-1）可写为

$$M_e = 9549 \frac{P}{n} \tag{5-2}$$

式中，P 的单位为 kW；M_e 的单位为 N·m；n 的单位为 r/min。

我国一些设备功率单位还使用马力，因为 1 马力 = 735.5W，此时外力偶矩为

$$M_e = 7024 \frac{P}{n} \tag{5-3}$$

第三节　扭矩和扭矩图

构件受扭时，横截面上的内力偶矩称为扭矩，用 T 表示。一般有多个外力偶矩作用在传动轴上，因此不同轴段上的扭矩也各不相同，可用截面法计算轴横截面上的扭矩。

如图 5-4（a）所示圆轴，受一对外力偶矩作用，现用截面法求 n-n 截面上的扭矩。首先用 n-n 截面将圆轴截开，取左段或右段为研究对象，因为外力只有作用面与轴线垂直的外力偶矩，根据力偶只能和力偶平衡的理论，在 n-n 截面上的内力为一力偶，即扭矩 T，如图 5-4（b）和图 5-4（c）所示，图中扭矩也可用矢量表示，为与力矢量区别，此处用双箭头代表扭矩矢量。根据平衡方程得

$$\sum M_x = 0, \quad T = M_e$$

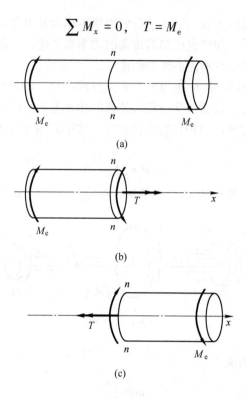

图 5-4　截面法求扭矩

为保证无论用左段还是右段为研究对象，得到同一截面上的扭矩不但数值相等且符号相同，用右手螺旋定则确定扭矩符号，即大拇指指向截面外法线方向为正，或扭矩矢量指向截面外法线方向为正，否则为负，如图 5-5 所示。一般计算时均假定扭矩为正，计算所得结果为正，说明与假设相同；计算结果为负，说明与假设相反。

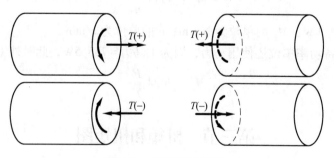

图 5-5　扭矩的符号规定

当轴受外力偶矩比较复杂时，可分段得到扭矩 T 随横截面位置坐标 x 变化的函数 $T(x)$，即扭矩方程，然后作出扭矩随横截面位置改变而变化的规律图，称为扭矩图。

扭矩图的画法与轴力图类似。首先确定外力偶矩，然后建立坐标系：横坐标轴线 x 为横截面的位置坐标，纵坐标 T 为扭矩值，正值画在上侧，负值画在下侧。

【例题 5-1】如图 5-6（a）所示传动轴，主动轮 A 输入功率 $P_A = 50\mathrm{kW}$，从动轮输出功率 $P_B = P_C = 15\mathrm{kW}$，$P_D = 20\mathrm{kW}$，$n = 300\mathrm{r/min}$，试求 1-1、2-2、3-3 截面上的扭矩并作扭矩图。

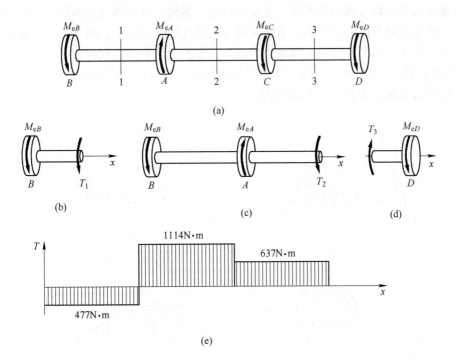

图 5-6　例题 5-1 图

解： 求外力偶矩。

$$M_{eA} = 9549 \frac{P}{n} = 9549 \times \frac{50}{300} = 1591\text{N} \cdot \text{m}$$

$$M_{eB} = M_{eC} = 9549 \times \frac{15}{300} = 477\text{N} \cdot \text{m}$$

$$M_{eD} = 9549 \times \frac{20}{300} = 637\text{N} \cdot \text{m}$$

　　分别用 1-1、2-2、3-3 截面将轴截开，取 1-1、2-2 截面左段和 3-3 截面右段为研究对象，如图 5-6（b）~图 5-6（d）所示，设三个截面处的扭矩分别为 T_1、T_2、T_3，且均为正值。

　　建立对 x 轴取矩的平衡方程 $\sum M_x = 0$，求解得到扭矩分别为

$$T_1 = - M_{eB} = - 477\text{N} \cdot \text{m}$$

$$T_2 = - M_{eB} + M_{eA} = 1114\text{N} \cdot \text{m}$$

$$T_3 = M_{eD} = 637\text{N} \cdot \text{m}$$

　　作出扭矩图，如图 5-6（e）所示，并标注各段的扭矩大小。

　　由以上求各个截面扭矩的结果可以看出，某一截面（如 x 截面）的扭矩等于截面左侧所有外力偶矩的代数和，即

$$T(x) = \sum M_i - \sum M_j \tag{5-4}$$

式中，M_i 为 x 截面左侧矢量方向向左的外力偶矩，取正号；M_j 为 x 截面左侧矢量方向向右的外力偶矩，取负号。如果取右侧为研究对象，外力偶矩符号相反。依据这一规律，可以

直接根据外力偶矢量方向画扭矩图，从左向右画，遇到矢量方向向左的外力偶矩，向上突变，突变值等于外力偶矩的大小，遇到矢量方向向右的外力偶矩，向下突变，突变值等于外力偶矩的大小，如果某段轴上没有外力偶矩，扭矩图为水平直线。

【例题 5-2】 已知如图 5-7（a）所示圆截面杆的直径为 d，长度为 l，C 端固定，在 BA 段受均匀分布力偶 m 作用，试作扭矩图。

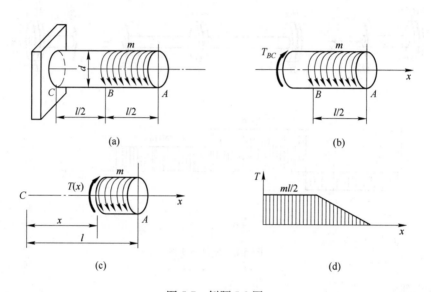

图 5-7 例题 5-2 图

解：求 CB 段扭矩。在 CB 中任取一个截面将轴截开，取右侧为研究对象，如图 5-7（b）所示。列平衡方程

$$\sum M_x = 0, \quad T_{BC} = \frac{ml}{2}$$

求 BA 段扭矩。在 BA 中任取一个截面（x 截面）将轴截开，取右侧为研究对象，如图 5-7（c）所示。列平衡方程

$$\sum M_x = 0, \quad T(x) = m(l - x)$$

作出扭矩图，如图 5-7（d）所示。

第四节 圆轴扭转的应力

一、横截面上的应力

圆轴扭转时，横截面上只有一个内力，即扭矩，扭矩实质上是作用在横截面上分布内力系合成的内力偶矩，因此横截面上只有与截面相切的应力，即切应力。

为求得圆轴在扭转时横截面上的切应力计算公式，先从变形几何关系分析横截面上切应变的变化规律，再利用物理关系分析横截面上切应力的变化规律，然后根据静力学关系确定切应力大小。

（一）变形几何关系

为研究横截面上任一点处切应变的变化规律，在如图 5-8（a）所示等截面圆轴的表面画上等间距的圆周线和纵向线，从而形成一系列正方形网格。在圆轴两端施加一对外力偶矩后，在小变形前提下，可以观察到圆周线大小、形状及相邻两圆周线之间的距离保持不变，仅绕轴线相对转过一个角度。纵向线仍为直线，仅倾斜一微小角度，变形前表面的方形网格，在变形后错动成菱形，如图 5-8（b）所示。于是可设想圆轴扭转变形前为平面的横截面变形后仍保持为平面，形状和大小不变，半径仍保持为直线，且相邻两截面间的距离保持不变，称为平截面假设。

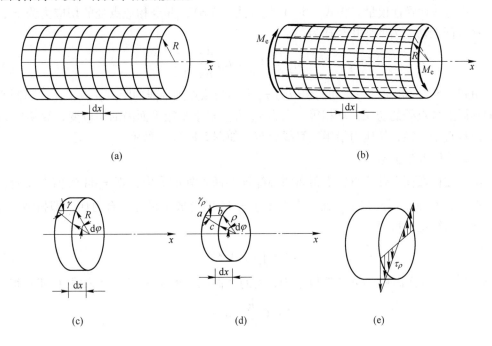

图 5-8 圆轴扭转变形

现从如图 5-8（a）所示圆轴中截取长度为 dx 的微段进行分析，由平截面假设，微段变形后如图 5-8（c）所示，右侧截面相对左侧截面绕轴线转过一微小角度 $d\varphi$。由于截面转动，圆轴表面纵向线倾斜了一个微小角度 γ，此角度就是横截面周边上一点的切应变。再从此微段上截取半径为 ρ 的微段，如图 5-8（d）所示。半径为 ρ 的圆周上原为 ab 的纵向线倾斜成 ac，倾斜角度为 γ_ρ，即为横截面上 a 点的切应变。应该注意，上述切应变均在垂直于半径的平面内。根据几何关系，bc 弧的长度为

$$\widehat{bc} = \rho d\varphi$$

在小变形条件下，有

$$\gamma_\rho \approx \tan\gamma_\rho \approx \frac{bc}{dx}$$

切线与弧长近似相等，因此有

$$\gamma_\rho = \rho \frac{d\varphi}{dx} \tag{5-5}$$

式（5-5）表示等直圆轴横截面上任意一点的切应变随着该点在横截面上位置改变而变化的规律。$\dfrac{\mathrm{d}\varphi}{\mathrm{d}x}$ 为相对扭转角 φ 沿轴线 x 的变化率，称为单位长度的扭转角，对给定截面上的各点而言，x 相同，单位长度的扭转角是常量。因此横截面上任一点的切应变 γ_ρ 与该点到圆心的距离 ρ 成正比，说明任一半径圆周处的切应变均相等。

（二）物理关系

由剪切胡克定律，在线弹性范围内，切应力与切应变成正比，即

$$\tau = G\gamma \tag{5-6}$$

式中，G 为剪切弹性模量。将式（5-5）代入式（5-6），并令相应点处的切应力为 τ_ρ，则得到横截面上切应力的变化规律为

$$\tau_\rho = G\gamma_\rho = G\rho\frac{\mathrm{d}\varphi}{\mathrm{d}x} \tag{5-7}$$

由式（5-7）可知，一点处的切应力 τ_ρ 大小与该点到轴线的距离 ρ 成正比，离圆心等距的圆周上各点处的切应力均相等。因为 γ_ρ 为垂直于半径平面内的切应变，故切应力 τ_ρ 的方向垂直于半径，切应力沿半径直线分布，如图 5-8（e）所示。

（三）静力学关系

由于在横截面上任一直径上距离圆心等远的两点处的内力元素 $\tau_\rho \mathrm{d}A$ 等值而反向，如图 5-9（a）所示，因此整个截面上内力元素 $\tau_\rho \mathrm{d}A$ 的合成结果为一合力偶，即扭矩 T。由静力学合力矩定理可得

$$T = \int_A \tau_\rho \mathrm{d}A \times \rho \tag{5-8}$$

式中，A 为横截面面积；$\mathrm{d}A$ 为距圆心为 ρ 处的微面积。将式（5-7）代入式（5-8）得

$$T = G\frac{\mathrm{d}\varphi}{\mathrm{d}x}\int_A \rho^2 \mathrm{d}A$$

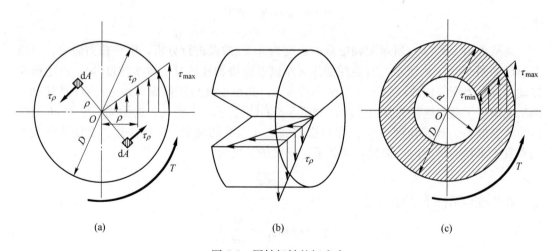

(a)   (b)   (c)

图 5-9　圆轴扭转的切应力

根据平面图形的几何性质，极惯性矩 I_p 为

$$I_{\mathrm{p}} = \int_A \rho^2 \, \mathrm{d}A$$

则有

$$T = GI_{\mathrm{p}} \frac{\mathrm{d}\varphi}{\mathrm{d}x}$$

于是得到

$$\frac{\mathrm{d}\varphi}{\mathrm{d}x} = \frac{T}{GI_{\mathrm{p}}} \tag{5-9}$$

　　式（5-9）为圆轴扭转时单位长度相对扭转角的计算公式。将式（5-9）代入式（5-7）中，得到

$$\tau_\rho = \frac{T\rho}{I_{\mathrm{p}}} \tag{5-10}$$

　　式（5-10）为圆轴扭转时横截面上距圆心为 ρ 处任一点的切应力计算公式。式中，T 为横截面上的扭矩，由截面法通过外力偶矩求得；ρ 为所求点到圆心的距离；I_{p} 为横截面对圆心的极惯性矩。此式的适用条件是线弹性范围且小变形情形下等截面圆轴受扭。

　　由式（5-10）及图 5-9 可见，当 ρ 等于横截面半径 R 时，即在横截面周边上的各点处，切应力达到最大值，其值为

$$\tau_{\max} = \frac{TR}{I_{\mathrm{p}}} = \frac{T\dfrac{D}{2}}{I_{\mathrm{p}}} \tag{5-11}$$

　　在式（5-11）中，用 W_{p} 代替极惯性矩 I_{p} 除以 $D/2$，则有

$$\tau_{\max} = \frac{T}{W_{\mathrm{p}}} \tag{5-12}$$

式中，W_{p} 为抗扭截面系数或抗扭截面模量，只与横截面形状和尺寸有关，也是截面的一个几何性质，单位为 m^3。

　　对于直径为 D 的圆形截面，极惯性矩为

$$I_{\mathrm{p}} = \frac{\pi D^4}{32}$$

　　则抗扭截面系数 W_{p} 为

$$W_{\mathrm{p}} = \frac{\pi D^3}{16} \tag{5-13}$$

　　由于平截面假设同样适用于空心圆轴，因此上述切应力公式也适用于空心圆轴。设空心圆轴的内直径为 d、外直径为 D，其内外径的比值为 $\alpha = d/D$，如图 5-9（c）所示，根据空心圆截面的极惯性矩可得到其抗扭截面系数为

$$I_{\mathrm{p}} = \frac{\pi D^4}{32} - \frac{\pi d^4}{32} = \frac{\pi D^4}{32}(1 - \alpha^4)$$

$$W_{\mathrm{p}} = \frac{\pi D^3}{16}(1 - \alpha^4) \tag{5-14}$$

空心圆轴横截面上的应力分布规律如图 5-9（c）所示。

二、斜截面上的应力

对于等直圆轴，在扭转时横截面周边上各点处的切应力最大，为了全面了解轴内的应力情况，进一步分析这些点处斜截面上的应力，在圆轴表面处用一对横截面、一对径向截面、一对与表面相切的截面截取一单元体，如图 5-10（a）所示。在左右两侧面（横截面）上只有切应力 τ，其方向与 y 轴平行；在前后两侧面（与圆轴表面相切的面）无任何应力。由于单元体处于平衡状态，根据平衡方程 $\sum F_y = 0$，可知单元体左右两侧面上的内力应为大小相等、指向相反的一对力 $\tau\mathrm{d}y\mathrm{d}z$，并组成一力偶，其矩为 $(\tau\mathrm{d}y\mathrm{d}z)\mathrm{d}x$。为满足另外两个平衡方程 $\sum F_x = 0$ 和 $\sum M_z = 0$，在单元体的上下两面将有大小相等、指向相反的一对内力 $\tau'\mathrm{d}x\mathrm{d}z$，并组成其矩为 $(\tau'\mathrm{d}x\mathrm{d}z)\mathrm{d}y$ 的力偶，并与前一力偶的力偶矩数值相等而转向相反，从而可得

$$\tau = \tau' \tag{5-15}$$

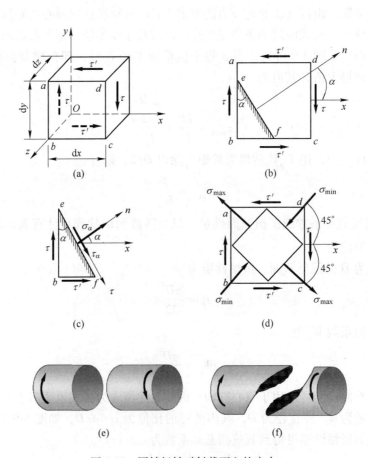

(a)　(b)　(c)　(d)　(e)　(f)

图 5-10　圆轴扭转时斜截面上的应力

式（5-15）表明，在单元体相互垂直的两个平面上，切应力必然成对出现，且数值相等，两者都垂直于两平面的交线，其方向则共同指向或共同背离该交线，称为切应力互等定理，也称切应力双生定理。根据切应力互等定理可推断出圆轴扭转时纵截面上的应力分

布，如图 5-9（b）所示。单元体在其两对相互垂直的平面上只有切应力而无正应力的应力状态称为纯剪切应力状态。圆轴扭转时，单元体处于纯剪切应力状态，由于这种单元体的前后面上无任何应力，故将其画成平面图形，如图 5-10（b）所示。

下面分析单元体内垂直于前后两平面的任一斜截面 e-f 上的应力，设斜截面的外法线方向 n 与 x 轴的夹角为 α，且规定 α 从 x 轴转至斜截面外法线方向 n 逆时针为正，反之为负。应用截面法将单元体截开，研究左侧部分的平衡，如图 5-10（c）所示。设斜截面 e-f 面积为 dA，则 be 面和 bf 面的面积分别为 dAcosα 和 dAsinα。分别列 n 和 τ 方向的平衡方程

$$\sum F_n = 0, \quad \sigma_\alpha dA + (\tau dA\cos\alpha)\sin\alpha + (\tau' dA\sin\alpha)\cos\alpha = 0$$

$$\sum F_\tau = 0, \quad \tau_\alpha dA - (\tau dA\cos\alpha)\cos\alpha + (\tau' dA\sin\alpha)\sin\alpha = 0$$

利用切应力互等定理，得到斜截面上的应力计算公式

$$\sigma_\alpha = -\tau\sin2\alpha, \quad \tau_\alpha = \tau\cos2\alpha \tag{5-16}$$

当 $\alpha = 0°$ 时，$\sigma_{0°} = 0$，$\tau_{0°} = \tau_{max} = \tau$；当 $\alpha = 45°$ 时，$\sigma_{45°} = \sigma_{min} = -\tau$，$\tau_{45°} = 0$；当 $\alpha = -45°$ 时，$\sigma_{-45°} = \sigma_{max} = \tau$，$\tau_{-45°} = 0$；当 $\alpha = 90°$ 时，$\sigma_{90°} = 0$，$\tau_{90°} = \tau_{min} = -\tau$。

由此可见，圆轴扭转时，在横截面和纵截面上的切应力为最大值；在方向角 $\alpha = \pm 45°$ 的斜截面上作用有最大压应力和最大拉应力，如图 5-10（d）所示。

在圆轴扭转试验中，对低碳钢试件，抗剪强度低于抗拉强度，破坏是由横截面上的最大切应力引起的，因此一般从轴的外表面沿横截面发生剪断破坏，如图 5-10（e）所示。对于铸铁试件，抗拉强度低于抗剪强度，其破坏是由-45°斜截面上的最大拉应力造成的，因此一般从圆轴外表面沿与轴线约成 45° 的螺旋形曲面发生拉断，如图 5-10（f）所示。

三、薄壁圆筒扭转时的切应力

设圆筒的壁厚为 t，平均直径为 d_0，工程上将 $t/d_0 < 1/20$ 的圆筒称为薄壁圆筒，如图 5-11 所示。设该圆筒横截面上的扭矩为 T。由于壁厚很小，故可认为切应力 τ 在半径方向近似均匀分布，则可根据合力矩定理得到

$$T = \int_A \tau dA \times \frac{d_0}{2} = \frac{\pi d_0^2 t}{2}\tau$$

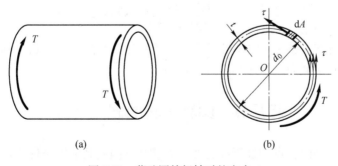

(a)   (b)

图 5-11　薄壁圆筒扭转时的应力

薄壁圆筒的切应力为

$$\tau = \frac{T}{2A_0 t} \tag{5-17}$$

式中，A_0 为薄壁圆筒平均直径所围面积。A_0 可用下式计算：

$$A_0 = \frac{\pi d_0^2}{4} \tag{5-18}$$

【例题 5-3】 齿轮轴上有四个齿轮，如图 5-12（a）所示，已知各轮所受传递的外力偶矩为 $M_{eA} = 52\text{N} \cdot \text{m}$，$M_{eB} = 120\text{N} \cdot \text{m}$，$M_{eC} = 40\text{N} \cdot \text{m}$，$M_{eD} = 28\text{N} \cdot \text{m}$。已知各段轴的直径分别为 $d_{AB} = 15\ \text{mm}$，$d_{BC} = 20\text{mm}$，$d_{CD} = 12\text{mm}$，试作该轴的扭矩图并求 1-1、2-2、3-3 截面上的最大切应力。

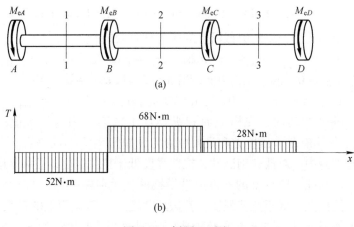

图 5-12　例题 5-3 图

解： 建立坐标系，作扭矩图，如图 5-12（b）所示。

计算 1-1、2-2、3-3 截面上的最大切应力。

$$\tau_{1\max} = \frac{T_1}{W_{p1}} = \frac{16T_1}{\pi d_{AB}^3} = \frac{16 \times 52}{\pi \times 15^3 \times 10^{-9}} = 78.4 \times 10^6 \text{Pa} = 78.4\text{MPa}$$

$$\tau_{2\max} = \frac{T_2}{W_{p2}} = \frac{16T_2}{\pi d_{BC}^3} = \frac{16 \times 68}{\pi \times 20^3 \times 10^{-9}} = 43.3 \times 10^6 \text{Pa} = 43.3\text{MPa}$$

$$\tau_{3\max} = \frac{T_3}{W_{p3}} = \frac{16T_3}{\pi d_{CD}^3} = \frac{16 \times 28}{\pi \times 12^3 \times 10^{-9}} = 85.5 \times 10^6 \text{Pa} = 85.5\text{MPa}$$

由上述计算可知，虽然 BC 段扭矩最大，但最大切应力在 CD 段，因此对于变截面轴，应综合考虑扭矩和横截面尺寸来确定危险截面。

第五节　圆轴扭转的强度计算

圆轴扭转时，轴内各点均处于纯剪切应力状态，因此其强度条件为横截面上的最大工作切应力 $\tau_{\max}$ 不超过材料的许用切应力 $[\tau]$，即

$$\tau_{\max} \leqslant [\tau] \tag{5-19}$$

对于等截面圆轴，最大工作切应力 $\tau_{\max}$ 存在于扭矩最大截面（危险截面）的周边上

各点（危险点）处，于是强度条件为

$$\tau_{\max} = \frac{T_{\max}}{W_{\mathrm{p}}} \leqslant [\tau] \tag{5-20}$$

式中，$\tau_{\max}$ 为最大工作切应力；$T_{\max}$ 为最大扭矩，由扭矩图确定；W_{p} 为圆轴的抗扭截面模量；$[\tau]$ 为许用切应力。

许用切应力与许用正应力的计算公式相似，对于塑性材料为

$$[\tau] = \frac{\tau_{\mathrm{s}}}{n_{\mathrm{s}}} \tag{5-21}$$

式中，τ_{s} 为扭转屈服强度；n_{s} 为屈服安全因数。对于脆性材料为

$$[\tau] = \frac{\tau_{\mathrm{b}}}{n_{\mathrm{b}}} \tag{5-22}$$

式中，τ_{b} 为抗扭强度；n_{b} 为断裂安全因数。

扭转屈服强度和抗扭强度通过实验测定。用圆柱形试件得到抗扭实验时的扭矩和扭角的关系，相应于屈服时的扭矩对应的切应力称为扭转屈服强度，相应于最大扭矩时的切应力称为抗扭强度。

同种材料的拉伸实验和扭转实验结果表明，材料的许用切应力和许用正应力存在着一定的关系。对于塑性材料，$[\tau] = (0.5 \sim 0.6)[\sigma]$；对于脆性材料，$[\tau] = (0.8 \sim 1.0)[\sigma]$。

对于铸铁等脆性材料，在扭转时，其破坏形式是沿斜截面的脆性断裂，引起破坏的原因是斜截面上的最大拉应力，理应按正应力建立强度条件，但由于斜截面上的拉应力与横截面上的最大切应力有固定关系，所以习惯上仍然按式（5-19）进行强度计算。

根据强度条件可以进行 3 种类型的强度计算：

（1）强度校核。已知圆轴的尺寸、承受的外力偶矩、材料的许用切应力，验证强度条件是否满足。

（2）设计截面尺寸。已知圆轴承受的外力偶矩、材料的许用切应力，求出最小抗扭截面模量，设计圆轴的直径。

对于实心圆轴为

$$D \geqslant \sqrt[3]{\frac{16T_{\max}}{\pi[\tau]}}$$

对于空心圆轴为

$$D \geqslant \sqrt[3]{\frac{16T_{\max}}{\pi(1 - \alpha^4)[\tau]}}$$

（3）确定许可载荷。已知圆轴的尺寸、材料的许用切应力，确定圆轴能承受的最大扭矩，然后通过扭矩与外力偶矩的关系，确定许可外力偶矩，进而确定圆轴所传递的功率或许可转速。其中许可扭矩表达式为

$$[T] = W_{\mathrm{p}}[\tau]$$

对变截面圆轴，如阶梯圆轴、锥形圆轴，W_{p} 不是常量，$\tau_{\max}$ 并不一定发生在扭矩为 $T_{\max}$ 的截面上，这时要综合考虑 T 和 W_{p}，寻求最大值。

【例题 5-4】 如图 5-13（a）所示绞车同时由两人操作，若每人加在手柄上的力都是 $F = 200\text{N}$，已知轴的许用切应力 $[\tau] = 40\text{MPa}$，试按强度条件估算 AB 轴的直径，并确定最大起重量 W。（图中未注尺寸单位为 mm。）

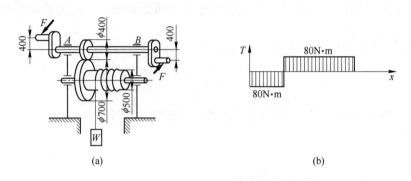

(a)   (b)

图 5-13　例题 5-4 图

解： 轴 AB 的扭矩如图 5-13（b）所示。最大扭矩为 $T = F \times 0.4 = 200 \times 0.4 = 80\text{N} \cdot \text{m}$。根据强度条件，$AB$ 轴的直径 D 为

$$D \geqslant \sqrt[3]{\frac{16T_{\max}}{\pi[\tau]}} = \sqrt[3]{\frac{16 \times 80}{\pi \times 40 \times 10^6}} = 0.0217\text{m} = 21.7\text{mm}$$

设两个齿轮啮合力为 F_1，该力作用在两齿轮的接触点，方向为两齿轮的公切线，故有

$$F_1 = \frac{160}{0.2} = 800\text{N}$$

AB 轴下面的轴传递的扭矩为

$$T_1 = F_1 \times 0.35 = 800 \times 0.35 = 280\text{N} \cdot \text{m}$$

最大起重量 W 为

$$W = \frac{T_1}{0.25} = 1120\text{N}$$

第六节　圆轴扭转的变形与刚度计算

一、圆轴扭转的变形

圆轴扭转变形常用两横截面的相对扭转角 φ 表示，如图 5-1 所示。本章第四节得到在线弹性范围内，单位长度的相对扭转角公式（5-9）为

$$\frac{\mathrm{d}\varphi}{\mathrm{d}x} = \frac{T}{GI_{\mathrm{p}}}$$

式中，T 为微段 $\mathrm{d}x$ 上的扭矩；G 为材料的剪切弹性模量；I_{p} 为圆轴横截面的极惯性矩；$\mathrm{d}\varphi$ 为相距 $\mathrm{d}x$ 的两截面间的相对扭转角，见图 5-8。式（5-9）可写为

$$\mathrm{d}\varphi = \frac{T}{GI_{\mathrm{p}}}\mathrm{d}x \tag{5-23}$$

长为 l 的一段轴两截面的相对扭转角 φ 为

$$\varphi = \int_l \mathrm{d}\varphi = \int_0^l \frac{T}{GI_p}\mathrm{d}x \tag{5-24}$$

相对扭转角 φ 的单位为弧度，用 rad 表示，正负号可根据扭矩的正负号而定。当圆轴仅在两端受一对外力偶作用，所有横截面上的扭矩 T 均相同，如果轴由同一材料制造且为等截面，则 G 和 I_p 也为常量，于是可得到相对扭转角为

$$\varphi = \frac{Tl}{GI_p} \tag{5-25}$$

由式（5-25）可见相对扭转角 φ 与 GI_p 成反比，此值越大，相对扭转角越小，即圆轴越不容易变形，称 GI_p 为等截面圆轴的抗扭刚度。

当扭矩分段变化、材料分段变化或圆轴为阶梯轴时，相对扭转角为

$$\varphi = \sum_{i=1}^{n} \frac{T_i l_i}{(GI_p)_i}$$

当扭矩连续变化或截面连续变化时，相对扭转角为

$$\varphi = \int_0^l \frac{T(x)}{GI_p(x)}\mathrm{d}x$$

二、刚度条件

由于圆轴扭转时各个截面上扭矩可能并不相同，因此工程中，对于圆轴扭转的刚度通常用相对扭转角沿轴的长度的变化率来度量，称为单位长度的相对扭转角，并用 φ' 表示。对于等截面圆轴，φ' 为

$$\varphi' = \frac{\mathrm{d}\varphi}{\mathrm{d}x} = \frac{T}{GI_p} \quad (\mathrm{rad/m}) \tag{5-26}$$

或

$$\varphi' = \frac{\mathrm{d}\varphi}{\mathrm{d}x} = \frac{T}{GI_p}\frac{180}{\pi} \quad ((\degree)/\mathrm{m}) \tag{5-27}$$

工程上圆轴扭转时除需满足强度条件外，通常还需满足刚度条件，即限制最大单位长度相对扭转角 φ'_{max} 不超过某一规定的许用值 $[\varphi']$，即

$$\varphi'_{max} \leqslant [\varphi'] \tag{5-28}$$

式中，$[\varphi']$ 为许用单位长度相对扭转角。对于等截面圆轴，刚度条件为

$$\varphi'_{max} = \frac{T_{max}}{GI_p} \leqslant [\varphi'] \quad (\mathrm{rad/m}) \tag{5-29}$$

按照工程上常用的设计规范和习惯，$[\varphi']$ 的单位为 $(\degree)/\mathrm{m}$。如一般传动轴，$[\varphi'] = 0.5 \sim 1(\degree)/\mathrm{m}$；精密机器的轴，$[\varphi'] = 0.15 \sim 0.3(\degree)/\mathrm{m}$；$[\varphi']$ 的具体数值可从相应手册中查到，此时刚度条件写为

$$\varphi'_{max} = \frac{T_{max}}{GI_p}\frac{180}{\pi} \leqslant [\varphi'] \quad ((\degree)/\mathrm{m}) \tag{5-30}$$

根据刚度条件可进行 3 种类型的刚度计算：

（1）刚度校核。已知圆轴的尺寸、承受的外力偶矩、材料及许用单位长度相对扭转

角，验证刚度条件是否满足。

（2）设计截面尺寸。已知圆轴承受的外力偶矩、材料及许用单位长度相对扭转角，求出最小极惯性矩，设计圆轴的直径。

对于实心圆轴为

$$D \geqslant \sqrt[4]{\frac{32T_{max} \times 180}{G\pi^2[\varphi']}}$$

对于空心圆轴为

$$D \geqslant \sqrt[4]{\frac{32T_{max} \times 180}{G\pi^2(1 - \alpha^4)[\varphi']}}$$

（3）确定许可载荷。已知圆轴的尺寸、材料及许用单位长度相对扭转角，确定圆轴能承受的最大扭矩，然后通过扭矩与外力偶矩的关系，确定许可外力偶矩，进而确定圆轴所传递的功率或许可转速。其中许可扭矩表达式为

$$[T] = \frac{GI_p\pi[\varphi']}{180}$$

三、应变能

圆轴扭转变形时，轴内将储存应变能。由于圆轴各横截面上的扭矩可能不同，同时横截面上各点处的切应力也随该点到圆心的距离而改变，因此应先计算单位体积的应变能，即应变能密度。

受扭圆轴任一点处于纯剪切应力状态，如图 5-14（a）所示。设其左侧面固定，右侧面上的切应力为 τ，切应力的合力为 $\tau dydz$。由于剪切变形，右侧面向下错动位移为 γdx。当材料处于线弹性范围内，切应力与切应变成正比，如图 5-14（b）所示，且切应变 γ 值很小，因此在变形过程中，上下两面上的力不做功，只有右侧面上的力 $\tau dydz$ 对相应的位移 γdx 做功，其值 dW 为

$$dW = \frac{1}{2}(\tau dydz)(\gamma dx) = \frac{1}{2}\tau\gamma dV \tag{5-31}$$

式中，dV 为单元体的体积。单元体内储存的剪切应变能 dV_ε 在数值上等于 dW，则单位体积的应变能，即应变能密度为

$$v_\varepsilon = \frac{dV_\varepsilon}{dV} = \frac{dW}{dV} = \frac{1}{2}\tau\gamma \tag{5-32}$$

根据剪切胡克定律 $\tau = G\gamma$，式（5-32）可改写为

$$v_\varepsilon = \frac{\tau^2}{2G}$$

或

$$v_\varepsilon = \frac{G\gamma^2}{2}$$

整个圆轴在扭转时的应变能为

$$V_\varepsilon = \int_V dV_\varepsilon = \int_V \frac{1}{2}\tau\gamma dV = \iint_{l A} \frac{\tau^2}{2G}dAdx \tag{5-33}$$

式中，V 为圆轴的体积；A 为横截面面积；l 为轴长。

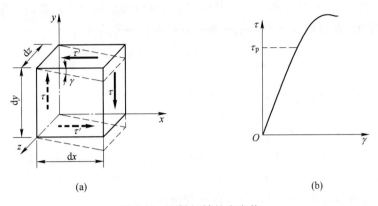

(a)   (b)

图 5-14 圆轴扭转的应变能

对于等截面圆轴在两端受一对外力偶矩，任一截面上的扭矩 T 和极惯性矩 I_p 均相等，将扭转切应力计算公式代入式（5-33）可得

$$V_\varepsilon = \frac{T^2 l}{2GI_p}$$

【例题 5-5】如图 5-15（a）所示钢轴，已知 $M_{e1} = 800\text{N} \cdot \text{m}$，$M_{e2} = 1200\text{N} \cdot \text{m}$，$M_{e3} = 400\text{N} \cdot \text{m}$，$l_1 = 0.3\text{m}$，$l_2 = 0.7\text{m}$，$G = 82\text{GPa}$，$[\tau] = 50\text{MPa}$，$[\varphi'] = 0.25(°)/\text{m}$，试求轴的直径 D。

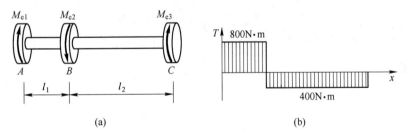

(a)   (b)

图 5-15 例题 5-5 图

解：（1）作出扭矩图，如图 5-15（b）所示。

（2）依据强度条件设计轴的直径。

$$T_{\max} = 800\text{N} \cdot \text{m}$$

$$D \geqslant \sqrt[3]{\frac{16T_{\max}}{\pi[\tau]}} = \sqrt[3]{\frac{16 \times 800}{\pi \times 50 \times 10^6}} = 0.0433\text{m} = 43.3\text{mm}$$

（3）依据刚度条件设计轴的直径。

$$D' \geqslant \sqrt[4]{\frac{32T_{\max} \times 180}{G\pi^2[\varphi']}} = \sqrt[4]{\frac{32 \times 80 \times 180}{82 \times 10^9 \times \pi^2 \times 0.25}} = 0.0691\text{m} = 69.1\text{mm}$$

故取 $D = 70\text{mm}$。

【例题 5-6】已知如图 5-7（a）所示圆截面杆的直径为 d，长度为 l，材料的切变模量

为 G，C 端固定，在 BA 段受均匀分布力偶 m 作用，试求 A 截面的转角。

解: 在例题 5-2 中已作出扭矩图。其中 CB 段扭矩为常量，且 C 截面固定，因此 B 截面相对 C 截面的转角也是 B 截面的绝对转角，根据转角公式有

$$\varphi_B = \varphi_{BC} = \frac{T_{BC} l_{BC}}{G I_\mathrm{p}} = \frac{8ml^2}{G\pi d^4}$$

因为 BA 段扭矩为线性变化，扭矩方程为

$$T(x) = m(l - x)$$

则 A 截面相对于 B 截面的转角为

$$\varphi_{AB} = \int_{\frac{l}{2}}^{l} \frac{T(x)}{G I_\mathrm{p}} \mathrm{d}x = \int_{\frac{l}{2}}^{l} \frac{m(l-x)}{G I_\mathrm{p}} \mathrm{d}x = \frac{ml^2}{8 G I_\mathrm{p}} = \frac{4ml^2}{G\pi d^4}$$

A 截面的转角即为 A 截面相对于 C 截面的扭转角。

$$\varphi_A = \varphi_{AC} = \varphi_{AB} + \varphi_{BC} = \frac{12ml^2}{G\pi d^4}$$

【**例题 5-7**】已知如图 5-16（a）所示阶梯形圆轴，AE 段空心，外径 $D = 140\mathrm{mm}$，内径 $d = 100\mathrm{mm}$；BC 实心，直径 $d = 100\mathrm{mm}$。已知 $M_{eA} = 18\mathrm{kN \cdot m}$，$M_{eB} = 32\mathrm{kN \cdot m}$，$M_{eC} = 14\mathrm{kN \cdot m}$；材料的许用切应力 $[\tau] = 80\mathrm{MPa}$，许用单位长度扭转角 $[\varphi'] = 1.2(°)/\mathrm{m}$，切变模量 $G = 80\mathrm{GPa}$，试校核圆轴的强度和刚度。

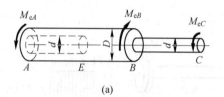

(a)

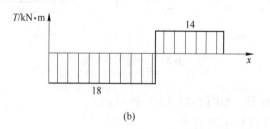

(b)

图 5-16 例题 5-7 图

解:（1）作出扭矩图，如图 5-16（b）所示。

（2）强度校核。AE 段和 BC 段均可能为危险截面，应分别校核。

$$(\tau_{\max})_{AE} = \frac{|T_{AE}|}{(W_\mathrm{p})_{AE}} = \frac{16|T_{AE}|}{\pi D^3 (1 - \alpha^4)}$$

$$= \frac{16 \times 18 \times 10^3}{\pi \times 0.14^3 \times \left[1 - \left(\frac{100}{140}\right)^4\right]} = 45.2 \times 10^6 \mathrm{Pa} = 45.2\mathrm{MPa} < [\tau]$$

$$(\tau_{max})_{BC} = \frac{T_{BC}}{(W_p)_{BC}} = \frac{16T_{BC}}{\pi d^3} = \frac{16 \times 14 \times 10^3}{\pi \times 0.1^3} = 71.3 \times 10^6 \mathrm{Pa} = 71.3\mathrm{MPa} < [\tau]$$

两段轴的最大切应力均小于许用切应力，故强度足够。

（3）刚度校核。

$$(\varphi')_{AE} = \frac{|T_{AE}|}{G(I_p)_{AE}}\frac{180}{\pi} = \frac{32 \times 180|T_{AE}|}{G\pi^2 D^4(1-\alpha^4)}$$

$$= \frac{32 \times 180 \times 18 \times 10^3}{80 \times 10^9 \times \pi^2 \times 0.14^3 \times \left[1 - \left(\frac{100}{140}\right)^4\right]} = 0.46(°)/\mathrm{m} < [\varphi']$$

$$(\varphi')_{BC} = \frac{T_{BC}}{G(I_p)_{BC}}\frac{180}{\pi} = \frac{32 \times 180 T_{BC}}{G\pi^2 d^4} = \frac{32 \times 180 \times 14 \times 10^3}{80 \times 10^9 \times \pi^2 \times 0.1^4} = 1.02(°)/\mathrm{m} < [\varphi']$$

故满足刚度条件，轴安全。

第七节　扭转超静定问题

杆端的约束反力偶矩或横截面上的扭矩仅由静力平衡方程不能完全确定的问题称为扭转超静定问题。

求解扭转超静定问题时，应先建立静力平衡方程，再根据变形协调条件建立变形几何方程，将扭转角与扭矩间的物理关系代入变形几何方程得到补充方程，然后与静力平衡方程联立求解，可求得全部未知力偶或截面上的扭矩。

【例题 5-8】如图 5-17（a）所示为两端固定的阶梯圆轴，已知 $d_1 = 2d_2$，B 截面处作用一外力偶 M，试作扭矩图。

解： 选阶梯圆轴为研究对象，受力如图 5-17（b）所示。两端的约束反力偶 M_A 和 M_C 均为未知量，而平衡方程只有一个，故为一次扭转超静定问题。

首先列平衡方程

$$\sum M_x = 0, \quad M_A + M_C = M$$

由于此圆轴两端固定，故 C 截面相对 A 截面的扭转角为零，因此变形协调方程为

$$\varphi_{CA} = \varphi_{CB} + \varphi_{BA} = 0$$

根据相对扭转角的计算公式，得到补充方程

$$\frac{32T_{AB}a}{G\pi d_1^4} + \frac{64T_{BC}a}{G\pi d_2^4} = \frac{2M_A a}{G\pi d_2^4} - \frac{64M_C a}{G\pi d_2^4} = 0$$

联立平衡方程和补充方程得

$$M_A = \frac{32M}{33}, \quad M_C = \frac{M}{33}$$

作扭矩图，如图 5-17（c）所示。

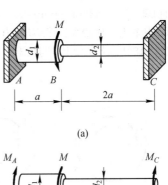

(a)

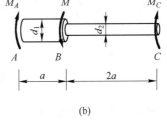

(b)

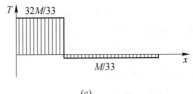

(c)

图 5-17　例题 5-8 图

自 测 题

一、判断题（正确写 T，错误写 F。每题 2 分，共 10 分）

1. 实心圆轴的直径增大 1 倍，则最大扭转切应力下降为原来的 1/8。（　　）
2. 传递一定功率的圆轴，转速越高，其横截面所受的扭矩也越大。（　　）
3. 已知两轴长度及所受外力矩完全相同，若两轴材料不同、截面尺寸不同，其扭矩图相同。（　　）
4. 实心圆轴的抗扭截面模量（系数）越大，则圆轴的刚度也越大。（　　）
5. 两根实心圆轴在产生扭转变形时，其材料、直径及所受外力偶矩均相同，但由于两轴的长度不同，所以短轴的单位长度相对扭转角要大一些。（　　）

二、单项选择题（每题 2 分，共 10 分）

1. 有一直径为 d 的圆轴，材料的剪切弹性模量为 G，受扭后其横截面上的最大切应力为 τ，则轴的最大单位长度相对扭转角 φ'_{max} 为（　　）。
   A. $4\tau/(Gd)$　　　　B. $Gd/(2\tau)$　　　　C. τGd　　　　D. $2\tau/(Gd)$

2. 有一直径为 d 的圆轴，受扭后其横截面上的最大切应力为 τ，若要使最大切应力 τ 减小为 $\tau/27$，则此时圆轴的直径 d_1 应为（　　）。
   A. d　　　　B. $2d$　　　　C. $3d$　　　　D. $4d$

3. 关于等截面圆轴扭转时截面上应力的说法，正确的是（　　）。
   A. 圆轴扭转时，横截面上只有正应力，其大小与截面直径无关。
   B. 圆轴扭转时，横截面上有正应力，也有切应力。
   C. 圆轴扭转时，斜截面上有正应力，也有切应力。
   D. 圆轴扭转时，横截面上只有切应力，其大小与截面直径无关。

4. 在如图 5-18 所示各截面上，与扭矩 T 相对应的弹性范围内的切应力分布图中，正确的是（　　）。

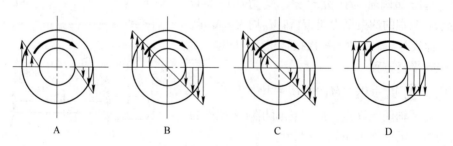

图 5-18　单项选择题 4 图

5. 如图 5-19 所示圆轴受力偶矩 M 作用，已知半径为 R，长为 l，剪切弹性模量为 G，在小变形下，该轴的最大相对扭转角应为（　　）。
   A. $32Ml/(G\pi R^4)$
   B. $16Ml/(G\pi R^4)$
   C. $8Ml/(G\pi R^4)$
   D. $2Ml/(G\pi R^4)$

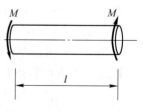

图 5-19　单项选择题 5 图

三、填空题（每空 4 分，共 20 分）

1. 力偶矩 M 与 $2M$ 分别作用在如图 5-20 所示圆轴的 B、C 截面处，已知长度 l，直径 d，材料的剪切弹性模量 G，则 A、C 两截面的相对扭转角为_____。

2. 直径为 d 的圆轴受集度为 m 的均布扭转力偶矩作用，材料的剪切弹性模量为 G，如图 5-21 所示。则该轴的最大单位长度扭转角为_____。

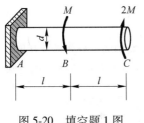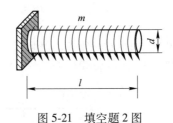

图 5-20　填空题 1 图　　　　图 5-21　填空题 2 图

3. 两端受扭转力偶矩作用的实心钢圆轴，不发生屈服的最大力偶矩为 M_0，若将其横截面面积增加 1 倍，则最大力偶矩 M_0 为_____。

4. 直径为 d 的实心圆轴受扭，为使扭转最大切应力减小一半（扭矩、材料、长度不变），圆轴的直径需变为 _____。

5. 圆轴直径为 d，剪切弹性模量为 G，在外力作用下发生扭转变形，现测得单位长度相对扭转角为 θ，圆轴的最大切应力为_____。

四、计算题（每题 10 分，共 60 分）

1. 如图 5-22 所示阶梯圆轴直径分别为 d_1 和 d_2，$d_1 = 40\text{mm}$，$d_2 = 70\text{mm}$，轮 C 输入功率 $P_C = 30\text{kW}$，轮 A 输出功率 $P_A = 13\text{kW}$，轮 B 输出功率 $P_B = 17\text{kW}$。轴的转速 $n = 200\text{r/min}$，轴的 $[\tau] = 60\text{MPa}$，试作扭矩图并校核轴的强度。

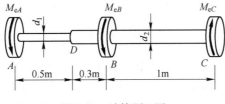

图 5-22　计算题 1 图

2. 如图 5-23 所示阶梯轴，已知 AB 段直径为 $D_1 = 75\text{mm}$，BC 段直径为 $D_2 = 50\text{mm}$，$M_{eA} = 2\text{kN·m}$，$M_{eC} = 1\text{kN·m}$，轴材料的许用切应力为 $[\tau] = 60\text{MPa}$，试校核轴的强度。如果轴的强度有富裕，试分析在 M_{eC} 值不变的前提下，M_{eA} 可以增大到多少？

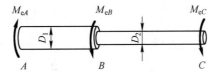

图 5-23　计算题 2 图

3. 实心轴和空心轴通过如图 5-24 所示离合器连接，已知轴的 $n = 120r/min$，传递的功率 $P = 14kW$，材料的许用切应力 $[\tau] = 60MPa$，空心轴的 $\alpha = 0.8$，试确定实心轴的直径 d_1 和空心轴的内外径 d_2、D_2。

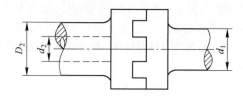

图 5-24　计算题 3 图

4. 阶梯形圆轴 ABC 承受外力作用如图 5-25 所示，AB 和 BC 段轴的直径分别为 $D_1 = 75mm$ 和 $D_2 = 60mm$，材料的剪切弹性模量为 $G = 80GPa$，试求轴上的最大切应力和 C 截面相对于 A 截面的扭转角。

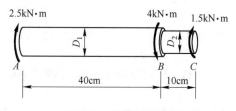

图 5-25　计算题 4 图

5. 传动轴如图 5-26 所示，主动轮 A 输入功率为 $P_A = 120kW$，从动轮 B、C、D 输出功率分别为 $P_B = 30kW$，$P_C = 40kW$，$P_D = 50kW$，轴的转速 $n = 300\ r/min$。材料的许用切应力为 $[\tau] = 160MPa$，单位长度的许用扭转角为 $[\varphi'] = 1(°)/m$，切变模量为 $G = 80GPa$。试：（1）作扭矩图。（2）设计轴的直径。

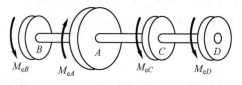

图 5-26　计算题 5 图

6. 如图 5-27 所示两端固定的空心圆轴，内外径比 $\alpha = 0.8$，受集度为 m 的均布力偶矩作用。已知 $m = 300N \cdot m/m$，$l = 1m$。试：（1）作出轴的扭矩图。（2）若许用切应力 $[\tau] = 80MPa$，单位长度的许用扭转角为 $[\varphi'] = 1(°)/m$，切变模量为 $G = 80GPa$。试确定轴的外径 D。

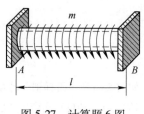

图 5-27　计算题 6 图

扫描二维码获取本章自测题参考答案

第六章　平　面　弯　曲

+-

【本章知识框架结构图】

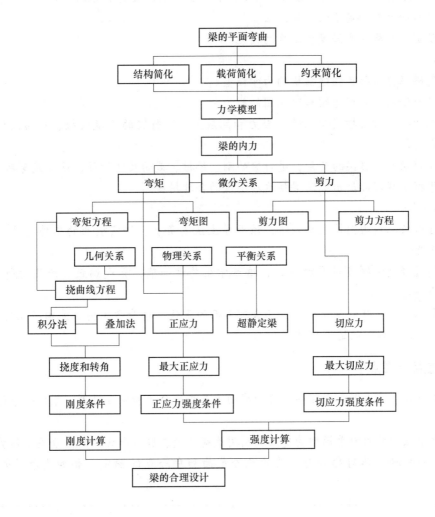

【知识导引】

　　当杆件受到与杆轴线垂直的外力或在轴线平面内的力偶作用时，杆的轴线由原来的直线变成曲线，这种变形叫弯曲变形。以弯曲为主要变形的构件称为梁。梁横截面的对称轴与梁轴线所组成的平面称为纵向对称平面。平面弯曲是指梁的轴线将弯曲成一条位于纵向对称平面内的平面曲线的弯曲变形。梁一般水平放置，用来承受横向载荷。与其他的横向受力结构（如桁架、拱等）相比，梁制作方便，故梁在中小跨度建筑中得到了广泛应用。

【本章学习目标】

知识目标：

1. 掌握平面弯曲的概念和梁的剪力和弯矩的计算方法；熟练掌握绘制剪力图和弯矩图的方法。

2. 掌握弯曲正应力和切应力的计算方法，熟练进行弯曲强度计算。

3. 理解挠曲线、挠度和转角的概念以及它们之间的关系；了解挠曲线近似微分方程的建立；掌握计算梁变形的积分法和叠加法；掌握梁的刚度计算方法。

4. 了解一次超静定梁的求解方法。

5. 了解提高梁弯曲强度和刚度的措施。

能力目标：

1. 能够根据实际构件建立梁的力学模型。

2. 具有绘制梁的剪力图和弯矩图的能力。

3. 能正确分析梁横截面上的正应力和切应力，进行梁的强度校核、截面设计、许可载荷确定。

4. 能够熟练计算梁的变形，进行梁的刚度校核、截面尺寸设计、许可载荷确定。

5. 根据工程实际提出提高梁强度和刚度的合理措施。

育人目标：

1. 通过绘制内力图技能的训练，培养学生认真负责、踏实敬业的工作态度和求真务实的职业素养。

2. 通过强度和刚度计算的训练，培养学生关注细节，养成细致、严谨的科学态度，树立全面发展的思想。

3. 引入我国古代科学家对梁弯曲合理截面的贡献，培养学生树立爱国敬业的价值观，树立成为一名工程师的远大理想。

【本章重点及难点】

本章重点：剪力图和弯矩图；梁横截面上正应力分析和强度计算；梁的位移计算和刚度计算。

本章难点：梁的力学模型的建立；利用载荷集度、剪力和弯矩的微分关系作剪力图和弯矩图；中性轴为非对称轴时，梁的危险截面和危险点的确定；叠加法求梁的挠度和转角。

第一节　平面弯曲力学模型

一、平面弯曲的概念

工程中的一些杆件，受垂直于轴线的横向外力或外力偶矩的作用时，杆件的轴线变成了曲线，这种变形称为弯曲。以弯曲变形为主的杆件称为梁。

　　工程中常见的梁，其横截面都具有对称轴，如图 6-1 所示，材料力学中将梁横截面的对称轴与梁的轴线所组成的平面称为纵向对称面。若梁上所有横向外力及外力偶均作用在梁的对称平面内，变形后梁的轴线必定是在该纵向对称面内的一条光滑连续的平面曲线，如图 6-2 所示，这种弯曲称为平面弯曲，由于梁的几何、物性、外力均对称于梁的纵向对称面，因此也称为对称弯曲。本章主要研究平面弯曲时梁的内力、应力、变形计算。

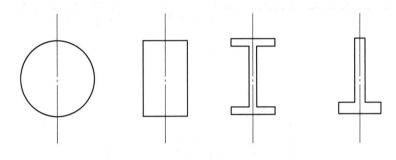

图 6-1　纵向对称轴

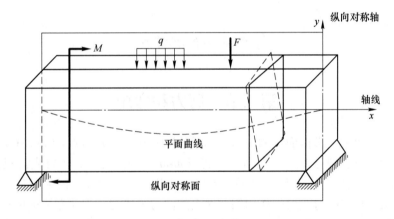

图 6-2　平面弯曲

　　平面弯曲构件的特征是具有纵向对称面的等截面直梁；受力特点是所有外力都作用在纵向对称面内且垂直于轴线；变形特点是轴线弯曲成为纵向对称面内的一条平面曲线，同时横截面发生了相对转动。

二、梁的力学模型

　　梁的支承条件与载荷情况一般都比较复杂，为了便于分析计算，应进行必要的简化，抽象出计算简图。

　　首先是结构简化。通常取梁的轴线来代替梁。

　　其次是载荷简化。作用于梁上的载荷（包括支座反力）可简化为 3 种类型：集中力、集中力偶和分布载荷。

　　最后是支座简化。根据理论力学将支座简化为固定铰支座、活动铰支座、固定端。

通过上述简化，通常梁的力学模型有简支梁、悬臂梁、外伸梁三种类型。

如图 6-3（a）所示梁一端为固定铰支座，另一端为活动铰支座，通常称为简支梁。如图 6-3（b）所示梁一端为固定端，另一端为自由端，通常称为悬臂梁。如图 6-3（c）所示梁一端或两端伸出支座之外，通常称为外伸梁。

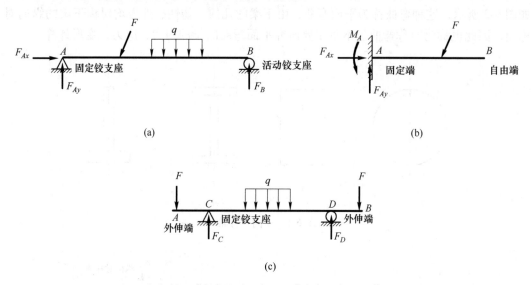

(a)

(b)

(c)

图 6-3　梁的力学模型

第二节　剪力和弯矩

梁在外力作用下，横截面上的内力可用截面法来确定。如图 6-4 所示简支梁在外力作用下处于平衡状态。现分析距 A 端为 x 的截面 $m\text{-}m$ 上的内力。为此首先需根据静力平衡方程确定梁的约束反力 F_A 和 F_B。然后在 x 截面截开，取左段或右段为研究对象。如取左段为研究对象，则右段对左段的作用用截面上的内力来代替。为使左段梁保持平衡，在其右侧截面上存在两个内力分量，即力 F_S 和力偶矩 M，如图 6-5 所示。力 F_S 与截面 $m\text{-}m$ 相切，称为剪力；内力偶矩 M 是产生弯曲变形的力偶矩，称为弯矩。

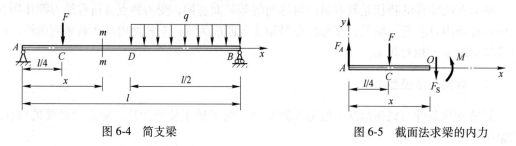

图 6-4　简支梁

图 6-5　截面法求梁的内力

下面用静力平衡方程确定内力值。

$$\sum F_y = 0, \quad F_A - F - F_S = 0, \quad F_S = F_A - F$$

$$\sum M_O = 0, \quad -F_A x + F(x - l/4) + M = 0, \quad M = F_A x - F(x - l/4)$$

式中，O 为 x 截面的形心。当然也可取右段为研究对象，为了保证取不同研究对象得到同一截面的剪力和弯矩不仅大小相等，方向也相同，材料力学中对剪力和弯矩的正负号进行了规定。当截面上的 F_S 使该截面邻近微段有做顺时针转动趋势时为正，反之为负，如图 6-6 所示。当截面上的弯矩使该截面的邻近微段下部受拉、上部受压为正（即凹向上时为正），反之为负，如图 6-7 所示。

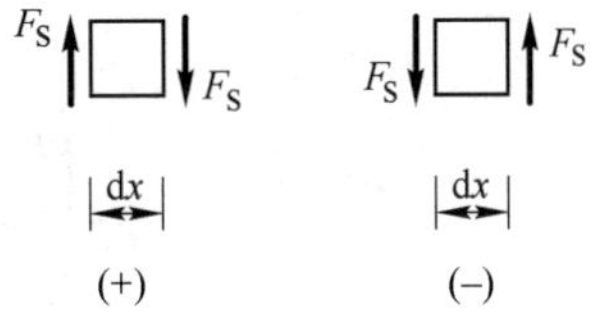

图 6-6　剪力符号规定

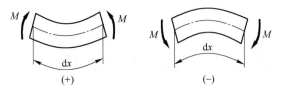

图 6-7　弯矩符号规定

【例题 6-1】 试求如图 6-4 所示梁 $x = 3l/4$ 处截面上的内力。

解： 选 AB 梁为研究对象，受力如图 6-8（a）所示，根据静力平衡方程求反力。

$$\sum M_B = 0, \quad -F_A l + F\frac{3l}{4} + \frac{q}{2}\left(\frac{l}{2}\right)^2 = 0, \quad F_A = \frac{3F}{4} + \frac{ql}{8}$$

$$\sum F_y = 0, \quad F_A + F_B - F - \frac{ql}{2} = 0, \quad F_B = \frac{F}{4} + \frac{3ql}{8}$$

在 $x = 3l/4$ 处将梁截开，取左段为研究对象，受力如图 6-8（b）所示，假设该截面上的剪力为 F_S，弯矩为 M，均假设为正，用静力平衡方程求该截面上的内力。

$$\sum F_y = 0, \quad F_A - F - \frac{ql}{4} - F_S = 0, \quad F_S = F_A - F - \frac{ql}{4} = -\frac{F}{4} - \frac{ql}{8} \tag{6-1}$$

由式（6-1）可见，在 $x = 3l/4$ 截面处的剪力等于该截面左侧所有外力（包括主动力和约束反力）的代数和，其中向上的外力取正号，向下的外力取负号，即有

$$F_S = \sum F_i(\uparrow) - \sum F_j(\downarrow) \tag{6-2}$$

利用式（6-2）可不用截开梁，直接求剪力，但要注意 F_i 是截面左侧向上的外力，F_j 是截面左侧向下的外力。

$$\sum M_O = 0, \quad M - F_A\frac{3l}{4} + F\frac{l}{2} + \frac{q}{2}\left(\frac{l}{4}\right)^2 = 0, \quad M = F_A\frac{3l}{4} - F\frac{l}{2} - \frac{q}{2}\left(\frac{l}{4}\right)^2 = \frac{Fl}{16} + \frac{ql^2}{16}$$
$$\tag{6-3}$$

由式（6-3）可见，在 $x = 3l/4$ 截面处的弯矩等于该截面左侧所有外力（包括主动力和约束反力）对该截面形心取矩的代数和，其中顺时针的力矩取正号，逆时针的力矩取负号，即有

$$M = \sum M_O(F_i) - \sum M_O(F_j) \tag{6-4}$$

利用式（6-4）可不用截开梁，直接求弯矩，但要注意 F_i 是截面左侧对截面形心取矩为顺时针的外力（包括外力偶矩），F_j 是截面左侧对截面形心取矩为逆时针的外力（包括外力偶矩）。

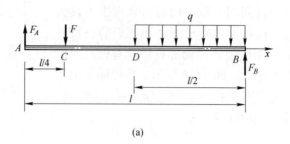

(a)

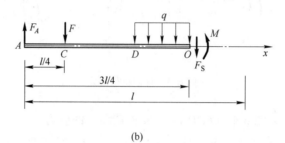

(b)

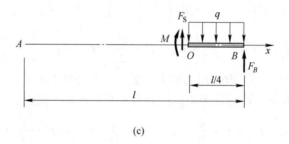

(c)

图 6-8　例题 6-1 图

在 $x = 3l/4$ 处将梁截开后也可取右段为研究对象，受力如图 6-8（c）所示，假设该截面上的剪力为 F_S，弯矩为 M，均假设为正，用静力平衡方程求该截面上的内力。

$$\sum F_y = 0, \quad F_S - \frac{ql}{4} + F_B = 0, \quad F_S = \frac{ql}{4} - F_B = -\frac{F}{4} - \frac{ql}{8} \tag{6-5}$$

由式（6-5）可见，在 $x = 3l/4$ 截面处的剪力等于该截面右侧所有外力（包括主动力和约束反力）的代数和，其中向上的外力取负号，向下的外力取正号，即与取左段为研究对象正好相反。而且取左右两段得到的剪力大小和符号相同，具体计算时根据难易程度任取一段计算即可。

$$\sum M_O = 0, \quad -M - \frac{q}{2}\left(\frac{l}{4}\right)^2 + F_B \frac{l}{4} = 0, \quad M = -\frac{q}{2}\left(\frac{l}{4}\right)^2 + F_B \frac{l}{4} = \frac{Fl}{16} + \frac{ql^2}{16} \tag{6-6}$$

由式（6-6）可见，在 $x = 3l/4$ 截面处的弯矩等于该截面右侧所有外力（包括主动力和约束反力）对该截面形心取矩的代数和，其中顺时针的力矩取负号，逆时针的力矩取正号，即与取左段为研究对象正好相反。而且取左右两段得到的弯矩大小和符号相同，具体计算时根据难易程度任取一段计算即可。

通过本题得到的求剪力和弯矩的规律具有普遍性，总结如下：

（1）求指定截面上的内力时，既可取梁的左段为研究对象，也可取右段为研究对象，两者计算结果一致。一般取外力比较简单的一段进行分析。

（2）在解题时，一般在需要计算内力的截面上把内力（F_S、M）假设为正号。最后计算结果是正，则表示假设的内力方向（转向）是正确的，解得的 F_S、M 即为正的剪力和弯矩。若计算结果为负，则表示该截面上的剪力和弯矩是负的，其方向（转向）应与所假设的相反（但不必再把分离体图上假设的内力方向改过来）。

（3）梁内任一截面上的剪力 F_S 的大小，等于该截面左侧（或右侧）所有与截面平行的各外力的代数和。若考虑左段为研究对象时，在此段梁上所有向上的外力会使该截面上产生正的剪力，而所有向下的外力会使该截面上产生负的剪力。

（4）梁内任一截面上的弯矩的大小，等于该截面左侧（或右侧）所有外力（包括外力偶）对于这个截面形心的力矩的代数和。若考虑左段为研究对象时，在此段梁上所有对该截面形心取矩为顺时针的力矩取正号，而所有对该截面形心取矩为逆时针的力矩取负号。

为了帮助读者记忆，将以上规律总结为"左上右下，剪力为正；左顺右逆，弯矩为正"。

【例题 6-2】 一外伸梁，受力和尺寸如图 6-9（a）所示，试求截面 B、C 处的剪力和弯矩。

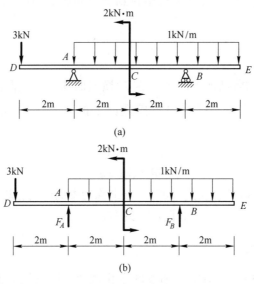

图 6-9　例题 6-2 图

解：取梁为研究对象，受力如图 6-9（b）所示，根据平衡方程求出约束反力。

$$F_A = 6.5\text{kN}, \quad F_B = 2.5\text{kN}$$

求截面 C 左侧的剪力和弯矩（根据左侧梁的外力计算）。

$$F_{SC左} = -3 + 6.5 - 1 \times 2 = 1.5\text{kN}$$

$$M_{C左} = -3 \times 4 + 6.5 \times 2 - 1 \times 2 \times 1 = -1\text{kN} \cdot \text{m}$$

求截面 C 右侧的剪力和弯矩（根据左侧梁的外力计算）。

$$F_{SC右} = -3 + 6.5 - 1 \times 2 = 1.5 \text{kN}$$

$$M_{C右} = -3 \times 4 + 6.5 \times 2 - 1 \times 2 \times 1 - 2 = -3 \text{kN} \cdot \text{m}$$

由上可见，在集中力偶作用处，剪力不变，但弯矩产生突变，突变大小等于集中力偶的力偶矩。

求截面 B 左侧的剪力和弯矩（根据右侧梁的外力计算）。

$$F_{SB左} = -2.5 + 1 \times 2 = -0.5 \text{kN}$$

$$M_{B左} = -1 \times 2 \times 1 = -2 \text{kN} \cdot \text{m}$$

求截面 B 右侧的剪力和弯矩（根据右侧梁的外力计算）。

$$F_{SB右} = 1 \times 2 = 2 \text{kN}$$

$$M_{B右} = -1 \times 2 \times 1 = -2 \text{kN} \cdot \text{m}$$

由上可见，在集中力作用处，剪力产生突变，突变大小等于集中力的大小，但弯矩不变。

第三节　剪力图和弯矩图

为了分析和解决梁的强度和刚度问题，只知道指定截面上的 F_S、M 是不够的，还必须知道 F_S、M 沿梁轴线的变化规律，从而找到剪力和弯矩的最大值及其所在截面。因此必须作梁的剪力图和弯矩图。

一、剪力方程和弯矩方程

在一般情况下，梁内各截面上的 F_S、M 随横截面的位置不同而变化，横截面位置若用沿梁轴线的坐标 x 来表示，则梁内各横截面上的 F_S、M 都可以表示为坐标 x 的函数，即

$$F_S = F_S(x) \tag{6-7}$$

$$M = M(x) \tag{6-8}$$

通常把上述关系式（6-7）和式（6-8）分别称为梁的剪力方程和弯矩方程。在建立剪力方程和弯矩方程时，坐标原点一般设在梁的左端。

二、剪力图和弯矩图

为了直观表明剪力和弯矩沿梁的轴线的变化规律，以梁横截面沿轴线的位置为横坐标，以垂直于梁轴线方向的剪力或弯矩为纵坐标，分别绘制 $F_S(x)$、$M(x)$ 的图线，这种图线分别称为剪力图和弯矩图，简称 F_S 图和 M 图。绘图时一般规定正号的剪力画在 x 轴的上侧，负号的剪力画在 x 轴的下侧；正号的弯矩画在 x 轴的下侧，负号的弯矩画在 x 轴的上侧，即把弯矩图画在梁受拉的一侧（与后续课程结构力学相同）。

【例题 6-3】 如图 6-10（a）所示长度为 l 的悬臂梁，在自由端受集中力 F 作用，试作此梁的剪力图和弯矩图。

解： 以梁左端 A 为坐标原点，梁轴线为 x 轴，建立坐标系，于是可得剪力方程和弯矩方程为

$$F_S(x) = F \qquad (0 \leqslant x \leqslant l)$$

$$M(x) = -F(l-x) \qquad (0 \leqslant x \leqslant l)$$

作剪力图，如图 6-10（b）所示，由图可见剪力图为一水平线，且位于 x 轴上方。

作弯矩图。根据弯矩方程，弯矩图为一条斜直线，只要确定起点和终点值即可作出，如图 6-10（c）所示。

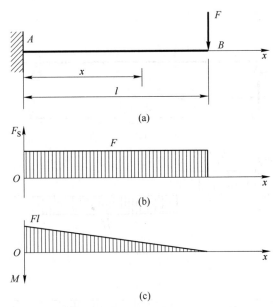

图 6-10　例题 6-3 图

由剪力图和弯矩图可求得最大剪力和最大弯矩的绝对值。

$$|F_S|_{max} = F$$

$$|M|_{max} = Fl$$

作图时应将剪力图和弯矩图与梁的计算简图（受力图）的相应位置对齐，并注明图名和控制点的剪力值和弯矩值。

由本例可见，梁 AB 上无载荷作用时，剪力图为水平线，弯矩图为斜直线。

【**例题 6-4**】如图 6-11（a）所示长度为 l 的简支梁，在距离 A 端为 a 的 C 截面处受集中力 F 作用，试作此梁的剪力图和弯矩图。

解： 选 AB 梁为研究对象，利用平衡方程求约束反力。

$$F_A = \frac{l-a}{l} F$$

以梁左端 A 为坐标原点，梁轴线为 x 轴，建立坐标系，分段列剪力方程和弯矩方程。分段点的确定原则：载荷有突变之处，如集中力作用点、集中力偶作用点、分布载荷的起点和终点。

$$F_S = \begin{cases} \dfrac{l-a}{l} F & (0 \leqslant x \leqslant a) \\[3mm] -\dfrac{a}{l} F & (a \leqslant x \leqslant l) \end{cases}$$

$$M = \begin{cases} \dfrac{l-a}{l}Fx & (0 \leqslant x \leqslant a) \\[3mm] \dfrac{a}{l}F(l-x) & (a \leqslant x \leqslant l) \end{cases}$$

根据剪力方程和弯矩方程绘 F_S 图、M 图，如图 6-11（b）和图 6-11（c）所示。确定 F_{Smax}、M_{max}。

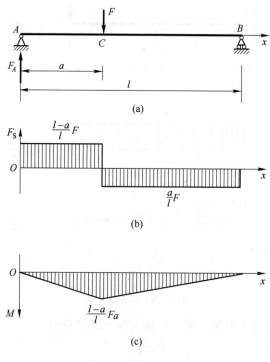

图 6-11　例题 6-4 图

据 F_S 图可见，当 $a < l-a$ 时，$|F_S|_{max} = \dfrac{l-a}{l}F$。

据 M 图可见，C 截面处有 $|M|_{max} = \dfrac{Fa(l-a)}{l}$。

若 $a = l/2$，则 $|M|_{max} = \dfrac{Fl}{4}$。

由本例可见，在集中力作用处，F_S 图有突变，突变的绝对值等于该集中力的大小；M 图有一拐点，即 M 图的切线斜率有突变。

【例题 6-5】如图 6-12（a）所示长度为 l 的简支梁，在距离 A 端为 a 的 C 截面处受集中力偶 M 作用，试作此梁的剪力图和弯矩图。

解：选 AB 梁为研究对象，利用平衡方程求约束反力。

$$F_A = \dfrac{M}{l}$$

以梁左端 A 为坐标原点，梁轴线为 x 轴，建立坐标系，分段列剪力方程和弯矩方程。

$$F_S = \begin{cases} \dfrac{M}{l} & (0 \leqslant x \leqslant a) \\[2mm] \dfrac{M}{l} & (a \leqslant x \leqslant l) \end{cases}$$

$$M = \begin{cases} \dfrac{M}{l}x & (0 \leqslant x \leqslant a) \\[2mm] \dfrac{M}{l}(x-l) & (a \leqslant x \leqslant l) \end{cases}$$

根据剪力方程和弯矩方程绘 F_S 图、M 图，如图 6-12（b）和图 6-12（c）所示。
确定 F_{Smax}、M_{max}。

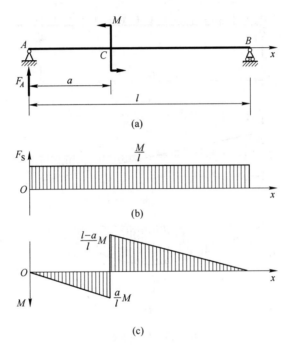

图 6-12　例题 6-5 图

据 F_S 图可见，$|F_S|_{max} = \dfrac{M}{l}$。

据 M 图可见，当 $a < l - a$ 时，C 截面右侧有 $|M|_{max} = \dfrac{M(l-a)}{l}$。

若 $a = l/2$，则 $|M|_{max} = \dfrac{M}{2}$。

由本例可见，在集中力偶作用处，F_S 图无变化；M 图有突变，突变的绝对值等于该集中力偶的大小。

【例题 6-6】 如图 6-13（a）所示长度为 l 的简支梁，受集度为 q 的均布载荷作用，试作此梁的剪力图和弯矩图。

解： 选 AB 梁为研究对象，利用平衡方程求约束反力。

$$F_A = \frac{ql}{2}$$

以梁左端 A 为坐标原点，梁轴线为 x 轴，建立坐标系，列剪力方程和弯矩方程

$$F_S = q\left(\frac{l}{2} - x\right) \quad (0 \leqslant x \leqslant l)$$

$$M = \frac{q}{2}(lx - x^2) \quad (0 \leqslant x \leqslant l)$$

根据剪力方程和弯矩方程绘 F_S 图、M 图，如图 6-13（b）和图 6-13（c）所示。确定 F_{Smax}、M_{max}。

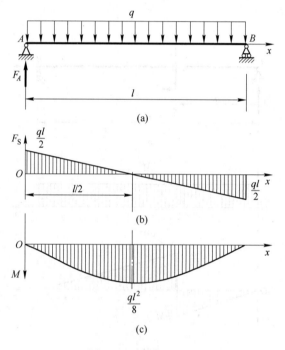

图 6-13　例题 6-6 图

据 F_S 图可见，$|F_S|_{max} = \frac{ql}{2}$。

据 M 图可见，当 $x = l/2$ 时，即梁的中点截面处有 $|M|_{max} = \frac{ql^2}{8}$。

由本例可见，当梁上作用均布载荷时，剪力图为斜直线，弯矩图为抛物线，最大弯矩发生在梁的跨中截面处，而此截面的剪力刚好等于零。

从例题 6-4（集中力）、例题 6-5（集中力偶）、例题 6-6（均布载荷）可以看出，在梁端的铰支座上，剪力等于该支座的约束反力。如果在端点铰支座上没有集中力偶的作用，则铰支座处的弯矩等于零。

三、剪力、弯矩与载荷集度之间的微分关系

在例题 6-6 中，如果将弯矩方程对 x 求导数可以发现

$$\frac{\mathrm{d}M(x)}{\mathrm{d}x} = q\left(\frac{l}{2} - x\right) = F_S(x)$$

如果将剪力方程对 x 求导数可以发现

$$\frac{\mathrm{d}F_S(x)}{\mathrm{d}x} = -q$$

下面分析这种关系是否普遍存在。如图 6-14（a）所示梁上作用有分布载荷，以梁的左端点为坐标原点，取 x 轴向右为正，x 截面处的载荷集度为 $q(x)$，并规定向上为正。现用坐标 x 和坐标 $x+\mathrm{d}x$ 的两个相邻平面 $m\text{-}m$、$n\text{-}n$ 由梁中截取无限小微段 $\mathrm{d}x$，微段上的分布载荷 $q(x)$ 可视为均匀分布，左侧截面上的剪力为 $F_S(x)$，弯矩为 $M(x)$，由于截面位置的增量 $\mathrm{d}x$，右侧截面上的剪力为 $F_S(x) + \mathrm{d}F_S(x)$，弯矩为 $M(x) + \mathrm{d}M(x)$，并假设剪力和弯矩均为正值，如图 6-14（b）所示。

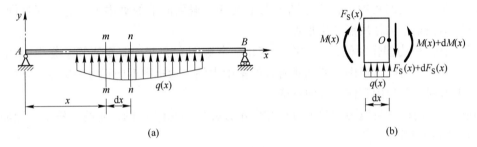

图 6-14 剪力、弯矩与载荷集度之间的微分关系

根据微段的平衡方程

$$\sum F_y = 0, \quad F_S(x) + q(x)\mathrm{d}x - \left[F_S(x) + \mathrm{d}F_S(x)\right] = 0$$

整理得

$$\frac{\mathrm{d}F_S(x)}{\mathrm{d}x} = q(x) \tag{6-9}$$

式（6-9）表明梁上任一横截面上的剪力 $F_S(x)$ 对 x 的一阶导数，等于该截面处作用在梁上的分布载荷集度 $q(x)$。其几何意义是任一横截面上的分布载荷集度 $q(x)$，就是剪力图上相应位置处的斜率。

$$\sum M_O = 0, \, -M(x) - F_S(x)\mathrm{d}x - q(x)\mathrm{d}x \cdot \frac{\mathrm{d}x}{2} + M(x) + \mathrm{d}M(x) = 0$$

略去高阶微量，整理得

$$\frac{\mathrm{d}M(x)}{\mathrm{d}x} = F_S(x) \tag{6-10}$$

式（6-10）表明梁上任一横截面上的弯矩 $M(x)$ 对 x 的一阶导数，等于该截面处的剪力 $F_S(x)$。其几何意义为任一横截面处的剪力 $F_S(x)$，就是弯矩图上相应位置处的斜率。

对式（6-10）两边求导，则

$$\frac{\mathrm{d}^2 M(x)}{\mathrm{d}x^2} = \frac{\mathrm{d}F_S(x)}{\mathrm{d}x} = q(x) \tag{6-11}$$

式（6-11）表明梁上任一横截面上的弯矩 $M(x)$ 对 x 的二阶导数，等于同一截面处作用在梁上的分布载荷集度 $q(x)$。利用二阶导数可判定曲线的凹向，因此式（6-11）的几何意义是可以根据 $M(x)$ 对 x 的二阶导数的正负来确定 $M(x)$ 图的凹向。

根据剪力、弯矩与载荷集度之间的微分关系，可得出剪力图和弯矩图的分布规律：

（1）若 $q(x)=0$，则 $F_S(x)=$ 常数，$M(x)$ 为 x 的线性函数。此时剪力图为一水平线，弯矩图为一斜直线。剪力为正时，弯矩图的斜率为正；剪力为负时，弯矩图的斜率为负；剪力为零时，弯矩图为水平线。

（2）若 $q(x)=$ 常数且小于零，即分布载荷为均匀分布且方向向下。剪力图为斜率为负的斜直线，弯矩图为有极大值的抛物线，且在剪力为零的截面上取得极大值。

（3）若 $q(x)=$ 常数且大于零，即分布载荷为均匀分布且方向向上。剪力图为斜率为正的斜直线，弯矩图为有极小值的抛物线，且在剪力为零的截面上取得极小值。

（4）在集中力作用处，剪力图有突变，突变值等于集中力的大小，如果从左向右画剪力图，遇到向上的集中力，剪力图就向上突变，遇到向下的集中力，剪力图就向下突变。弯矩图在集中力作用点产生拐点。

（5）在集中力偶作用处，剪力图无变化，弯矩图有突变，突变值等于集中力偶的大小，如果从左向右画弯矩图，遇到顺时针的集中力偶，弯矩图就向正方向突变，遇到逆时针的集中力偶，弯矩图就向负方向突变。

利用上述规律，可以不列剪力方程和弯矩方程，快速作 F_S 图、M 图。作图步骤如下：

（1）求约束反力。

（2）分段并判断各段剪力图和弯矩图的形状。

（3）从左到右作剪力图和弯矩图，注意控制点的剪力和弯矩的计算和正确标注。

（4）求最大剪力和最大弯矩。

【例题6-7】简支梁受力和尺寸如图6-15（a）所示，试利用剪力、弯矩与载荷集度之间的微分关系作该梁的剪力图和弯矩图。

解：（1）求约束反力。以梁为研究对象，受力如图6-15（b）所示，根据平衡方程求约束反力。

$$\sum M_B = 0, \ -8F_A + 4 \times 6 + 2 \times 4 \times 2 = 0, \quad F_A = 5\text{kN}$$

$$\sum F_y = 0, \quad F_A - 4 - 2 \times 4 + F_B = 0, \quad F_B = 7\text{kN}$$

（2）分段并判断各段剪力图和弯矩图的形状。将梁分为 AC、CD、DB 三段，分析各段剪力图和弯矩图的形状。AC 和 CD 段无载荷作用，剪力图为水平线，弯矩图为斜直线；DB 段有向下作用的均布载荷，剪力图为斜率为负的斜直线，弯矩图为有极大值的抛物线。

（3）作剪力图。建立坐标系，从左向右画剪力图。首先遇到向上的集中力 $F_A=5\text{kN}$，剪力图向上突变5kN，然后画水平线，直到 C 截面处遇到向下的集中力，剪力图向下突变4kN，再画水平线到 D 截面，由于 DB 段为斜率为-2kN/m 的斜直线，且 B 截面的剪力为 -7kN，故可作出梁的剪力图，如图6-15（c）所示。

（4）作弯矩图。建立坐标系，从左向右画弯矩图。AC 段剪力5kN，弯矩图为斜率为正的斜直线，且 A 端弯矩 $M_A=0$，C 截面弯矩 $M_C=10\text{kN·m}$，连接 A、C 两点的弯矩得到此段的弯矩图。D 截面弯矩为 $M_D=12\text{kN·m}$，连接 C、D 两点的弯矩得到 CD 段的弯矩图。DB 段弯矩图为有极大值的抛物线，且 B 点弯矩为 $M_B=0$，因此还需确定极大值。

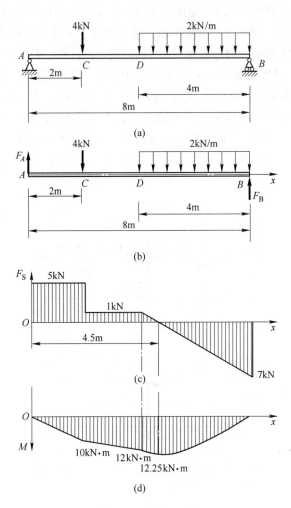

图 6-15 例题 6-7 图

根据剪力图确定 DB 段剪力为零的截面位置。令

$$F_S(x) = 5 - 4 - 2(x - 4) = 0 \quad (4\text{m} < x < 8\text{m})$$

得到

$$x = 4.5\text{m}$$

求此截面的弯矩为

$$M\big|_{x=4.5\text{m}} = 5 \times 4.5 - 4 \times 2.5 - \frac{2 \times (4.5 - 4)^2}{2} = \frac{49}{4}\text{kN} \cdot \text{m}$$

根据 D、B 和极值点作出抛物线，梁的弯矩图如图 6-15（d）所示。需要注意的是，D 截面无集中力作用，因此 CD 段的直线与 DB 段的抛物线在 D 处相切。

【例题 6-8】 一外伸梁，受力和尺寸如图 6-16（a）所示，试利用剪力、弯矩与载荷集度之间的微分关系作该梁的剪力图和弯矩图。

解：（1）取梁为研究对象，受力如图 6-16（b）所示，根据平衡方程求出约束反力。

$$F_A = 6.5\text{kN}, \quad F_B = 2.5\text{kN}$$

（2）分段并判断各段剪力图和弯矩图的形状。将梁分为 DA、AC、CB、BE 四段，分析各段剪力图和弯矩图的形状。DA 段无载荷作用，剪力图为水平线，弯矩图为斜直线；AC、CB、BE 段有向下作用的均布载荷，剪力图为斜率为负的斜直线，弯矩图为有极大值的抛物线。

（3）作剪力图。建立坐标系，从左向右画剪力图。首先遇到向下的集中力，剪力图向下突变 3kN，然后画水平线，直到 A 截面处遇到向上的集中力，剪力图向上突变 6.5kN；由于 AC 段和 CB 段均为斜率为 -1kN/m 的斜直线，到 B 截面的剪力为 -0.5kN，C 截面集中力偶对斜直线没有影响；B 截面有集中力，剪力图向上突变 2.5kN；BE 段为斜率为 -1kN/m 的斜直线，到 E 截面的剪力为 0；故可作出梁的剪力图，如图 6-16（c）所示。

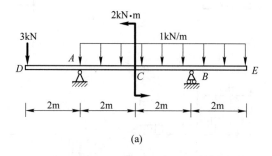

(a)

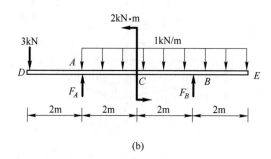

(b)

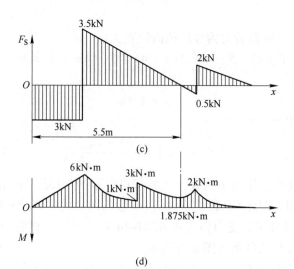

(c)

(d)

图 6-16　例题 6-8 图

（4）作弯矩图。建立坐标系，从左向右画弯矩图。DA 段剪力−3kN，弯矩图为斜率为负的斜直线，且 D 端弯矩 $M_D=0$，A 截面弯矩 $M_A=-6$kN·m，连接 D、A 两点的弯矩得到此段的弯矩图。AC 段为有极大值的抛物线，C 截面左侧弯矩为 $M_{C左}=-1$kN·m，但这一段的剪力没有为零的截面，所以这是抛物线的一部分，只需根据两端弯矩值定性画出此段抛物线。C 截面上作用有逆时针的集中力偶，弯矩在该截面向上突变 2kN·m，C 截面右侧的弯矩为 $M_{C右}=-3$kN·m，CB 弯矩图为有极大值的抛物线，B 截面弯矩为 $M_B=-2$kN·m，还需根据 DB 段的剪力图确定弯矩极大值所在截面位置。令

$$F_S(x) = -3 + 6.5 - 1(x-2) = 0 \quad (4\text{m} < x < 6\text{m})$$

得到

$$x = 5.5\text{m}$$

求此截面的弯矩为

$$M\big|_{x=5.5\text{m}} = -3 \times 5.5 + 6.5 \times 3.5 - \frac{(5.5-2)^2}{2} - 2 = -1.875\text{kN·m}$$

根据 C、B 和极值点作出抛物线，BE 段弯矩图为有极大值的抛物线，极值点在 E 端 $M_E=0$，正好是半个抛物线，梁的弯矩图如图 6-16（d）所示。

四、叠加法绘制梁的弯矩图

当梁在外力作用下的变形为微小的弹性变形时，梁上若干外力对某一截面引起的内力等于各个外力单独作用下对该截面引起的内力的代数和，此即为叠加原理。

叠加法就是根据叠加原理作梁的弯矩图。首先作出各个载荷单独作用下梁的弯矩图，然后将其对应的纵坐标叠加，即得到梁上所有载荷共同作用下的弯矩图。

【例题 6-9】如图 6-17（a）所示跨度为 l 的简支梁，在中点 C 受集中力 F 作用，在梁的右端 B 受集中力偶 M 作用，且 $M=Fl$，试用叠加法作梁的弯矩图。

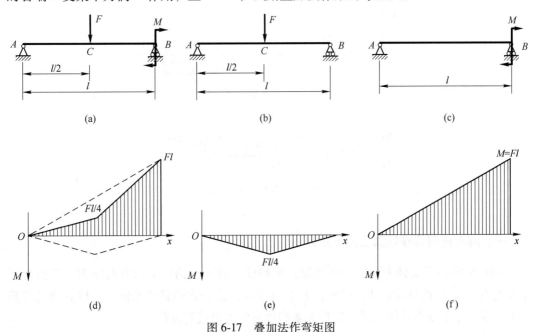

图 6-17　叠加法作弯矩图

解：首先将简支梁上载荷分解为如图 6-17（b）和图 6-17（c）所示的情况，并作分解后两梁的弯矩图，如图 6-17（e）和图 6-17（f）所示。

先作出图 6-17（f），以该图中的斜直线为基线，叠加图 6-17（e）中相应截面的纵坐标，得到图 6-17（d）即为所求的弯矩图。

需要注意的是，叠加法作弯矩图时，不是两个弯矩图的简单叠加，而是同一截面处纵坐标的代数和。要保证截面相对应，重点考察控制面，如上例中 C 截面。

第四节　弯曲正应力

在一般情况下，梁的横截面上有弯矩和剪力，这两个内力是横截面上分布内力系合成的结果，显然，与横截面相切的分布内力可能合成剪力和扭矩，与横截面垂直的分布内力可能合成轴力和弯矩。因为横截面上无轴力和扭矩，因此在梁的横截面上剪力产生切应力，弯矩产生正应力。本节研究由弯矩引起的正应力。

如图 6-18 所示梁在截面 C、D 处受大小相等、方向相同的两个集中力 F 作用，作出剪力图和弯矩图。图 6-18 中 AC 和 DB 两段梁上即有剪力，又有弯矩，称为横力弯曲（剪切弯曲）；CD 段只有弯矩，没有剪力，且弯矩为常数，这种弯曲称为纯弯曲。显然纯弯曲时梁的横截面上只有正应力，下面首先分析纯弯曲时梁横截面上的正应力，然后推广到一般的平面弯曲。

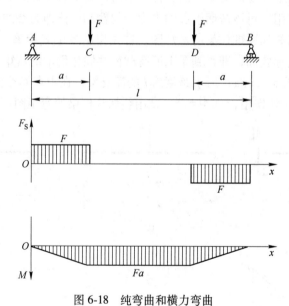

图 6-18　纯弯曲和横力弯曲

一、纯弯曲时梁横截面上的正应力

如图 6-19 所示受纯弯曲的等截面梁，梁的任一截面上的内力只有弯矩 M，其值等于外力偶矩 M_e。与推导圆轴扭转时横截面上切应力计算公式的思路相同，从研究梁的变形入手，综合考虑变形几何关系、物理关系和静力学关系进行分析。

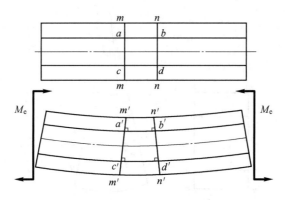

图 6-19　纯弯曲变形示意图

（一）变形几何关系

以矩形截面梁为例，变形前在梁的前表面作与轴线平行的纵向线 ab、cd 和与轴线垂直的横向线 mm、nn。在梁两端施加一对外力偶矩 M_e 后，使其发生纯弯曲变形，如图 6-19 所示，可观察到梁段上所作线条的变化情况：横向线（mm、nn）变形后仍为直线，但相对原直线旋转了一个角度；纵向线（ab、cd）变为曲线，且上缩下伸；横向线与纵向线变形后仍正交。

根据上面观察到的现象，可以假设变形前原为平面的梁的横截面变形后仍为平面，且仍垂直于变形后的梁轴线，这就是弯曲变形的平截面假设。

设想梁是由平行于轴线的众多纤维组成。在纯弯曲过程中，各纤维之间互不挤压，只发生伸长和缩短变形。显然，下侧的纤维发生伸长，上侧的纤维缩短。由于变形的连续性，在梁内一定有一层纤维既不伸长，也不缩短，这一层纤维称为中性层。中性层与横截面的交线称为中性轴，如图 6-20 所示。梁弯曲时，横截面是绕中性轴旋转的。由于整体变形的对称性，中性轴与纵向对称面垂直。需要注意的是中性层是对整个梁而言的，而中性轴是对某个横截面而言的。

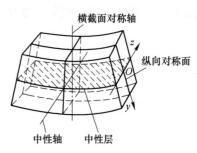

图 6-20　中性层与中性轴

现取两个相邻横截面 m-m 和 n-n 之间的微段 $\mathrm{d}x$ 来研究，如图 6-21 所示，OO_1 为中性层与纵向对称面的交线，变形后长度不变，但成为曲线，其弧长为

$$\widehat{OO_1} = OO_1 = \rho\mathrm{d}\theta = \mathrm{d}x \tag{6-12}$$

式中，ρ 为中性层弯曲后的曲率半径；$\mathrm{d}\theta$ 为相距为 $\mathrm{d}x$ 的两个截面的相对转角。现考察距中性层为 y 的任一纤维 cd 沿 x 方向的线应变。

$$\varepsilon = \frac{\widehat{cd} - cd}{cd} = \frac{\widehat{cd} - \mathrm{d}x}{\mathrm{d}x} = \frac{(\rho + y)\mathrm{d}\theta - \rho\mathrm{d}\theta}{\rho\mathrm{d}\theta} = \frac{y}{\rho} \tag{6-13}$$

式（6-13）表明，横截面上任一点处的纵向线应变 ε 与该点到中性轴的距离 y 成正比。

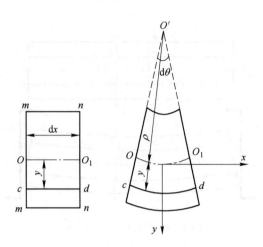

图 6-21　微段变形示意图

（二）物理关系

因为纵向纤维之间互不挤压，即纵截面上无正应力，每一纤维均处于单向拉伸或者单向压缩的应力状态，当应力小于比例极限时，由胡克定律可得物理关系

$$\sigma = E\varepsilon \tag{6-14}$$

将式（6-13）代入式（6-14）得

$$\sigma = E\frac{y}{\rho} \tag{6-15}$$

式（6-15）表明梁横截面上一点的正应力 σ 与它到中性层的距离 y 成正比，亦即沿截面高度，正应力按直线规律变化，如图 6-22 所示。

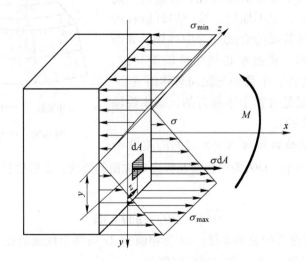

图 6-22　弯曲正应力分布图

以上建立的正应力表达式中，因中性轴的位置及中性层的曲率半径均为未知，故不能对正应力进行计算，为此还需利用静力学关系进行分析。

（三）静力学关系

图 6-22 表明，横截面上的内力系是垂直于横截面的空间平行力系，根据力系简化理论，这一力系可能简化为 3 个内力分量：轴力 F_N、弯矩 M_y 和 M_z。

$$F_N = \sum F_x = \int_A \sigma \mathrm{d}A \tag{6-16}$$

$$M_y = \sum M_y(F) = \int_A z\sigma \mathrm{d}A \tag{6-17}$$

$$M_z = \sum M_z(F) = \int_A y\sigma \mathrm{d}A \tag{6-18}$$

式中，$\sigma \mathrm{d}A$ 为微面积 $\mathrm{d}A$ 上的内力；y 为微面积 $\mathrm{d}A$ 形心到中性轴（z 轴）的距离；z 为微面积 $\mathrm{d}A$ 形心到纵向对称轴（y 轴）的距离。在纯弯曲情况下，截面上只有对 z 轴的内力偶矩 M，故轴力 $F_N = 0$、弯矩 $M_y = 0$ 和 $M_z = M$。将式（6-15）代入式（6-16）得

$$F_N = \int_A \sigma \mathrm{d}A = \int_A \frac{E}{\rho} y \mathrm{d}A$$

对同一截面，E、ρ 为常量，可提到积分号外面，则有

$$F_N = \frac{E}{\rho} \int_A y \mathrm{d}A = \frac{ES_z}{\rho} = 0$$

$$S_z = 0$$

上式表明截面对 z 轴的静矩等于零，即 z 轴（中性轴）通过截面的形心。

$$M_y = \int_A z\sigma \mathrm{d}A = \frac{E}{\rho} \int_A zy \mathrm{d}A = \frac{EI_{yz}}{\rho} = 0$$

$$I_{yz} = 0$$

上式表明截面对 y 轴和 z 轴的惯性积等于零，即两轴中必须有一轴为截面的对称轴，因为 y 轴为对称轴，上式自然满足。

$$M_z = \int_A y\sigma \mathrm{d}A = \frac{E}{\rho} \int_A y^2 \mathrm{d}A = \frac{EI_z}{\rho} = M$$

$$\frac{1}{\rho} = \frac{M}{EI_z} \tag{6-19}$$

式中，ρ 为梁轴线变形后的曲率半径；E 为材料的弹性模量；I_z 为梁横截面对 z 轴的惯性矩。EI_z 越大，梁弯曲后曲率半径越大，说明梁越不容易弯曲，即梁抵抗弯曲变形的能力超强，故称 EI_z 为梁的抗弯刚度。

将式（6-19）代入式（6-15）中得

$$\sigma = \frac{My}{I_z} \tag{6-20}$$

式（6-20）为纯弯曲时梁上任一点的正应力计算公式。应用式（6-20）时，横截上任一点处的应力是拉应力还是压应力可根据弯矩的方向和点的位置直接判定，不需用 y 坐标的正负来判定。

二、横力弯曲时梁横截面上的正应力

工程中常见的平面弯曲一般不是纯弯曲，而是横力弯曲。梁在横力弯曲时，横截面上

即有弯矩又有剪力。因此梁的横截面上不仅存在正应力，而且也存在切应力。由于切应力的存在，梁的横截面发生翘曲而不再保持为平面，在与中性层平行的纵截面上还会出现由横向力引起的挤压应力，因此在纯弯曲时成立的平截面假设和纵向纤维互不挤压假设在横力弯曲时均不成立。但弹性力学理论研究结果表明，对于细长梁，即梁的跨度与横截面高度之比大于 5 时，横截面上的正应力分布规律与纯弯曲时几乎相同，其最大正应力按纯弯曲正应力公式计算时误差不超过 1%。所以对于工程实际中常用梁，仍然使用纯弯曲正应力计算公式。式（6-20）也称为平面弯曲时梁横截面上的正应力计算公式。使用时要注意公式的适用条件：平面弯曲；梁的跨度与横截面高度之比大于 5；弹性范围内。

对于等截面直梁，常常需要计算最大正应力，在横力弯曲时，通过弯矩图可得到梁的最大弯矩，最大正应力应在弯矩最大截面的上缘或下缘，即离中性轴最远处。

$$\sigma_{\max} = \frac{M_{\max} y_{\max}}{I_z} \qquad (6\text{-}21)$$

式中，$M_{\max}$ 为梁的最大弯矩，单位为 N·m；I_z 为横截面对中性轴 z 的惯性矩，单位为 m^4；$y_{\max}$ 为弯矩最大截面中距离中性轴 z 最远的位置，单位为 m。引入记号

$$W_z = \frac{I_z}{y_{\max}} \qquad (6\text{-}22)$$

$$\sigma_{\max} = \frac{M_{\max}}{W_z} \qquad (6\text{-}23)$$

式中，W_z 为抗弯截面系数或抗弯截面模量，单位为 m^3。

对于工程中常用的矩形截面和圆形截面，抗弯截面模量可作为公式应用。如图 6-23 所示宽为 b、高为 h 的矩形截面，对于中性轴 z 的抗弯截面模量为

$$W_z = \frac{bh^2}{6} \qquad (6\text{-}24)$$

如图 6-24 所示内径为 d、外径为 D 的环形截面，内外径之比 $\alpha = d/D$，对于中性轴 z 的抗弯截面模量为

$$W_z = \frac{\pi D^3}{32}(1 - \alpha^4) \qquad (6\text{-}25)$$

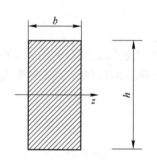

图 6-23　矩形截面图

对于矩形截面和圆形截面这类中性轴为对称轴的等截面梁，横截面上的应力分布如图 6-25 所示，梁内 $\sigma_{\max}$ 发生在最大弯矩截面，距中性轴最远处，即 $y = y_{\max}$，当弯矩为正时，下缘有最大拉应力，上缘有最大压应力。对于变截面直梁不应只注意最大弯矩 $M_{\max}$ 截面，而应综合考虑弯矩和抗弯截面系数 W_z 两个因素。

以上是关于中性轴为对称轴时梁横截面上的应力分布情况，对于如图 6-26（a）所示 T 形截面梁，中性轴为非对称轴，此时应力分布如图 6-26（b）所示，最大拉应力和最大压应力不相等，若弯矩为负时，在 A_1 点拉应力最大，在 A_2 点压应力最大，计算公式为

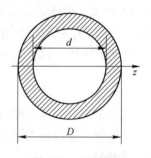

图 6-24　环形截面

$$\sigma_{tmax} = \frac{|M|y_1}{I_z}, \quad \sigma_{cmax} = \frac{|M|y_2}{I_z} \tag{6-26}$$

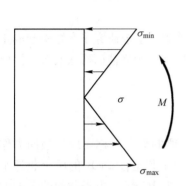

图 6-25　正应力分布图

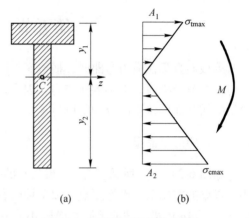

图 6-26　T 形截面梁及应力分布

【例题 6-10】 某圆轴的外伸部分系空心圆截面，载荷情况如图 6-27（a）所示，试作该轴的弯矩图，并求轴内的最大正应力。（图中未注尺寸单位为 mm。）

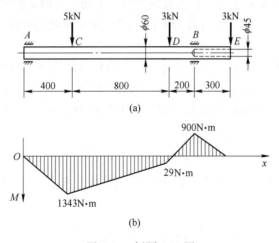

图 6-27　例题 6-10 图

解： 作轴的弯矩图，如图 6-27（b）所示。可能的危险截面为 C 截面或 B 截面。C 截面的最大正应力为

$$(\sigma_{max})_C = \frac{M_C}{(W_z)_C} = \frac{M_C}{\frac{\pi D_C^3}{32}} = \frac{32 \times 1343}{\pi \times 0.06^3} = 63.3 \text{MPa}$$

B 截面的最大正应力为

$$(\sigma_{max})_B = \frac{M_B}{(W_z)_B} = \frac{M_B}{\frac{\pi D_B^3}{32}\left[1 - \left(\frac{d_B}{D_B}\right)^4\right]} = \frac{32 \times 900}{\pi \times 0.06^3 \times \left[1 - \left(\frac{0.045}{0.06}\right)^4\right]} = 62.1 \text{MPa}$$

整个轴上的最大正应力为

$$\sigma_{\max} = (\sigma_{\max})_C = 63.3\text{MPa}$$

第五节　弯曲切应力

等截面直梁在横力弯曲时，横截面上既有弯矩，又有剪力，上节研究了弯矩引起的正应力，本节分析剪力引起的切应力，因为切应力的分布规律与梁的横截面形状有关，因此以梁的横截面形状不同分别加以讨论。

一、矩形截面梁

如图 6-28（a）所示宽为 b、高为 h 的矩形截面梁，在梁的纵向对称面内受横向力作用，以梁的左端点为坐标原点，取 x 轴向右为正，现用坐标 x 和坐标 $x+\mathrm{d}x$ 的两个相邻平面 m-m、n-n 由梁中截取无限小微段 $\mathrm{d}x$，左侧截面上的弯矩为 $M(x)$，由于截面位置的增量 $\mathrm{d}x$，右侧截面上的弯矩为 $M(x) + \mathrm{d}M(x)$，如图 6-28（b）所示，因此两截面同一 y 坐标处的正应力也不相等。

为推导切应力的计算公式，还需确定切应力沿截面宽度的变化规律和切应力的方向。由于梁横截面上剪力与 y 轴重合，且狭长矩形截面上切应力沿截面宽度的变化不大，于是可作如下两点假设：（1）切应力与剪力平行。（2）距中性轴等距离处，切应力大小相等，如图 6-28（a）所示。

现假设从微段梁上取出距离中性层为 y 以下的分离体为研究对象，如图 6-28（c）和图 6-28（d）所示，左侧截面上由正应力 σ 合成的轴力为 F_{N1}，右侧截面上由正应力 $\sigma+\mathrm{d}\sigma$ 合成的轴力为 F_{N2}，根据切应力互等定理，上侧截面存在切应力 τ'，且 $\tau'=\tau$。考虑 x 方向的平衡条件，有

$$\sum F_x = F_{\mathrm{N2}} - F_{\mathrm{N1}} - \tau'b(\mathrm{d}x) = 0 \tag{6-27}$$

假设图 6-28（d）所示分离体右侧面的面积即图中阴影部分面积为 A^*，如图 6-28（e）所示，则

$$F_{\mathrm{N1}} = \int_{A^*} \sigma \mathrm{d}A = \frac{M}{I_z}\int_{A^*} y_1 \mathrm{d}A = \frac{MS_z^*}{I_z} \tag{6-28}$$

$$F_{\mathrm{N2}} = \int_{A^*} (\sigma + \mathrm{d}\sigma) \mathrm{d}A = \frac{M + \mathrm{d}M}{I_z}\int_{A^*} y_1 \mathrm{d}A = \frac{(M + \mathrm{d}M)S_z^*}{I_z} \tag{6-29}$$

式中，S_z^* 为面积 A^* 对截面中性轴的静矩。将式（6-28）和式（6-29）中的 F_{N1}、F_{N2} 代入平衡方程（6-27）中并化简得

$$\tau' = \frac{\mathrm{d}M}{\mathrm{d}x}\frac{S_z^*}{bI_z} = \frac{F_S S_z^*}{bI_z}$$

根据切应力互等定理，有

$$\tau = \frac{F_S S_z^*}{bI_z} \tag{6-30}$$

式（6-30）为矩形截面梁弯曲切应力计算公式。式中，F_S 为截面上的剪力；b 为截面

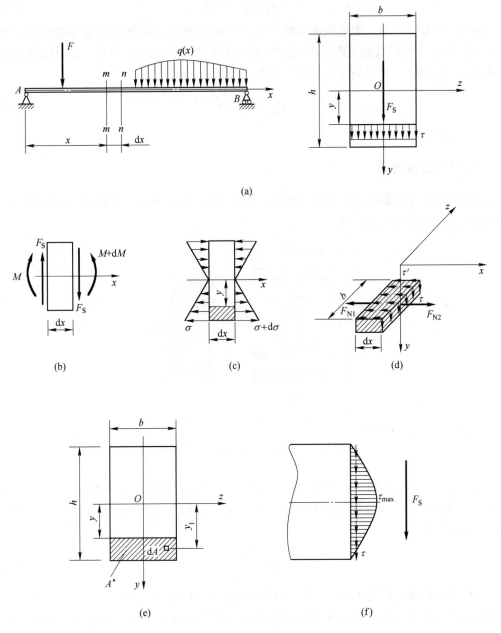

图 6-28　矩形截面梁的弯曲切应力

宽度；I_z 为整个截面对 z 轴的惯性矩；S_z^* 为横截面上距中性轴为 y 的横线以外部分的面积对中性轴的静矩。对于某一横截面而言，F_S、b、I_z 为常量，因此横截面上切应力 τ 沿截面高度的变化规律由静矩 S_z^* 与坐标 y 的关系确定。由图 6-28（e）可知

$$S_z^* = \int_{A^*} y_1 \mathrm{d}A = \int_y^{h/2} y_1 b \mathrm{d}y_1 = \frac{b}{2}\left(\frac{h^2}{4} - y^2\right) \tag{6-31}$$

将式（6-31）代入式（6-30）中，得到

$$\tau = \frac{F_S}{2I_z}\left(\frac{h^2}{4} - y^2\right) \tag{6-32}$$

由式（6-32）可知，矩形截面梁的切应力沿截面高度是按抛物线规律变化的，如图6-28（f）所示。在横截面上距离中性轴最远的上下边缘，切应力为零。在中性轴上切应力最大，最大切应力为平均切应力的 1.5 倍。

$$\tau_{max} = \frac{3}{2}\frac{F_S}{A} \tag{6-33}$$

式中，A 为矩形截面的面积。

二、工字形截面梁

工字形截面梁由腹板和上下翼缘组成，如图6-29（a）所示。在横力弯曲条件下，其翼缘和腹板上均有切应力存在。

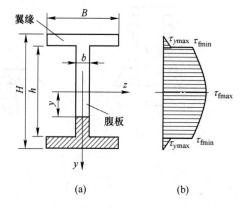

图 6-29　工字形截面梁的弯曲切应力

腹板是一个狭长矩形，矩形截面切应力两个假设均适用（τ 方向与 F_S 一致，沿宽度均布），设距中性轴 z 为 y 处的腹板上的切应力为 τ_f，采用与矩形截面梁切应力公式推导相同方法可得

$$\tau_f = \frac{F_S S_z^*}{bI_z} \tag{6-34}$$

式中，F_S 为横截面上的剪力；I_z 为工字形截面对中性轴 z 的惯性矩；b 为工字形截面的腹板宽度；S_z^* 为所求切应力的位置所在的水平线以下部分面积（图中阴影部分面积）对中性轴 z 的静矩。

$$S_z^* = \frac{B}{8}(H^2 - h^2) + \frac{b}{2}\left(\frac{h^2}{4} - y^2\right)$$

故腹板上的切应力为

$$\tau_f = \frac{F_S}{bI_z}\left[\frac{B}{8}(H^2 - h^2) + \frac{b}{2}\left(\frac{h^2}{4} - y^2\right)\right] \tag{6-35}$$

由式（6-35）可见，腹板上的切应力沿截面高度也按二次抛物线规律分布，如图6-29（b）所示。在中性轴 z 上，即 $y = 0$，腹板上切应力有最大值，此值也是整个工字形截面梁上的切应力最大值。

$$\tau_{max} = \tau_{fmax} = \frac{F_S}{bI_z}\left[\frac{BH^2}{8} - \frac{(B-b)h^2}{8}\right] = \frac{F_S S^*_{zmax}}{bI_z} \tag{6-36}$$

式中，$S^*_{z\,max}$为中性轴一侧截面对中性轴的静矩。对于工字钢，在计算最大切应力时，可直接从附录型钢表中查出 I_z/S^*_{zmax}。

在腹板和翼缘交界处，即 $y=h/2$ 处，腹板上的切应力为最小值。

$$\tau_{fmin} = \frac{F_S}{bI_z}\left(\frac{BH^2}{8} - \frac{Bh^2}{8}\right)$$

由于 $b \ll B$，因此腹板上切应力的最小值和最大值相差很小，故一般可近似地认为腹板上的切应力沿截面高度均匀分布。计算结果表明，腹板承担了工字形截面上 95%～97% 的剪力。因此，常用如下近似公式计算工字钢横截面上切应力的最大值，即

$$\tau_{max} = \frac{F_S}{bh} \tag{6-37}$$

式中，F_S 为横截面上的切应力；h 为腹板的高度；b 为腹板的宽度。

工字形截面梁翼缘部分的切应力分布是比较复杂的，但是其上竖向切应力比腹板上的切应力小得多，在强度计算时，通常可以不必考虑。由此可见，工字形截面梁的腹板主要承担截面上的剪力，翼缘则主要承担截面上的弯矩。

三、圆形截面梁

对于如图 6-30 所示的圆形截面梁，根据切应力互等定理，在截面边缘上各点处的切应力 τ 的方向必定与圆周相切，而在对称轴 y 的各点处，由于剪力、截面形状、材料物性均对称于 y 轴，因此切应力必沿 y 方向。为此可假设：（1）沿距中性轴为 y 的宽度上，各点处的切应力均汇交于 P 点。（2）沿距中性轴为 y 的宽度上，各点处切应力沿 y 方向的分量相等。

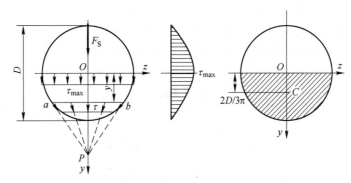

图 6-30　圆形截面梁的弯曲切应力

根据上述假设，即可用下式计算截面上距中性轴为 y 的各点处切应力 τ 沿 y 方向的分量：

$$\tau_y = \frac{F_S S^*_z}{bI_z} \tag{6-38}$$

式中，b 为弦 ab 的长度；S_z^* 为弦 ab 以外的面积对中性轴的静矩。

圆截面梁的最大切应力仍然在中性轴上各点处，且中性轴上各点处的切应力方向均与剪力方向平行，且数值相等，如图 6-30 所示。

对于圆形截面，中性轴处梁的宽度 b 为圆形截面的直径 D，半圆截面对中性轴的静矩为

$$S_{zmax}^* = \frac{\pi D^2}{8} \frac{2D}{3\pi} = \frac{D^3}{12}$$

最大切应力为

$$\tau_{max} = \frac{F_S D^3/12}{D(\pi D^4/64)} = \frac{F_S}{3\pi D^2/16} = \frac{4}{3}\frac{F_S}{A} \qquad (6-39)$$

式中，A 为圆形截面的面积。由此可见，圆形截面梁的最大弯曲切应力是其平均切应力的 4/3 倍。

四、薄壁圆环形截面梁

如图 6-31 所示薄壁圆环形截面梁，圆环壁厚度为 δ，圆环的平均半径为 r，由于壁厚 δ 与半径 r 相比很小，故可假设横截面上切应力 τ 大小沿壁厚无变化，且切应力方向与圆周相切。

最大切应力仍然发生在中性轴上，其大小由下式计算：

$$\tau_{max} = 2\frac{F_S}{A} \qquad (6-40)$$

式中，A 为薄壁圆环的横截面面积，$A = 2\pi r\delta$。由此可见，薄壁圆环形截面梁横截面上的最大切应力是其平均切应力的 2 倍。

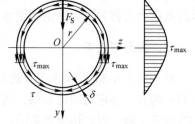

图 6-31　薄壁圆环形截面梁的弯曲切应力

【例题 6-11】试求如图 6-32（a）所示梁横截面上的最大正应力和最大切应力。（图中未注尺寸单位为 mm。）

解： 作梁的剪力图和弯矩图，如图 6-32（b）和图 6-32（c）所示。计算横截面的惯性矩、抗弯截面模量和最大静矩。

$$I_z = \frac{100 \times 200^3}{12} \times 10^{-12} - \frac{70 \times 140^3}{12} \times 10^{-12} = 5.066 \times 10^{-5}\,\mathrm{m}^4$$

$$W_z = \frac{I_z}{0.1} = 5.066 \times 10^{-4}\,\mathrm{m}^3$$

$$S_{zmax}^* = 100 \times 30 \times 85 \times 10^{-9} + 30 \times 70 \times 35 \times 10^{-9} = 3.285 \times 10^{-4}\,\mathrm{m}^3$$

最大正应力发生在弯矩最大的截面上。

$$\sigma_{max} = \frac{M_{max}}{W_z} = \frac{100 \times 10^3}{5.066 \times 10^{-4}} = 197.4 \times 10^6\,\mathrm{Pa} = 197.4\,\mathrm{MPa}$$

最大切应力发生在剪力最大的截面上。

$$\tau_{max} = \frac{F_{Smax}S_{zmax}^*}{bI_z} = \frac{183.3 \times 10^3 \times 3.285 \times 10^{-4}}{0.03 \times 5.066 \times 10^{-5}} = 39.6 \times 10^6 Pa = 39.6 MPa$$

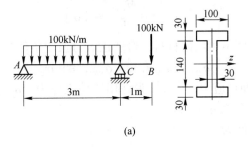

(a)

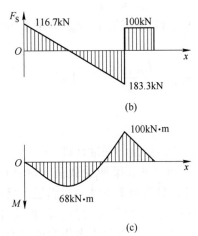

(b)

(c)

图 6-32 例题 6-11 图

第六节 弯曲强度计算

一、危险截面与危险点分析

对于等截面直梁，当中性轴为对称轴时，梁的危险截面为弯矩绝对值最大的截面或剪力绝对值最大的截面。其危险点为弯矩绝对值最大截面的上下边缘，即有最大正应力的点，也可能为剪力绝对值最大截面的中性轴处，即有最大切应力的点。

当中性轴为非对称轴时，一般只考虑弯曲正应力。其危险截面在弯矩最大或最小（负的最大）的截面。其危险点可能在弯矩最大或最小（负的最大）截面的上下边缘上，具体位置需根据载荷和截面形状与尺寸进行分析。

二、弯曲强度条件

弯曲强度条件包括弯曲正应力和弯曲切应力强度条件。对于抗拉和抗压强度相同的材料，弯曲正应力强度条件为

$$\sigma_{max} \leq [\sigma] \tag{6-41}$$

式中，$[\sigma]$ 为许用弯曲正应力，一般以材料的许用拉应力作为其许用弯曲正应力；σ_{max} 为最大工作正应力。对于等截面直梁，式（6-41）可写为

$$\sigma_{max} = \frac{M_{max}}{W_z} \leqslant [\sigma] \tag{6-42}$$

对于抗拉和抗压强度不相同的材料，弯曲正应力强度条件为

$$\sigma_{tmax} \leqslant [\sigma_t], \quad \sigma_{cmax} \leqslant [\sigma_c] \tag{6-43}$$

式中，$[\sigma_t]$ 为许用拉伸正应力；$[\sigma_c]$ 为许用压缩正应力；σ_{tmax} 为工作时最大拉伸正应力；σ_{cmax} 为工作时最大压缩正应力。

弯曲切应力强度条件为

$$\tau_{max} \leqslant [\tau] \tag{6-44}$$

式中，$[\tau]$ 为梁在横力弯曲时材料的许用切应力；τ_{max} 为梁工作时最大切应力。对于等截面直梁，式（6-44）可写为

$$\tau_{max} = \frac{F_{Smax} S_{zmax}^*}{bI_z} \leqslant [\tau] \tag{6-45}$$

三、弯曲强度计算

根据梁的强度条件，可以进行 3 种类型的强度计算：

（1）强度校核。已知梁的形状和尺寸、梁所受载荷、材料特性，分别验证是否满足正应力强度条件和切应力强度条件，只有两个条件同时满足，梁的强度才是足够的。

（2）设计截面尺寸。已知梁的形状、梁所受载荷、材料特性，分别根据正应力和切应力强度条件确定横截面的最小尺寸，然后取较大者作为横截面的设计尺寸。

（3）确定许可载荷。已知梁的形状和尺寸、材料特性，分别根据正应力和切应力强度条件确定梁所能承受的最大弯矩和最大剪力，再利用弯矩、剪力与载荷的关系确定最大载荷，然后取较小者作为梁的许可载荷。

对于工程上常用的细长梁而言，弯曲正应力通常是强度的控制因素，一般只按正应力强度条件进行强度计算，不需要对梁进行弯曲切应力强度计算。但在下述情况下，需要进行弯曲切应力强度计算：

（1）梁的跨度较短。

（2）在梁的支座附近作用较大的载荷，以致梁的弯矩较小，而剪力很大。

（3）细高梁，如铆接或焊接的工字梁，腹板较薄而截面高度很大，以致厚度与高度的比值小于型钢的相应比值，这时对腹板进行切应力强度计算。

（4）经焊接、铆接或胶合而成的梁，对焊缝、铆接处或胶合面需要进行切应力强度计算。

（5）各向异性材料（如木材）的抗剪能力较差，需要进行切应力强度计算。

【例题 6-12】铸铁梁受力和尺寸如图 6-33（a）所示，C 为截面形心，许用拉应力 $[\sigma_t] = 60MPa$，许用压应力 $[\sigma_c] = 160MPa$，试：（1）作剪力图和弯矩图。（2）计算截面对中性轴 z 的惯性矩。（3）校核梁的强度。（图中未注尺寸单位为 mm。）

解： 由平衡方程，可得

$$F_A = 10kN, \quad F_B = 2kN$$

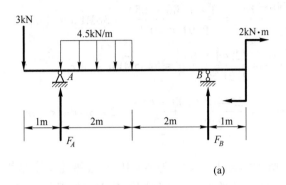

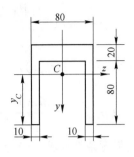

(a)

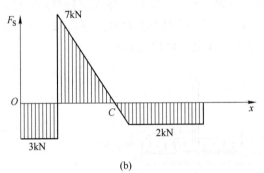

(b)

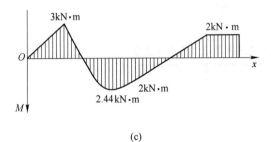

(c)

图 6-33　例题 6-12 图

作剪力图和弯矩图，如图 6-33（b）和图 6-33（c）所示。正的最大弯矩和负的最大弯矩分别为

$$M_C = 2.44\text{kN} \cdot \text{m}, \quad M_A = -3\text{kN} \cdot \text{m}$$

计算截面形心位置坐标和对中性轴的惯性矩。

$$y_C = \frac{100 \times 80 \times 50 - 80 \times 60 \times 40}{100 \times 80 - 80 \times 60} = 65\text{mm}$$

$$I_z = \frac{80 \times 100^3}{12} + 100 \times 80 \times (y_C - 50)^2 - \frac{60 \times 80^3}{12} - 60 \times 80 \times (y_C - 40)^2$$

$$= 2.91 \times 10^6 \text{mm}^4$$

强度校核。

$$(\sigma_{\text{cmax}})_A = \frac{|M_A| y_C}{I_z} = \frac{3 \times 10^3 \times 65 \times 10^{-3}}{2.91 \times 10^{-6}} = 67\text{MPa} < [\sigma_c]$$

$$(\sigma_{tmax})_A = \frac{|M_A|(100 - y_C)}{I_z} = \frac{3 \times (100 - 65)}{2.91 \times 10^{-6}} = 36\text{MPa} < [\sigma_t]$$

$$(\sigma_{tmax})_C = \frac{M_C y_C}{I_z} = \frac{2.44 \times 65}{2.91 \times 10^{-6}} = 54.5\text{MPa} < [\sigma_t]$$

$$(\sigma_{cmax})_C = \frac{M_C(100 - y_C)}{I_z} = \frac{2.44 \times (100 - 65)}{2.91 \times 10^{-6}} = 29.3\text{MPa} < [\sigma_c]$$

满足强度条件要求，安全。

【例题 6-13】 如图 6-34（a）所示结构中，ABC 为 No.10 普通热轧工字型钢梁（抗弯截面模量为 $W = 49\text{cm}^3$），钢梁在 A 处为铰链支承，B 处用圆截面钢杆悬吊。已知梁与杆的许用应力均为 $[\sigma] = 160\text{MPa}$，试：（1）作 ABC 的剪力图和弯矩图。（2）求许可分布载荷集度 $[q]$。（3）确定圆杆直径 d。（图中未注尺寸单位为 mm。）

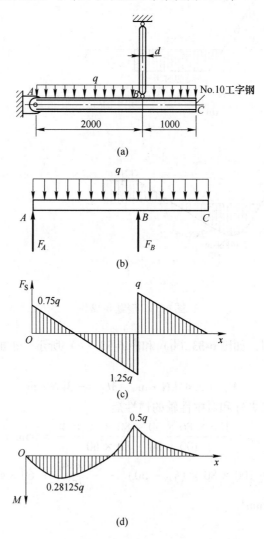

图 6-34　例题 6-13 图

解：以 ABC 为研究对象，受力如图 6-34（b）所示。

$$\sum M_A = 0, \quad F_B = \frac{q \times 3 \times 1.5}{2} = 2.25q$$

$$\sum F_y = 0, \quad F_A = 3q - F_B = 0.75q$$

作剪力图和弯矩图，如图 6-34（c）和图 6-34（d）所示。最大弯矩在 B 截面。

$$M_{max} = M_B = 0.5q$$

根据弯曲正应力强度条件

$$\sigma_{max} = \frac{M_B}{W} = \frac{0.5q}{49 \times 10^{-6}} \leqslant [\sigma] = 160 \times 10^6 \text{Pa}$$

$$[q] = 15.68 \text{kN/m}$$

圆杆受轴向力 $F_B = 2.25q = 35.28 \text{kN}$。根据轴向拉伸正应力强度条件

$$\sigma = \frac{F_B}{A} = \frac{4F_B}{\pi d^2} \leqslant [\sigma]$$

$$d \geqslant \sqrt{\frac{4F_B}{\pi [\sigma]}} = \sqrt{\frac{4 \times 35.28 \times 10^3}{\pi \times 160 \times 10^6}} = 0.0168 \text{m} = 16.8 \text{mm}$$

【例题 6-14】如图 6-35（a）所示木梁受一可移动的载荷 $F = 40 \text{kN}$ 作用。已知许用弯曲正应力 $[\sigma] = 10 \text{MPa}$，许用切应力 $[\tau] = 3 \text{MPa}$，木梁的横截面为矩形，其高宽比 $h/b = 3/2$，试选择梁的截面尺寸。

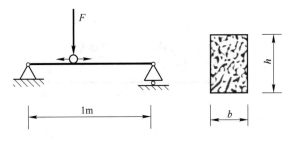

图 6-35　例题 6-14 图

解：当力 F 作用于梁的中点时，弯矩最大，且位于梁的中点，最大值为

$$M_{max} = \frac{F \times 1}{4} = 10 \text{kN} \cdot \text{m}$$

根据梁的弯曲正应力强度条件，有

$$\sigma_{max} = \frac{M_{max}}{W_z} = \frac{6M_{max}}{bh^2} = \frac{8M_{max}}{3b^3} \leqslant [\sigma]$$

$$b \geqslant \sqrt[3]{\frac{8M_{max}}{3[\sigma]}} = \sqrt[3]{\frac{8 \times 10 \times 10^3}{3 \times 10 \times 10^6}} = 0.1387 \text{m} = 138.7 \text{mm}$$

当力 F 作用于梁的支座附近时，剪力最大，最大值为

$$F_{Smax} = F = 40 \text{kN}$$

根据梁的弯曲切应力强度条件，有

$$\tau_{max} = \frac{3}{2} \frac{F_{Smax}}{A} = \frac{3}{2} \frac{F_{Smax}}{bh} = \frac{F_{Smax}}{b^2} \leqslant [\tau]$$

$$b \geqslant \sqrt{\frac{F_{Smax}}{[\tau]}} = \sqrt{\frac{40 \times 10^3}{3 \times 10^6}} = 0.1155\text{m} = 115.5\text{mm}$$

故取 $b = 138.7\text{mm}$, $h = 208.0\text{mm}$。

第七节 梁 的 变 形

在工程实践中，对某些受弯构件，除要求具有足够的强度外，还要求弹性变形不能过大，即要求构件有足够的刚度，以保证结构或机器正常工作。例如，摇臂钻床的摇臂变形过大，会影响零件的加工精度，甚至会出现废品；桥式起重机的横梁变形过大，则会使小车行走困难，出现爬坡现象。但在另外一些情况下，有时却要求构件具有较大的弹性变形，以满足特定的工作需要。例如，车辆上的板弹簧，要求有足够大的变形，以缓解车辆受到的冲击和振动作用。本节开始主要研究等截面直梁在平面弯曲时的变形和位移，对梁进行刚度计算，同时可求解超静定梁。

如图 6-36 所示简支梁，在集中力 F 作用下发生平面弯曲，原来为直线的轴线，受弯后成为纵向对称面内的一条光滑连续的平面曲线，这条曲线称为梁的挠曲线或弹性曲线，如图中虚线所示。

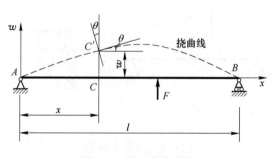

图 6-36 梁的弯曲变形

根据平截面假设，梁发生弯曲变形后，各个横截面依然保持为平面，但相对中性轴转过一个角度，仍然与受弯后的轴线即挠曲线正交。梁横截面形心沿垂直于轴线方向的线位移称为挠度，用 w 表示。横截面绕其中性轴发生转动的角位移称为转角，用 θ 表示。挠度和转角是描述梁变形的相互关联的两个量。

以梁变形前的轴线为 x 轴，以铅垂方向为 w 轴，则挠曲线可表示为

$$w = w(x) \tag{6-46}$$

式（6-46）描述了挠曲线的形状，称为挠曲线方程或挠度方程。由图 6-36 中的几何关系可知，任一横截面的转角 θ 等于挠曲线在该截面处的切线与轴的夹角，即

$$\frac{\text{d}w(x)}{\text{d}x} = \tan\theta$$

在小变形情况下，转角很小，可近似认为用弧度表示的转角与其正切值相等，因此有

$$\theta(x) \approx \tan\theta = \frac{\mathrm{d}w(x)}{\mathrm{d}x} \tag{6-47}$$

式（6-47）称为梁的转角方程，也是挠度与转角的关系方程。该式表明，变形后梁横截面上的转角等于挠曲线在该截面处的斜率。

在图 6-36 中的坐标系中，向上的挠度取正值，向下的挠度取负值；逆时针转动的转角为正值，反之为负。

在建立纯弯曲梁正应力计算公式时，通过静力学关系得到中性层的曲率半径 ρ 与弯矩 M 和抗弯刚度 EI 的关系式

$$\frac{1}{\rho} = \frac{M}{EI} \tag{6-48}$$

工程中使用的大跨度梁在横力弯曲时，剪力对梁的变形影响很小，可忽略不计，所以式（6-48）对一般平面弯曲也适用，但要注意此时 ρ 和 M 都是 x 的函数，即有

$$\frac{1}{\rho(x)} = \frac{M(x)}{EI}$$

下面推导曲率半径与挠度的关系。在如图 6-37 所示梁中，取一微段 $\mathrm{d}x$，变形后成为微小弧长 $\mathrm{d}s$，相距 $\mathrm{d}x$ 的两个截面的相对转角为 $\mathrm{d}\theta$，设 x 截面处挠曲线的曲率半径为 $\rho(x)$，则有

$$\frac{1}{\rho(x)} = \frac{\mathrm{d}\theta}{\mathrm{d}s}$$

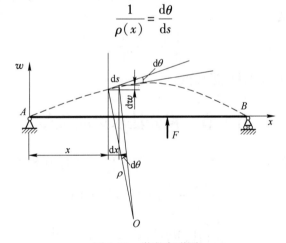

图 6-37 微段变形图

引入中间变量 $\mathrm{d}x$，有

$$\frac{1}{\rho(x)} = \frac{\mathrm{d}\theta}{\mathrm{d}x}\frac{\mathrm{d}x}{\mathrm{d}s}$$

考虑挠度与转角的关系

$$\theta = \arctan\frac{\mathrm{d}w}{\mathrm{d}x}$$

$$\frac{\mathrm{d}\theta}{\mathrm{d}x} = \frac{\dfrac{\mathrm{d}^2w}{\mathrm{d}x^2}}{1 + \left(\dfrac{\mathrm{d}w}{\mathrm{d}x}\right)^2}$$

在小变形时微段弧长与弦长近似相等，因此有

$$(\mathrm{d}s)^2 = (\mathrm{d}w)^2 + (\mathrm{d}x)^2$$

$$\frac{\mathrm{d}s}{\mathrm{d}x} = \sqrt{1 + \left(\frac{\mathrm{d}w}{\mathrm{d}x}\right)^2}$$

所以得到

$$\frac{1}{\rho(x)} = \frac{\dfrac{\mathrm{d}^2 w}{\mathrm{d}x^2}}{\left[1 + \left(\dfrac{\mathrm{d}w}{\mathrm{d}x}\right)^2\right]^{3/2}}$$

于是有

$$\frac{\dfrac{\mathrm{d}^2 w}{\mathrm{d}x^2}}{\left[1 + \left(\dfrac{\mathrm{d}w}{\mathrm{d}x}\right)^2\right]^{3/2}} = \frac{M(x)}{EI} \tag{6-49}$$

式（6-49）称为平面弯曲梁的挠曲线微分方程。显然这是一个非线性方程，在小变形的情况下，梁的挠度 w 一般都远小于跨度，挠曲线 $w = w(x)$ 是一条非常平坦的曲线，转角 θ 也是一个非常小的角度，于是 $(\mathrm{d}w/\mathrm{d}x)^2$ 是更高阶小量，可以认为远小于1，因此，式（6-49）可近似写为

$$\frac{\mathrm{d}^2 w}{\mathrm{d}x^2} = \frac{M(x)}{EI} \tag{6-50}$$

式（6-50）称为梁的挠曲线近似微分方程。

第八节　积分法求梁的位移

将梁的挠曲线近似微分方程进行积分，可得到转角方程和挠曲线方程

$$\theta = \frac{\mathrm{d}w}{\mathrm{d}x} = \frac{1}{EI}\left[\int M(x)\,\mathrm{d}x + C\right] \tag{6-51}$$

$$w = \frac{1}{EI}\left[\int\left(\int M(x)\,\mathrm{d}x\right)\mathrm{d}x + Cx + D\right] \tag{6-52}$$

这种通过积分求梁的挠度和转角的方法称为积分法。式中，积分常数 C、D 可由梁的边界条件（支座约束条件）和挠曲线的光滑连续条件确定。

梁的支座主要有固定端、固定铰和活动铰，在固定铰和活动铰支座处梁的挠度为零，在固定端处梁的挠度和转角均为零。

当梁上作用载荷比较复杂时，需分段列出梁的弯矩方程，由于每段梁有两个积分常数，只用梁的支座约束条件是求不出转角方程和挠曲线方程中的待定系数的。由于梁的挠曲线是一条光滑连续的曲线，这时需引入连续条件和光滑条件。所谓连续条件就是在分段点处由左段梁挠曲线方程得到的挠度和由右段梁挠曲线方程得到的挠度相等；而光滑条件是在分段点处由左段梁转角方程得到的转角和由右段梁转角方程得到的转角相等（挠曲线的斜率相等）。

利用积分法求梁的挠度和转角的一般步骤如下：

（1）建立坐标系（一般将坐标原点设在梁的左端，水平向右 x 坐标为正），求支座反力，分段列弯矩方程。

（2）分段列出梁的挠曲线近似微分方程，并对其积分两次。

（3）利用支座约束条件和光滑连续条件确定积分常数。

（4）建立转角方程和挠曲线方程。

（5）计算指定截面的转角和挠度值，特别注意最大挠度和最大转角及其所在截面。

【例题 6-15】 如图 6-38 所示悬臂梁跨度为 l，在自由端受集中力偶 M 作用，已知梁的抗弯刚度为 EI，试用积分法求梁的挠曲线方程和转角方程，并求最大挠度和最大转角。

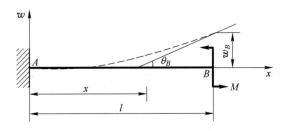

图 6-38　例题 6-15 图

解：（1）建立坐标系，列弯矩方程

$$M(x) = M$$

（2）列梁的挠曲线近似微分方程并积分。

$$\frac{\mathrm{d}^2 w}{\mathrm{d}x^2} = \frac{M}{EI}$$

$$\theta = \frac{\mathrm{d}w}{\mathrm{d}x} = \frac{1}{EI}(Mx + C)$$

$$w = \frac{1}{EI}\left(\frac{Mx^2}{2} + Cx + D\right)$$

（3）确定积分常数。

$$\theta\big|_{x=0} = 0, \quad C = 0$$

$$w\big|_{x=0} = 0, \quad D = 0$$

（4）建立转角方程和挠曲线方程

$$\theta = \frac{Mx}{EI}$$

$$w = \frac{Mx^2}{2EI}$$

（5）求最大挠度和最大转角。最大挠度和最大转角均在自由端，即 $x = l$ 处。

$$\theta_{\max} = \theta_B = \frac{Ml}{EI}$$

$$w_{\max} = w_B = \frac{Ml^2}{2EI}$$

同理可求得悬臂梁在自由端受集中力 F、在整个跨度上受均布载荷 q 时的挠曲线方程及最大挠度和最大转角，结果如表 6-1 所示。

表 6-1　梁在简单载荷作用下的位移

梁的简图	挠曲线方程	挠度	转角
	$w = \dfrac{Mx^2}{2EI}$	$w_B = \dfrac{Ml^2}{2EI}$	$\theta_B = \dfrac{Ml}{EI}$
	$w = \dfrac{Fx^2(3l-x)}{6EI}$	$w_B = \dfrac{Fl^3}{3EI}$	$\theta_B = \dfrac{Fl^2}{2EI}$
	$w = \dfrac{qx^2(x^2-4lx+6l^2)}{24EI}$	$w_B = \dfrac{ql^4}{8EI}$	$\theta_B = \dfrac{ql^3}{6EI}$
	$w = -\dfrac{Mx(x^2-3lx+2l^2)}{6EIl}$	$w_C = -\dfrac{Ml^2}{16EI}$	$\theta_A = -\dfrac{Ml}{3EI}$ $\theta_B = \dfrac{Ml}{6EI}$
	$w = -\dfrac{Mx(-x^2+l^2)}{6EIl}$	$w_C = -\dfrac{Ml^2}{16EI}$	$\theta_A = -\dfrac{Ml}{6EI}$ $\theta_B = \dfrac{Ml}{3EI}$
	$w = -\dfrac{Fx(-4x^2+3l^2)}{48EI}$ $\left(0 \leqslant x \leqslant \dfrac{l}{2}\right)$	$w_C = -\dfrac{Fl^3}{48EI}$	$\theta_A = -\dfrac{Fl^2}{16EI}$ $\theta_B = \dfrac{Fl^2}{16EI}$

续表 6-1

梁的简图	挠曲线方程	挠度	转角
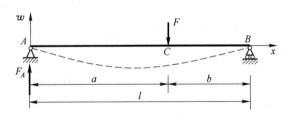	$w = -\dfrac{qx\ (x^3-2lx^2+l^3)}{24EI}$	$w_C = -\dfrac{5ql^4}{384EI}$	$\theta_A = -\dfrac{ql^3}{24EI}$ $\theta_B = \dfrac{ql^3}{24EI}$
	$w = -\dfrac{Fbx(-x^2+l^2-b^2)}{6EIl}$ $(0 \leqslant x \leqslant a)$	$x = \dfrac{l}{2}$处 $w = -\dfrac{Fb(3l^2-4b^2)}{48EI}$	$\theta_A = -\dfrac{Fab(l+b)}{6EIl}$ $\theta_B = \dfrac{Fab(l+a)}{6EIl}$

【例题 6-16】 如图 6-39 所示简支梁跨度为 l，在距离 A 端为 a 处受集中力 F 作用，已知梁的抗弯刚度为 EI，试用积分法求梁的挠曲线方程和转角方程，并求最大挠度和最大转角。

图 6-39　例题 6-16 图

解：（1）建立坐标系，求约束反力并列弯矩方程。

$$F_A = \frac{bF}{l}$$

$$M(x) = \begin{cases} \dfrac{bF}{l}x & (0 \leqslant x \leqslant a) \\[2mm] \dfrac{aF}{l}(l-x) & (a \leqslant x \leqslant l) \end{cases}$$

（2）列梁的挠曲线近似微分方程并积分。由于 AC 段和 CB 段弯矩方程不同，所以挠曲线微分方程也不同，应分段进行积分。

$$\frac{\mathrm{d}^2 w}{\mathrm{d}x^2} = \begin{cases} \dfrac{bF}{EIl}x & (0 \leqslant x \leqslant a) \\[2mm] \dfrac{aF}{EIl}(l-x) & (a \leqslant x \leqslant l) \end{cases}$$

$$\theta = \begin{cases} \dfrac{bF}{EIl}\left(\dfrac{x^2}{2} + C_1\right) & (0 \leqslant x \leqslant a) \\[3mm] \dfrac{aF}{EIl}\left[-\dfrac{(l-x)^2}{2} + C_2\right] & (a \leqslant x \leqslant l) \end{cases}$$

$$w = \begin{cases} \dfrac{bF}{EIl}\left[\dfrac{x^3}{6} + C_1 x + D_1\right] & (0 \leqslant x \leqslant a) \\[3mm] \dfrac{aF}{EIl}\left[\dfrac{(l-x)^3}{6} + C_2 x + D_2\right] & (a \leqslant x \leqslant l) \end{cases}$$

（3）确定积分常数。积分后出现 4 个积分常数，分别列出支座 A、B 的约束条件和截面 C 处的光滑连续条件。

$$w\big|_{x=0} = 0, \quad D_1 = 0$$

$$w\big|_{x=l} = 0, \quad C_2 l + D_2 = 0$$

$$\theta\big|_{x=a^-} = \theta\big|_{x=a^+}, \quad \frac{ba^2}{2} + bC_1 = -\frac{ab^2}{2} + aC_2$$

$$w\big|_{x=a^-} = w\big|_{x=a^+}, \quad \frac{ba^3}{6} + abC_1 + bD_1 = \frac{ab^3}{6} + a^2 C_2 + aD_2$$

联立以上四式求得

$$C_1 = -\frac{l^2 - b^2}{6}, \quad C_2 = \frac{l^2 - a^2}{6}, \quad D_1 = 0, \quad D_2 = -\frac{(l^2 - a^2)l}{6}$$

（4）建立转角方程和挠曲线方程。将积分常数代入（2）中的挠曲线方程和转角方程，得到

$$\theta = \begin{cases} \dfrac{bF}{6EIl}(3x^2 - l^2 + b^2) & (0 \leqslant x \leqslant a) \\[3mm] \dfrac{aF}{6EIl}(-3x^2 + 6lx - 2l^2 - a^2) & (a \leqslant x \leqslant l) \end{cases}$$

$$w = \begin{cases} \dfrac{bFx}{6EIl}(x^2 - l^2 + b^2) & (0 \leqslant x \leqslant a) \\[3mm] \dfrac{aF(l-x)}{6EIl}(x^2 - 2lx + a^2) & (a \leqslant x \leqslant l) \end{cases}$$

（5）求最大挠度和最大转角。最大转角可能在 A 端或 B 端，将 $x=0$ 和 $x=l$ 分别代入转角方程，得

$$\theta_A = -\frac{ab(l+b)F}{6EIl}, \quad \theta_B = \frac{ab(l+a)F}{6EIl}$$

当 $a<b$ 时，A 截面转角绝对值最大，负号表示顺时针转动；当 $a>b$ 时，B 截面转角最大，正号表示逆时针转动。

最大挠度在 $\theta=0$ 处，当 $a>b$ 时，在 $x=a$ 处的截面 C 的转角为

$$\theta_C = \frac{ab(a-b)F}{3EIl}$$

C 截面转角为正，而 A 截面转角为负，故 $\theta=0$ 的截面必在 AC 段，则令

$$\frac{bF}{6EIl}(3x_0^2 - l^2 + b^2) = 0$$

得

$$x_0 = \sqrt{\frac{l^2 - b^2}{3}}$$

代入挠曲线方程中得到最大挠度为

$$w_{\max} = w\big|_{x = x_0} = -\frac{Fb}{9\sqrt{3}\,EIl}\sqrt{(l^2 - b^2)^3}$$

当 $b \to 0$ 时，$x_0 \approx 0.577l$；当 $b = l/2$ 时，$x_0 = 0.5l$。由此可见，集中载荷 F 的位置对于最大挠度的位置影响不大，工程上常用梁跨度中点的挠度代替最大挠度。

$$w\big|_{x = l/2} = -\frac{Fb}{48EI}(3l^2 - 4b^2)$$

当集中力 F 作用于梁的中点时，在跨中挠度最大为

$$w_{\max} = -\frac{Fl^3}{48EI}$$

最大转角在 A、B 两端。

$$\theta_A = -\frac{Fl^2}{16EI}, \quad \theta_B = \frac{Fl^2}{16EI}$$

同理可求得简支梁受集中力偶 M 和均布载荷 q 作用时的挠曲线方程及最大挠度和最大转角，结果如表 6-1 所示。

积分法适用于小变形情况下、线弹性范围内的平面弯曲，可应用于求解承受各种载荷的等截面或变截面梁任一截面的挠度和转角的精确解，使用范围广，是求解梁的位移的基本方法。但当梁上载荷复杂时计算过程较繁，因此工程上常常用积分法求解梁在单一载荷作用下的挠度和转角，当载荷复杂时，利用单一载荷作用下的解进行叠加求解。

第九节　叠加法求梁的位移

在小变形、线弹性前提下（材料服从胡克定律），挠度与转角均与载荷成线性关系。因此，当梁上有多个载荷作用时，可以分别求出每一载荷单独作用下引起的梁的位移，把所得位移叠加即为这些载荷共同作用时梁的位移，这种求解梁的位移的方法称为叠加法。

为了便于工程计算，把简单载荷作用下梁的挠曲线方程、最大挠度、最大转角计算公式编入手册，以便查用。表 6-1 列出了常用梁在简单载荷作用下的位移。

【例题 6-17】已知简支梁受力如图 6-40（a）所示，q、l、EI 均为已知，试用叠加法求 C 截面的挠度和 B 截面的转角。

解：首先将梁上载荷进行分解，如图 6-40（b）~图 6-40（d）所示。查表 6-1 可得 3 种载荷分别作用下 C 截面的挠度和 B 截面的转角。

$$\theta_{B1} = \frac{Ml}{3EI} = \frac{ql^3}{3EI}, \quad \theta_{B2} = \frac{Fl^2}{16EI} = \frac{ql^3}{16EI}, \quad \theta_{B3} = \frac{ql^3}{24EI}$$

$$w_{C1} = -\frac{Ml^2}{16EI} = -\frac{ql^4}{16EI}, \quad w_{C2} = -\frac{Fl^3}{48EI} = -\frac{ql^4}{48EI}, \quad w_{C3} = -\frac{5ql^4}{384EI}$$

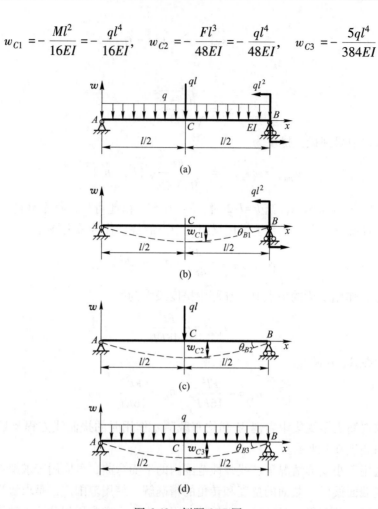

图 6-40　例题 6-17 图

将 3 种载荷作用下 C 截面的挠度和 B 截面的转角进行叠加，即得到解答。

$$\theta_B = \theta_{B1} + \theta_{B2} + \theta_{B3} = \frac{ql^3}{3EI} + \frac{ql^3}{16EI} + \frac{ql^3}{24EI} = \frac{7ql^3}{16EI}$$

$$w_B = w_{B1} + w_{B2} + w_{B3} = -\frac{ql^4}{16EI} - \frac{ql^4}{48EI} - \frac{5ql^4}{384EI} = -\frac{37ql^4}{384EI}$$

【例题 6-18】已知简支梁受力如图 6-41（a）所示，q、l、EI 均为已知，试用叠加法求 C 截面的挠度。

解： 在梁上 x 截面取微段 $\mathrm{d}x$，该微段上的分布载荷可认为是均匀分布的，其微段的合力为 $q(x)\mathrm{d}x$，如图 6-41（b）所示。因此分布载荷可以看作由无数个集中载荷 $q(x)\mathrm{d}x$ 所组成，查表 6-1 可得集中载荷作用下梁中点 C 截面的挠度，然后积分可得总挠度。

$$\mathrm{d}w_C = -\frac{q(x)\mathrm{d}x \times x(3l^2 - 4x^2)}{48EI}$$

$$q(x) = \frac{2qx}{l}$$

$$\mathrm{d}w_C = -\frac{2qx(3l^2-4x^2)}{48EIl}\mathrm{d}x$$

$$w_C = \int_0^{l/2}\mathrm{d}w_C = -\int_0^{l/2}\frac{qx(3l^2-4x^2)}{24EIl}\mathrm{d}x = -\frac{ql^4}{240EI}$$

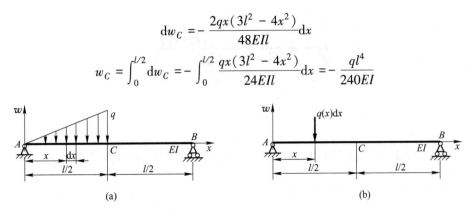

图 6-41　例题 6-18 图

【例题 6-19】已知悬臂梁受力如图 6-42（a）所示，q、l、EI 均为已知，试用叠加法求 C 截面的挠度。

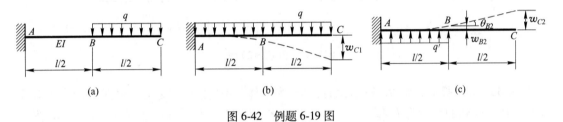

图 6-42　例题 6-19 图

解：虽然图 6-42 中梁只受一种载荷，但表 6-1 中没有对应的解答，为了利用表 6-1 解答，将图示载荷分解为在全梁上受均布载荷 q 和左半部分受向上的均布载荷 q' 作用，设 $q'=q$，如图 6-42（b）和图 6-42（c）所示。查表 6-1 得到

$$w_{C1} = -\frac{ql^4}{8EI},\quad w_{B2} = \frac{q\left(\frac{l}{2}\right)^4}{8EI} = \frac{ql^4}{128EI},\quad \theta_{B2} = \frac{q\left(\frac{l}{2}\right)^3}{6EI} = \frac{ql^3}{48EI}$$

因为图 6-42（c）中右半部分 BC 段上 $M=0$，故挠曲线为直线，在小变形情况下由于 B 截面转角引起的 C 截面的挠度近似等于 B 截面转角的弧度值与 BC 的长度的乘积，由此得到由 q' 引起的 C 截面挠度为

$$w_{C2} = w_{B2} + \frac{l}{2}\theta_{B2} = \frac{ql^4}{128EI} + \frac{l}{2}\frac{ql^3}{48EI} = \frac{7ql^4}{384EI}$$

则如图 6-42（a）所示梁 C 截面的挠度为

$$w_C = w_{C1} + w_{C2} = -\frac{ql^4}{8EI} + \frac{7ql^4}{384EI} = -\frac{41ql^4}{384EI}$$

【例题 6-20】已知外伸梁受力如图 6-43（a）所示，q、l、EI 均为已知，试用叠加法求 C 截面的挠度和转角。

解：表 6-1 中给出了简支梁和悬臂梁的位移，对于外伸梁，可采用逐段刚化法。逐段刚化法的原理是将外伸梁分为 AB 段和 BC 段分别进行刚化，如图 6-43（b）和图 6-43（c）所示。AB 段刚化后成为刚体，不产生变形，则 BC 段相当于 B 截面固定的悬臂梁，

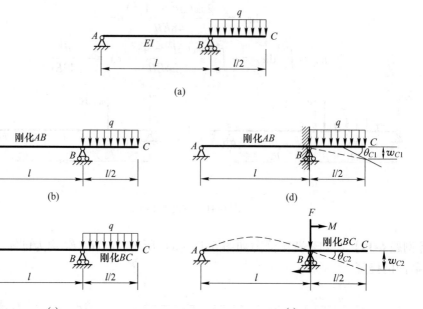

图 6-43   例题 6-20 图

如图 6-43（d）所示。而 BC 段刚化后，BC 为刚体，AB 段为简支梁，根据"静力等效原则"，B 处受到的载荷为 F 和 M，F 不产生位移，但 M 使 B 截面产生转角，由于 BC 附在 B 截面上，将引起刚化段 BC 的刚性位移，如图 6-43（e）所示。

$$\theta_{C1} = -\frac{q\left(\frac{l}{2}\right)^3}{6EI} = -\frac{ql^3}{48EI}, \quad w_{C1} = -\frac{q\left(\frac{l}{2}\right)^4}{8EI} = -\frac{ql^4}{128EI}$$

$$\theta_{C2} = -\frac{Ml}{3EI} = -\frac{\frac{ql^2}{8} \cdot l}{3EI} = -\frac{ql^3}{24EI}, \quad w_{C2} = \frac{l}{2}\theta_{C2} = -\frac{ql^4}{48EI}$$

因此，C 截面处的挠度和转角

$$\theta_C = \theta_{C1} + \theta_{C2} = -\frac{ql^3}{48EI} - \frac{ql^3}{24EI} = -\frac{ql^3}{16EI}$$

$$w_C = w_{C1} + w_{C2} = -\frac{ql^4}{128EI} - \frac{ql^4}{48EI} = -\frac{11ql^4}{384EI}$$

【例题 6-21】已知 $EI_1 = 2EI_2$，试计算如图 6-44（a）所示阶梯梁的最大挠度。

解： 由图 6-44 可知，最大挠度发生于 B 截面处。将变截面梁分为 AC 段和 CB 段进行刚化，如图 6-44（b）和图 6-44（c）所示。AC 段刚化后，则 CB 段相当于 C 截面固定的悬臂梁；而 CB 段刚化后，CB 为刚体，AC 段为悬臂梁，根据"静力等效原则"，C 处受到的载荷为 F 和 M，并且此时 CB 附在 C 截面上，B 截面处的挠度由两部分组成：一为 C 点的挠度 w_{C2}，二为由 C 截面转角引起刚化段 CB 的刚性位移 w'_{B2}。

$$w_{B1} = -\frac{Fl^3}{3EI_2}$$

$$w_{C2} = -\frac{Fl^3}{3EI_1} - \frac{Ml^2}{2EI_1} = -\frac{5Fl^3}{6EI_1}$$

$$\theta_{C2} = -\frac{Fl^2}{2EI_1} - \frac{Ml}{EI_1} = -\frac{3Fl^2}{2EI_1}$$

$$w_{B2} = w_{C2} + \theta_{C2}l = -\frac{7Fl^3}{3EI_1} = -\frac{7Fl^3}{6EI_2}$$

$$w_B = w_{B1} + w_{B2} = -\frac{Fl^3}{3EI_2} - \frac{7Fl^3}{6EI_2} = -\frac{3Fl^3}{2EI_2}$$

通过逐段刚化法，所求的变形与原始状态一致，逐段刚化法实质是叠加法的一种特例。传统的叠加法是构件不变，载荷叠加；而逐段刚化法，是载荷不变，构件叠加。在应用逐段刚化法时要注意构件的变形为小变形，须满足胡克定律；刚化部分的外力对变形体段的作用必须合成到变形段末端；由刚化所引起的刚体变形需考虑总变形，比如梁变形段末端转角会引起"刚化段"的刚体位移。

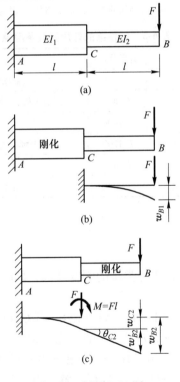

图 6-44　例题 6-21 图

第十节　梁的刚度计算

一、梁的刚度条件

梁的变形过大，会影响梁的正常使用，工程中不仅要对梁进行强度计算，还应对梁进

行刚度计算。设 $[\theta]$ 表示梁的许用转角，$[w]$ 表示梁的许用挠度，则梁的刚度条件为

$$|\theta|_{\max} \leqslant [\theta], \quad |w|_{\max} \leqslant [w] \qquad (6\text{-}53)$$

式中，$|w|_{\max}$ 为梁上绝对值最大的挠度；$|\theta|_{\max}$ 为梁上绝对值最大的转角，通常根据叠加法计算。

在各类工程中，对梁的许用挠度和许用转角的规定不同。表 6-2 为机械工程中轴类零件的许用挠度和许用转角参考值。表 6-3 为土建工程中各种梁的许用挠度参考值。

表 6-2　轴类零件的许用挠度和许用转角参考值

构件类别	许用挠度	构件类别	许用转角
一般用途的轴	$(0.0003 \sim 0.0005)L$	滑动轴承	$\leqslant 0.001$
刚度要求较高的轴	$\leqslant 0.0002L$	向心/调心球轴承	$\leqslant 0.05$
感应电机轴	$\leqslant 0.1\Delta$	圆柱滚子轴承	$\leqslant 0.0025$
安装齿轮的轴	$(0.01 \sim 0.05)m_n$	圆锥滚子轴承	$\leqslant 0.0016$
安装蜗轮的轴	$(0.02 \sim 0.05)m$	安装齿轮处轴的截面	$\leqslant 0.001 \sim 0.002$

注：L 为支承间的跨距；Δ 为电机定子与转轴间的气隙；m_n 为齿轮法面模数；m 为蜗轮模数。

表 6-3　各种梁的许用挠度参考值

构件类别	许用挠度	构件类别	许用挠度
手动吊车梁	$L/500$	瓦楞铁屋面檩条	$L/150$
轻级工作制桥式吊车梁	$L/800$	压型钢板、水泥制品瓦材屋面檩条	$L/200$
中级工作制桥式吊车梁	$L/1000$	墙梁	$L/200$
重级工作制桥式吊车梁	$L/1200$	仅支承压型钢板屋面刚架梁	$L/180$
手动或电动葫芦轨道梁	$L/400$	有吊顶刚架梁	$L/240$
楼（屋）盖梁或桁架、工作平台梁	$L/400$	有吊顶且抹灰刚架梁	$L/360$

注：L 为梁的跨度。

二、梁的刚度计算

根据梁的刚度条件可以进行 3 种类型的刚度计算，即刚度校核、设计横截面尺寸、确定许可载荷。

【例题 6-22】 一空心圆杆如图 6-45（a）所示，内外直径分别为 $d=40\text{mm}$、$D=80\text{mm}$，杆的 $E=210\text{GPa}$，$AB=l=400\text{mm}$，D 为 AB 的中点，$BC=a=100\text{mm}$。工程规定 C 截面的 $[w]=1\times10^{-5}\text{m}$，$B$ 截面的 $[\theta]=0.001\text{rad}$，试校核此杆的刚度。

解： 将如图 6-45（a）所示梁的载荷进行分解，得到如图 6-45（b）~ 图 6-45（d）所示 3 种梁，求出 3 种情形下 B 截面的转角和 C 截面的挠度。

$$(\theta_B)_{F_1} = -\frac{F_1 l^2}{16EI}, \quad (w_C)_{F_1} = (\theta_B)_{F_1} a = -\frac{F_1 l^2 a}{16EI}$$

$$(\theta_B)_{F_2} = 0, \quad (w_C)_{F_2} = \frac{F_2 a^3}{3EI}$$

$$(\theta_B)_M = \frac{Ml}{3EI} = \frac{la F_2}{3EI}, \quad (w_C)_M = (\theta_B)_M a = \frac{F_2 l a^2}{3EI}$$

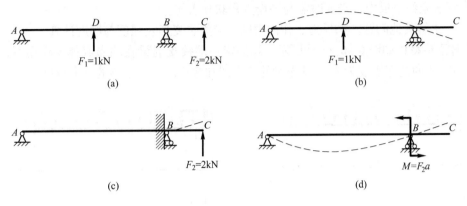

图 6-45　例题 6-22 图

叠加求 B 截面的转角和 C 截面的挠度。

$$\theta_B = -\frac{F_1 l^2}{16EI} + \frac{F_2 la}{3EI}$$

$$w_C = -\frac{F_1 l^2 a}{16EI} + \frac{F_2 a^3}{3EI} + \frac{F_2 a^2 l}{3EI}$$

$$I = \frac{\pi}{64}(D^4 - d^4) = \frac{3.14}{64} \times (80^4 - 40^4) \times 10^{-12} = 188 \times 10^{-8} \text{m}^4$$

$$\theta_B = -\frac{F_1 l^2}{16EI} + \frac{F_2 la}{3EI} = \frac{0.4}{210 \times 1880} \times \left(-\frac{400}{16} + \frac{200}{3}\right) = 0.423 \times 10^{-4} \text{rad} < [\theta]$$

$$w_C = -\frac{F_1 l^2 a}{16EI} + \frac{F_2 a^3}{3EI} + \frac{F_2 a^2 l}{3EI} = 5.19 \times 10^{-6} \text{m} < [w]$$

结论：刚度安全。

第十一节　简单超静定梁

前面讨论的梁的约束反力用静力平衡方程即可确定，都是静定梁。在工程实际中，为了提高梁的强度和刚度，常常增加约束，这时只用静力平衡方程不能求出所有的约束反力，即约束反力的个数大于独立的静力平衡方程的数目，这样的梁称为超静定梁。而约束反力个数与独立平衡方程数目的差称为超静定次数，多出的约束称为多余约束，它的约束反力称为多余约束反力。本书只讨论一次超静定梁，也称简单超静定梁。

简单超静定梁通常采用变形比较法求解，求解简单超静定梁的步骤如下：

（1）建立静定基相当系统。确定超静定次数，用反力代替多余约束，得到的结构称为静定基相当系统，也称为超静定结构的基本结构。

（2）建立变形协调方程。比较静定基相当系统与超静定梁在解除约束处的变形，建立变形协调方程。

（3）建立物理方程。由叠加法建立变形与力的关系即物理方程。

（4）建立补充方程。将物理方程代入变形协调方程，得到静力学平衡方程的补充方程，求解多余约束反力，必要时需与平衡方程联立求解。

（5）求解其他问题。如反力、作内力图、应力、变形及强度与刚度计算。

【例题 6-23】 如图 6-46（a）所示一端固定一端铰支的梁在均布载荷 q 作用下，梁的跨度为 l，梁的抗弯刚度为 EI，试作梁的剪力图和弯矩图，并求梁的最大挠度。

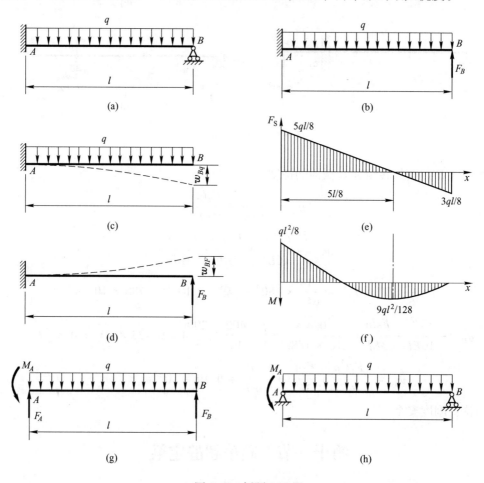

图 6-46　例题 6-23 图

解：（1）建立静定基相当系统。本题为一次超静定，用 B 处反力 F_B 代替多余约束得到超静定梁的静定基相当系统，即基本静定梁，如图 6-46（b）所示。

（2）建立变形协调方程。原超静定梁在活动铰 B 处的挠度为零，根据变形一致的原则，得到的基本静定梁在自由端 B 处挠度也为零，将基本静定梁看成由载荷 q 和多余约束反力 F_B 共同作用，如图 6-46（c）和图 6-46（d）所示，因此有变形协调方程

$$w_B = w_{Bq} + w_{BF_B} = 0$$

（3）建立物理方程。建立变形与力的关系，即物理方程

$$w_{Bq} = -\frac{ql^4}{8EI}, \qquad w_{BF_B} = \frac{F_B l^3}{3EI}$$

（4）建立补充方程，求多余约束反力。将物理方程代入变形协调方程，得到静力学

平衡方程的补充方程

$$-\frac{ql^4}{8EI} + \frac{F_B l^3}{3EI} = 0$$

由此求出多余约束反力

$$F_B = \frac{3ql}{8}$$

（5）求 A 端的约束反力。约束反力如图 6-46（g）所示，由平衡方程可得

$$\sum F_y = 0, \quad F_A = \frac{5ql}{8}$$

$$\sum M_A = 0, \quad M_A = \frac{ql^2}{8}$$

（6）作剪力图和弯矩图。剪力图和弯矩图如图 6-46（e）和图 6-46（f）所示。

（7）求梁的最大挠度。根据表 6-1 可写出基本静定梁在 q 和 F_B 分别作用下的挠曲线方程

$$w_q = -\frac{qx^2(x^2 - 4lx + 6l^2)}{24EI}$$

$$w_{F_B} = \frac{F_B x^2(3l - x)}{6EI} = \frac{3qlx^2(3l - x)}{48EI}$$

叠加得

$$w = w_q + w_{F_B} = \frac{qx^2(-2x^2 + 5lx - 3l^2)}{48EI}$$

求出最大挠度为

$$w_{max} = w_{x=0.578l} = 0.0054\frac{ql^4}{EI} \approx \frac{ql^4}{185EI}$$

需要说明的是超静定结构的基本结构即静定基相当系统的选择并不是唯一的，对于如图 6-46（a）所示超静定梁，也可将左端固定端约束改成固定铰约束，多余约束反力为 M_A，如图 6-46（h）所示，此时的变形协调方程为

$$\theta_A = \theta_{Aq} + \theta_{AM_A} = 0$$

虽然变形协调方程与图 6-46（b）所示的静定基相当系统不同，但得到的内力、应力、变形是相同的。

【例题 6-24】 房屋建筑中的某一等截面梁可简化为均布载荷 q 作用的双跨梁，AC = BC = l，如图 6-47（a）所示，已知梁的抗弯刚度为 EI，试作该梁的剪力图和弯矩图，并求最大挠度。

解：（1）建立静定基相当系统。本题为一次超静定，用 C 处反力 F_C 代替多余约束得到超静定梁的静定基相当系统，即基本静定梁，如图 6-47（b）所示。

（2）建立变形协调方程。原超静定梁在活动铰 C 处的挠度为零，根据变形协调条件，得到的基本静定梁在中点 C 处挠度也为零，将基本静定梁看成是由载荷 q 和多余约束反力 F_C 共同作用，因此有变形协调方程

$$w_C = w_{Cq} + w_{CF_C} = 0$$

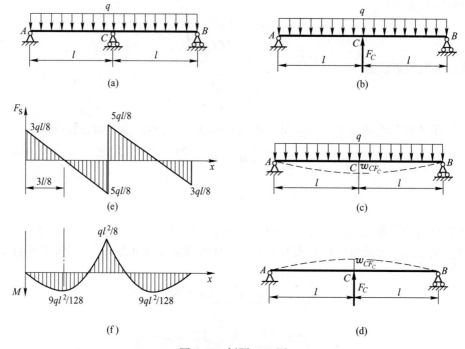

图 6-47　例题 6-24 图

（3）建立物理方程。建立变形与力的关系，即物理方程

$$w_{Cq} = -\frac{5q(2l)^4}{384EI} = -\frac{5ql^4}{24EI}, \quad w_{CF_C} = \frac{F_C(2l)^3}{48EI} = \frac{F_Cl^3}{6EI}$$

（4）建立补充方程，求多余约束反力。将物理方程代入变形协调方程，得到静力学平衡方程的补充方程

$$-\frac{5ql^4}{24EI} + \frac{F_Cl^3}{6EI} = 0$$

由此求出多余约束反力

$$F_C = \frac{5ql}{4}$$

（5）求 A、B 的约束反力，作剪力图和弯矩图。

$$\sum M_B = 0, \quad F_A = \frac{3ql}{8}(\uparrow)$$

$$\sum F_y = 0, \quad F_B = \frac{3ql}{8}(\uparrow)$$

剪力图和弯矩图如图 6-47（e）和图 6-47（f）所示。

（6）求梁的最大挠度。根据表 6-1 可写出基本静定梁在 q 和 F_C 分别作用下的挠曲线方程

$$w_q = -\frac{qx(x^3 - 4lx^2 + 8l^3)}{24EI}$$

$$w_{F_C} = \frac{F_C x(12l^2 - 4x^2)}{48EI} = \frac{5qlx(3l^2 - x^2)}{48EI}$$

叠加得

$$w = w_q + w_{F_B} = \frac{qx(-2x^3 + 3x^2 - l^3)}{48EI}$$

求出最大挠度为

$$w_{\max} = w_{x=0.42l} = -0.0054\frac{ql^4}{EI}$$

由以上两例可以看出，超静定梁的最大内力和变形远小于静定梁，这表明增加了约束，超静定梁的强度和刚度都得到了提高。

第十二节　梁的合理设计

根据梁的强度和刚度要求，结合实际对梁进行合理设计，是材料力学的研究任务。梁设计的基本问题是如何保证梁在满足强度和刚度要求的前提下，以最经济的代价，对梁进行合理设计，满足既安全又经济的要求。

工程实际中，弯曲正应力是控制梁强度的主要因素，所以梁的合理设计主要依据梁的正应力强度条件

$$\sigma_{\max} = \frac{M_{\max}}{W_z} \leqslant [\sigma] \tag{6-54}$$

由式（6-54）可见，要提高梁的强度，应该降低梁的最大工作应力，在不减小外载荷和不增加材料的前提下，尽可能降低最大弯矩、提高梁的抗弯截面模量、提高材料的许用应力。

工程中控制梁刚度的条件是最大挠度和最大转角小于相应的许用值。从挠曲线的近似微分方程及其解答可以看出，弯曲变形与弯矩大小、跨度长短、支承条件、梁的横截面惯性矩及材料的弹性模量有关，提高梁的强度的措施大部分也能提高梁的刚度。所以要提高梁的强度和刚度，应综合考虑以上各种因素。

一、降低梁的最大弯矩

（一）合理设计载荷作用位置和作用方式

如图 6-48（a）所示简支梁在跨中受集中力 F 作用时，最大弯矩为 $Fl/4$，若将集中力移到距 A 端为 $l/6$ 处，如图 6-48（b）所示，最大弯矩下降到 $5Fl/36$；若将集中力改成均布载荷 $q=F/l$，如图 6-48（c）所示，最大弯矩下降到 $Fl/8$；若将集中力 F 改为两个 $F/2$ 的集中力，最大弯矩下降到 $Fl/10$，如图 6-48（d）所示。

（二）合理设计支座的位置和数量

通过优化思想，合理设计支座的作用位置，降低最大弯矩，从而降低最大工作应力。如将简支梁受集中力 F 时的两端支座向内侧移动到 $l/6$ 处，如图 6-49（a）所示，最大弯矩降低到 $Fl/6$；将简支梁受均布载荷 $q=F/l$ 时的两端支座向内侧移动到 $l/5$ 处，如图 6-49（b）所示，最大弯矩降低到 $Fl/40$。增加支座使静定梁成为超静定梁，如图 6-49（c）所示，最大弯矩降低到 $Fl/32$。

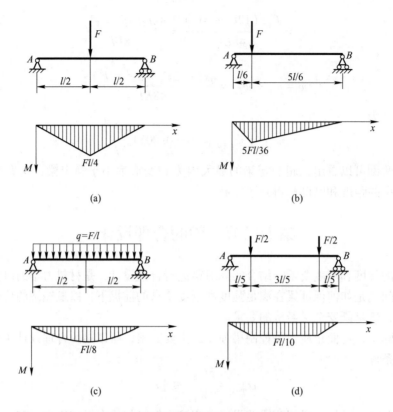

图 6-48　合理设计载荷作用位置和作用方式

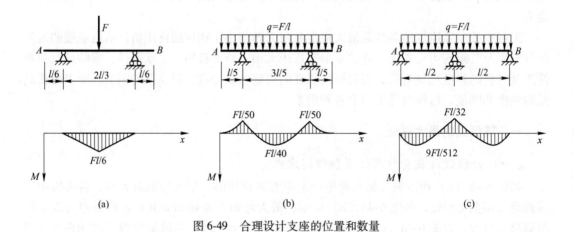

图 6-49　合理设计支座的位置和数量

以上减小梁最大弯矩的措施对提高梁的刚度也是有效的，如图 6-48（a）中梁的最大挠度为 $(w_{max})_a = Fl^3/(48EI)$，图 6-48（b）中梁的最大挠度为 $(w_{max})_b = 0.481(w_{max})_a$，图 6-48（c）中梁的最大挠度为 $(w_{max})_a = 0.625(w_{max})_a$，图 6-48（d）中梁的最大挠度为 $(w_{max})_a = 0.568(w_{max})_a$，图 6-49（a）中梁的最大挠度为 $(w_{max})_{a'} = 0.296(w_{max})_a$，图 6-49（b）中梁的最大挠度为 $(w_{max})_{b'} = 0.0378(w_{max})_a$，图 6-49（c）中梁的最大挠度为 $(w_{max})_{c'} = 0.0162(w_{max})_a$。

二、合理设计横截面形状

当梁所受外力不变时，梁截面上的最大工作应力与抗弯截面模量成反比。因此在面积相等情况下，应选择抗弯截面模量大的形状。一般把梁的抗弯截面模量 W_z 与横截面面积 A 之比即单位面积的抗弯截面模量 W_z/A 作为选择合理截面形状的指标，该比值越大越合理。表6-4中列出了几种截面形状的单位面积的抗弯截面模量。

表 6-4　不同形状截面单位面积的抗弯截面模量

截面形状	80mm	70mm × 70mm	100mm × 50mm	106mm / 133mm	No.24a
面积 A	50.24cm^2	49cm^2	50cm^2	50.65cm^2	47.741cm^2
抗弯截面模量 W_z	50.24cm^3	57.17cm^3	83.33cm^3	136.68cm^3	381cm^3
W_z/A	1cm	1.17cm	1.67cm	2.70cm	7.98cm

选择截面形状时还要考虑材料特性。对于拉、压许用应力相等的材料制成的梁，横截面应设计成中性轴为对称轴，如表6-4所示的各种截面。对于土建工程中常用的混凝土等脆性材料，因其抗压强度远大于抗拉强度，宜采用中性轴为非对称轴的截面，如 T 形截面、槽形截面，并且使中性轴靠近受拉侧。

因为梁的挠度与转角、横截面的惯性矩成反比，因此以上增加单位面积抗弯截面模量的措施，同样适用于增加单位面积惯性矩，均可提高梁的刚度。但要注意弯曲变形与梁全长内各部分的刚度均有关系，因此应提高梁全长范围内的弯曲刚度。

三、合理利用材料特性

为提高材料的许用应力值，应选用高强度材料，如 Q235、Q275、65Mn、30CrMnSi 钢的屈服强度分别为 235MPa、275MPa、400MPa、850MPa，但要注意强度高的材料价格相应增加。

同类材料，E 值相差不大，不能提高刚度。不同类材料，E 值相差很大，如用钢材（$E=206$GPa）代替铜材（$E=100$GPa）可提高梁的刚度。

四、合理设计梁的外形

前面等截面梁是按最大弯矩设计的，由于梁内不同截面上的最大正应力是随着弯矩的变化而变化的，因此梁危险截面上的最大正应力满足强度要求时，其他截面自然满足，但有余量。为了节约材料，可以在弯矩较大的梁段采用较大的截面，而在弯矩较小的梁段采用较小的截面，这种横截面尺寸随着梁的轴线变化的梁称为变截面梁。

如果梁内各横截面上的最大正应力都相等，这种变截面梁是最理想的形式，称为等强度梁。等强度梁设计准则是

$$\sigma_{max}(x) = \frac{M(x)}{W(x)} \leqslant [\sigma]$$

由此可以得到等强度梁的最小抗弯截面模量，即

$$W_{min}(x) = \frac{M(x)}{[\sigma]} \tag{6-55}$$

工程实际中，可以固定截面的某个尺寸，根据式（6-55）可求得各截面的另一个尺寸。如图 6-50 所示简支梁横截面如果是矩形截面，若梁的宽度 b 相同，则高度沿梁轴线的变化规律为 $h(x)$。任一截面的惯性矩为

$$W(x) = \frac{bh^2(x)}{6}$$

任一截面的弯矩方程为

$$M(x) = \frac{Fx}{2} \quad \left(0 \leqslant x \leqslant \frac{l}{2}\right)$$

代入设计准则（6-55）得

$$h(x) = \sqrt{\frac{3Fx}{b[\sigma]}} \quad \left(0 \leqslant x \leqslant \frac{l}{2}\right)$$

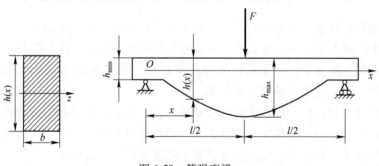

图 6-50　等强度梁

当 $x = 0$ 时，$h = 0$。显然简支梁两端截面高度不能为零，需应用该处的切应力强度条件设计梁的最小高度 h_{min}。

$$\tau_{max} = \frac{3F_{Smax}}{2bh} \leqslant [\tau]$$

$$h_{min} = \frac{3F}{4b[\tau]}$$

设计出的等强度梁形式如图 6-50 所示，此即土建工程中常用的鱼腹梁。

五、减小梁的跨度

因为梁的最大挠度与最大转角与跨度的 n 次方成正比，因此，减小梁的跨度是提高弯曲刚度最有效的措施。在长度不能缩短的情况下，可采用增加支承的方法提高梁的刚度。

自 测 题 1

一、判断题（正确写 T，错误写 F。每题 2 分，共 10 分）

1. 最大弯矩必定发生在剪力为零的横截面上。（　　）

2. 简支梁的支座上作用集中力偶，当跨度改变时，梁内最大剪力发生改变，而最大弯矩不改变。（　　）

3. 梁上某段有均布载荷作用，即 q 为常数，那么剪力图为与 x 成一定角度的斜直线，弯矩图为二次抛物线。（　　）

4. 若在结构对称的梁上作用有反对称的载荷时，则该梁具有对称的剪力图和反对称的弯矩图。（　　）

5. 若两梁的跨度、承受载荷及支承相同，但材料和横截面面积不同，则两梁的剪力图和弯矩图不一定相同。（　　）

二、单项选择题（每题 2 分，共 10 分）

1. 如图 6-51 所示的外伸梁的最大弯矩为（　　）。

 A. 150kN·m 　　　　　 B. 50kN·m 　　　　　 C. 200kN·m 　　　　　 D. 250kN·m

2. 如图 6-52 所示简支梁，中间截面 B 上的内力是（　　）。

 A. 弯矩和剪力都等于零 　　　　　　　　 B. 弯矩不等于零，剪力等于零

 C. 弯矩等于零，剪力不等于零 　　　　　 D. 弯矩和剪力都不等于零

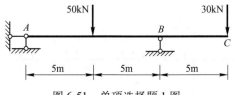

图 6-51　单项选择题 1 图

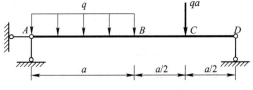

图 6-52　单项选择题 2 图

3. 悬臂梁所受的载荷如图 6-53 所示，A 为坐标原点，$F=qa$，$M_e=qa^2$，下列选项中，错误的是（　　）。

 A. $\left| F_S \right|_{max} = 3qa$ 　　　 B. $3a < x \leqslant 4a$，$F_S = 0$ 　　　 C. $\left| M \right|_{max} = 6qa^2$ 　　　 D. $x = 2a$，$M = 0$

4. 如图 6-54 所示悬臂梁上作用集中力 F 和集中力偶 M，若将 M 在梁上移动时（　　）。

 A. 对剪力图形状、大小均无影响

 B. 对弯矩图形状、大小均无影响

 C. 对剪力图、弯矩图的形状及大小均有影响

 D. 对剪力图、弯矩图的形状及大小均无影响

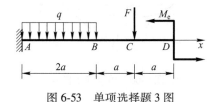

图 6-53　单项选择题 3 图

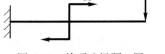

图 6-54　单项选择题 4 图

5. 若梁的剪力图和弯矩图如图 6-55 所示，则该图表明（　　）。

 A. AB 段无载荷，B 截面处有向下的集中力，BC 段有向上的均布载荷

B. *AB* 段无载荷，*B* 截面处有向上的集中力，*BC* 段有向上的均布载荷

C. *AB* 段无载荷，*B* 截面处有向下的集中力，*BC* 段有向下的均布载荷

D. *AB* 段无载荷，*B* 截面处有顺时针的集中力偶，*BC* 段有向下的均布载荷

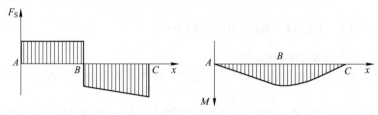

图 6-55　单项选择题 5 图

三、填空题（每空 2 分，共 10 分）

1. 外伸梁 *AB* 的弯矩图如图 6-56 所示，梁上集中力偶 *M* 的值为_____。

2. 外伸梁在 *C* 点受集中力偶作用，如图 6-57 所示，*x* 截面的剪力为_____。

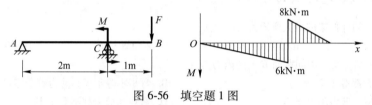

图 6-56　填空题 1 图

3. 如图 6-58 所示外伸梁绝对值最大的弯矩为_____。

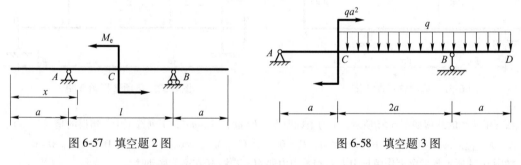

图 6-57　填空题 2 图　　　　　　　　图 6-58　填空题 3 图

4. 梁的弯矩图如图 6-59 所示，最大值在 *B* 截面。在梁的 *A*、*B*、*C*、*D* 四个截面中，剪力为零的截面是_____。

5. 已知简支梁的弯矩图如图 6-60 所示，则此梁的最大剪力值为_____。

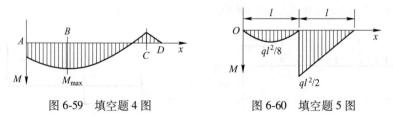

图 6-59　填空题 4 图　　　　　　　　图 6-60　填空题 5 图

四、作图题（每题 5 分，共 70 分）

1. 试作出如图 6-61 所示梁的剪力图和弯矩图。

2. 试作出如图 6-62 所示梁的剪力图和弯矩图。
3. 试作出如图 6-63 所示梁的剪力图和弯矩图。
4. 试作出如图 6-64 所示梁的剪力图和弯矩图。
5. 试作出如图 6-65 所示梁的剪力图和弯矩图。
6. 试作出如图 6-66 所示梁的剪力图和弯矩图。
7. 试作出如图 6-67 所示梁的剪力图和弯矩图。
8. 试作出如图 6-68 所示梁的剪力图和弯矩图。
9. 试作出如图 6-69 所示梁的剪力图和弯矩图。
10. 试作出如图 6-70 所示梁的剪力图和弯矩图。

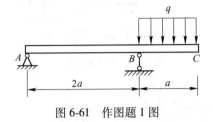

图 6-61　作图题 1 图

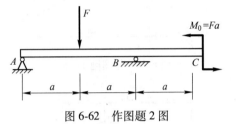

图 6-62　作图题 2 图

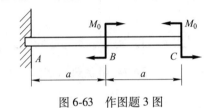

图 6-63　作图题 3 图

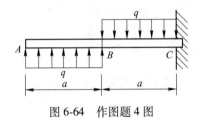

图 6-64　作图题 4 图

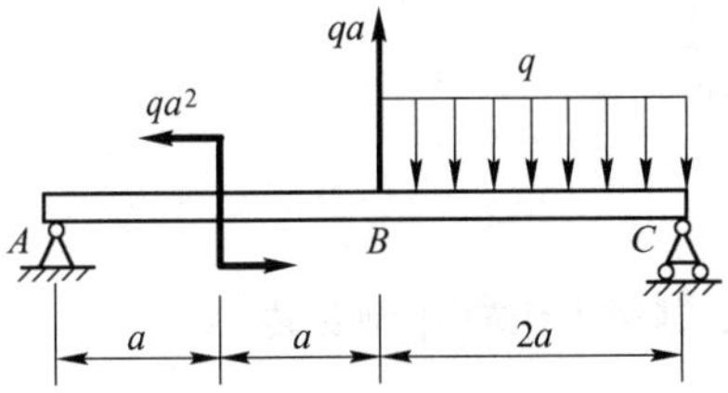

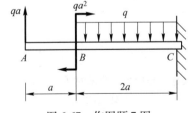

图 6-65　作图题 5 图

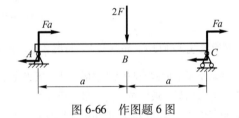

图 6-66　作图题 6 图

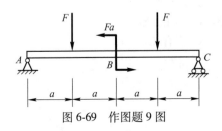

图 6-67　作图题 7 图

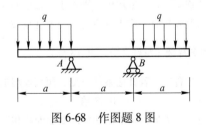

图 6-68　作图题 8 图

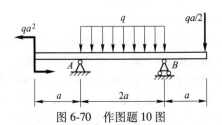

图 6-69　作图题 9 图

图 6-70　作图题 10 图

11. 设梁的剪力图如图 6-71 所示，并设梁上无集中力偶作用，试作梁的弯矩图和载荷图。

12. 已知简支梁的剪力图如图 6-72 所示，设梁上无集中力偶作用，试作梁的弯矩图和载荷图。

13. 已知梁的弯矩图如图 6-73 所示，试作梁的载荷图和剪力图。

14. 已知梁的弯矩图如图 6-74 所示，试作梁的载荷图和剪力图。

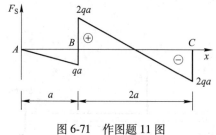

图 6-71　作图题 11 图

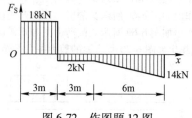

图 6-72　作图题 12 图

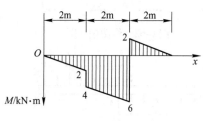

图 6-73　作图题 13 图

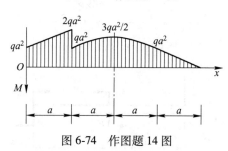

图 6-74　作图题 14 图

自 测 题 2

一、判断题（正确写 T，错误写 F。每题 2 分，共 10 分）

1. 中性轴是梁的横截面与中性层的交线，梁发生平面弯曲时，其横截面绕中性轴旋转。（　　　）

2. 对于等截面梁，最大拉应力与最大压应力在数值上必定相等。（　　　）

3. 矩形截面梁，若其截面高度和宽度都增加 1 倍，则其强度提高到原来的 16 倍。（　　　）

4. 设计铸铁梁时，宜采用中性轴偏于受拉边的非对称截面。（　　　）

5. 梁的跨度较短时，应当进行切应力强度校核。（　　　）

二、单项选择题（每题 3 分，共 18 分）

1. 圆截面悬臂梁，若其他条件不变，而直径增加 1 倍，则其最大正应力是原来的（　　　）。
   A. 1/8　　　　　　　B. 8 倍　　　　　　　C. 2 倍　　　　　　　D. 1/2

2. 工字形、正方形、圆形截面梁的截面面积相同，截面的抗弯能力（　　　）。
   A. 正方形>工字形>圆形　　　　　　B. 工字形>正方形>圆形
   C. 圆形>正方形>工字形　　　　　　D. 工字形>圆形>正方形

3. T 形截面的梁，z 轴通过横截面形心，弯矩图如图 6-75 所示，则有（　　　）。
   A. 最大拉应力与最大压应力位于同一截面 C
   B. 最大拉应力位于截面 C，最大压应力位于截面 D
   C. 最大拉应力位于截面 D，最大压应力位于截面 C
   D. 最大拉应力与最大压应力位于同一截面 D

4. 如图 6-76 所示的 T 形截面简支梁,材料为铸铁,已知 $[\sigma_t]/[\sigma_c] = 1/3$,若要梁同一截面上的最大拉应力和最大压应力同时达到许用应力,则截面形心合理的位置应使 y_1/y_2 等于 ( )。

    A. 1   B. 1/2   C. 1/3   D. 1/4

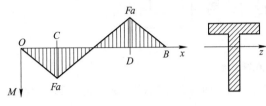
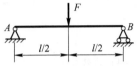
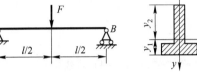

图 6-75　单项选择题 3 图　　　　　　　　　图 6-76　单项选择题 4 图

5. 一铸铁梁如图 6-77 所示,已知抗拉许用应力 $[\sigma_t]$ < 抗压许用应力 $[\sigma_c]$,则该梁截面的合理摆放方式为 ( )。

    A. (a)   B. (b)   C. (c)   D. (d)

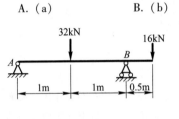

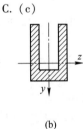
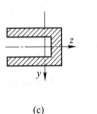
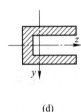

                 (a)   (b)   (c)   (d)

图 6-77　单项选择题 5 图

6. 梁的横截面是由 3 个相同尺寸的狭长矩形构成的工字形截面,如图 6-78 所示,z 轴为中性轴。截面上的剪力竖直向下,该截面上的最大切应力在 ( )。

    A. 腹板中性轴处   B. 腹板上下缘

    C. 截面上下缘   D. 腹板上下缘延长线与两侧翼缘相交处

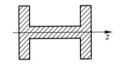

图 6-78　单项选择题 6 图

三、计算题(每题 12 分,共 72 分)

1. 截面为矩形的外伸梁,所受载荷如图 6-79 所示,试作梁的剪力图和弯矩图,求梁中的最大拉应力,并指明其所在的截面和截面上的具体位置。(图中未注尺寸单位为 mm。)

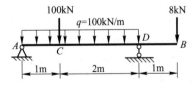

图 6-79　计算题 1 图

2. 槽形截面梁尺寸和受力如图 6-80 所示,$AB = 3\text{m}$,$BC = 1\text{m}$,z 轴为截面形心轴,$I_z = 1.73 \times 10^8 \text{mm}^4$,$q = 15\text{kN/m}$。材料的许用压应力 $[\sigma_c] = 40\text{MPa}$,许用拉应力 $[\sigma_t] = 20\text{MPa}$,试:(1)作梁的剪力图和弯矩图。(2)按正应力强度条件校核梁的强度。

3. 铸铁梁的载荷及横截面尺寸如图 6-81 所示,许用拉应力 $[\sigma_t] = 40\text{MPa}$,许用压应力 $[\sigma_c] = 160\text{MPa}$,试:(1)作梁的剪力图和弯矩图。(2)求截面对形心轴 z_C 的惯性矩。(3)按正应力强度条

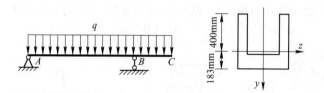

图 6-80　计算题 2 图

件校核梁的强度。（4）若载荷不变，但将 T 形横截面倒置，即翼缘在下成为 ⊥ 形，是否合理？何故？（图中未注尺寸单位为 mm。）

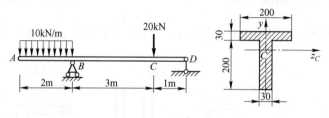

图 6-81　计算题 3 图

4. 如图 6-82 所示梁及拉杆材料相同，许用应力均为 $[\sigma]$ = 160MPa，梁 ABG 上受均布载荷作用，截面为 T 字形，尺寸如图，截面对过形心 C 的中性轴 z 的惯性矩为 $I_z = 763 \times 10^4 \, \text{mm}^4$。拉杆 BD 截面为圆形，直径 $d = 25\text{mm}$。试：（1）作梁的剪力图和弯矩图。（2）确定结构的许可载荷 $[q]$。（图中未注尺寸单位为 mm。）

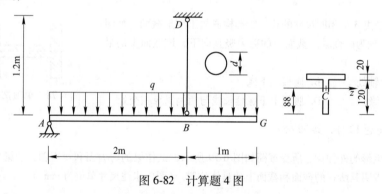

图 6-82　计算题 4 图

5. 一矩形截面木梁，其截面尺寸及载荷如图 6-83 所示，$q = 1.3\text{kN/m}$。已知许用弯曲正应力 $[\sigma]$ = 10MPa，许用切应力 $[\tau]$ = 2MPa，试校核梁的正应力和切应力强度。（图中未注尺寸单位为 mm。）

6. 工字形截面外伸梁 AC 承受载荷如图 6-84 所示，$M_e = 40\text{kN} \cdot \text{m}$，$q = 20\text{kN/m}$。材料的许用应力 $[\sigma]$ = 170MPa，$[\tau]$ = 100MPa，试选择工字钢的型号。

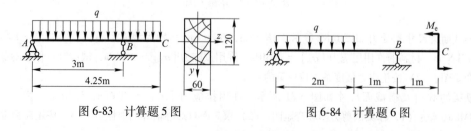

图 6-83　计算题 5 图　　　　　　　　图 6-84　计算题 6 图

自 测 题 3

一、判断题（正确写 T，错误写 F。每题 2 分，共 10 分）

1. 梁内弯矩为零的横截面其挠度也为零。（　　）
2. 梁的最大挠度处横截面转角一定等于零。（　　）
3. 梁的抗弯刚度越大，则梁抵抗弯曲变形的能力越强。（　　）
4. 若两梁的抗弯刚度相同，弯矩方程相同，则两梁的挠曲线形状完全相同。（　　）
5. 不同材料制成的梁，若截面尺寸和形状完全相同，长度及受力情况也相同，则发生弯曲变形时最大挠度相同。（　　）

二、单项选择题（每题 2 分，共 20 分）

1. 几何形状、尺寸和受力状态完全相同的两根梁，一根为铝材，一根为钢材，则两梁的（　　）。
   A. 弯曲应力相同，轴线曲率不同　　　　B. 弯曲应力不同，轴线曲率相同
   C. 弯曲应力和轴线曲率均相同　　　　　D. 弯曲应力和轴线曲率均不同
2. 等截面直梁在弯曲变形时，挠曲线曲率在最大（　　）处一定最大。
   A. 挠度　　　　　B. 转角　　　　　C. 剪力　　　　　D. 弯矩
3. 已知等截面直梁在某一段上的挠曲线方程为 $w(x) = Ax^2(4lx - 6l^2 - x^2)$，则该段梁上（　　）。
   A. 无分布载荷作用　　　　　　　　　B. 有均布载荷作用
   C. 分布载荷是 x 的一次函数　　　　　D. 分布载荷是 x 的二次函数
4. 用积分法求如图 6-85 所示梁的挠曲线方程时，确定积分常数的四个条件，除 $w_A = 0$，$\theta_A = 0$ 外，另外两个条件是（　　）。
   A. $w_{C左} = w_{C右}$，$\theta_{C左} = \theta_{C右} = 0$
   B. $w_{C左} = w_{C右}$，$w_B = 0$
   C. $w_C = 0$，$w_B = 0$
   D. $w_B = 0$，$\theta_C = 0$

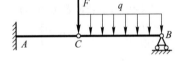

图 6-85　单项选择题 4 图

5. 如图 6-86 所示两梁的抗弯刚度 EI 相同，载荷 q 相同，则下列结论中正确的是（　　）。
   A. 两梁对应点的内力和位移相同　　　　B. 两梁对应点的内力和位移不同
   C. 两梁对应点的内力相同，位移不同　　D. 两梁对应点的内力不同，位移相同

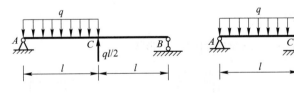

图 6-86　单项选择题 5 图

6. 如图 6-87 所示三梁中 w_a、w_b、w_c 分别表示图（a）、图（b）、图（c）的中点位移，则下列结论中正确的是（　　）。
   A. $w_a = w_b = 2w_c$　　B. $w_a > w_b = w_c$　　C. $w_a > w_b > w_c$　　D. $w_a \neq w_b = 2w_c$
7. 高宽比 $h/b = 2$ 的矩形截面梁，若将梁的横截面由竖放（见图 6-88（a））改为平放（见图 6-88（b）），则梁的最大挠度是原来的（　　）倍。

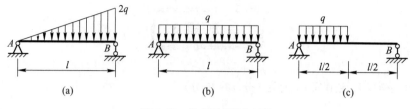

图 6-87　单项选择题 6 图

A. 2　　　　　　B. 4　　　　　　C. 8　　　　　　D. 16

8. 如图 6-89 所示简支梁 C 处作用集中力 F，$a \neq b$，则最大挠度发生在（　　）。

A. 集中力作用处　　B. 跨中截面处　　C. 转角最大处　　D. 转角为零处

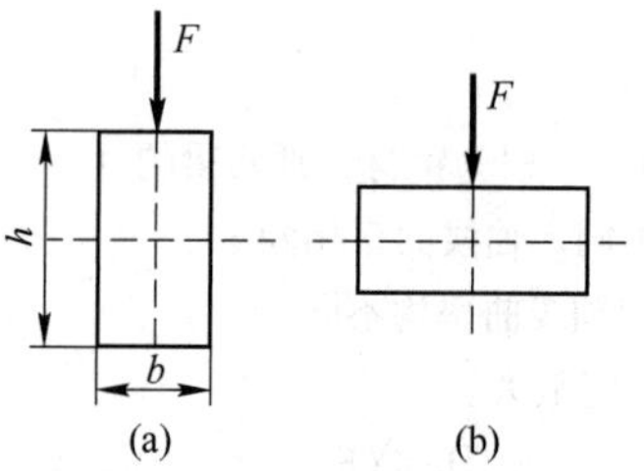

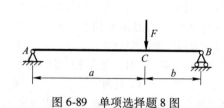

图 6-88　单项选择题 7 图

图 6-89　单项选择题 8 图

9. 如图 6-90 所示梁的抗弯刚度 EI 相同，若二者自由端的挠度相等，则 F_1/F_2 等于（　　）。

A. 16　　　　　　B. 8　　　　　　C. 4　　　　　　D. 2

10. 如图 6-91 所示悬臂梁抗弯刚度为 EI，B 处受集中力偶 M 作用，其 C 处的挠度为（　　）。

A. $\dfrac{9Ml^2}{2EI}$　　　　B. $\dfrac{6Ml^2}{EI}$　　　　C. $\dfrac{3Ml^2}{2EI}$　　　　D. $\dfrac{15Ml^2}{2EI}$

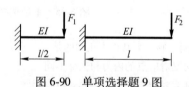

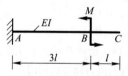

图 6-90　单项选择题 9 图

图 6-91　单项选择题 10 图

三、作图题（每题 5 分，共 10 分）

1. 定性画出图 6-92（a）~图 6-92（c）三种梁的挠曲线大致形状。

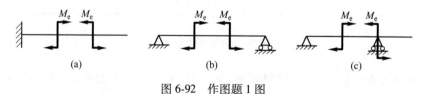

图 6-92　作图题 1 图

2. 试写出如图 6-93 所示等截面梁的边界条件（包括光滑连续条件），并定性画出梁的挠曲线大致形状。

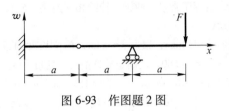

图 6-93　作图题 2 图

四、计算题（每题 6 分，共 60 分）

1. 如图 6-94 所示变截面悬臂梁受均布载荷 q 作用，梁的弹性模量为 E，长度为 l，最大宽度为 b_0，试用积分法求梁的挠曲线方程及 A 截面的挠度和 C 截面的转角。

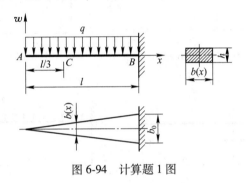

图 6-94　计算题 1 图

2. 如图 6-95 所示，一等截面悬臂梁抗弯刚度为 EI，梁下有一曲面，其方程为 $w = -Ax^3$，欲使梁变形后与该曲面正好贴合（曲面不受力），试求梁上需加的载荷类型、大小和方向。

3. 试用叠加法求如图 6-96 所示梁中截面 A 的挠度和截面 B 的转角。设梁抗弯刚度为 EI，图 6-96 中 q、l 为已知。

4. 试用叠加法求如图 6-97 所示梁中截面 A 的挠度和截面 B 的转角。设梁抗弯刚度为 EI，图 6-97 中 q、l 为已知。

5. 变截面悬臂梁如图 6-98 所示，试用叠加法求自由端的挠度。图 6-98 中 F、l 为已知，AC 段抗弯刚度为 EI，CB 段抗弯刚度为 $2EI$。

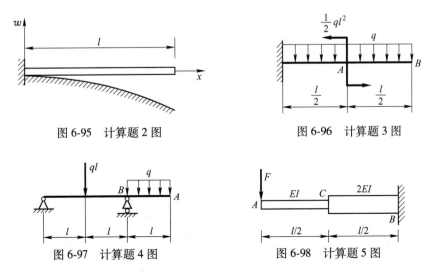

图 6-95　计算题 2 图　　　　　　　图 6-96　计算题 3 图

图 6-97　计算题 4 图　　　　　　　图 6-98　计算题 5 图

6. 图 6-99 中两根梁的 EI 相同，且等于常量。两梁由铰链相互连接，F、a 已知，试求力 F 作用点 D 的位移，并画出挠曲线的大致形状。

7. 两端简支的输气管道，外径 $D = 114\text{mm}$，壁厚 $t = 4\text{mm}$，单位长度的重量 $q = 106\text{N/m}$，弹性模量 $E = 210\text{GPa}$，管道的许可挠度 $[w] = l/500$，试确定允许的最大跨度 $[l]$。

8. 工字形截面悬臂梁承受载荷如图 6-100 所示。已知 $q = 15\text{kN/m}$，$a = 1\text{m}$，$E = 200\text{GPa}$，许用弯曲正应力 $[\sigma] = 160\text{MPa}$，许用切应力 $[\tau] = 100\text{MPa}$，许可挠度 $[w] = a/250$，试选取工字钢的型号。

9. 设梁的抗弯刚度为 EI，试作如图 6-101 所示梁的剪力图和弯矩图。

10. 设梁的抗弯刚度为 EI，试作如图 6-102 所示梁的剪力图和弯矩图。

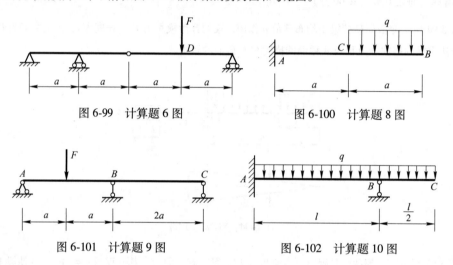

图 6-99　计算题 6 图　　　　　　图 6-100　计算题 8 图

图 6-101　计算题 9 图　　　　　　图 6-102　计算题 10 图

扫描二维码获取本章自测题参考答案

第七章　应力与应变分析

+-

【本章知识框架结构图】

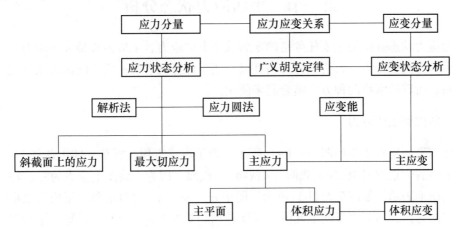

【知识导引】

　　构件受力时同时产生应力与应变。构件内的应力不仅与点的位置有关，而且与截面的方位有关。应力状态理论是研究指定点处的方位不同截面上的应力之间的关系，应变状态理论则研究指定点处的不同方向的应变之间的关系。应力状态理论是强度计算的基础，而应变状态理论是实验应力分析的基础。

【本章学习目标】

知识目标：

1. 掌握平面应力状态求斜截面上应力的方法，掌握主应力和最大切应力的计算方法。
2. 了解空间应力状态及其应力圆。
3. 了解平面应变状态的分析方法。
4. 掌握广义胡克定律。

能力目标：

1. 能够分析实际构件中一点的应力状态。正确求解平面应力状态斜截面上应力、主应力和最大切应力。
2. 能够正确分析一个主应力已知的空间应力状态。
3. 能够应用广义胡克定律解决工程中应力和应变相关问题。

育人目标：

通过应力状态分析的解析法和应力圆法两种不同的思路和方法的有机结合，调动学生主动学习的积极性，激发学生强烈的求知欲望和浓厚的学习兴趣，培养学生探索问题和积极思维的动力。

【本章重点及难点】

本章重点：平面应力状态分析。

本章难点：不规则单元体主应力的求解。

第一节 平面应力状态分析

平面应力状态分析的主要任务是确定斜截面上的应力、主应力和最大切应力。通常用解析法和应力圆法分析。解析法计算精度高，便于计算机求解；应力圆法形象直观，便于分析判断；所以通常将两种方法结合起来使用。

一、斜截面上的应力

设已知平面应力状态如图 7-1 （a）所示。为了表述方便，将单元体上法线与 x 轴、y 轴、z 轴平行的截面分别称为 x 截面、y 截面、z 截面。因为 z 截面上应力为零，将单元体改用平面图形表示，如图 7-1 （b）所示。图中 σ_x、σ_y、τ_{xy} 均为正向（正应力以指向截面外法线方向为正，切应力以使单元体顺时针转动趋势的指向为正）。现研究平行于 z 轴的任一斜截面上的应力。斜截面的方位以从 x 轴到其外法线 n 转过的角度 α 表示，此截面也称为 α 截面，α 以逆时针转向为正。

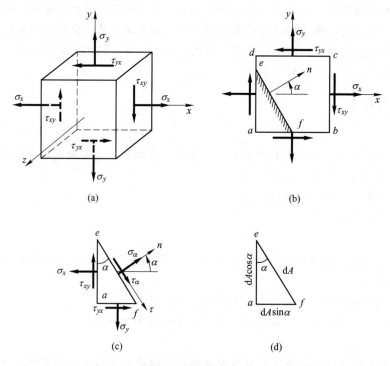

(a)

(b)

(c)

(d)

图 7-1 平面应力状态

（一）解析法

假想用截面 ef 将单元体截开，取 eaf 为研究对象，如图 7-1（c）所示。设 α 截面上的应力为 σ_α、τ_α，按正向画出，并设 α 截面面积为 dA，则 ea 面的面积为 $dA\cos\alpha$，fa 面的面积为 $dA\sin\alpha$，如图 7-1（d）所示。考虑 n 方向的平衡方程

$$\sum F_n = 0$$

$$\sigma_\alpha dA + (\tau_{xy}dA\cos\alpha)\sin\alpha - (\sigma_x dA\cos\alpha)\cos\alpha + (\tau_{yx}dA\sin\alpha)\cos\alpha - (\sigma_y dA\sin\alpha)\sin\alpha = 0$$

根据切应力互等定理 $\tau_{xy} = \tau_{yx}$，则有

$$\sigma_\alpha = \sigma_x \cos^2\alpha + \sigma_y \sin^2\alpha - 2\tau_{xy}\cos\alpha\sin\alpha$$

利用三角函数关系，可写为

$$\sigma_\alpha = \frac{\sigma_x + \sigma_y}{2} + \frac{\sigma_x - \sigma_y}{2}\cos2\alpha - \tau_{xy}\sin2\alpha \tag{7-1}$$

同理，利用 τ 方向的平衡方程可得

$$\tau_\alpha = \frac{\sigma_x - \sigma_y}{2}\sin2\alpha + \tau_{xy}\cos2\alpha \tag{7-2}$$

式（7-1）与式（7-2）称为过一点的任意斜截面上的应力公式。利用式（7-1）与式（7-2）可得法线与 x 截面夹角为 $\beta = 90° + \alpha$ 时斜截面上的应力

$$\sigma_\beta = \frac{\sigma_x + \sigma_y}{2} - \frac{\sigma_x - \sigma_y}{2}\cos2\alpha + \tau_{xy}\sin2\alpha$$

$$\tau_\beta = -\frac{\sigma_x - \sigma_y}{2}\sin2\alpha - \tau_{xy}\cos2\alpha$$

显然 α、β 面上应力之间的关系为

$$\sigma_\alpha + \sigma_\beta = \sigma_x + \sigma_y \tag{7-3}$$

$$\tau_\alpha = -\tau_\beta$$

即任意两个互相垂直面上的正应力之和是常数。任意两个互相垂直面上的切应力大小相等，即切应力互等定律。

（二）应力圆法

从数学上看式（7-1）与式（7-2）表示的两个方程式为参数方程，参变量为 α。削去参数 α 可得到 σ_α 和 τ_α 的关系式，即可得到在 σ-τ 坐标平面上的关系曲线。先将式（7-1）改写为

$$\sigma_\alpha - \frac{\sigma_x + \sigma_y}{2} = \frac{\sigma_x - \sigma_y}{2}\cos2\alpha - \tau_{xy}\sin2\alpha \tag{7-4}$$

将式（7-4）与式（7-2）两边平方再相加，得到

$$\left(\sigma_\alpha - \frac{\sigma_x + \sigma_y}{2}\right)^2 + \tau_\alpha^2 = \left(\frac{\sigma_x - \sigma_y}{2}\right)^2 + \tau_{xy}^2 \tag{7-5}$$

式（7-5）在 σ-τ 坐标平面上的曲线是一个圆，如图 7-2（a）所示。其圆心 C 的坐标为

$$\left(\frac{\sigma_x + \sigma_y}{2},\ 0\right)$$

半径 R 为

$$R = \sqrt{\left(\frac{\sigma_x - \sigma_y}{2}\right)^2 + \tau_{xy}^2}$$

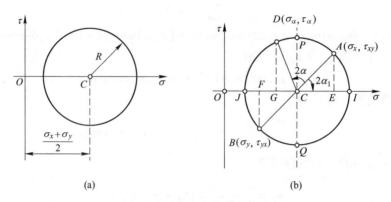

图 7-2　平面应力状态应力圆

　　如图 7-2（a）所示的圆称为应力圆，是德国科学家莫尔首先提出的，因此又称莫尔圆。从力学观点看，若已知一个应力单元体两个互相垂直面上的应力就一定可以作一个圆，圆周上各点的坐标就是该单元体任意斜截面 α 上的应力，圆上一点的横坐标和纵坐标分别代表单元体相应截面上的正应力和切应力。

　　应力圆的画法如下：

　　（1）建立 σ-τ 坐标系。

　　（2）在坐标系内画出与 x 截面上的应力对应的点 $A(\sigma_x, \tau_{xy})$ 和与 y 截面上的应力对应的点 $B(\sigma_y, \tau_{yx})$。

　　（3）连接 AB，AB 与 σ 轴的交点 C 便是圆心。

　　（4）以 C 为圆心，以 AC 为半径画圆即得到应力圆，如图 7-2（b）所示。

　　从作应力圆的过程可以看出，应力圆上的点 A 即代表单元体上 x 面上的应力；点 B 即代表单元体上 y 面上的应力。显然，单元体上任意斜截面上的应力对应应力圆的圆周上一点的坐标，所以可利用应力圆求单元体上任一斜截面上的应力。另外单元体的 x 截面和 y 截面的法线方向对应应力圆半径 CA 方向和 CB 方向。单元体 x 截面和 y 截面夹角90°，对应应力圆半径 CA 方向和 CB 方向夹角为180°，即单元体两面夹角 α 对应应力圆两半径夹角 2α，且转向一致。

　　现求如图 7-1（b）所示单元体任意斜截面 α 上的应力，在应力圆上从 CA 逆时针转过 2α，A 点到达 D 点，则 D 点的坐标就是所求截面的应力 σ_α、τ_α 值。下面进行证明。

$$OG = OC - CG = OC + CD\cos(2\alpha + 2\alpha_1)$$
$$= OC + CA\cos2\alpha_1\cos2\alpha - CA\sin2\alpha_1\sin2\alpha$$
$$= OC + CE\cos2\alpha - AE\sin2\alpha$$
$$= \frac{\sigma_x + \sigma_y}{2} + \frac{\sigma_x - \sigma_y}{2}\cos2\alpha - \tau_{xy}\sin2\alpha = \sigma_\alpha$$

$$DG = CD\sin(2\alpha + 2\alpha_1)$$
$$= CA\cos2\alpha_1\sin2\alpha + CA\sin2\alpha_1\cos2\alpha$$
$$= CE\sin2\alpha + AE\cos2\alpha$$
$$= \frac{\sigma_x - \sigma_y}{2}\sin2\alpha + \tau_{xy}\cos2\alpha = \tau_\alpha$$

根据应力圆的定义，也可用其他已知条件作应力圆。如已知单元体任意两个斜交的截面上的应力，可在 σ-τ 坐标系内确定两点，两点连线的垂直平分线与 σ 轴的交点即为圆心。

二、主应力

在物件内任一点总可以取出一个特殊的单元体，其 3 对相互垂直的面上都无切应力，这种切应力为零的截面称为主平面，主平面上的正应力称为主应力，这样特殊的单元体称为主单元体，主单元体上 3 个主应力是相互垂直的，按代数值大小排列为

$$\sigma_1 \geqslant \sigma_2 \geqslant \sigma_3$$

对于如图 7-1（a）所示平面应力状态，z 截面为一主平面，且这个主平面上正应力为零，故此截面上的主应力 $\sigma_z = 0$。下面求另外两个主应力。

图 7-2（b）应力圆上 I、J 两点的纵坐标为零，即这两点代表的截面上切应力为零，因此这两点对应的截面是两个主平面，其横坐标即为主应力，分别用 σ_i 和 σ_j 表示。由几何关系可得

$$\sigma_i = OI = OC + CI = \frac{\sigma_x + \sigma_y}{2} + \sqrt{\left(\frac{\sigma_x - \sigma_y}{2}\right)^2 + \tau_{xy}^2}$$

$$\sigma_j = OJ = OC - CJ = \frac{\sigma_x + \sigma_y}{2} - \sqrt{\left(\frac{\sigma_x - \sigma_y}{2}\right)^2 + \tau_{xy}^2}$$

或写为

$$\begin{cases} \sigma_i \\ \sigma_j \end{cases} = \frac{\sigma_x + \sigma_y}{2} \pm \sqrt{\left(\frac{\sigma_x - \sigma_y}{2}\right)^2 + \tau_{xy}^2} \tag{7-6}$$

将 σ_i、σ_j、0 三个主应力按代数值大小排序，即可得到 σ_1、σ_2、σ_3。一般有如下三种情形：

（1）$\sigma_i \geqslant \sigma_j \geqslant 0$。

$$\sigma_1 = \sigma_i, \quad \sigma_2 = \sigma_j, \quad \sigma_3 = 0$$

（2）$0 \geqslant \sigma_i \geqslant \sigma_j$。

$$\sigma_1 = 0, \quad \sigma_2 = \sigma_i, \quad \sigma_3 = \sigma_j$$

（3）$\sigma_i \geqslant 0, \sigma_j \leqslant 0$。

$$\sigma_1 = \sigma_i, \quad \sigma_2 = 0, \quad \sigma_3 = \sigma_j$$

下面以第一种情形为例确定主应力的方向。现假设某一截面 ef 为第一主应力 σ_1 所在截面（主平面），且外法线方向 n 与 x 轴夹角为 α_1，如图 7-3（a）所示。设截面 ef 面积为 dA，列 x 方向的平衡方程

$$\sum F_x = 0$$

$$\sigma_1 dA\cos\alpha_1 - \sigma_x dA\cos\alpha_1 + \tau_{yx} dA\sin\alpha_1 = 0$$

$$\tan\alpha_1 = \frac{\sigma_x - \sigma_1}{\tau_{yx}}$$

因为

$$\tau_{xy} = \tau_{yx}$$

则有

$$\tan\alpha_1 = \frac{\sigma_x - \sigma_1}{\tau_{xy}} \tag{7-7}$$

式（7-7）求出的 α_1 为第一主应力 σ_1 的方向，α_1 的取值范围为（$-90°\sim90°$），另一个非零主应力方向一定是与 σ_1 方向垂直的。根据主应力与主平面垂直，即可画出主单元体图，图 7-1（b）所示应力状态的主单元体图如图 7-3（b）所示。

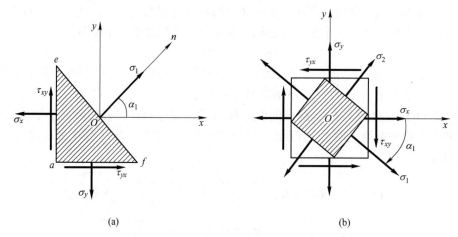

(a)　　　　　　　　　　(b)

图 7-3　主应力与主单元体

三、最大切应力

图 7-2（b）应力圆上纵坐标表示的应力为平行于 z 轴的斜截面上的切应力。由应力圆可见，P、Q 两点的切应力是所有平行于 z 轴的斜截面上的切应力的极大值和极小值，两者绝对值相等，大小均等于应力圆的半径，通常称为主切应力，用 τ'_{max} 表示。由图 7-2(b) 可知

$$\tau'_{max} = R = \sqrt{\left(\frac{\sigma_x - \sigma_y}{2}\right)^2 + \tau_{xy}^2} \tag{7-8}$$

由于应力圆的半径可用两个主应力差的一半表示，主切应力也可写成

$$\tau'_{max} = \frac{\sigma_i - \sigma_j}{2} \tag{7-9}$$

应力圆上 P 与 I 两点相差 $90°$，则主切应力的方向与主应力方向相差 $45°$。需要注意的是 τ_{max} 面上还有正应力，其值为

$$\sigma_C = \frac{\sigma_x + \sigma_y}{2}$$

式（7-8）或式（7-9）计算得到的切应力只是所有平行于 z 轴的斜截面上的最大切应力，不一定是所有斜截面上的最大切应力。如果已经求出单元体的三个主应力，则可利用任意两个主应力差为直径作应力圆，这样可作出三个应力圆，三个应力圆上点的坐标分别代表与三个主应力方向平行的三组斜截面上的正应力和切应力，如图 7-4 所示，图中阴影部分的点代表不与三个主方向平行的斜截面上的应力。三个应力圆上的极值切应力称为主切应力，以（$\sigma_1 - \sigma_2$）为直径的应力圆上的主切应力用 τ_{12} 表示，以（$\sigma_2 - \sigma_3$）为直径的应力圆上的主切应力用 τ_{23} 表示，以（$\sigma_1 - \sigma_3$）为直径的应力圆上的主切应力用 τ_{13} 表示，显然有

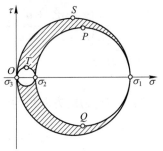

图 7-4　平面应力状态的
三个应力圆

$$\tau_{13} = \frac{\sigma_1 - \sigma_3}{2}, \quad \tau_{23} = \frac{\sigma_2 - \sigma_3}{2}, \quad \tau_{12} = \frac{\sigma_1 - \sigma_2}{2} \qquad (7\text{-}10)$$

比较可得单元体所有截面上的最大切应力为

$$\tau_{max} = \frac{\sigma_1 - \sigma_3}{2} \qquad (7\text{-}11)$$

【例题 7-1】试求如图 7-5（a）所示应力状态指定斜截面上的应力、主应力大小、主平面方位、最大切应力。

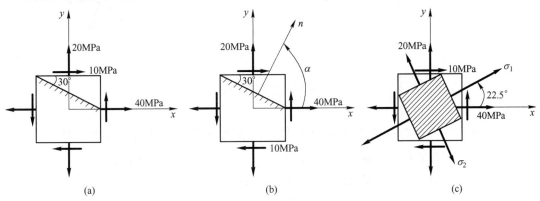

(a)　　　　　　　　　　　(b)　　　　　　　　　　　(c)

图 7-5　例题 7-1 图

解： 由单元体图可知 $\sigma_x = 40\text{MPa}$，$\sigma_y = 20\text{MPa}$，$\tau_{xy} = -10\text{MPa}$。指定斜截面上的外法线 n 与 x 轴的夹角为 $\alpha = 60°$，如图 7-5（b）所示。

斜截面上的正应力为

$$\sigma_\alpha = \frac{\sigma_x + \sigma_y}{2} + \frac{\sigma_x - \sigma_y}{2}\cos 2\alpha - \tau_{xy}\sin 2\alpha$$

$$= \frac{40 + 20}{2} + \frac{40 - 20}{2}\cos 120° + 10\sin 120° = 33.66\text{MPa}$$

斜截面上的切应力为

$$\tau_\alpha = \frac{\sigma_x - \sigma_y}{2}\sin 2\alpha + \tau_{xy}\cos 2\alpha = \frac{40 - 20}{2}\sin 120° - 10\cos 120° = 13.66\text{MPa}$$

极值正应力计算:

$$\begin{cases} \sigma_i \\ \sigma_j \end{cases} = \frac{\sigma_x + \sigma_y}{2} \pm \sqrt{\left(\frac{\sigma_x - \sigma_y}{2}\right)^2 + \tau_{xy}^2} = 30 \pm 10\sqrt{2} = \begin{cases} 44.14\text{MPa} \\ 15.86\text{MPa} \end{cases}$$

主应力为

$$\sigma_1 = 44.14\text{MPa}, \quad \sigma_2 = 15.86\text{MPa}, \quad \sigma_3 = 0$$

第一主应力的方向角为

$$\alpha_1 = \arctan \frac{\sigma_x - \sigma_1}{\tau_{xy}} = \arctan \frac{40 - 44.14}{-10} = 22.5°$$

主平面与主应力垂直,画出主单元体,如图 7-5 (c) 所示。最大切应力为

$$\tau_{\max} = \frac{\sigma_1 - \sigma_3}{2} = 22.07\text{MPa}$$

【例题 7-2】 试求如图 7-6 (a) 所示单元体的主应力大小及主平面的位置。(图中应力单位为 MPa。)

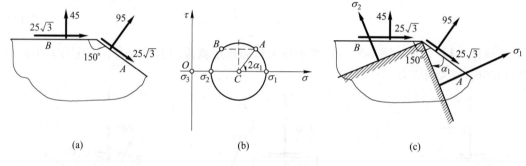

图 7-6　例题 7-2 图

解: 建立应力坐标系如图 7-6 (b) 所示,在坐标系内画出点 A (95,$25\sqrt{3}$)、B (45,$25\sqrt{3}$)。AB 的垂直平分线与 σ 轴的交点 C 便是圆心,以 C 为圆心,以 AC 为半径画应力圆。由应力圆及几何关系可知圆心 C 的横坐标 OC 和应力圆半径 CA 为

$$OC = 45 + \frac{95 - 45}{2} = 70\text{MPa}$$

$$CA = \sqrt{25^2 + (25\sqrt{3})^2} = 50\text{MPa}$$

单元体的主应力为

$$\sigma_1 = 70 + 50 = 120\text{MPa}, \quad \sigma_2 = 70 - 50 = 20\text{MPa}, \quad \sigma_3 = 0$$

设应力圆上由 CA 顺时针转到第一主应力 σ_1 处的夹角为 $2\alpha_1$,且

$$|\tan 2\alpha_1| = \frac{25\sqrt{3}}{25} = \sqrt{3}$$

对应单元体上由 A (95,$25\sqrt{3}$) 截面顺时针转到 σ_1 所在主平面上的夹角为

$$\alpha_1 = -30°$$

取负值是因为顺时针转动,σ_2 所在主平面与 σ_1 所在主平面垂直,主平面如图 7-6 (c)

所示。

最大切应力大小为

$$\tau_{\max} = \frac{\sigma_1 - \sigma_3}{2} = 60\text{MPa}$$

此题也可用解析法求解，请读者尝试不作应力圆求解此题。

第二节　空间应力状态简介

当三个主应力均不为零时，称该点处于空间应力状态或三向应力状态。如图 7-7 所示为地层一定深度处所取的单元体，竖向受岩土体的自重压力；侧向受四周岩土的侧向压力。如图 7-8 所示为火车轨道上取出的单元体，都属于空间应力状态。

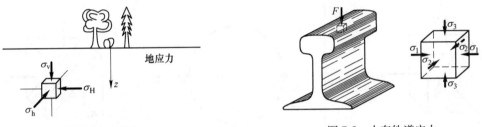

图 7-7　地应力　　　　　　　　　　　图 7-8　火车轨道应力

空间应力状态的最一般情形为单元体三对平面上都有正应力和切应力，如图 7-9（a）所示，图中 x 截面上有正应力 σ_x 和切应力 τ_{xy}、τ_{xz}，切应力两个下标中，第一个下标表示切应力所在平面的法线方向，第二个下标表示切应力方向，同理 y 截面上有正应力 σ_y 和切应力 τ_{yx}、τ_{yz}，z 截面上有正应力 σ_z 和切应力 τ_{zx}、τ_{zy}。根据切应力互等定理 $\tau_{xy} = \tau_{yx}$、$\tau_{yz} = \tau_{zy}$ 和 $\tau_{zx} = \tau_{xz}$，因而独立的应力分量有 6 个，即 σ_x、σ_y、σ_z、τ_{xy}、τ_{yz}、τ_{zx}。

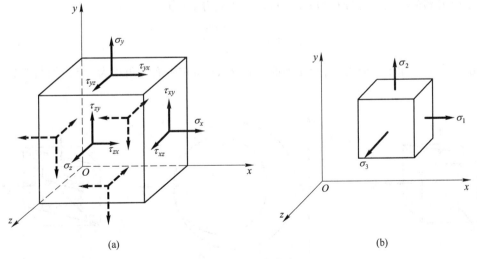

(a)　　　　　　　　　　　　　　　　　(b)

图 7-9　空间应力状态

可以证明，在受力物体内的任一点处一定可以找到一个主应力单元体，其三对相互垂直的平面均为主平面，三对主平面上的主应力分别为 σ_1、σ_2、σ_3。

对危险点处于空间应力状态下的构件进行强度计算，通常需确定其最大正应力和最大切应力。当受力物体内某一点的三个主应力已知时（如图 7-9（b）所示），利用应力圆可确定该点的最大正应力和最大切应力。

首先研究与 σ_3 平行的斜截面上的应力，如图 7-10（a）所示。显然这组截面上的应力只与 σ_1、σ_2 有关，因此以（$\sigma_1-\sigma_2$）为直径作应力圆，如图 7-10（b）所示。这组斜截面中的极大正应力和极小正应力分别为 σ_1、σ_2，主切应力 τ_{12} 为

$$\tau_{12} = \frac{\sigma_1 - \sigma_2}{2}$$

由应力圆可知主切应力 τ_{12} 所在平面与 σ_1 和 σ_2 所在平面夹角均为 45°，如图 7-10（c）所示。

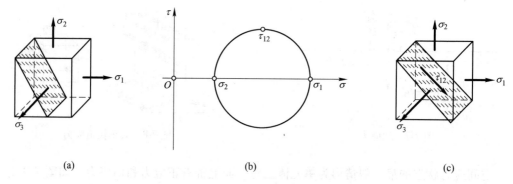

(a)　　　　　　　　　　(b)　　　　　　　　　　(c)

图 7-10　与 σ_3 平行的斜截面上的应力

研究与 σ_2 平行的斜截面上的应力，如图 7-11（a）所示。显然这组截面上的应力只与 σ_1、σ_3 有关，因此以（$\sigma_1-\sigma_3$）为直径作应力圆，如图 7-11（b）所示。这组斜截面中的极大正应力和极小正应力分别为 σ_1、σ_3，主切应力 τ_{13} 为

$$\tau_{13} = \frac{\sigma_1 - \sigma_3}{2}$$

由应力圆可知主切应力 τ_{13} 所在平面与 σ_1 和 σ_3 所在平面夹角均为 45°，如图 7-11（c）所示。

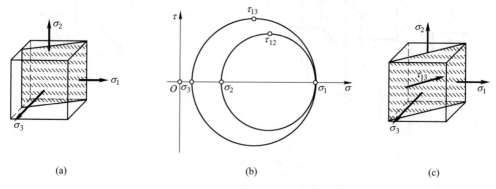

(a)　　　　　　　　　　(b)　　　　　　　　　　(c)

图 7-11　与 σ_2 平行的斜截面上的应力

研究与 σ_1 平行的斜截面上的应力，如图 7-12（a）所示。显然这组截面上的应力只与 σ_2、σ_3 有关，因此以 $(\sigma_2-\sigma_3)$ 为直径作应力圆，如图 7-12（b）所示。这组斜截面中的极大正应力和极小正应力分别为 σ_2、σ_3，主切应力 τ_{23} 为

$$\tau_{23} = \frac{\sigma_2 - \sigma_3}{2}$$

由应力圆可知主切应力 τ_{23} 所在平面与 σ_2 和 σ_3 所在平面夹角均为 $45°$，如图 7-12（c）所示。

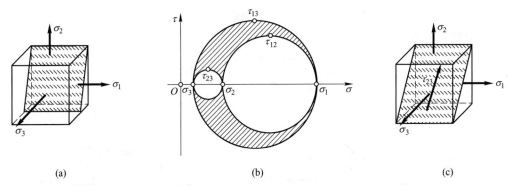

| (a) | (b) | (c) |

图 7-12　与 σ_1 平行的斜截面上的应力

进一步研究表明，与三个主平面斜交的任意斜截面（如图 7-13 所示截面）上的应力必位于上述三个应力圆围成的阴影范围以内。

由上所述，空间应力状态的最大正应力就是第一主应力，最小正应力就是第三主应力，即

$$\sigma_{\max} = \sigma_1, \ \sigma_{\min} = \sigma_3$$

最大切应力为三个应力圆中纵坐标最大值，即最大应力圆的半径。

$$\tau_{\max} = \frac{\sigma_1 - \sigma_3}{2}$$

上述两个公式同样适用于平面应力状态，但要注意主应力一定要按代数值排序，即

$$\sigma_1 \geqslant \sigma_2 \geqslant \sigma_3$$

由一般空间应力状态求主应力和最大切应力已超出材料力学教学大纲要求范围，本书只讨论如图 7-14 所示的一个主应力已知的简单空间应力状态情形。此时 z 方向正应力 σ_z 为一个主应力，另外两个主应力可由平面应力状态主应力计算公式得到，然后根据代数值大小确定 σ_1、σ_2、σ_3，再根据式（7-11）求最大切应力。

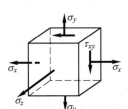

图 7-13　任意斜截面上的应力

图 7-14　简单空间应力状态

【例题 7-3】试求如图 7-15（a）所示单元体的主应力和最大切应力。

解：由单元体图可知 x 截面为一个主平面，其上的正应力为一个主应力，即

$$\sigma_x = 50\text{MPa}$$

为求另外两个主应力，作出单元体的左视图，如图 7-15（b）所示，则有

$$\sigma_z = 30\text{MPa}, \quad \sigma_y = 0, \quad \tau_{zy} = -40\text{MPa}$$

类似平面应力状态求极值应力，可得

$$\begin{cases} \sigma_i \\ \sigma_j \end{cases} = \frac{\sigma_z + \sigma_y}{2} \pm \sqrt{\left(\frac{\sigma_z - \sigma_y}{2}\right)^2 + \tau_{zy}^2} = \frac{30 + 0}{2} \pm \sqrt{\left(\frac{30 - 0}{2}\right)^2 + (-40)^2} = \begin{matrix} 57.72\text{MPa} \\ -27.72\text{MPa} \end{matrix}$$

按代数值大小排列，得主应力为

$$\sigma_1 = 57.72\text{MPa}, \quad \sigma_2 = 50\text{MPa}, \quad \sigma_3 = -27.72\text{MPa}$$

最大切应力为

$$\tau_{\max} = \frac{\sigma_1 - \sigma_3}{2} = 42.72\text{MPa}$$

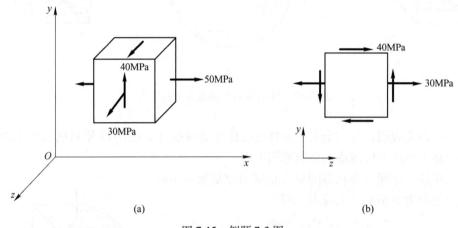

(a)　　　　　　　　　　　　　　(b)

图 7-15　例题 7-3 图

第三节　平面应变状态分析

平面应变是指所有的应变都在一个平面内，如果平面是 Oxy 平面，则只有正应变 ε_x、ε_y 和切应变 γ_{xy}，而没有 ε_z、γ_{yz}、γ_{zx}。平面应变状态下，已知一点的应变分量 ε_x、ε_y、γ_{xy}，欲求 α 方向上的线应变 ε_α 和切应变 γ_α，可根据弹性小变形的几何条件，分别找出单元体由于已知应变分量 ε_x、ε_y、γ_{xy} 在 α 方向上引起的线应变及切应变，再利用叠加原理求解。

将如图 7-16 所示 Oxy 坐标绕 O 点旋转一个 α 角，得到一个新坐标系 $Ox'y'$，并规定 α 角以逆时针转动时为正值，反之为负值。设 ε_α 为 O 点沿 x' 方向的线应变，γ_α 为直角 $\angle x'Oy'$ 的改变量，即切应变。假设 O 点处沿任意方向的微段内，应变是均匀的、微小的，而且变形在线弹性范围内，故叠加原理成立。

下面分别计算 ε_x、ε_y、γ_{xy} 单独存在时的线应变 ε_α 和切应变 γ_α，然后叠加得这些应变分量同时存在时的 ε_α 和 γ_α。

从 O 点沿 x' 方向取出一微段 $OP = \mathrm{d}x'$，并以它作为矩形 $OAPB$ 的对角线。该矩形的两

边长分别为 dx 和 dy。由图 7-16 可知

$$OP = dx' = \frac{dx}{\cos\alpha} = \frac{dy}{\sin\alpha}$$

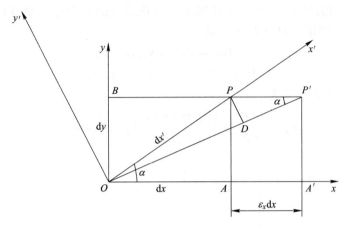

图 7-16　平面应变分析（ε_x）

假设只有正值 ε_x 存在，OB 边不动，矩形 $OAPB$ 变形后成为 $OA'P'B$，如图 7-16 所示。

$$AA' = PP' = \varepsilon_x dx$$

OP 的伸长量为 $P'D$：

$$P'D \approx PP'\cos\alpha = (\varepsilon_x dx)\cos\alpha$$

O 点沿 x' 方向的线应变 ε_{α_1} 为

$$\varepsilon_{\alpha_1} = \frac{P'D}{OP} = \frac{(\varepsilon_x dx)\cos\alpha}{dx/\cos\alpha} = \varepsilon_x \cos^2\alpha$$

假设只有正值 ε_y 存在，OA 边不动，矩形 $OAPB$ 变形后为 $OAP''B'$，如图 7-17 所示。

$$BB' = PP'' = \varepsilon_y dy$$

$$P''D' \approx PP''\sin\alpha = (\varepsilon_y dy)\sin\alpha$$

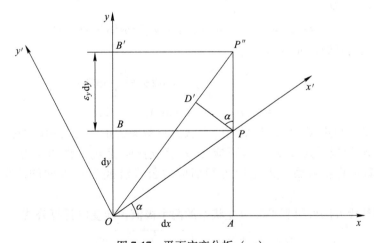

图 7-17　平面应变分析（ε_y）

O 点沿 x' 方向的线应变 ε_{α_2} 为

$$\varepsilon_{\alpha_2} = \frac{P''D'}{OP} = \frac{(\varepsilon_y \mathrm{d}y)\sin\alpha}{\mathrm{d}y/\sin\alpha} = \varepsilon_y \sin^2\alpha$$

假设只有正值切应变 γ_{xy} 存在，且规定使直角减小的 γ 为正。设 OA 边不动，矩形 $OAPB$ 变形后为 $OAP'''B''$，如图 7-18 所示。

$$BB'' = PP''' = \gamma_{xy}\mathrm{d}y$$

$$P'''D'' = PP'''\cos\alpha = (\gamma_{xy}\mathrm{d}y)\cos\alpha$$

O 点沿 x' 方向的线应变为

$$\varepsilon_{\alpha_3} = \frac{P'''D''}{OP} = \frac{(\gamma_{xy}\mathrm{d}y)\cos\alpha}{\mathrm{d}y/\sin\alpha} = \gamma_{xy}\sin\alpha\cos\alpha$$

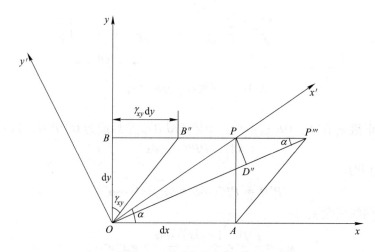

图 7-18 平面应变分析（γ_{xy}）

根据叠加原理，ε_x、ε_y 和 γ_{xy} 同时存在时，O 点沿 x' 方向的线应变 ε_{α} 为

$$\varepsilon_{\alpha} = \varepsilon_x \cos^2\alpha + \varepsilon_y \sin^2\alpha + \gamma_{xy}\sin\alpha\cos\alpha$$

同理可得切应变 γ_{α} 为

$$\gamma_{\alpha} = -2(\varepsilon_x - \varepsilon_y)\sin\alpha\cos\alpha + \gamma_{xy}(\cos^2\alpha - \sin^2\alpha)$$

以上两式利用三角函数化简得到

$$\varepsilon_{\alpha} = \frac{\varepsilon_x + \varepsilon_y}{2} + \frac{\varepsilon_x - \varepsilon_y}{2}\cos2\alpha + \frac{\gamma_{xy}}{2}\sin2\alpha \tag{7-12}$$

$$\gamma_{\alpha} = -(\varepsilon_x - \varepsilon_y)\sin2\alpha + \gamma_{xy}\cos2\alpha \tag{7-13}$$

将式（7-12）和式（7-13）与平面应力状态斜截面的正应力与切应力公式比较可得，只要将正应力 σ_x 换成正应变 ε_x，将正应力 σ_y 换成正应变 ε_y，将切应力 τ_{xy} 换成切应变 $-\gamma_{xy}$ 的一半，就可将斜截面上的正应力和切应力公式转换为 α 方向的线应变及切应变公式。

仿照上述替代方法可得到平面应变状态的两个极值正应变的计算公式

$$\begin{cases} \varepsilon_i \\ \varepsilon_j \end{cases} = \frac{\varepsilon_x + \varepsilon_y}{2} \pm \sqrt{\left(\frac{\varepsilon_x - \varepsilon_y}{2}\right)^2 + \frac{\gamma_{xy}^2}{4}} \tag{7-14}$$

将两个极值主应变与另外一个主应变比较，按代数值大小排列，可得到三个主应变：

$$\varepsilon_1 \geqslant \varepsilon_2 \geqslant \varepsilon_3$$

需要说明的是平面应力状态和平面应变状态是不相同的。平面应变状态是有一个主应变为零，而对于平面应力状态，一个主应力为零，主应变均不为零。

对于各向同性弹性体，主应变的方向与主应力的方向是相同的。

工程中常用电阻应变测量技术测定一点处的主应变，由式（7-14）可知，只要测得 ε_x、ε_y、γ_{xy} 即可，但 γ_{xy} 很难测量。为此，工程中一般是先测出任选三个方向 α_1、α_2、α_3 的线应变 $\varepsilon_{\alpha1}$、$\varepsilon_{\alpha2}$、$\varepsilon_{\alpha3}$，然后利用式（7-12），得到

$$\begin{cases} \varepsilon_{\alpha_1} = \dfrac{\varepsilon_x + \varepsilon_y}{2} + \dfrac{\varepsilon_x - \varepsilon_y}{2}\cos2\alpha_1 + \dfrac{\gamma_{xy}}{2}\sin2\alpha_1 \\[2mm] \varepsilon_{\alpha_2} = \dfrac{\varepsilon_x + \varepsilon_y}{2} + \dfrac{\varepsilon_x - \varepsilon_y}{2}\cos2\alpha_2 + \dfrac{\gamma_{xy}}{2}\sin2\alpha_2 \\[2mm] \varepsilon_{\alpha_3} = \dfrac{\varepsilon_x + \varepsilon_y}{2} + \dfrac{\varepsilon_x - \varepsilon_y}{2}\cos2\alpha_3 + \dfrac{\gamma_{xy}}{2}\sin2\alpha_3 \end{cases}$$

解联立的三个方程，求出 ε_x、ε_y、γ_{xy}，然后再根据（7-14）求出主应变。

实际测量时为了简化计算，三个应变选定三个特殊方向，贴成应变花，常见的有直角应变花和等角应变花，如图 7-19 所示。直角应变花的三个方向分别为 $\alpha_1 = 0°$、$\alpha_2 = 45°$、$\alpha_3 = 90°$，等角应变花的三个方向分别为 $\alpha_1 = 0°$、$\alpha_2 = 60°$、$\alpha_3 = 120°$。

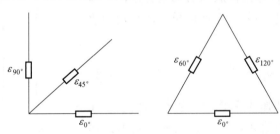

图 7-19　应变花

如果选直角应变花，0°和90°的正应变对应 ε_x 和 ε_y，即 $\varepsilon_x = \varepsilon_{0°}$ 和 $\varepsilon_y = \varepsilon_{90°}$；与 x 轴间夹角为45°方向的正应变为

$$\varepsilon_{45°} = \frac{\varepsilon_x + \varepsilon_y}{2} + \frac{\varepsilon_x - \varepsilon_y}{2}\cos90° + \frac{\gamma_{xy}}{2}\sin90° = \frac{\varepsilon_{0°} + \varepsilon_{90°}}{2} + \frac{\gamma_{xy}}{2}$$

则

$$\gamma_{xy} = 2\varepsilon_{45°} - \varepsilon_{0°} - \varepsilon_{90°}$$

这样，就可通过一点处三个方向的线应变来求得主应变。

第四节　应力应变关系

一、单向应力状态的应力应变关系

如图 7-20 所示单元体只受 x 方向的正应力作用，为单向应力状态，根据第一章所述，在弹性范围内，应力与应变成正比，故 x 方向的正应变为

$$\varepsilon_x = \frac{\sigma_x}{E} \qquad\qquad (7\text{-}15)$$

式中，E 为材料的弹性模量。由于 x 方向的伸长变形，会引起与 x 方向垂直方向的收缩变形，对于各向同性材料，在 y 方向和 z 方向的正应变为

$$\varepsilon_y = -\frac{\mu}{E}\sigma_x \qquad (7\text{-}16)$$

$$\varepsilon_z = -\frac{\mu}{E}\sigma_x \qquad (7\text{-}17)$$

式中，μ 为材料的泊松比。因为正应力不引起单元体三对平面直角的改变，故三对平面内切应变均为零，即

$$\gamma_{xy} = \gamma_{yz} = \gamma_{zx} = 0$$

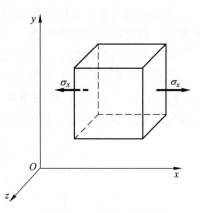

图 7-20　单向应力状态

二、纯剪切应力状态的应力应变关系

如图 7-21 所示单元体在 x 截面上受 y 方向的切应力 τ_{xy} 作用，在 y 截面上受 x 方向的切应力 τ_{yx} 作用，为纯剪切应力状态，根据切应力互等定理，$\tau_{xy}=\tau_{yx}$，在弹性范围内服从剪切胡克定律，即切应力与切应变成正比，故 xy 平面内单元体直角的改变量即切应变 γ_{xy}，且

$$\gamma_{xy} = \frac{\tau_{xy}}{G} \qquad (7\text{-}18)$$

式中，G 为材料的剪切弹性模量。因为 τ_{xy} 不引起单元体 yz 平面和 zx 平面内直角的改变，也不引起单元体 x、y、z 三个方向长度的变化，故其他应变分量均为零，即有

$$\gamma_{yz} = \gamma_{zx} = 0, \quad \varepsilon_x = \varepsilon_y = \varepsilon_z = 0$$

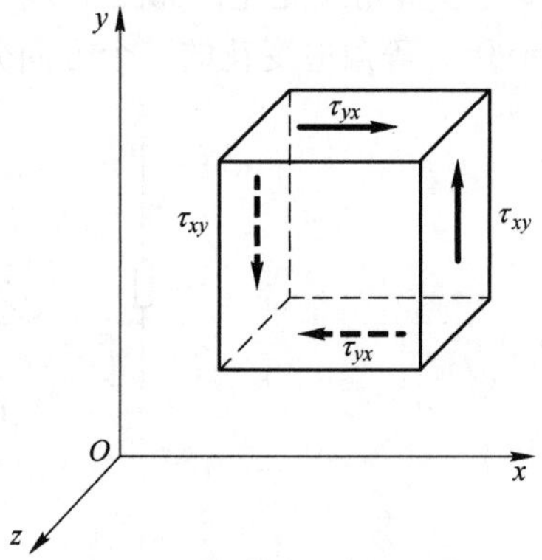

图 7-21　纯剪切应力状态

三、复杂应力状态的应力应变关系

如图 7-22 所示为一复杂应力状态，对于各向同性材料，当在线弹性范围内工作且变形微小时，可利用叠加原理，先求出每一个应力分量引起的应变，然后将所有应力分量引起的同一应变进行代数叠加。如欲求 x 方向的正应变 ε_x，可先分别求出由 σ_x、σ_y、σ_z 单独引起的 x 方向的正应变，然后代数相加得到 ε_x 如下：

$$\varepsilon_x = \frac{\sigma_x}{E} - \mu\frac{\sigma_y}{E} - \mu\frac{\sigma_z}{E} = \frac{1}{E}\left[\sigma_x - \mu(\sigma_y + \sigma_z)\right]$$

同理可求出 ε_y 和 ε_z，再加上切应力和切应变的关系，就得到复杂应力状态下的应力与应变关系。

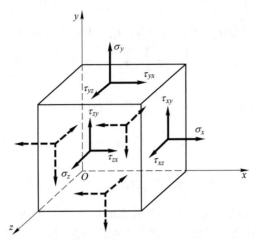

图 7-22 复杂应力状态

$$\begin{cases} \varepsilon_x = \dfrac{1}{E}[\sigma_x - \mu(\sigma_y + \sigma_z)] \\[2mm] \varepsilon_y = \dfrac{1}{E}[\sigma_y - \mu(\sigma_z + \sigma_x)] \\[2mm] \varepsilon_z = \dfrac{1}{E}[\sigma_z - \mu(\sigma_x + \sigma_y)] \\[2mm] \gamma_{xy} = \dfrac{1}{G}\tau_{xy} \\[2mm] \gamma_{yz} = \dfrac{1}{G}\tau_{yz} \\[2mm] \gamma_{zx} = \dfrac{1}{G}\tau_{zx} \end{cases} \tag{7-19}$$

式（7-19）是胡克定律和剪切胡克定律在复杂应力状态的推广，称为广义胡克定律。广义胡克定律为弹性力学的发展奠定了基础。严格地讲，广义胡克定律只有在线弹性范围内成立，也就是第一主应力小于材料的比例极限时成立。

如果已知空间应力状态的三个主应力 σ_1、σ_2、σ_3，则用主应力表示的应力应变关系为

$$\begin{cases} \varepsilon_1 = \dfrac{1}{E}[\sigma_1 - \mu(\sigma_2 + \sigma_3)] \\[2mm] \varepsilon_2 = \dfrac{1}{E}[\sigma_2 - \mu(\sigma_3 + \sigma_1)] \\[2mm] \varepsilon_3 = \dfrac{1}{E}[\sigma_3 - \mu(\sigma_1 + \sigma_2)] \end{cases} \tag{7-20}$$

对于各向同性材料，式（7-20）求出的正应变为主应变，可以证明，ε_1、ε_2、ε_3 与 σ_1、σ_2、σ_3 方向相同，且 $\varepsilon_1 \geqslant \varepsilon_2 \geqslant \varepsilon_3$，分别称为第一主应变、第二主应变、第三主应变；且第一主应变为一点处各个方向正应变的最大值，第三主应变为一点处各个方向正应变的

最小值。

对于平面应力状态，若 $\sigma_z = 0$、$\tau_{yz} = 0$、$\tau_{zx} = 0$，式（7-19）可简化为

$$
\begin{cases}
\varepsilon_x = \dfrac{1}{E}(\sigma_x - \mu\sigma_y) \\[2mm]
\varepsilon_y = \dfrac{1}{E}(\sigma_y - \mu\sigma_x) \\[2mm]
\varepsilon_z = -\dfrac{\mu}{E}(\sigma_x + \sigma_y) \\[2mm]
\gamma_{xy} = \dfrac{1}{G}\tau_{xy}
\end{cases}
\tag{7-21}
$$

式（7-21）为用应力表示的平面应力状态的广义胡克定律，主要用于已知应力求应变。从式（7-21）可以看出，平面应力状态下的应变是空间的。工程实际中，常常利用实验方法测得应变，通过应变求应力，可通过式（7-22）求得用应变表示的平面应力状态的广义胡克定律。

$$
\begin{cases}
\sigma_x = \dfrac{E}{1-\mu^2}(\varepsilon_x + \mu\varepsilon_y) \\[2mm]
\sigma_y = \dfrac{E}{1-\mu^2}(\varepsilon_y + \mu\varepsilon_x) \\[2mm]
\tau_{xy} = G\gamma_{xy}
\end{cases}
\tag{7-22}
$$

在广义胡克定律中，涉及 E、G、μ 三个弹性常数。对于各向同性材料，这三个弹性常数间存在着如下关系：

$$
G = \frac{E}{2(1+\mu)}
\tag{7-23}
$$

以上广义胡克定律的应用范围：材料各向同性，线弹性范围内，小变形。

【例题 7-4】 如图 7-23（a）所示为承受内压的薄壁容器。为测量容器所承受的内压力值 p，在容器表面用电阻应变片测得环向应变 $\varepsilon_t = 350 \times 10^{-6}$，若已知容器内径 $D = 500\text{mm}$，壁厚 $\delta = 10\text{mm}$，容器材料的 $E = 210\text{GPa}$，$\mu = 0.25$，试推导出容器横截面和纵截面上的正应力表达式并计算容器所受的内压力 p。

解： 为求容器的轴向应力表达式，用横截面将容器截开，受力如图 7-23（b）所示，根据 x 方向的平衡方程有

$$
\sum F_x = 0
$$

$$
p\,\frac{\pi D^2}{4} - \sigma_a(\pi D\delta) = 0
$$

$$
\sigma_a = \frac{pD}{4\delta}
\tag{7-24}
$$

为求容器的环向应力表达式，用纵截面将容器截开，受力如图 7-23（c）所示，根据 y 方向的平衡方程有

$$
\sum F_y = 0
$$

$$
pDl - \sigma_t(2\delta l) = 0
$$

$$\sigma_t = \frac{pD}{2\delta} \tag{7-25}$$

以应力应变关系求内压：

$$\varepsilon_t = \frac{1}{E}(\sigma_t - \mu\sigma_a) = \frac{pD}{4\delta E}(2 - \mu)$$

$$p = \frac{4E\delta\varepsilon_t}{D(2 - \mu)} = \frac{4 \times 210 \times 10^9 \times 0.01 \times 350 \times 10^{-6}}{0.5 \times (2 - 0.25)} = 3.36\text{MPa}$$

对于受内压的薄壁压力容器，可直接用式（7-24）和式（7-25）计算轴向应力和环向应力。

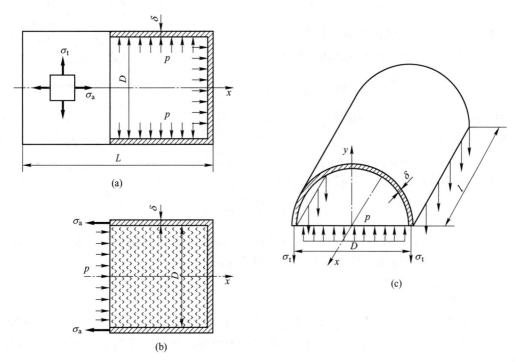

图 7-23　例题 7-4 图

第五节　应变能密度

一、体积应变

单元体在单位体积上的体积改变称为体积应变，用 θ 表示。如图 7-24 所示三向主应力单元体各边的原始长度分别为 dx、dy、dz，沿三个主应力方向的主应变为 ε_1、ε_2、ε_3，变形后单元体各边的长度分别为 $(1 + \varepsilon_1)dx$、$(1 + \varepsilon_2)dy$、$(1 + \varepsilon_3)dz$。则变形前和变形后的体积分别为

$$dV_0 = dxdydz$$

$$dV = (1 + \varepsilon_1)dx(1 + \varepsilon_2)dy(1 + \varepsilon_2)dz$$

体积应变为

$$\theta = \frac{dV - dV_0}{dV_0} = \frac{(1 + \varepsilon_1)dx(1 + \varepsilon_2)dy(1 + \varepsilon_2)dz - dxdydz}{dxdydz}$$

$$= \varepsilon_1 + \varepsilon_2 + \varepsilon_3 + \varepsilon_1\varepsilon_2 + \varepsilon_2\varepsilon_3 + \varepsilon_3\varepsilon_1 + \varepsilon_1\varepsilon_2\varepsilon_3$$

小变形条件下，略去高阶微量，可得到体积应变的计算公式

$$\theta = \varepsilon_1 + \varepsilon_2 + \varepsilon_3 \tag{7-26}$$

将三个主应变与三个应力间的关系式代入式 (7-26)，简化后得

$$\theta = \frac{1 - 2\mu}{E}(\sigma_1 + \sigma_2 + \sigma_3)$$

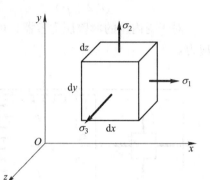

图 7-24 主单元体

因为纯剪切应力单元体的体积应变等于零，可得三向一般应力状态单元体的体积应变为

$$\theta = \frac{1 - 2\mu}{E}(\sigma_x + \sigma_y + \sigma_z) \tag{7-27}$$

式中，三个正应力之和称为体积应力或应力状态不变量，用 Θ 表示，即

$$\Theta = \sigma_x + \sigma_y + \sigma_z \tag{7-28}$$

将式 (7-28) 代入式 (7-27) 中，有

$$\theta = \frac{1 - 2\mu}{E}\Theta \tag{7-29}$$

式 (7-29) 称为体积胡克定律，此式表明体积应变 θ 与体积应力成正比，即与切应力无关，只与三个互相垂直面上的正应力之和成正比。

二、应变能密度

弹性体受外力作用后，不可避免地要产生变形，在常温、静载情况下，外力所做的功全部转化为弹性体的应变能（变形能）。单位体积的弹性应变能称为应变能密度或比能，用 v_ε 表示。

如图 7-24 所示空间应力状态的主单元体中，x、y、z 截面上作用力分别为 $\sigma_1 dydz$、$\sigma_2 dzdx$、$\sigma_3 dxdy$，每对外力的相对位移分别为 $\varepsilon_1 dx$、$\varepsilon_2 dy$、$\varepsilon_3 dz$，则单元体上外力之功为

$$dW = \frac{1}{2}\sigma_1\varepsilon_1 dxdydz + \frac{1}{2}\sigma_2\varepsilon_2 dxdydz + \frac{1}{2}\sigma_3\varepsilon_3 dxdydz$$

根据能量守恒定理，单元体内储存的应变能为

$$dV_\varepsilon = dW = \frac{1}{2}(\sigma_1\varepsilon_1 + \sigma_2\varepsilon_2 + \sigma_3\varepsilon_3)dxdydz$$

则应变能密度为

$$v_\varepsilon = \frac{dV_\varepsilon}{dxdydz} = \frac{1}{2}(\sigma_1\varepsilon_1 + \sigma_2\varepsilon_2 + \sigma_3\varepsilon_3)$$

将式 (7-20) 代入得

$$v_\varepsilon = \frac{1}{2E}[\sigma_1^2 + \sigma_2^2 + \sigma_3^2 - 2\mu(\sigma_1\sigma_2 + \sigma_3\sigma_2 + \sigma_1\sigma_3)] \tag{7-30}$$

式（7-30）为复杂应力状态下的应变能密度（比能）的计算公式，由式（7-30）可见，应变能密度只与材料的弹性常数和应力状态有关。

因为在一般情况下 $\sigma_1 \neq \sigma_2 \neq \sigma_3$ ，所以物体发生变形既有体积改变又有形状改变。因此在式（7-30）中的比能 v_ε 应包括两个部分，即

$$v_\varepsilon = v_\theta + v_{\mathrm{d}} \tag{7-31}$$

式中，v_θ 为体积改变比能，即单元体因体积改变所储存的变形比能；v_{d} 为形状改变比能，即单元体因形状改变所储存的变形比能。

将图 7-25（a）所示应力状态分解为如图 7-25（b）和图 7-25（c）所示的两个应力状态，其中 σ_{m} 称为平均应力。

$$\sigma_{\mathrm{m}} = \frac{1}{3}(\sigma_1 + \sigma_2 + \sigma_3) \tag{7-32}$$

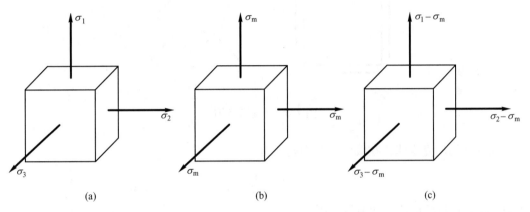

图 7-25　单元体的分解

图 7-25（a）所示单元体的体积应变为

$$\theta_{\mathrm{a}} = \frac{1 - 2\mu}{E}(\sigma_1 + \sigma_2 + \sigma_3)$$

图 7-25（b）所示单元体的体积应变为

$$\theta_{\mathrm{b}} = \frac{1 - 2\mu}{E}(3\sigma_{\mathrm{m}}) = \theta_{\mathrm{a}}$$

图 7-25（c）所示单元体的体积应变为

$$\theta_{\mathrm{c}} = 0$$

图 7-25（a）和图 7-25（b）所示的两单元体体积应变相等，体积改变比能显然也相等。而图 7-25（b）所示的单元体的三个主应力相等，即只有体积改变而无形状改变，于是由它的比能来计算图 7-25（a）所示单元体的体积改变比能，即

$$v_\theta = \frac{3}{2}\sigma_{\mathrm{m}}\varepsilon_{\mathrm{m}} = \frac{1}{2}\sigma_{\mathrm{m}}\theta_{\mathrm{a}}$$

$$v_\theta = \frac{1 - 2\mu}{6E}(\sigma_1 + \sigma_2 + \sigma_3)^2 \tag{7-33}$$

将式（7-30）减去式（7-33），即得形状改变比能

$$v_{\mathrm{d}} = \frac{1+\mu}{6E}[(\sigma_1 - \sigma_2)^2 + (\sigma_2 - \sigma_3)^2 + (\sigma_3 - \sigma_1)^2] \qquad (7\text{-}34)$$

图 7-25（c）所示单元体的体积应变为零，即没有体积变化，只有形状改变，因此式（7-34）也可由图 7-25（c）所示单元体的应变能求得。

【例题 7-5】试利用纯剪切应力状态和应变能密度计算公式求三个弹性常数间的关系。

解： 如图 7-26（a）所示纯剪切应力状态，设切应力为 τ，对应的切应变为 γ，则比能 v_ε 为

$$v_\varepsilon = \frac{1}{2}\tau\gamma$$

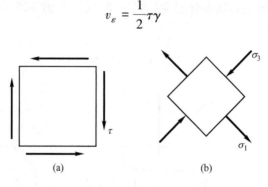

(a)　　　　　　　　(b)

图 7-26　例题 7-5 图

根据剪切胡克定律，在线弹性范围内，有

$$\gamma = \frac{\tau}{G}$$

式中，G 为材料的剪切弹性模量。则

$$v_\varepsilon = \frac{\tau^2}{2G}$$

纯剪切的主应力如图 7-26（b）所示，且

$$\sigma_1 = \tau, \quad \sigma_2 = 0, \quad \sigma_3 = -\tau$$

用主应力表示的单元体比能为

$$v_\varepsilon = \frac{1}{2E}[\sigma_1^2 + \sigma_2^2 + \sigma_3^2 - 2\mu(\sigma_1\sigma_2 + \sigma_3\sigma_2 + \sigma_1\sigma_3)]$$

$$= \frac{1}{2E}[\tau^2 + 0 + (-\tau)^2 - 2\mu(0 + 0 + (-\tau)\tau)] = \frac{1+\mu}{E}\tau^2$$

两种方法计算的比能应该相等，故有

$$G = \frac{E}{2(1+\mu)}$$

上式表明，弹性模量 E、剪切弹性模量 G、泊松比 μ 三个材料弹性常数中只有两个是独立的，即知道其中两个，可求出另一个。

【例题 7-6】单元体应力状态如图 7-27（a）所示，已知材料的弹性模量 $E = 200\mathrm{GPa}$，泊松比 $\mu = 0.3$，试：（1）绘出应力圆，并在应力圆中标出指定截面上的应力。（2）求主应力，作出主单元体图。（3）求主应变。（4）求体积应变，并问体积是增大还是减小？

解： 建立应力坐标系 σ-τ，在坐标系中标出 A（50, 20）、B（-30, -20）两点。连

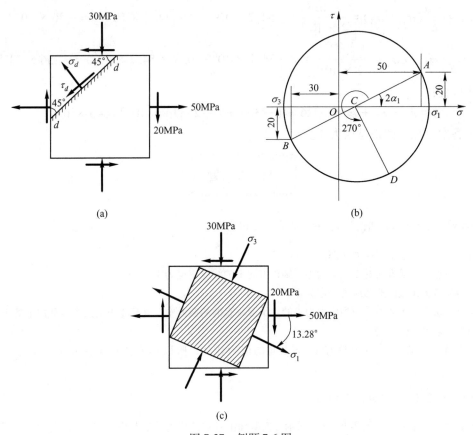

图 7-27　例题 7-6 图

接 AB 与 σ 轴交于 C 点，以 C 为圆心、CA 为半径作出应力圆，如图 7-27（b）所示。将 CA 逆时针绕 C 转 $270°$，到达 CD，则 D 点坐标为指定斜截面上的应力。

$$OC = \frac{50 - 30}{2} = 10\text{MPa}$$

$$CA = CD = \sqrt{20^2 + 40^2} = 20\sqrt{5}\,\text{MPa} = 44.7\text{MPa}$$

$$\sigma_1 = OC + CA = 10 + 44.7 = 54.7\text{MPa}$$

$$\sigma_2 = 0$$

$$\sigma_3 = OC - CA = 10 - 44.7 = -34.7\text{MPa}$$

$$\tan\alpha_1 = \frac{\sigma_x - \sigma_1}{\tau_{xy}} = \frac{50 - 54.7}{20} = -0.235$$

$$\alpha_1 = -13.28°$$

$$\sigma_D = OC + CD\cos(90° + 2\alpha_1) = 10 + 44.7\cos63.44° = 30\text{MPa}$$

$$\tau_D = CD\sin(90° + 2\alpha_1) = 44.7\sin63.44° = 40\text{MPa}$$

主单元体如图 7-27（c）所示。根据用主应力表示的胡克定律求主应变：

$$\varepsilon_1 = \frac{1}{E}(\sigma_1 - \mu\sigma_3) = \frac{1}{2 \times 10^{11}} \times [54.7 \times 10^6 - 0.3 \times (-34.7 \times 10^6)] = 326 \times 10^{-6}$$

$$\varepsilon_2 = \frac{-\mu}{E}(\sigma_1 + \sigma_3) = \frac{-0.3}{2 \times 10^{11}} \times [54.7 \times 10^6 + (-34.7 \times 10^6)] = -30 \times 10^{-6}$$

$$\varepsilon_3 = \frac{1}{E}(\sigma_3 - \mu\sigma_1) = \frac{1}{2 \times 10^{11}} \times (-34.7 \times 10^6 - 0.3 \times 54.7 \times 10^6) = -256 \times 10^{-6}$$

求体积应变：

$$\theta = \varepsilon_1 + \varepsilon_2 + \varepsilon_3 = [326 + (-30) + (-256)] \times 10^{-6} = 40 \times 10^{-6}$$

由答案可见，体积是增大了。

自 测 题

一、判断题（正确写 T，错误写 F。每题 2 分，共 10 分）

1. 纯剪切单元体属于单向应力状态。（   ）
2. 构件上一点处沿某方向的正应力为零，则该方向上的线应变也为零。（   ）
3. 正应力极值所在截面的切应力一定为零。（   ）
4. 平面应力状态单元体中，与主应力为零的主平面垂直的斜截面中，互相垂直的两个斜截面上的正应力之和等于常量。（   ）
5. 对于平面应力状态，由于只有 x、y 方向的应力作用，所以单元体在 z 轴方向上没有应变发生。（   ）

二、单项选择题（每题 2 分，共 10 分）

1. 矩形截面简支梁受力如图 7-28（a）所示，横截面上各点的应力状态如图 7-28（b）所示。关于各点应力状态的说法，正确的是（   ）。
   A. 点 1、2 的应力状态是正确的
   B. 点 2、3 的应力状态是正确的
   C. 点 3、4 的应力状态是正确的
   D. 点 1、5 的应力状态是正确的

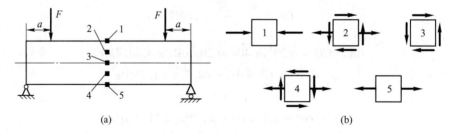

图 7-28 单项选择题 1 图

2. 如图 7-29（a）所示单元体应力状态所对应的应力圆是（   ）。
   A.（b）   B.（c）   C.（d）   D.（e）
3. 如图 7-30 所示各点的应力状态中，属于单向应力状态的是（   ）。
   A.（a）   B.（b）   C.（c）   D.（d）
4. 如图 7-31 所示单向均匀拉伸的板条，若受力前在其表面画上两个正方形 a 和 b，则受力后正方形 a、b 分别变为（   ）。
   A. 正方形、正方形   B. 正方形、菱形   C. 矩形、菱形   D. 矩形、正方形

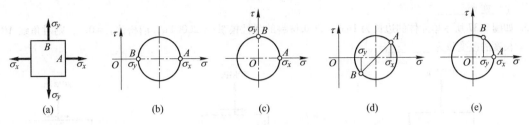

图 7-29　单项选择题 2 图

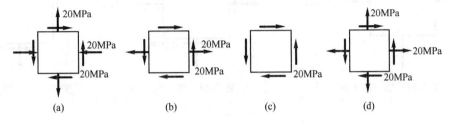

图 7-30　单项选择题 3 图

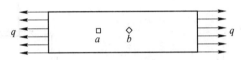

图 7-31　单项选择题 4 图

5. 如图 7-32 所示构件上 a 点处，单元体的应力状态为（　　　）。

A.（b）　　　　　B.（c）　　　　　C.（d）　　　　　D.（e）

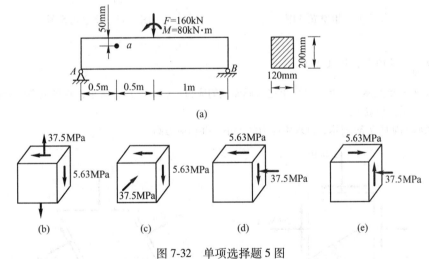

图 7-32　单项选择题 5 图

三、填空题（每题 2 分，共 10 分）

1. 如图 7-33 所示应力状态的最大切应力为_____。

2. 如图 7-34 所示应力状态的最大主应为_____。

3. 单元体应力状态如图 7-35 所示，若已知其中一个主应力为 $-5MPa$，则另一个非零主应力为_____。

4. 平面应力状态各截面的应力如图 7-36 所示，已知材料的弹性模量 $E=200GPa$，泊松比 $\mu=0.3$，则最大主应变为_____。

5. 如图 7-37 所示单元体的边长为 1mm，已知材料的弹性模量 $E = 200\text{GPa}$，泊松比 $\mu = 0.3$，则对角线 AB 长度的改变量为_____。

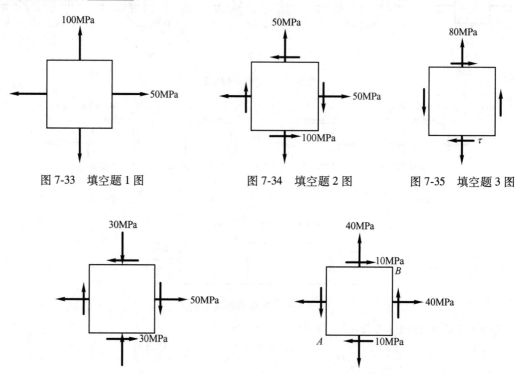

图 7-33　填空题 1 图　　　　图 7-34　填空题 2 图　　　　图 7-35　填空题 3 图

图 7-36　填空题 4 图　　　　　　图 7-37　填空题 5 图

四、计算题（每题 10 分，共 70 分）

1. 如图 7-38 所示单元体，试求：（1）指定斜截面上的应力。（2）主应力大小，并将主平面标在单元体图上。（3）最大切应力。

2. 平面应力状态如图 7-39 所示，试求主应力的大小，并作应力圆。

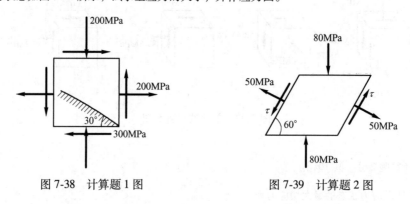

图 7-38　计算题 1 图　　　　　　图 7-39　计算题 2 图

3. 试求如图 7-40 所示空间应力状态的主应力及最大切应力。（图中应力单位为 MPa。）

4. 试求如图 7-41 所示单元体的主应力和最大切应力。

5. 试求如图 7-42 所示单元体的主应力和最大切应力。（图中应力单位为 MPa。）

6. 如图 7-43 所示内径 $D=500\text{mm}$、壁厚 $\delta=10\text{mm}$ 的薄壁容器承受内压 p，现用电阻应变片测得其周向应变 $\varepsilon_A=3.5\times10^{-4}$、轴向应变 $\varepsilon_B=1\times10^{-4}$。已知材料的 $E=200\text{GPa}$，$\mu=0.25$，试求筒壁轴向和周向应力及内压力 p。

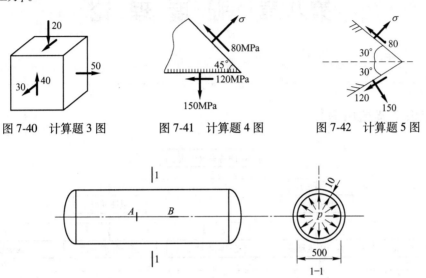

图 7-40　计算题 3 图　　　图 7-41　计算题 4 图　　　图 7-42　计算题 5 图

图 7-43　计算题 6 图

7. 如图 7-44 所示，在受集中力偶 M_e 作用的矩形截面简支梁中，测得中性层上 k 点处沿 45° 方向的线应变为 $\varepsilon_{45°}$。已知材料的弹性常数 E、μ，梁的横截面及长度尺寸为 b、h、a、d、l，试求集中力偶的力偶矩 M_e。

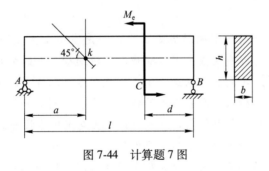

图 7-44　计算题 7 图

　扫描二维码获取本章自测题参考答案

第八章 强 度 理 论

+-+

【本章知识框架结构图】

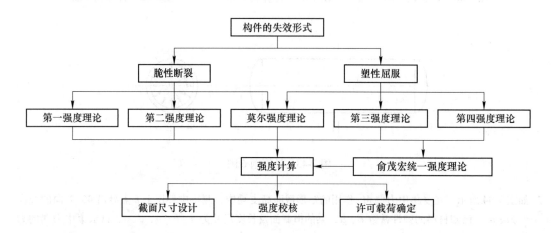

【知识导引】

　　材料在外力作用下有两种不同的失效形式：一是在不发生显著塑性变形时的突然断裂，称为脆性破坏；二是因发生显著塑性变形而不能继续承载的失效，称为塑性屈服。失效的原因十分复杂。对于单向应力状态，由于可直接进行拉伸或压缩试验，通常就用失效时的载荷除以试样的原始横截面面积得到的极限应力作为判断构件失效的标准。在平面应力状态下，材料内危险点处有两个主应力不为零；在空间应力状态的一般情况下，三个主应力均不为零。不为零的应力分量有不同比例的无穷多个组合，不能用实验逐个确定。由于工程上的需要，两百多年来，人们对材料失效的原因，提出了各种不同的假说，这些假说统称为强度理论。

【本章学习目标】

知识目标：

　　1. 掌握塑性屈服、脆性断裂、强度理论的概念，学会分析材料的破坏现象。

　　2. 掌握常见四种强度理论的基本观点和相应的强度条件的应用，了解莫尔强度理论和俞茂宏统一强度理论。

　　3. 掌握解决复杂应力状态下构件强度计算的思路和方法。

能力目标：

　　能够运用常见强度理论的基本观点和相应的强度条件进行工程构件的强度计算。

育人目标：

1. 注重学生遵纪守法习惯的教育与养成，使学生头脑中逐渐形成工科学生独有的、有法必依的工作准则。

2. 通过强度失效案例分析，加强社会责任感教育，让"生命至上、安全第一"理念内化于心、外化于行。

【本章重点及难点】

本章重点：常用强度理论的观点、强度条件及其强度计算。

本章难点：强度理论的选择；危险点的确定及其强度计算。

第一节　强度理论概述

强度理论是判断构件在复杂应力状态下是否失效的理论。构件在外力作用下有两种不同的失效形式：一是在不发生显著塑性变形时的突然断裂，称为脆性断裂失效；二是因发生显著塑性变形而不能继续承载的失效，称为塑性屈服失效。失效的原因十分复杂。

对于单向应力状态，由于可直接进行拉伸或压缩试验，通常用失效时的载荷除以试样的原始横截面面积得到的极限应力 σ_u（脆性材料为抗拉强度或抗压强度 σ_b，塑性材料为屈服强度 σ_s）作为判断构件失效的标准。

塑性失效准则就是最大工作应力 σ_{max} 等于屈服强度 σ_s，可写为

$$\sigma_{max} = \sigma_s$$

脆性失效准则就是最大工作应力 σ_{max} 等于抗拉（抗压）强度 σ_b，可写为

$$\sigma_{max} = \sigma_b$$

相应的强度条件为

$$\sigma_{max} \leqslant [\sigma] \tag{8-1}$$

式中，$[\sigma]$ 为许用应力。对于脆性和塑性材料，许用应力为

$$[\sigma] = \frac{\sigma_b}{n_b} \quad （脆性材料） \tag{8-2}$$

$$[\sigma] = \frac{\sigma_s}{n_s} \quad （塑性材料） \tag{8-3}$$

式中，n_b 和 n_s 分别为脆性断裂安全因数和塑性屈服安全因数。轴向拉伸与压缩杆件的强度计算和平面弯曲梁的正应力强度计算使用的均为单向应力状态的强度条件。

对于纯剪切应力状态，如圆轴扭转和平面弯曲的切应力强度计算，使用的强度条件为

$$\tau_{max} \leqslant [\tau] \tag{8-4}$$

式中，τ_{max} 为最大工作切应力；$[\tau]$ 为许用切应力。

但在一般二向应力状态下，构件内危险点处的主应力有两个不为零；在三向应力状态的一般情况下，三个主应力均不为零。不为零的应力分量有不同比例的无穷多个组合，不能用实验逐个确定。由于工程上的需要，人们对材料失效的原因提出了各种不同的假说。

但这些假说都只能被某些失效试验所证实，而不能解释所有材料的失效现象。这些根据失效现象提出的关于失效原因的假说统称为强度理论。

第二节　常用强度理论

复杂应力状态下，σ_1、σ_2、σ_3有无数多种组合形式，因此很难用实验来测定材料失效时的极限应力，只能依据分析、推理来建立失效准则。推理思路是把简单应力状态看成复杂应力状态的特殊情况，将简单应力状态与复杂应力状态联系在一起，然后利用简单应力状态下实验得到的材料失效时的极限应力，建立复杂应力状态下材料的失效准则和强度条件。

长期以来，随着生产实践的发展，人们通过大量观察和实验，研究了各种类型的材料在不同受力条件下的失效情况，认为材料的失效与正应力和切应力分量均有关且相互影响，且材料的失效与主应力间的比例有关。为此人们根据对材料失效现象的分析，提出了各种各样的假说，认为材料某一类型的失效是由于某种因素（最大拉应力、最大伸长线应变、最大切应力、均方根切应力）所引起的，并通过简单拉伸试验来推测材料在复杂应力状态下的强度，分析其极限条件，从而建立了以下常用的强度理论。

一、最大拉应力理论（第一强度理论）

这一理论认为最大拉应力是引起构件脆性断裂失效的主要因素，即认为无论构件内的危险点处于何种应力状态，只要构件内一点处的最大拉应力达到单向拉伸时发生脆性断裂失效的极限应力值，则构件就会发生脆性断裂。

因为复杂应力状态的最大拉应力为第一主应力 σ_1，所以最大拉应力理论的断裂准则为

$$\sigma_1 = \sigma_b \tag{8-5}$$

式中，σ_b为材料单向拉伸试验时发生脆断的极限应力，即抗拉强度。

强度条件为

$$\sigma_1 \leq [\sigma] \tag{8-6}$$

许用应力$[\sigma]$用式（8-2）计算。

最大拉应力理论也称为第一强度理论，该理论适用于铸铁、硅石、陶瓷、玻璃等脆性材料有拉应力的情况，无拉应力不适用。脆性材料扭转也是沿拉应力最大的斜截面发生断裂，与此理论相符合。

第一强度理论只考虑了三个主应力中的 σ_1，而没有考虑较小的 σ_2、σ_3；该理论无法解释塑性材料在简单拉伸时，构件在屈服阶段沿着45°斜面发生滑移的现象。

二、最大伸长线应变理论（第二强度理论）

这一理论认为最大伸长线应变是引起脆性断裂失效的主要因素，即认为无论构件内的危险点处于何种应力状态，只要构件内一点处的最大伸长线应变达到单向拉伸时发生脆性断裂失效的极限伸长线应变值，则构件就会发生脆性断裂。

因为复杂应力状态的最大伸长线应变为第一主应变 ε_1，由广义胡克定律

$$\varepsilon_1 = \frac{\sigma_1 - \mu(\sigma_2 + \sigma_3)}{E}$$

设单向拉伸发生脆性断裂失效时的极限伸长线应变为 ε_u，根据胡克定律

$$\varepsilon_u = \frac{\sigma_b}{E}$$

则最大伸长线应变理论的断裂准则为

$$\varepsilon_1 = \varepsilon_u$$

用应力分量表示的断裂准则为

$$\sigma_1 - \mu(\sigma_2 + \sigma_3) = \sigma_b \tag{8-7}$$

强度条件为

$$\sigma_1 - \mu(\sigma_2 + \sigma_3) \leqslant [\sigma] \tag{8-8}$$

该理论适用于铸铁在两个方向分别受拉应力和压应力，且压应力较大的情况；适用于岩石、砼等脆性材料的单向压缩。

根据此理论，二向、三向受拉应力状态比单向应力状态更安全，更容易承载，但这个结论被实验结果所否定。第二强度理论也无法解释三向均匀受压不易破坏这一现象。

三、最大切应力理论（第三强度理论）

这一理论认为最大切应力是引起塑性屈服失效的主要因素，即认为无论构件内的危险点处于何种应力状态，只要构件内一点处的最大切应力达到单向拉伸时发生塑性屈服失效的极限切应力值，则构件就会发生塑性屈服。

因为复杂应力状态的最大切应力 τ_{max} 为

$$\tau_{max} = \frac{\sigma_1 - \sigma_3}{2}$$

单向拉伸发生塑性屈服失效时的极限切应力 τ_u 可写为

$$\tau_u = \frac{\sigma_s}{2}$$

则最大切应力理论的屈服失效准则为

$$\tau_{max} = \tau_u$$

用主应力表示的屈服失效准则为

$$\sigma_1 - \sigma_3 = \sigma_s \tag{8-9}$$

强度条件为

$$\sigma_1 - \sigma_3 \leqslant [\sigma] \tag{8-10}$$

许用应力 $[\sigma]$ 用式（8-3）计算。

第三强度理论适用于钢、铜等塑性材料，试验表明，此理论偏于安全。该理论能满意地解释下述现象：

（1）塑性材料单向拉伸时，45°斜面有 τ_{max}，故滑移线沿 45°方向。

（2）脆性材料轴向压缩时，大致与轴线成 45°方向斜面破坏。

（3）三向均匀受压时，$\tau_{max} = 0$，材料极不容易破坏。

第三强度理论没有考虑 σ_2 的影响，显然是个缺陷。第三强度理论不能解释脆性材料

简单拉伸时，并不在 $\tau_{\max}$ 面上破坏。该理论不能用于三向均匀受拉。

四、均方根切应力理论（形状改变比能理论，第四强度理论）

这一理论认为构件内危险点单元体的均方根切应力是引起构件塑性屈服失效的主要因素，即认为无论构件内的危险点处于何种应力状态，只要构件内危险点处的均方根切应力达到单向拉伸时发生塑性屈服失效的极限均方根切应力值，则构件就会发生塑性屈服失效。

复杂应力状态的均方根切应力在数值上等于单元体的三个主切应力平方和的均值再开方，用 τ_{rms} 表示：

$$\tau_{\mathrm{rms}} = \sqrt{\frac{\tau_{12}^2 + \tau_{23}^2 + \tau_{13}^2}{3}} \tag{8-11}$$

式中，τ_{12}、τ_{23}、τ_{13} 为三个主切应力。它们与主应力的关系为

$$\tau_{12} = \frac{\sigma_1 - \sigma_2}{2}, \quad \tau_{23} = \frac{\sigma_2 - \sigma_3}{2}, \quad \tau_{13} = \frac{\sigma_1 - \sigma_3}{2}$$

用主应力表示的均方根切应力为

$$\tau_{\mathrm{rms}} = \sqrt{\frac{1}{12}[(\sigma_1 - \sigma_2)^2 + (\sigma_2 - \sigma_3)^2 + (\sigma_3 - \sigma_1)^2]}$$

单向拉伸时发生塑性屈服失效的极限均方根切应力 $\tau_{\mathrm{rms}}^{\mathrm{u}}$ 可写为

$$\tau_{\mathrm{rms}}^{\mathrm{u}} = \sqrt{\frac{1}{12}[\sigma_s^2 + (-\sigma_s)^2]} = \sqrt{\frac{1}{6}\sigma_s^2}$$

则均方根切应力理论的屈服失效准则为

$$\tau_{\mathrm{rms}} = \tau_{\mathrm{rms}}^{\mathrm{u}}$$

用主应力表示的均方根切应力理论的屈服失效准则为

$$\sqrt{\frac{1}{2}[(\sigma_1 - \sigma_2)^2 + (\sigma_2 - \sigma_3)^2 + (\sigma_3 - \sigma_1)^2]} = \sigma_s \tag{8-12}$$

强度条件为

$$\sqrt{\frac{1}{2}[(\sigma_1 - \sigma_2)^2 + (\sigma_2 - \sigma_3)^2 + (\sigma_3 - \sigma_1)^2]} \leqslant [\sigma] \tag{8-13}$$

均方根切应力理论也称为第四强度理论。由上可见，第四强度理论的本质仍然是切应力是使构件达到危险状态的决定因素。

第四强度理论也称为形状改变比能理论，表述为无论构件处于何种应力状态，构件发生塑性屈服失效的主要原因是构件内储存的形状改变比能达到同一材料在单向拉伸屈服时的形状改变比能。

复杂应力状态的形状改变比能为

$$v_{\mathrm{d}} = \frac{1 + \mu}{6E}[(\sigma_1 - \sigma_2)^2 + (\sigma_2 - \sigma_3)^2 + (\sigma_3 - \sigma_1)^2]$$

式中，v_{d} 为形状改变比能；E 为材料的弹性模量；μ 为材料的泊松比。

单向拉伸屈服时形状改变比能为

$$v_{ds} = \frac{1 + \mu}{3E}\sigma_s^2$$

形状改变比能理论的屈服失效准则为

$$v_d = v_{ds}$$

用主应力表示的屈服失效准则与式（8-12）相同，强度条件与式（8-13）相同。

在二向应力状态下，试验资料表明，按第四强度理论计算所得的结果，基本上与试验结果相符，它比第三强度理论更接近实际情况。该理论能较充分解释材料三向均匀受压不易破坏的现象。

第四强度理论不能解释脆性材料在简单拉伸时发生脆断的情况；在三向均匀受拉，按此理论材料不会发生失效，这与事实不符。

五、莫尔强度理论

莫尔强度理论并不简单地假设构件的失效是由单一因素（应力、应变、比能）达到极限值而引起的，它是以各种应力状态下构件失效的试验结果为依据而建立的带有一定经验性的强度理论。

库仑于 1773 年提出了该理论的雏形，莫尔进行了发展和完善，1900 年发表了莫尔强度理论，故也称莫尔-库仑强度理论。

莫尔强度理论认为，引起构件发生剪切失效的主要原因是某一截面上的切应力达到了极限值，但也和该截面上的正应力有关。如截面上存在压应力，则与压应力大小有关的材料内摩擦力将阻止截面的滑动；如截面上存在拉应力，则截面将容易滑动。因此，剪切失效不一定发生在切应力最大的截面上。铸铁等脆性材料单向压缩失效时，破坏面的法线与轴线夹角大于 45°，而并非最大切应力所在截面。

在三向应力状态下，如果不考虑中间主应力 σ_2 对构件失效的影响，则一点处的最大切应力可由最大主应力 σ_1 和最小主应力 σ_3 所作的应力圆确定。构件在失效时的应力圆称极限应力圆，根据 σ_1 和 σ_3 的不同比值（如单轴拉伸、单轴压缩、纯剪切，各种不同大小应力比的三轴压缩试验等），可作出一系列极限应力圆，这些应力圆的公共包络线（称为莫尔包络线，如图 8-1 所示）便是构件失效的极限曲线。

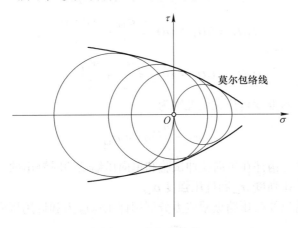

图 8-1 莫尔包络线

　　当构件内某点的主应力已知时，所作的应力圆如在包络线以内，则该点不会失效；所作的应力圆如与包络线相切，则构件发生失效，切点对应于失效面。这就是莫尔强度理论的失效准则。对于不同材料，包络线的形状不同。为方便计算，通常只测定构件的单向拉伸极限应力 σ_{tu} 和单向压缩极限应力 σ_{cu}，并作极限应力圆，用这两个极限应力圆的公切线代替极限曲线，如图 8-2 所示。

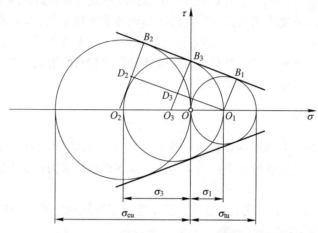

图 8-2　极限应力圆及公切线

　　设构件内有一点达到强度失效，即由 σ_1 和 σ_3 确定的应力圆与极限曲线相切，由几何关系可得

$$\frac{O_3 D_3}{O_2 D_2} = \frac{O_3 O_1}{O_2 O_1}$$

其中

$$O_3 D_3 = O_3 B_3 - O_1 B_1 = \frac{\sigma_1 - \sigma_3}{2} - \frac{\sigma_{tu}}{2}$$

$$O_2 D_2 = O_2 B_2 - O_1 B_1 = \frac{\sigma_{cu}}{2} - \frac{\sigma_{tu}}{2}$$

$$O_3 O_1 = OO_1 + OO_3 = \frac{\sigma_{tu}}{2} - \frac{\sigma_1 + \sigma_3}{2}$$

$$O_2 O_1 = OO_1 + OO_2 = \frac{\sigma_{tu}}{2} + \frac{\sigma_{cu}}{2}$$

于是由应力表示的莫尔强度理论失效准则为

$$\sigma_1 - \frac{\sigma_{tu}}{\sigma_{cu}}\sigma_3 = \sigma_{tu} \tag{8-14}$$

式中，σ_{tu} 和 σ_{cu} 分别为构件在单向拉伸试验和单向压缩试验时测出的材料的极限应力，对于脆性材料，就是抗拉强度 σ_{bt} 和抗压强度 σ_{bc}。

　　将失效准则中的拉伸与压缩极限应力分别用许用拉应力和许用压应力表示：

$$[\sigma_t] = \frac{\sigma_{tu}}{n}, \quad [\sigma_c] = \frac{\sigma_{cu}}{n}$$

得到莫尔强度理论的强度条件为

$$\sigma_1 - \frac{[\sigma_t]}{[\sigma_c]}\sigma_3 \leqslant [\sigma_t] \tag{8-15}$$

分析式（8-15）可见，当 $\sigma_3 = 0$ 时，莫尔强度理论即为最大拉应力理论；当 $\sigma_1 = 0$ 时，即为单向压缩的强度条件；当材料为塑性材料时，$[\sigma_t] = [\sigma_c] = [\sigma]$，即为最大切应力理论。由此可知，莫尔强度理论不仅适用于失效形式为屈服的构件，对于抗拉强度与抗压强度不等的处于复杂应力状态的脆性材料的失效，如铸铁、岩石、混凝土等，该理论与实验结果符合得较好。

六、俞茂宏统一强度理论

强度理论通过研究各向同性材料在复杂应力状态下屈服和断裂的规律，为工程实际提供强度失效准则。历史上的各种强度理论，大多是适用于某一种材料的单一强度理论。建立一种统一的、适用于各种工程材料的强度理论被国内外学者认为是不可能的。统一强度理论是西安交通大学俞茂宏教授从 1961～1991 年经过长达 30 年研究得到的基础创新理论研究成果，也称为俞茂宏统一强度理论。

统一强度理论具有统一的力学模型、统一的数学建模方程和统一的数学表达式，适用于各种不同的材料。统一强度理论是一系列屈服准则和破坏准则的集合，它的系列化极限面覆盖了外凸区域从内边界到外边界的全部范围。

统一强度理论是由双切应力强度理论发展而来的。双切应力强度理论是指以两个较大主切应力之和判断构件失效的强度理论，是由中国学者俞茂宏于 1961 年首次提出。该理论认为，构件的屈服失效不仅与最大主切应力有关，而且还与次大主切应力有关，即构件中的危险点不论是处于单向应力状态还是复杂应力状态，当该点的两个较大主切应力之和达到材料的极限双切应力之和时，构件就发生屈服失效，而极限双切应力之和可由单向拉伸屈服失效实验得出。该理论适用于材料的拉压屈服强度相等的屈服失效，故又称双切应力屈服准则，用式（8-16）表示：

$$\begin{cases} \sigma_1 - \dfrac{\sigma_2 + \sigma_3}{2} = \sigma_s & \left(\sigma_2 \leqslant \dfrac{\sigma_1 + \sigma_3}{2}\right) \\[3mm] \dfrac{\sigma_1 + \sigma_2}{2} - \sigma_3 = \sigma_s & \left(\sigma_2 \geqslant \dfrac{\sigma_1 + \sigma_3}{2}\right) \end{cases} \tag{8-16}$$

为适用于压缩强度大于拉伸强度的材料，俞茂宏于 1985 年提出了改进的双切应力强度理论，用式（8-17）表示：

$$\begin{cases} \sigma_1 - \dfrac{\alpha}{2}(\sigma_2 + \sigma_3) = \sigma_{bt} & \left(\sigma_2 \leqslant \dfrac{\sigma_1 + \alpha\sigma_3}{1 + \alpha}\right) \\[3mm] \dfrac{1}{2}(\sigma_1 + \sigma_2) - \alpha\sigma_3 = \sigma_{bt} & \left(\sigma_2 \geqslant \dfrac{\sigma_1 + \alpha\sigma_3}{1 + \alpha}\right) \end{cases} \tag{8-17}$$

式中，α 为材料的拉压强度比。

$$\alpha = \frac{\sigma_{bt}}{\sigma_{bc}}$$

之后，俞茂宏等又将其逐步发展，形成一个统一的广义双切应力强度理论体系，并于1991年正式称为统一强度理论，用式（8-18）表示：

$$\begin{cases} \sigma_1 - \dfrac{\alpha}{1+b}(b\sigma_2 + \sigma_3) = \sigma_{bt} & \left(\sigma_2 \leqslant \dfrac{\sigma_1 + \alpha\sigma_3}{1+\alpha}\right) \\ \dfrac{1}{1+b}(\sigma_1 + b\sigma_2) - \alpha\sigma_3 = \sigma_{bt} & \left(\sigma_2 \geqslant \dfrac{\sigma_1 + \alpha\sigma_3}{1+\alpha}\right) \end{cases} \quad (8\text{-}18)$$

式中，b 为中间主切应力以及相应面上的正应力对材料失效影响程度的因数，$0 \leqslant b \leqslant 1$。当 $\alpha = 1$ 时，b 与材料剪切屈服强度 τ_s 和屈服强度 σ_s 之间关系为

$$b = \frac{2\tau_s - \sigma_s}{\sigma_s - \tau_s}, \quad \tau_s = \frac{1+b}{2+b}\sigma_s \quad (8\text{-}19)$$

这一强度理论不仅可以解释塑性材料的屈服失效，也可解释材料的拉断失效、剪切失效、压缩失效和各种二轴、三轴失效，适用于金属、混凝土和岩土等各类材料。

式（8-18）中，如 $\alpha = 0$，则为第一强度理论；如 $\alpha = 2\mu$，$b = 1$，则为第二强度理论；如 $\alpha = 1$，$b = 0$，则为第三强度理论；如 $\alpha = 1$，$b = 1/(1 + \sqrt{3})$，则无限逼近第四强度理论；如 $b = 0$，则为莫尔强度理论；如 $\alpha = b = 1$，则为双切应力强度理论。

第三节 强度理论应用

以上介绍的几种强度理论，其强度条件的表达式有着相似的形式。各式的左边是按不同强度理论得出的主应力综合值，右边均为许用应力 $[\sigma]$。因此，可以把它们写成统一的形式，即

$$\sigma_r \leqslant [\sigma] \quad (8\text{-}20)$$

式（8-20）中的 σ_r 是根据不同的强度理论所得到的复杂应力状态下几个主应力的综合值。这种主应力的综合值和以它作为轴向拉伸时的拉应力在安全程度上是相当的，通常称 σ_r 为相当应力。

常用强度理论的相当应力 σ_r 的表达式分别为

$$\begin{cases} \sigma_{r1} = \sigma_1 \\ \sigma_{r2} = \sigma_1 - \mu(\sigma_2 + \sigma_3) \\ \sigma_{r3} = \sigma_1 - \sigma_3 \\ \sigma_{r4} = \sqrt{\dfrac{1}{2}\left[(\sigma_1 - \sigma_2)^2 + (\sigma_2 - \sigma_3)^2 + (\sigma_3 - \sigma_1)^2\right]} \\ \sigma_{rM} = \sigma_1 - \dfrac{[\sigma_t]}{[\sigma_c]}\sigma_3 \\ \sigma_{rYu} = \begin{cases} \sigma_1 - \dfrac{\alpha}{1+b}(b\sigma_2 + \sigma_3) & \left(\sigma_2 \leqslant \dfrac{\sigma_1 + \alpha\sigma_3}{1+\alpha}\right) \\ \dfrac{1}{1+b}(\sigma_1 + b\sigma_2) - \alpha\sigma_3 & \left(\sigma_2 \geqslant \dfrac{\sigma_1 + \alpha\sigma_3}{1+\alpha}\right) \end{cases} \end{cases} \quad (8\text{-}21)$$

根据强度理论可以进行强度计算，包括强度校核、截面尺寸设计和许可载荷确定。通

常按以下步骤进行构件的强度计算：

（1）外力分析。利用静力学平衡方程确定所需的外力值。

（2）内力分析。作内力图，确定可能的危险截面。

（3）应力分析。作危险截面的应力分布图，确定危险点的位置，并作出单元体图，求主应力。

（4）强度计算。选择适当的强度理论，计算相当应力，然后进行强度计算。

理论上讲，应根据构件的失效形式选择强度理论，但通常题目中未给出构件的失效形式，所以强度理论的选用一般遵循以下原则：

（1）脆性材料通常使用第一强度理论或第二强度理论。

（2）塑性材料通常使用第三强度理论或第四强度理论。

（3）三向拉伸应力状态通常使用第一强度理论。

（4）三向压缩应力状态通常使用第三强度理论或第四强度理论。

（5）岩土类材料通常选用莫尔强度理论。

（6）已知 α、b，可选择统一强度理论。

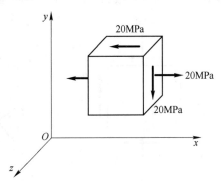

【例题 8-1】 有一铸铁制成的构件，其危险点处的应力状态如图 8-3 所示。材料的许用拉应力 $[\sigma_t]$ = 40MPa，压应力 $[\sigma_c]$ = 120MPa，试校核此构件的强度。

解：计算主应力。

图 8-3　例题 8-1 图

$$\begin{matrix} \sigma_i \\ \sigma_j \end{matrix} = \frac{\sigma_x + \sigma_y}{2} \pm \sqrt{\left(\frac{\sigma_x - \sigma_y}{2}\right)^2 + \tau_{xy}^2} = \frac{20 + 0}{2} \pm \sqrt{\left(\frac{20 - 0}{2}\right)^2 + 20^2} = \begin{matrix} 32.4\text{MPa} \\ -12.4\text{MPa} \end{matrix}$$

$$\sigma_1 = 32.4\text{MPa}, \quad \sigma_2 = 0, \quad \sigma_3 = -12.4\text{MPa}$$

因为铸铁是脆性材料，所以采用第一强度理论校核。

$$\sigma_1 = 32.4\text{MPa} < [\sigma_t] = 40\text{MPa}$$

如果采用莫尔强度理论，有

$$\sigma_{rM} = \sigma_1 - \frac{[\sigma_t]}{[\sigma_c]}\sigma_3 = 32.4 + \frac{40}{120} \times 12.4$$

$$= 36.5\text{MPa} < [\sigma_t] = 40\text{MPa}$$

结论：该构件强度足够。

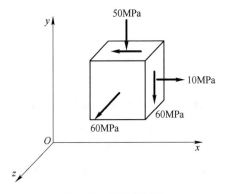

【例题 8-2】 由 Q235 钢材制成的构件中，危险点处的应力状态如图 8-4 所示。已知 Q235 钢的许用应力 $[\sigma]$ = 170MPa，试校核此构件的强度。

解：计算主应力。根据应力状态图，前后表面是一对主平面，因此一个主应力为

$$\sigma_k = 60\text{MPa}$$

图 8-4　例题 8-2 图

求出另外两个主应力。

$$\begin{matrix} \sigma_i \\ \sigma_j \end{matrix} = \frac{\sigma_x + \sigma_y}{2} \pm \sqrt{\left(\frac{\sigma_x - \sigma_y}{2}\right)^2 + \tau_{xy}^2} = \frac{10 - 50}{2} \pm \sqrt{\left(\frac{10 + 50}{2}\right)^2 + 60^2} = \begin{matrix} 47.1\text{MPa} \\ -87.1\text{MPa} \end{matrix}$$

$$\sigma_1 = 60\text{MPa}, \quad \sigma_2 = 47.1\text{MPa}, \quad \sigma_3 = -87.1\text{MPa}$$

Q235 为塑性材料，可采用第三或第四强度理论校核，用第三强度理论。

$$\sigma_{r3} = \sigma_1 - \sigma_3 = 60 - (-87.1) = 147.1\text{MPa} < [\sigma] = 170\text{MPa}$$

结论：根据第三强度理论，该构件安全。因为 $\sigma_{r4} < \sigma_{r3}$，故满足第三强度理论，则第四强度理论必然满足。

【**例题 8-3**】 单元体如图 8-5 （a）所示，材料的泊松比 $\mu = 0.3$，试：（1）求主应力，并在单元体图中表示出主应力及其作用平面。（2）若用第二强度理论进行强度计算，计算其相当应力，并在单元体中表示出相应的危险截面，然后再在应力圆上用一个 D 点来表示这个平面。（3）若用第三强度理论进行强度计算，计算其相当应力并在单元体中表示出相应的危险截面，然后再在应力圆上用一个 E 点来表示这个平面。

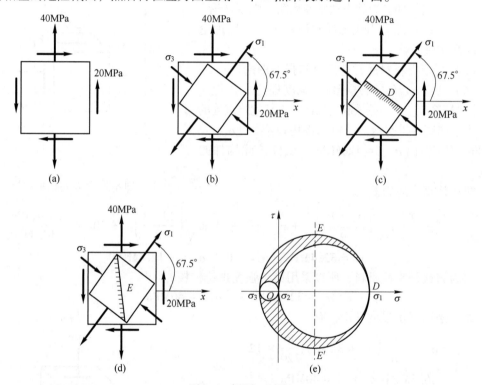

图 8-5　例题 8-3 图

解：（1）求主应力及其作用平面。

$$\begin{matrix} \sigma_i \\ \sigma_j \end{matrix} = \frac{\sigma_x + \sigma_y}{2} \pm \sqrt{\left(\frac{\sigma_x - \sigma_y}{2}\right)^2 + \tau_{xy}^2} = \frac{0 + 40}{2} \pm \sqrt{\left(\frac{0 - 40}{2}\right)^2 + (-20)^2} = \begin{matrix} 48.3\text{MPa} \\ -8.3\text{MPa} \end{matrix}$$

$$\sigma_1 = 48.3\text{MPa}, \quad \sigma_2 = 0, \quad \sigma_3 = -8.3\text{MPa}$$

$$\tan\alpha_1 = \frac{\sigma_x - \sigma_1}{\tau_{xy}} = \frac{0 - 48.3}{-20}, \quad \alpha_1 = 67.5°$$

主单元体如图 8-5 （b）所示。

（2）求 σ_{r2} 并图示相应的危险截面及其在应力圆上的相应点 D。

$$\sigma_{r2} = \sigma_1 - \mu(\sigma_2 + \sigma_3) = 48.3 - 0.3 \times (0 - 8.3) = 50.8\text{MPa}$$

危险截面如图 8-5（c）所示，在应力圆上的相应点 D 如图 8-5（e）所示。

（3）求 σ_{r3} 并图示相应的危险截面及其在应力圆上的相应点 E。

$$\sigma_{r3} = \sigma_1 - \sigma_3 = 48.3 - (-8.3) = 56.6\text{MPa}$$

危险截面如图 8-5（d）所示，在应力圆上的相应点 E 如图 8-5（e）所示。

【例题 8-4】 试按强度理论建立纯剪切应力状态的强度条件，并寻求塑性材料的许用切应力 $[\tau]$ 和许用拉应力 $[\sigma]$ 之间的关系。

解： 纯剪切应力状态是平面应力状态，且三个主应力为

$$\sigma_1 = \tau, \ \sigma_2 = 0, \ \sigma_1 = -\tau$$

（1）按第三强度理论建立强度条件

$$\sigma_{r3} = \sigma_1 - \sigma_3 = 2\tau \leqslant [\sigma]$$

所以，强度条件为

$$\tau \leqslant \frac{[\sigma]}{2}$$

另一方面，剪切的强度条件为

$$\tau \leqslant [\tau]$$

比较以上两式，可得材料许用切应力和许用拉应力之间的关系：

$$[\tau] = 0.5[\sigma]$$

（2）按第四强度理论的强度条件

$$\sigma_{r4} = \sqrt{\frac{1}{2}[\tau^2 + \tau^2 + (-\tau - \tau)^2]} = \sqrt{3}\tau \leqslant [\sigma]$$

同样，剪切强度条件为

$$\tau \leqslant [\tau]$$

比较以上两式，可得材料许用切应力和许用拉应力之间的关系：

$$[\tau] = \frac{[\sigma]}{\sqrt{3}} \approx 0.577[\sigma]$$

故工程中，根据材料特性，常取 $[\tau] = (0.5 \sim 0.6)[\sigma]$。

自 测 题

一、判断题（正确写 T，错误写 F。每题 2 分，共 10 分）

1. 轴向拉伸构件，按常用四个强度理论计算的相当应力均相同。（   ）
2. 第三强度理论和第四强度理论都用于材料的屈服失效形式，第四强度理论计算结果偏于安全，第三强度理论更符合实际。（   ）
3. 莫尔强度理论认为，引起材料发生剪切破坏的主要原因是某一截面上的切应力达到了极限值，但也和该截面上的正应力有关。因此，剪切破坏不一定发生在切应力最大的截面上。（   ）
4. 统一强度理论具有统一的力学模型、统一的数学建模方程和统一的数学表达式，适用于各种不同的材料。（   ）
5. 统一强度理论中，参数 b 为最大主切应力以及相应面上的正应力对材料失效影响程度的因数，取值范围为 $0 \leqslant b \leqslant 1$。（   ）

二、单项选择题（每题 2 分，共 10 分）

1. 若构件内危险点的应力状态为二向等拉应力状态，在 4 个常用强度理论中，除（　　）强度理论以外，利用其他 3 个强度理论得到的相当应力是相等的。

    A. 第一　　　　　　　B. 第二　　　　　　　C. 第三　　　　　　　D. 第四

2. 塑性材料构件的危险点为纯剪切应力状态，其切应力为 τ，许用正应力为 $[\sigma]$，则由第三强度理论可得强度条件为（　　）。

    A. $\tau \leqslant \sqrt{3}[\sigma]/3$　　B. $\tau \leqslant 0.5[\sigma]$　　C. $\tau \leqslant 2[\sigma]$　　D. $\tau \leqslant \sqrt{3}[\sigma]$

3. 已知一点应力状态如图 8-6 所示，其 $\sigma_{r4} = $（　　）。

    A. 80MPa　　　　　　B. 20MPa　　　　　　C. 50MPa　　　　　　D. 72.1MPa

4. 如图 8-7 所示应力状态，若 $\sigma > \tau$，用第三强度理论校核时，其相当应力为（　　）。

    A. $\sigma - \tau$　　　　　　B. 2τ　　　　　　C. $\sigma + \tau$　　　　　　D. $\sigma + 2\tau$

5. 两危险点的应力状态如图 8-8 所示，且 $\sigma = \tau$，用第四强度理论比较其危险程度，正确的是（　　）。

    A. 图（a）所示的应力状态较危险　　　　　　B. 图（b）所示的应力状态较危险

    C. 两者危险程度相同　　　　　　　　　　　　D. 不能判断

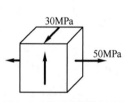 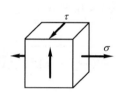 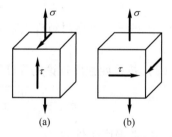

图 8-6　单项选择题 3 图　　　　图 8-7　单项选择题 4 图　　　　图 8-8　单项选择题 5 图

三、填空题（每题 2 分，共 10 分）

1. 对如图 8-9 所示应力状态，当材料为低碳钢时，许用应力为 $[\sigma]$，按第四强度理论进行强度计算时，其强度条件为_____。

2. 设有单元体如图 8-10 所示，已知材料的许用拉应力 $[\sigma_t] = 60$MPa，许用压应力为 $[\sigma_c] = 120$MPa，按莫尔强度理论进行强度校核时，相当应力 σ_{rM} 为_____。

3. 某低碳钢受力构件危险点的应力状态如图 8-11 所示，对其进行强度校核时，应选用_____强度理论。

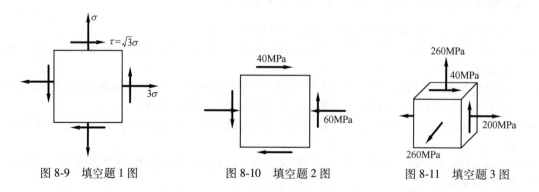

图 8-9　填空题 1 图　　　　　　图 8-10　填空题 2 图　　　　　　图 8-11　填空题 3 图

4. 俞茂宏教授长期从事材料强度理论和结构强度理论研究，他提出的_____强
   度理论是第一个被写入基础力学教科书的由中国人提出的强度理论。

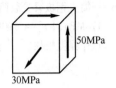

5. 某构件危险点的应力状态如图 8-12 所示，若材料的泊松比 $\mu = 0.3$，则选用最
   大伸长线应变强度理论时，该点的相当应力为 _____。

四、计算题（每题 10 分，共 70 分）

图 8-12　填空题 5 图

1. 从构件中取出的单元体，受力如图 8-13 所示，试：（1）求主应力和最大切应
   力。（2）若材料的 $[\sigma] = 245$MPa，分别用第三强度理论和第四强度理论校核强度。

2. 某铸铁构件危险点处单元体的应力情况如图 8-14 所示，已知铸铁的许用拉应力 $[\sigma] = 40$MPa，试校
   核其强度。（图中应力单位为 MPa。）

3. 低碳钢构件危险点处的单元体如图 8-15 所示，已知 $\tau_\alpha = 20$MPa，$\sigma_x + \sigma_y = 100$MPa，材料的许用应力
   $[\sigma] = 120$MPa，$\alpha = 45°$，试分别用第三和第四强度理论校核危险点的强度。

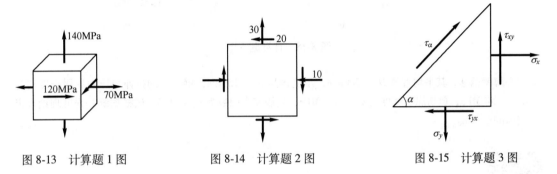

图 8-13　计算题 1 图　　　　　　　图 8-14　计算题 2 图　　　　　　　图 8-15　计算题 3 图

4. 炮筒横截面如图 8-16 所示，已知危险点处（图中 A 点）的应力 $\sigma_t = 550$MPa，$\sigma_r = -350$MPa，轴向拉
   应力（垂直于左图图面）$\sigma_x = 420$MPa。材料的 $\sigma_s = 1400$MPa，试按第三、第四强度理论计算其工作
   安全因数。

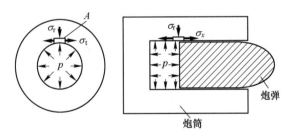

图 8-16　计算题 4 图

5. 如图 8-17 所示铸铁构件的中段为一薄壁圆筒，圆筒的平均直径 $D = 200$mm、壁厚 $\delta = 10$mm，圆筒内
   的压力 $p = 4$MPa，两端的轴向压力 $F = 200$kN，材料的泊松比 $\mu = 0.25$，材料的许用拉应力 $[\sigma_t] =$
   45MPa，许用压应力 $[\sigma_c] = 180$MPa，试用第二强度理论和莫尔强度理论校核圆筒部分的强度。

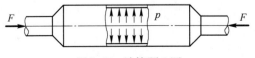

图 8-17　计算题 5 图

6. 一简支钢板梁受载荷如图 8-18（a）所示，它的截面尺寸见图 8-18（b）。已知钢材的许用应力 $[\sigma]$ = 170MPa，$[\tau]$ = 100MPa，试校核梁内的正应力强度和切应力强度，并按第四强度理论对截面上的 a 点作强度校核。

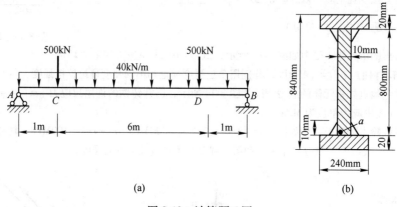

(a)   (b)

图 8-18　计算题 6 图

7. 空心薄壁钢球，其平均直径 D = 200mm，承受内压 p = 15MPa，钢材料的拉伸与压缩屈服强度均为 σ_s = 240MPa，剪切屈服强度为 τ_s = 144MPa，屈服安全因数为 n_s = 1.5，试根据统一强度理论确定钢球的壁厚 δ。

扫描二维码获取本章自测题参考答案

第九章 组合变形

+·+

【本章知识框架结构图】

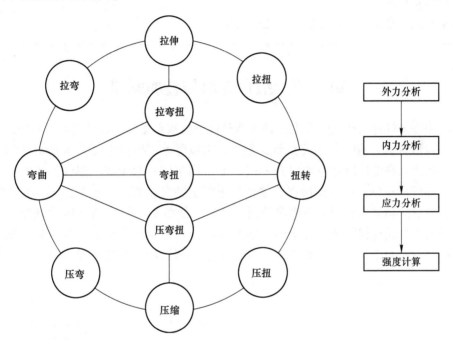

【知识导引】

前面各章分别讨论了杆件在轴向拉伸与压缩、剪切、圆轴扭转、平面弯曲等基本变形的强度和刚度计算。工程中许多杆件的受力形式比较复杂，往往同时发生两种或两种以上的基本变形，如果其中一种变形是主要的，其他变形所引起的应力（或变形）很小，可以忽略，则构件可以按基本变形理论进行计算，如果几种变形所对应的应力（或变形）属于同一数量级，则杆件的变形称为组合变形。

【本章学习目标】

知识目标：

理解组合变形的概念及其分析方法；掌握组合变形构件的内力分析、应力分析和强度计算方法。

能力目标：

根据工程实际构件建立组合变形的力学模型，正确判断组合变形的类型。能够正确判断危险截面和危险点的位置，根据危险点的应力状态选择强度理论进行组合变形构件的强度计算。

育人目标：

培养学生认真负责、踏实敬业的工作态度和严谨求实、一丝不苟的工作作风。培养学生勤于思考，理论联系实际，综合运用知识的能力和严谨务实的态度。

【本章重点及难点】

本章重点：分析组合变形构件强度问题的步骤，斜弯曲、拉伸弯曲组合变形、弯扭组合变形的强度计算。

本章难点：危险截面、危险点位置的确定。

第一节 组合变形与叠加原理

工程中许多杆件往往同时发生两种或两种以上的基本变形，如果其中一种变形是主要的，其他变形所引起的应力（或变形）很小，可以忽略，则构件可以按基本变形理论进行计算，如果几种变形所对应的应力（或变形）属于同一数量级，则杆件的变形称为组合变形。如图9-1（a）所示烟囱在自重作用下发生轴向压缩，在水平方向风载作用下引起弯曲，故发生轴向压缩与平面弯曲的组合变形。如图9-1（b）所示传动轴在齿轮啮合力作用下发生弯曲与扭转的组合变形。如图9-1（c）所示吊车梁立柱发生偏心压缩，实际为压缩与弯曲的组合变形。如图9-1（d）所示小型钻床立柱的变形为拉伸与弯曲的组合变形。

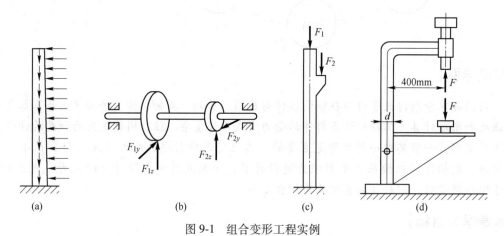

图 9-1 组合变形工程实例

组合变形分析方法是先简化，后叠加。简化是指载荷的简化和分解，把构件上的外力转化成几组静力等效载荷，其中每一组载荷对应着一种基本变形。然后分别计算每一基本变形各自引起的内力、应力、应变和位移，再将所得结果叠加。

叠加法是建立在叠加原理基础上的。所谓叠加原理是指构件在组合变形下的内力、应力、位移和变形等于每一种基本变形各自引起的内力、应力、位移和变形的叠加。叠加原理的使用条件是构件的内力、应力、位移和变形与外力成线性关系，即材料服从胡克定律。

组合变形的解题步骤如下：

（1）外力分析：外力向形心简化并沿坐标轴分解。

（2）内力分析：求每个外力分量对应的内力并作内力图，确定危险截面（综合内力比较大的截面）。

（3）应力分析：作危险截面的应力分布图，应力叠加，确定危险点并分析危险点的应力状态，求主应力。

（4）强度计算：根据应力状态和材料属性选择强度理论，求相当应力，建立危险点的强度条件，进行强度计算（强度校核、截面尺寸设计、确定许可载荷）。

第二节　斜　弯　曲

第六章中研究的平面弯曲是指梁的弯曲平面与外力作用平面相重合，或者说梁的挠曲线是形心主惯性平面内的一条平面曲线。当梁的弯曲平面不与外力作用平面相重合时，这种弯曲称为斜弯曲，或者说梁的挠曲线不在外力作用平面内的弯曲称为斜弯曲。

如图 9-2（a）所示矩形截面悬臂梁，在自由端受一集中力 F，F 通过截面的形心 A，垂直梁的轴线 x，但并不作用在形心主轴平面内（xy 平面或 xz 平面），而与形心主轴 z 有一个夹角 φ。此时梁发生斜弯曲。

一、外力分析

为了利用基本变形的应力计算公式，必须将外力 F 向两个形心主惯性平面分解，即

$$F_y = F\sin\varphi, \quad F_z = F\cos\varphi$$

显然，F_y 产生 xy 平面内的平面弯曲，F_z 产生 xz 平面内的平面弯曲，故为两个平面弯曲的组合，即斜弯曲。

二、内力分析

将力 F 分解后，任意截面（x 截面）上的内力有弯矩 M_z（xy 平面内的弯矩，中性轴为 z 轴）和 M_y（xz 平面内的弯矩，中性轴为 y 轴），由于剪力 F_S 引起的切应力较小，且在弯矩引起的最大正应力处为零，因此在组合变形中一般不考虑剪力 F_S 引起的切应力。弯曲内力为

$$M_y = F_z(x - l), \quad M_z = F_y(x - l)$$

作出两个平面内的弯矩图，如图 9-2（b）和图 9-2（c）所示。显然固定端截面上两个弯矩均为最大。

$$|M_{ymax}| = F_z l = Fl\cos\varphi, \quad |M_{zmax}| = F_y l = Fl\sin\varphi$$

所以危险截面在固定端处。

三、应力分析

根据平面弯曲理论，危险截面上的应力分布如图 9-2（d）和图 9-2（e）所示，危险

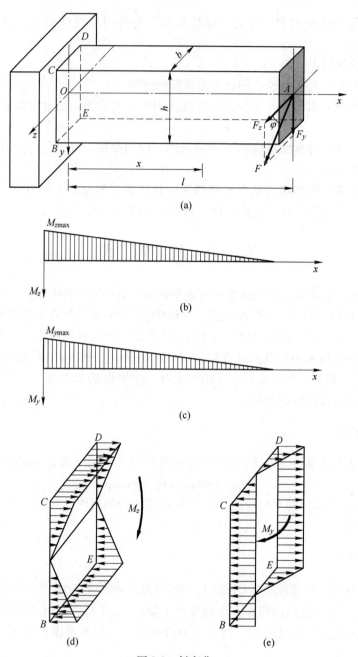

图 9-2　斜弯曲

截面上任意一点（y，z）由 $|M_{z\max}|$ 引起的正应力为

$$\sigma_{M_z} = -\frac{|M_{z\max}|y}{I_z}$$

式中，I_z 为截面对中性轴 z 的惯性矩；y 为所求点到中性轴 z 的距离。由 $|M_{y\max}|$ 引起的正应力为

$$\sigma_{M_y} = -\frac{|M_{y\max}|z}{I_y}$$

式中，I_y 为截面对中性轴 y 的惯性矩；z 为所求点到中性轴 y 的距离。以上两个正应力为同一方向，故可进行代数叠加。

$$\sigma = -\frac{|M_{zmax}|y}{I_z} - \frac{|M_{ymax}|z}{I_y} = -\frac{Fly\sin\varphi}{I_z} - \frac{Flz\cos\varphi}{I_y} \tag{9-1}$$

式（9-1）为斜弯曲时危险截面上任一点的正应力计算公式，正应力的正负号常根据弯矩引起的变形情况确定。根据图 9-2（d）和图 9-2（e），危险截面上 D 点拉应力最大，B 点压应力最大，所以 B、D 为危险点，其正应力如下：

$$\sigma_{tmax} = \sigma_D = \frac{|M_{zmax}|}{W_z} + \frac{|M_{ymax}|}{W_y}$$

$$\sigma_{cmax} = \sigma_B = -\frac{|M_{zmax}|}{W_z} - \frac{|M_{ymax}|}{W_y}$$

四、强度条件

因为最大拉应力与最大压应力绝对值相等，且危险点为单向应力状态，因此强度条件为

$$\sigma_{max} = \frac{|M_{zmax}|}{W_z} + \frac{|M_{ymax}|}{W_y} \leq [\sigma] \tag{9-2}$$

根据强度条件，可以进行强度校核、截面尺寸设计和许可载荷确定三种类型的强度计算。

五、中性轴位置

对于斜弯曲，中性轴不再是对称轴，因此应确定中性轴的位置。因为中性轴上的应力等于零，令式（9-1）中应力 σ 等于零，则有

$$\frac{y\sin\varphi}{I_z} + \frac{z\cos\varphi}{I_y} = 0 \tag{9-3}$$

式（9-3）为中性轴方程，该式表明中性轴是一条通过截面形心的直线。令中性轴上任意一点的坐标为（y_0，z_0）（见图 9-3），中性轴与 z 轴的夹角为 α，根据式（9-3），可确定中性轴的方位。

$$\tan\alpha = \left|\frac{y_0}{z_0}\right| = \frac{I_z}{I_y}\cot\varphi \tag{9-4}$$

从式（9-4）和图 9-3 可以看出，$\alpha+\varphi\neq90°$，即在斜弯曲时，外力与中性轴一般不垂直，即中性轴不与外力作用面垂直。只有当 $I_y=I_z$ 时，如圆形截面和正方形截面等，中性轴才与外力垂直，这时不会发生斜弯曲。中性轴位置确定后，即可确定危险点的位置。在中性轴两侧，距中性轴最远的点为最大拉应力和最大压应力的点。

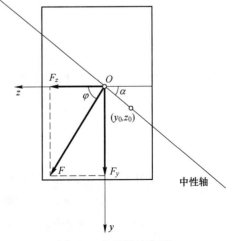

图 9-3 中性轴的位置

六、变形计算

由于斜弯曲是两个互相垂直平面内的平面弯曲的组合，计算梁的挠度时，应分别计算梁在 xy 平面和 xz 平面内平面弯曲下自由端处的挠度 w_y 和 w_z，然后进行几何叠加。

xy 平面内的挠度为

$$w_y = \frac{F_y l^3}{3EI_z} = \frac{F\sin\varphi l^3}{3EI_z}$$

xz 平面内的挠度为

$$w_z = \frac{F_z l^3}{3EI_y} = \frac{F\cos\varphi l^3}{3EI_y}$$

自由端 A 点的总挠度 w 是上述两个挠度的几何和，即

$$w = \sqrt{w_y^2 + w_z^2}$$

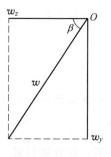

为确定总挠度的方位，设总挠度与 z 轴的夹角为 β，如图 9-4 所示。将 y 轴方向的挠度除以 z 轴方向的挠度，即可得

$$\tan\beta = \frac{w_y}{w_z} = \frac{I_y}{I_z}\tan\varphi \qquad (9-5)$$

由此可见，$\varphi \neq \beta$，即在斜弯曲时，挠曲线与外力不在同一平面内。当 $\varphi = \beta$ 时，在同一平面内，此时为平面弯曲。

比较式（9-4）和式（9-5），可见 $\alpha + \beta = 90°$，即斜弯曲时，总挠度 w 发生在垂直于中性轴的平面内。

斜弯曲时的刚度条件为

$$|w|_{\max} \leqslant [w]$$

图 9-4   斜弯曲的挠度

【例题 9-1】如图 9-5 所示跨度为 $l = 3\mathrm{m}$ 的矩形截面木檩条，受均布载荷 $q = 800\mathrm{N/m}$ 作用，木檩条的许用应力 $[\sigma] = 12\mathrm{MPa}$，许用挠度 $[w] \leqslant l/200$，材料的弹性模量 $E = 9000\mathrm{MPa}$，试按强度条件选择木檩条的截面尺寸（截面的高宽比为 3/2），并作刚度校核。

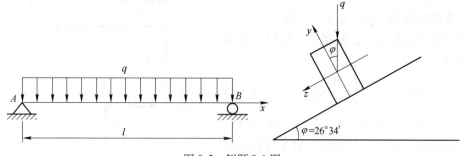

图 9-5   例题 9-1 图

解：先将 q 分解为 y 方向和 z 方向的载荷。

$$q_y = q\cos\varphi = 800 \times \cos 26°34' = 716.8\mathrm{N/m}$$

$$q_z = q\sin\varphi = 800 \times \sin 26°34' = 355.2\mathrm{N/m}$$

求 xy 平面和 xz 平面内的最大弯矩。

$$M_{z\max} = \frac{q_y l^2}{8} = \frac{716.8 \times 3^2}{8} = 806.4 \text{N} \cdot \text{m}$$

$$M_{y\max} = \frac{q_z l^2}{8} = \frac{355.2 \times 3^2}{8} = 399.6 \text{N} \cdot \text{m}$$

设截面的宽度为 b，高度为 $h = 1.5b$。根据强度条件进行截面尺寸设计。

$$\sigma_{\max} = \frac{M_{z\max}}{W_z} + \frac{M_{y\max}}{W_y} = \frac{806.4}{bh^2/6} + \frac{399.6}{hb^2/6} \leqslant [\sigma] = 12 \times 10^6$$

解得

$$b = 5.44 \times 10^{-2} \text{m}$$

$$h = 1.5 \times 5.44 \times 10^{-2} = 8.16 \times 10^{-2} \text{m}$$

取 $b = 60\text{mm}$，$h = 90\text{mm}$。进行刚度校核。

$$I_z = \frac{bh^3}{12} = \frac{0.06 \times 0.09^3}{12} = 364.5 \times 10^{-8} \text{m}^4$$

$$I_y = \frac{hb^3}{12} = \frac{0.09 \times 0.06^3}{12} = 162 \times 10^{-8} \text{m}^4$$

$$w_{y\max} = \frac{5 q_y l^4}{384 E I_z} = \frac{5 \times 716.8 \times 3^4}{384 \times 9 \times 10^9 \times 364.5 \times 10^{-8}} = 0.023\text{m} = 23\text{mm}$$

$$w_{z\max} = \frac{5 q_z l^4}{384 E I_y} = \frac{5 \times 355.2 \times 3^4}{384 \times 9 \times 10^9 \times 162 \times 10^{-8}} = 0.026\text{m} = 26\text{mm}$$

梁跨中的总挠度为

$$w_{\max} = \sqrt{w_{y\max}^2 + w_{z\max}^2} = \sqrt{23^2 + 26^2} = 34.7\text{mm}$$

$$w_{\max} = 34.7\text{mm} > [w] = \frac{l}{200} = 15\text{mm}$$

刚度条件不满足，必须增大截面尺寸，然后再校核刚度。

第三节　拉伸（压缩）与弯曲

一、杆件同时受横向力和轴向力作用

如图9-6（a）所示矩形截面杆，受外力 F 作用，下面分析其强度条件。

（一）外力分析

将力 F 沿轴向和横向分解，得

$$F_x = F\sin\alpha, \quad F_y = F\cos\alpha$$

即杆件同时受轴向力和横向力作用，为拉伸与弯曲的组合变形。

（二）内力分析

在组合变形强度分析时，剪力 F_S 引起的切应力很小，一般可忽略不计。作出轴力图和弯矩图，如图9-6（b）和图9-6（c）所示，由图可见，危险截面在固定端 O 处。此截面上轴力 $F_N = F\sin\alpha$，最大弯矩为 $M_{\max} = Fl\cos\alpha$。

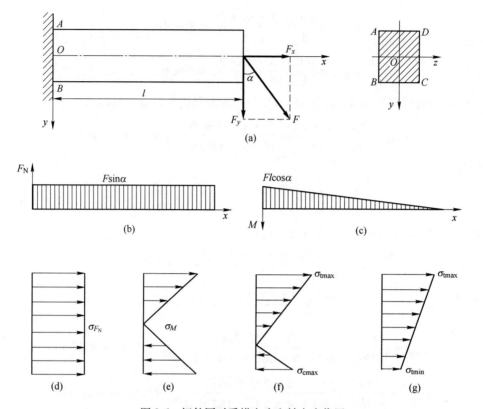

图 9-6　杆件同时受横向力和轴向力作用

（三）应力分析

作出危险截面上分别由轴力 F_N 引起的正应力和由弯矩 M_{max} 引起的正应力分布图，如图 9-6（d）和图 9-6（e）所示。叠加后有两种可能的情形，如图 9-6（f）和图 9-6（g）所示。

以图 9-6（f）所示情形计算危险截面上任意一点的正应力。

由轴力 F_N 引起的正应力为

$$\sigma_{F_N} = \frac{F_N}{A}$$

式中，A 为截面面积。由弯矩 M_{max} 引起的正应力为

$$\sigma_M = \frac{M_{max}y}{I_z}$$

由于应力方向相同，故可直接代数叠加，叠加后的应力为

$$\sigma = \frac{F_N}{A} - \frac{M_{max}y}{I_z} = \frac{F\sin\alpha}{A} - \frac{Fl\cos\alpha}{I_z}y$$

令上式等于零，可得到中性轴的方程为

$$y = \frac{I_z\tan\alpha}{Al}$$

（四）强度条件

AD 边上各点有最大拉应力，拉伸强度条件为

$$\sigma_{tmax} = \frac{F_N}{A} + \frac{M_{max}}{W_z} \leqslant [\sigma_t] \tag{9-6}$$

BC 边上各点有最大压应力，压缩强度条件为

$$\sigma_{cmax} = \left| \frac{F_N}{A} - \frac{M_{max}}{W_z} \right| \leqslant [\sigma_c] \tag{9-7}$$

二、偏心拉伸（压缩）

当外力作用线平行于杆轴线，但不通过横截面形心，杆件引起的变形为偏心拉伸或偏心压缩。设一矩形截面杆，如图 9-7（a）所示，在其顶端作用一偏心力 F，该力作用点 B 到截面形心 C 的距离 e 称为偏心矩。

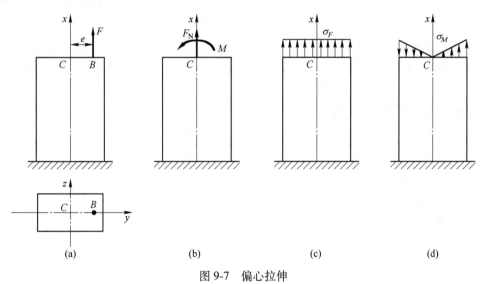

图 9-7　偏心拉伸

（一）外力分析

为了分析杆件的受力，将偏心力 F 平移到轴线 x 上，根据力线平移定理，得到与轴线 x 重合的力 F 和力偶矩为 $M = Fe$ 的力偶，如图 9-7（b）所示。因此杆件将产生拉伸与弯曲的组合变形。

（二）内力分析

由截面法可知，各截面上的轴力均为 $F_N = F$，弯矩均为 $M = Fe$。因此任一截面均可能是危险截面。

（三）应力分析

作出危险截面上分别由轴力 F_N 引起的正应力和由弯矩 M 引起的正应力分布图，如图 9-7（c）和图 9-7（d）所示。叠加后有三种可能的情形，如图 9-8（a）~图 9-8（c）所示。

以图 9-8（c）所示情形计算危险截面上任意一点的正应力。

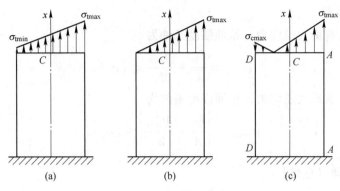

图 9-8 偏心拉伸应力分布

由轴力 F_N 引起的正应力为

$$\sigma_{F_N} = \frac{F_N}{A}$$

由弯矩 M 引起的正应力为

$$\sigma_M = \frac{My}{I_z}$$

叠加上述两个正应力，得

$$\sigma = \frac{F_N}{A} + \frac{My}{I_z} = \frac{F}{A} + \frac{Fe}{I_z}y$$

（四）强度条件

构件右侧表面 AA 上有最大拉应力，强度条件为

$$\sigma_{tmax} = \frac{F}{A} + \frac{Fe}{W_z} \leqslant [\sigma_t] \tag{9-8}$$

构件左侧表面 DD 上有最大压应力，强度条件为

$$\sigma_{cmax} = \left| \frac{F}{A} - \frac{Fe}{W_z} \right| \leqslant [\sigma_c] \tag{9-9}$$

当力 F 方向相反时，为偏心压缩，即压缩与弯曲的组合变形，分析方法同上，应力分布如图 9-9 所示。

以图 9-9（d）所示情形计算危险截面上任意一点的正应力。

$$\sigma = -\frac{F}{A} - \frac{Fe}{I_z}y$$

强度条件为

$$\sigma_{tmax} = -\frac{F}{A} + \frac{Fe}{W_z} \leqslant [\sigma_t] \tag{9-10}$$

$$\sigma_{cmax} = \left| -\frac{F}{A} - \frac{Fe}{W_z} \right| \leqslant [\sigma_c] \tag{9-11}$$

以上讨论的偏心拉伸或压缩是偏心力作用点位于杆件横截面某一条对称轴（y 轴）上的情形，称为单向偏心拉伸（压缩）。更一般的情况是偏心力作用点不在横截面对称轴

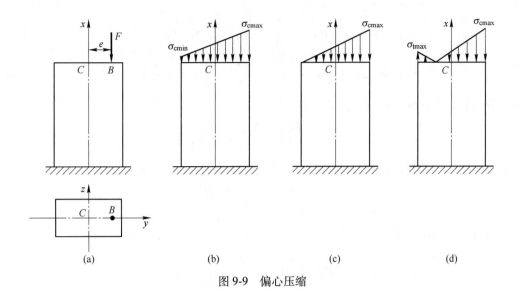

图 9-9　偏心压缩

上，如图 9-10 所示，此时称为双向偏心压缩（拉伸）。

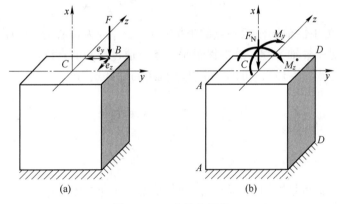

图 9-10　双向偏心压缩

将偏心力 F 向形心 C 平移后，得到 3 个内力分量，即轴力 F_N、弯矩 M_y、弯矩 M_z，于是截面上任意一点的应力为

$$\sigma = \frac{F_N}{A} - \frac{M_z y}{I_z} - \frac{M_y z}{I_y}$$

由于

$$F_N = -F$$
$$M_z = Fe_y$$
$$M_y = Fe_z$$

故有

$$\sigma = -\frac{F}{A} - \frac{Fe_y y}{I_z} - \frac{Fe_z z}{I_y} \tag{9-12}$$

最大拉应力在 AA 棱上各点，最大压应力在 DD 棱上各点，强度条件为

$$\sigma_{tmax} = \sigma_A = -\frac{F}{A} + \frac{M_z}{W_z} + \frac{M_y}{W_y} \leq [\sigma_t] \tag{9-13}$$

$$\sigma_{cmax} = |\sigma_D| = \left| -\frac{F}{A} - \frac{M_z}{W_z} - \frac{M_y}{W_y} \right| \leq [\sigma_c] \tag{9-14}$$

下面确定中性轴的位置。由式（9-12）得

$$\sigma = -\frac{F}{A}\left(1 + \frac{Ae_z z}{I_y} + \frac{Ae_y y}{I_z}\right)$$

根据平面图形的几何性质，惯性矩除以面积的开方为惯性半径，则有

$$i_y = \sqrt{\frac{I_y}{A}}, \quad i_z = \sqrt{\frac{I_z}{A}}$$

代入应力表达式中，有

$$\sigma = -\frac{F}{A}\left(1 + \frac{e_z z}{i_y^2} + \frac{e_y y}{i_z^2}\right)$$

令 $\sigma = 0$，得中性轴方程

$$1 + \frac{e_z z_0}{i_y^2} + \frac{e_y y_0}{i_z^2} = 0 \tag{9-15}$$

式中，(y_0, z_0) 为中性轴上任意一点的坐标；(e_y, e_z) 为偏心力 F 的作用点位置坐标。因为形心不能满足中性轴方程，故中性轴是一条不通过形心的直线。

根据中性轴方程（9-15），可确定中性轴截距的计算式为

$$\begin{cases} a_z = z_0 = -\dfrac{i_y^2}{e_z} & (y_0 = 0) \\ a_y = y_0 = -\dfrac{i_z^2}{e_y} & (z_0 = 0) \end{cases} \tag{9-16}$$

截距与偏心距正负号恒相反，故中性轴与偏心压力 F 的作用点 B (e_y, e_z) 分别位于截面形心 C（坐标原点）的两侧，如图9-11（a）所示，且中性轴的位置随偏心压力 F 的作用点位置 B (e_y, e_z) 的改变而变化。偏心矩越小，则中性轴截距越大，即中性轴距形心 C 越远。显然，当中性轴与截面的周界相切或截到截面以外时，如图9-11（b）所示，整个截面上只有压应力而不出现拉应力。

对于砖、石、混凝土等建筑材料，其抗压能力较强，而抗拉能力很差。当这类构件承受偏心压力 F 时，为避免截面上出现拉应力，该偏心压力 F 的作用位置必须受到限制。当偏心压力 F 作用在截面的某个范围内时，中性轴将位于截面以外或与截面周边相切，此时截面上只产生压应力，通常把偏心压力在截面上的这个作用范围称为截面核心。

由截面核心的定义可知，当偏心压力的作用点在截面核心的周界上移动时，相应的中性轴也随之改变，但总是与截面的周边相切。利用中性轴与截面周边相切的这种特定位置反过来求偏心压力作用点的位置，从而可确定截面核心的周界。

截面核心的确定方法如下：

（1）首先选择截面的形心主轴 Cy 和 Cz 为坐标轴。

（2）选择一组中性轴与截面的周边相切，并分别求出每一中性轴在 Cy 和 Cz 两个坐

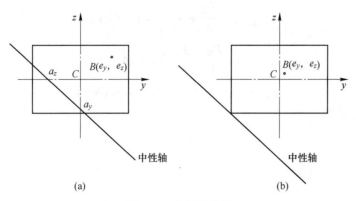

图 9-11　中性轴截距

标轴上的截矩 a_{yi}、a_{zi}。

（3）将 a_{yi}、a_{zi} 分别代入式（9-16），求出与之对应的偏心压力 F 作用点坐标（e_{yi}，e_{zi}）。

（4）连接这一组偏心压力 F 作用点就得到在截面形心附近的一个闭合区域，即截面核心。

圆形截面和矩形截面的截面核心如图 9-12 所示。

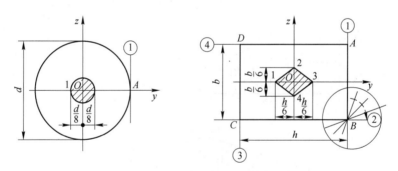

图 9-12　圆形截面和矩形截面的截面核心

【例题 9-2】 如图 9-13（a）所示简易悬臂吊车，$F = 15\mathrm{kN}$，$a = 30°$，$[\sigma] = 100\mathrm{MPa}$，$AB$ 为 No. 25a 工字钢，试校核 AB 的强度。

解：以 AB 为研究对象，受力如图 9-13（b）所示。

$$\sum M_A = 0, \quad -4F + 2F_C\sin\alpha = 0, \quad F_C = 60\mathrm{kN}$$

$$\sum F_x = 0, \quad F_{Ax} - F_C\cos\alpha = 0, \quad F_{Ax} = 30\sqrt{3}\,\mathrm{kN} \approx 52\mathrm{kN}$$

$$\sum F_y = 0, \quad -F_{Ay} + F_C\sin\alpha - F = 0, \quad F_{Ay} = 15\mathrm{kN}$$

作轴力图和弯矩图，如图 9-13（c）和图 9-13（d）所示，由图可见，危险截面在 C 截面左侧，轴力为 $F_N = 52\mathrm{kN}$，最大弯矩为 $M_{\max} = 30\mathrm{kN \cdot m}$。

查型钢表得 No. 25a 工字钢的面积为 $A = 4854\mathrm{mm}^2$，抗弯截面模量为 $W_z = 402\mathrm{cm}^3$。根据强度条件求最大拉应力和最大压应力。

$$\sigma_{\text{tmax}} = -\frac{F_N}{A} + \frac{M_{\text{max}}}{W_z} = 63.9\text{MPa}$$

$$\sigma_{\text{cmax}} = -\frac{F_N}{A} - \frac{M_{\text{max}}}{W_z} = -85.3\text{MPa}$$

$$|\sigma_{\text{max}}| = 85.3\text{MPa} < [\sigma] = 100\text{MPa}$$

结论：强度足够。

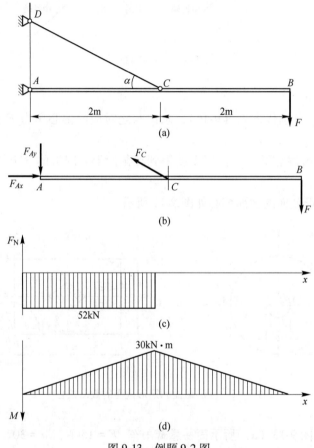

图 9-13　例题 9-2 图

【**例题 9-3**】 材料为灰铸铁 HT15-33 的压力机框架如图 9-14 所示。已知材料的许用拉应力为 $[\sigma_t] = 60\text{MPa}$，许用压应力为 $[\sigma_c] = 120\text{MPa}$，试校核该框架立柱的强度。（图中未注尺寸单位为 mm。）

解：求 *m-m* 截面面积和中性轴的位置。

$$A = 100 \times 20 + 50 \times 20 + 60 \times 20 = 4200\ \text{mm}^2$$

$$z_2 = \frac{100 \times 20 \times 10 + 50 \times 20 \times 90 + 60 \times 20 \times 50}{4200} = 40.5\text{mm}$$

$$z_1 = 100 - 40.5 = 59.5\text{mm}$$

截面对 *y* 轴的惯性矩为

$$I_y = \frac{100 \times 20^3}{12} + 100 \times 20 \times 30.5^2 + \frac{20 \times 60^3}{12} + 60 \times 20 \times 9.5^2 +$$

$$\frac{50 \times 20^3}{12} + 50 \times 20 \times 49.5^2 = 4.88 \times 10^{-6} \mathrm{m}^4$$

求 $m\text{-}m$ 截面上的内力。轴力为 $F_N = F = 24\mathrm{kN}$（拉力），弯矩为 $M = 24\mathrm{kN} \times 240.5\mathrm{mm} = 5772\mathrm{N \cdot m}$。

最大应力及强度计算：

$$\sigma_{\mathrm{tmax}} = \frac{Mz_2}{I_y} + \frac{F_N}{A} = \frac{5772 \times 40.5 \times 10^{-3}}{4.88 \times 10^{-6}} + \frac{24000}{4200 \times 10^{-6}} = 53.6\mathrm{MPa} < [\sigma_t] = 60\mathrm{MPa}$$

$$\sigma_{\mathrm{cmax}} = \left| -\frac{Mz_1}{I_y} + \frac{F_N}{A} \right| = \left| -\frac{5772 \times 59.5 \times 10^{-3}}{4.88 \times 10^{-6}} + \frac{24000}{4200 \times 10^{-6}} \right| = 64.7\mathrm{MPa} < [\sigma_c] = 120\mathrm{MPa}$$

结论：安全。

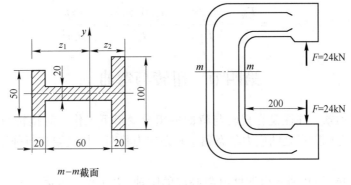

图 9-14 例题 9-3 图

【例题 9-4】设外力 F 与杆件的轴线平行，试求如图 9-15 所示杆件横截面上的最大拉应力和最大压应力。

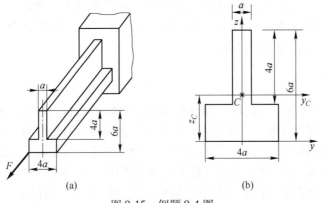

图 9-15 例题 9-4 图

解：轴向外力 F 未通过横截面形心，故杆件为偏心拉伸。先确定横截面形心的位置并求形心主惯性矩。

横截面的形心 C 必位于对称轴 z 上，只需计算形心 C 距参考轴 y 的距离 z_C，如图 9-15(b) 所示。

$$z_C = \frac{(4a \times a)(2a + 2a) + (2a \times 4a)a}{(4a \times a) + (2a \times 4a)} = 2a$$

形心主惯性矩为

$$I_{y_C} = \left[\frac{a(4a)^3}{12} + (a \times 4a) \times (2a)^2 \right] + \left[\frac{4a(2a)^3}{12} + (4a \times 2a) \times a^2 \right] = 32a^4$$

$$I_z = \frac{4a(a)^3}{12} + \frac{2a(4a)^3}{12} = 11a^4$$

计算横截面上的内力。将力 F 向形心 C 简化，可得杆的内力分别为 $F_N = F$，$M_{y_C} = 2Fa$，$M_z = 2Fa$。

确定最大拉应力和最大压应力。

$$\sigma_{tmax} = \frac{F_N}{A} + \frac{M_{y_C} 2a}{I_{y_C}} + \frac{M_z 2a}{I_z} = \frac{151F}{264a^2}$$

$$\sigma_{cmax} = \frac{F_N}{A} - \frac{M_{y_C} 4a}{I_{y_C}} - \frac{M_z(0.5a)}{I_z} = -\frac{17F}{66a^2}$$

第四节　扭转与弯曲

工程中的传动轴，往往是在扭转与弯曲的组合变形下工作。对扭转与弯曲的组合变形，在危险截面上危险点处的应力状态属于复杂应力状态，因此要进行强度计算，必须采用强度理论。

现以如图 9-16（a）所示由塑性材料制成的圆轴 AB 为例，说明弯曲与扭转组合变形时的强度计算方法。

一、外力分析

外力分析的主要任务是使每一种外力只产生一种基本变形，通常用力线平移定理和力的分解理论。因为图 9-16（a）中力 F 使 AB 产生平面弯曲，力偶矩 M_e 使 AB 产生扭转，于是 AB 轴为弯曲与扭转的组合变形。

二、内力分析

内力分析的主要任务是通过内力图确定危险截面的位置，在弯曲与扭转的组合变形中，通常有弯矩、扭矩和剪力三种内力，弯矩引起正应力，扭矩和剪力引起切应力，但剪力引起的切应力与扭矩引起的切应力相比很小，所以在弯曲与扭转的组合变形中，只考虑弯矩和扭矩。作出 AB 轴的扭矩图和弯矩图，如图 9-16（b）和图 9-16（c）所示。由扭矩图和弯矩图可判断出固定端截面 A 是危险截面。危险截面 A 上的扭矩为 $T = M_e$，弯矩为 $M_{max} = Fl$。

三、应力分析

应力分析的主要任务是分析危险截面上的应力分布规律，确定危险点的位置。在危险截面 A 上，弯矩产生的弯曲正应力呈线性分布，离中性轴 z 最远的 a、b 两点分别具有最大拉应力和最大压应力，如图 9-16（d）所示。扭矩产生的切应力呈线性分布，在截面的周边上各点具有最大切应力。a、b 两点同时具有最大弯曲正应力和最大扭转切应力，因而是危险点。其最大弯曲正应力 σ 和最大扭转切应力 τ 分别为

$$\sigma = \frac{M_{\max}}{W}, \quad \tau = \frac{T}{W_p}$$

式中，W 为圆轴的抗弯截面模量（系数）；W_p 为圆轴的抗扭截面模量（系数）。现仅以 a 点为例进行研究，取出单元体，其应力状态如图 9-16（e）所示，由于是平面应力状态，单元体作成图 9-16（f）所示的平面应力状态。

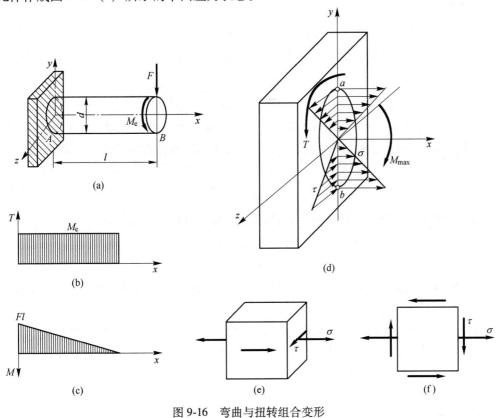

(a)

(b)

(c)

(d)

(e)

(f)

图 9-16　弯曲与扭转组合变形

四、强度条件

在扭转与弯曲组合变形情况下，危险点是平面应力状态，必须应用强度理论进行强度计算。对于塑性材料，一般选用第三或第四强度理论。

根据主应力的计算公式，图 9-16（f）所示危险点 a 的三个主应力分别为

$$\sigma_1 = \frac{\sigma}{2} + \sqrt{\left(\frac{\sigma}{2}\right)^2 + \tau^2}$$

$$\sigma_2 = 0$$

$$\sigma_3 = \frac{\sigma}{2} - \sqrt{\left(\frac{\sigma}{2}\right)^2 + \tau^2}$$

将主应力值代入第三强度理论的相当应力表达式中，有

$$\sigma_{r3} = \sigma_1 - \sigma_3 = \sqrt{\sigma^2 + 4\tau^2}$$

相应的强度条件为

$$\sigma_{r3} = \sqrt{\sigma^2 + 4\tau^2} \leqslant [\sigma] \qquad (9-17)$$

将主应力值代入第四强度理论的相当应力表达式中，有

$$\sigma_{r4} = \sqrt{\frac{1}{2}\left[(\sigma_1 - \sigma_2)^2 + (\sigma_2 - \sigma_3)^2 + (\sigma_3 - \sigma_1)^2\right]} = \sqrt{\sigma^2 + 3\tau^2}$$

第四强度理论的强度条件为

$$\sigma_{r4} = \sqrt{\sigma^2 + 3\tau^2} \leqslant [\sigma] \qquad (9-18)$$

若将式（9-17）中的正应力 σ 用弯矩 M_{max} 表示，切应力 τ 用扭矩 T 表示，则有

$$\sigma_{r3} = \sqrt{\frac{M_{max}^2}{W^2} + 4\frac{T^2}{W_p^2}} \leqslant [\sigma]$$

式中，W 为圆轴的抗弯截面模量（系数）；W_p 为圆轴的抗扭截面模量（系数）。对于圆截面杆，$W_p = 2W$，把此关系式代入上式，便得到圆轴弯扭组合的第三强度理论表达式

$$\sigma_{r3} = \frac{\sqrt{M_{max}^2 + T^2}}{W} \leqslant [\sigma] \qquad (9-19)$$

同理，由式（9-18），可得到圆轴弯扭组合的第四强度理论表达式

$$\sigma_{r4} = \frac{\sqrt{M_{max}^2 + 0.75T^2}}{W} \leqslant [\sigma] \qquad (9-20)$$

式（9-19）和式（9-20）只适用于圆形和圆环形截面轴的弯扭组合变形，其他截面只能用式（9-17）和式（9-18）。

若杆件受拉伸与扭转的组合变形或拉伸+弯曲+扭转的组合变形时，仍可用式（9-17）和式（9-18）进行强度计算，但要注意正应力 σ 应使用轴向拉伸的正应力计算公式和拉弯组合的正应力计算公式。

实际问题中，圆截面轴的弯扭组合往往在互相垂直的两个平面内同时存在弯矩 M_y、M_z，称为弯扭组合的一般情形，计算时弯矩取危险截面上的合成弯矩，即 M_y 和 M_z 的几何叠加。

$$M = \sqrt{M_z^2 + M_y^2}$$

将上式代入式（9-19）和式（9-20），得到圆轴弯扭组合一般情形时的强度条件为

$$\sigma_{r3} = \frac{\sqrt{M_y^2 + M_z^2 + T^2}}{W} \leqslant [\sigma] \qquad (9-21)$$

$$\sigma_{r4} = \frac{\sqrt{M_y^2 + M_z^2 + 0.75T^2}}{W} \leqslant [\sigma] \qquad (9-22)$$

根据强度条件可以进行弯扭组合的强度计算，包括强度校核、截面尺寸设计和许可载荷确定。

【例题 9-5】如图 9-17（a）所示钢制实心圆轴的两齿轮 C 和 D 上作用有切向力和径

向力，齿轮 C 的节圆（齿轮上传递切向力的点构成的圆）直径为 $d_C = 400\text{mm}$，齿轮 D 的节圆直径为 $d_D = 200\text{mm}$。已知材料的许用应力 $[\sigma] = 100\text{MPa}$，试按第四强度理论设计轴的直径。

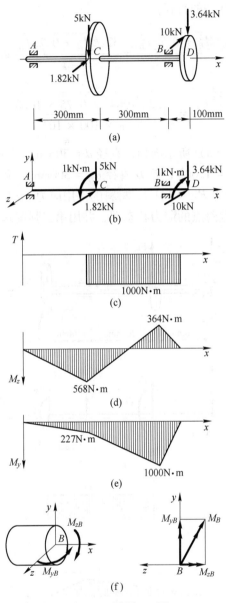

图 9-17　例题 9-5 图

解：作该传动轴的受力图，如图 9-17（b）所示。作扭矩图，如图 9-17（c）所示。作弯矩图，M_z 图如图 9-17（d）所示，M_y 图如图 9-17（e）所示。

由于圆形截面的任何形心轴均为形心主惯性轴，且惯性矩相同，故可将同一截面上的弯矩 M_y 和 M_z 按矢量相加。如 B 截面上弯矩如图 9-17（f）所示，按矢量相加得到的合成弯矩为

$$M_B = \sqrt{M_{zB}^2 + M_{yB}^2} = \sqrt{364^2 + 1000^2} = 1064 \text{N} \cdot \text{m}$$

由 M_y 图和 M_z 图可知，B 截面上的合成弯矩最大，且由扭矩图可知该截面上扭矩也大，故危险截面为 B 截面，$T_B = 1000 \text{N} \cdot \text{m}$。

根据第四强度理论设计轴的直径。

$$\sigma_{r4} = \frac{\sqrt{M_B^2 + 0.75 T_B^2}}{W} = \frac{32\sqrt{M_B^2 + 0.75 T_B^2}}{\pi d^3} \leqslant [\sigma]$$

$$d \geqslant \sqrt[3]{\frac{32\sqrt{M_B^2 + 0.75 T_B^2}}{\pi [\sigma]}} = \sqrt[3]{\frac{32\sqrt{1064^2 + 0.75 \times 1000^2}}{\pi \times 100 \times 10^6}} = 0.052\text{m} = 52\text{mm}$$

【例题 9-6】 如图 9-18（a）所示圆轴，直径 $d = 30\text{mm}$，轮 B 直径 $d_B = 200\text{mm}$，轮 B 上作用与 y 轴平行的力 $F_1 = 1200\text{N}$，轮 D 直径 $d_D = 300\text{mm}$，轮 D 上作用与 y 轴平行的力 $F_{2y} = 800\text{N}$，与 z 轴平行的力 $F_{2z} = 141\text{N}$，材料的许用应力 $[\sigma] = 160\text{MPa}$，试确定危险截面和危险点的位置，作出危险点的应力状态图，并用第三强度理论校核轴的强度。

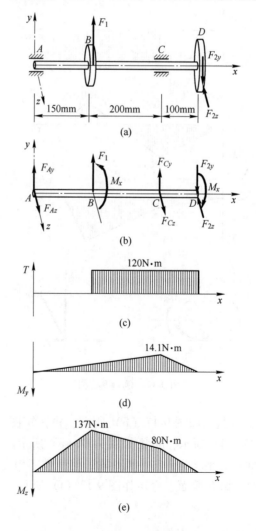

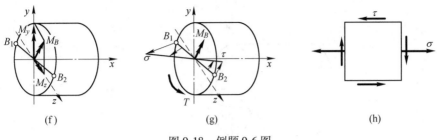

图 9-18 例题 9-6 图

解：将外力向形心简化，得到轴的计算简图，如图 9-18（b）所示，其中 M_x 产生扭转变形；F_1、F_{2y} 产生 xy 平面内的弯曲变形；F_{2z} 产生 xz 平面内的弯曲变形。此轴为典型的弯扭组合变形。

作扭矩图，如图 9-18（c）所示。作弯矩图，M_y 图如图 9-18（d）所示，M_z 图如图 9-18（e）所示。

由 M_y 图和 M_z 图可知，最大弯矩可能在 B 截面或 C 截面处，分别计算此两截面上的合成弯矩。

$$M_B = 137.13 \text{N} \cdot \text{m}, \quad M_C = 83.19 \text{N} \cdot \text{m}$$

故危险截面为 B 截面，且有

$$M_{\max} = 137.13 \text{N} \cdot \text{m}, \quad T = 120 \text{N} \cdot \text{m}$$

根据危险截面上合成弯矩的方位，可判断危险点位于与中性轴垂直的直径 B_1B_2 上，如图 9-18（f）所示。作出 B_1B_2 上的应力分布图，如图 9-18（g）所示。可见危险点为 B_1 点或 B_2 点，危险点 B_1 的单元体如图 9-18（h）所示。

根据第三强度理论进行强度校核。

$$\sigma_{r3} = \frac{\sqrt{M_{\max}^2 + T^2}}{W} = \frac{32\sqrt{137.13^2 + 120^2}}{3.14 \times 0.03^3} = 68.8 \text{MPa} < [\sigma]$$

结论：安全。

第五节　组合变形的一般情形

对于一些受到复杂外力（空间力系）作用的杆件，其危险截面上最多可能出现 6 个内力分量：轴力 F_N，剪力 F_{Sy}、F_{Sz}，扭矩 T，弯矩 M_y、M_z。如图 9-19 所示，这类杆件的变形就是组合变形的一般情形。

内力通常用空间力系的平衡方程求得。

与轴力 F_N 对应的正应力 σ_{F_N} 按轴向拉伸（压缩）横截面上正应力公式求出。

$$\sigma_{F_N} = \frac{F_N}{A}$$

式中，A 为横截面面积。与剪力 F_{Sy} 和 F_{Sz} 对应的切应力 $\tau_{F_{Sy}}$ 和 $\tau_{F_{Sz}}$ 可按平面弯曲时切应力计算公式求出。

$$\tau_{F_{Sy}} = \frac{F_{Sy}S_z^*}{bI_z}, \quad \tau_{F_{Sz}} = \frac{F_{Sz}S_y^*}{hI_y}$$

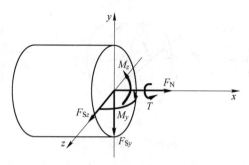

图 9-19　组合变形的一般情形

与扭矩 T 对应的切应力 τ_T 可按圆轴扭转切应力计算公式求出。

$$\tau_T = \frac{T\rho}{I_p}$$

与弯矩 M_y 和 M_z 对应的正应力 σ_{M_y} 和 σ_{M_z} 可按平面弯曲正应力公式求出。

$$\sigma_{M_y} = \frac{M_y z}{I_y}, \quad \sigma_{M_z} = \frac{M_z y}{I_z}$$

叠加上述应力，即得到组合变形一般情形时的应力。其中与轴力 F_N、弯矩 M_y 和 M_z 对应的正应力方向均为轴向，可按代数相加，即

$$\sigma = \sigma_{F_N} + \sigma_{M_y} + \sigma_{M_z} = \frac{F_N}{A} + \frac{M_y z}{I_y} + \frac{M_z y}{I_z} \tag{9-23}$$

与扭矩 T、剪力 F_{Sy} 和 F_{Sz} 对应的切应力不在同一方向，应按矢量相加，如 τ_y 和 τ_z 分别为沿 y 轴和 z 轴的切应力分量，则叠加后的切应力 τ 为

$$\tau = \sqrt{\tau_y^2 + \tau_z^2}, \quad \tau_y = \tau_{T_y} + \tau_{F_{Sy}}, \quad \tau_z = \tau_{T_z} + \tau_{F_{Sz}} \tag{9-24}$$

一般剪力 F_{Sy} 和 F_{Sz} 引起的切应力 $\tau_{F_{Sy}}$ 和 $\tau_{F_{Sz}}$ 比扭矩 T 引起的切应力 τ_T 小很多，工程上不考虑剪力 F_{Sy} 和 F_{Sz} 产生的切应力，只计算扭矩 T 引起的切应力 τ_T。危险点的单元体与图 9-16 相同，因此强度计算仍然使用式 (9-17) 和式 (9-18)，但式中正应力 σ 和切应力 τ 按式 (9-23) 和式 (9-24) 计算。

当 6 个内力分量中某些内力分量等于零时，就可得到前面分析的某一种组合变形。如当 $T = 0$ 时，为弯曲与拉伸（压缩）的组合变形；如当 $T = 0$、$F_{Sy} = F_{Sz} = 0$ 时，为偏心拉伸（压缩）；如当 $F_N = 0$ 时，为扭转与弯曲的组合变形；如当 $T = 0$、$F_N = 0$ 时，为斜弯曲。

【例题 9-7】 如图 9-20（a）所示传动轴左端伞形齿轮 C 上所受的轴向力 $F_1 = 16$kN，周向力 $F_2 = 43$kN，径向力 $F_3 = 40$kN；右端齿轮 D 上所受的周向力 $F_4 = 137$kN，径向力 $F_5 = 20$kN。若轴的直径 $d = 8$cm，材料的许用应力 $[\sigma] = 300$MPa，试按第四强度理论校核轴的强度。（图中未注尺寸单位为 mm。）

解： 作受力简图，如图 9-20（b）所示。作轴力图，如图 9-20（c）所示。作扭矩图，如图 9-20（d）所示。作弯矩图，如图 9-20（e）和图 9-20（f）所示。

危险截面为 B 截面，其内力为

$$F_N = 16000\text{N}$$

$$T = 3698\mathrm{N} \cdot \mathrm{m}$$

$$M = \sqrt{M_z^2 + M_y^2} = \sqrt{1680^2 + 11508^2} = 11630\mathrm{N} \cdot \mathrm{m}$$

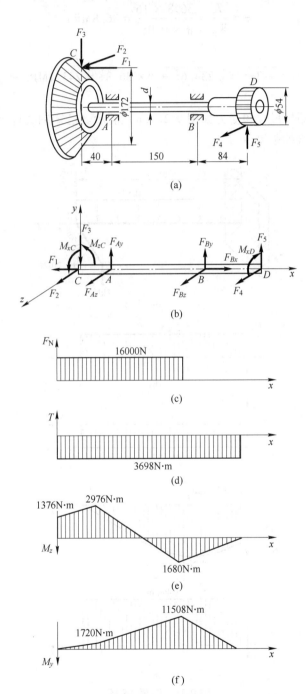

图 9-20 例题 9-7 图

应力计算：

$$\sigma = \frac{F_N}{A} + \frac{M}{W} = \frac{16000 \times 4}{\pi \times 0.08^2} + \frac{11630 \times 32}{\pi \times 0.08^3} = 234.6\text{MPa}$$

$$\tau = \frac{T}{W_p} = \frac{3698 \times 16}{\pi \times 0.08^3} = 36.8\text{MPa}$$

强度计算：

$$\sigma_{r4} = \sqrt{\sigma^2 + 3\tau^2} = \sqrt{234.6^2 + 3 \times 36.8^2} = 243.1\text{MPa} < [\sigma]$$

结论：安全。

【例题 9-8】 钢圆杆尺寸和受力如图 9-21（a）所示。已知钢圆杆 $d = 100\text{mm}$，$[\sigma] = 140\text{MPa}$。试校核此杆的强度。

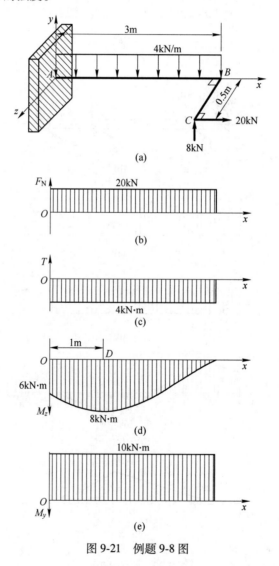

图 9-21　例题 9-8 图

解：作轴力图，如图 9-21（b）所示。作扭矩图，如图 9-21（c）所示。作弯矩图，如图 9-21（d）和图 9-21（e）所示。

危险截面在距固定端 1m 的 D 处，该处的内力有

$$F_N = 20\text{kN} , T = 4\text{kN} \cdot \text{m} , M_z = 8\text{kN} \cdot \text{m} , M_y = 10\text{kN} \cdot \text{m}$$

合成弯矩为

$$M_{\max} = \sqrt{M_y^2 + M_z^2} = 12.8\text{kN} \cdot \text{m}$$

危险点处的正应力和切应力分别为

$$\sigma = \sigma_{F_N} + \sigma_{M_{\max}} = \frac{F_N}{A} + \frac{M_{\max}}{W_z} = \frac{4 \times 20 \times 10^3}{\pi \times 10^{-2}} + \frac{32 \times 12.8 \times 10^3}{\pi \times 10^{-3}} = 132.9 \times 10^6 = 132.9\text{MPa}$$

$$\tau = \frac{T}{W_p} = \frac{16 \times 4 \times 10^3}{\pi \times 10^{-3}} = 20.4\text{MPa}$$

根据第四强度理论进行强度校核。

$$\sigma_{r4} = \sqrt{\sigma^2 + 3\tau^2} = \sqrt{132.9^2 + 3 \times 20.4^2} = 137.5\text{MPa} < [\sigma]$$

结论：安全。

自 测 题

一、判断题（正确写 T，错误写 F。每题 2 分，共 10 分）

1. 斜弯曲、拉弯组合、拉扭组合变形的危险点都处于单向应力状态。（   ）
2. 拉伸与弯曲组合变形，应力最大值总是发生在杆件的最外层上。（   ）
3. 偏心压缩时，如果中性轴不在横截面内，则该截面上不会产生拉应力。（   ）
4. 在弯曲与扭转组合变形圆截面杆的外边界上，各点主应力必然是 $\sigma_1>0$，$\sigma_2=0$，$\sigma_3<0$。（   ）
5. 弯曲-扭转-拉伸组合变形圆截面杆件表面上一点的应力状态是三向应力状态。（   ）

二、单项选择题（每题 2 分，共 10 分）

1. 如图 9-22 所示折杆 $ABCD$，在自由端 A 作用铅垂力 F，关于杆件各段变形的说法，正确的是（   ）。
   A. 杆 AB 段弯曲变形、BC 段弯扭组合变形、CD 段拉扭组合变形
   B. 杆 AB 段弯曲变形、BC 段弯扭组合变形、CD 段拉弯组合变形
   C. 杆 AB 段弯曲变形、BC 段压弯组合变形、CD 段拉弯组合变形
   D. 杆 AB 段拉弯曲组合变形、BC 段压弯组合变形、CD 段拉弯组合变形
2. 如图 9-23 所示梁最大拉应力的位置在（   ）处。
   A. 点 A B. 点 B C. 点 C D. 点 D

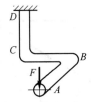

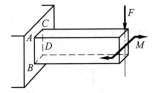

图 9-22　单项选择题 1 图　　　　图 9-23　单项选择题 2 图

3. 如图 9-24 所示矩形截面拉杆，中间开有深度为 $h/2$ 的缺口，与不开口的拉杆相比，开口处最大正应力是不开口拉杆的（   ）倍。

A. 16　　　　　　　B. 8　　　　　　　C. 4　　　　　　　D. 2

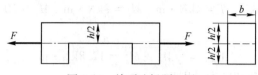

图 9-24　单项选择题 3 图

4. 圆截面直杆发生扭转与纯弯曲组合变形时，杆件中各点的应力状态为（　　　）。

　A. 单向应力状态　　　　　　　　　B. 纯剪切应力状态

　C. 单向或纯剪切应力状态　　　　　D. 二向应力状态或零应力状态

5. 关于杆件截面核心的说法，错误的是（　　　）。

　A. 外力作用点在截面核心区域边缘时，中性轴与截面外边缘相切

　B. 外力作用点在截面核心区域之内时，中性轴移出截面之外

　C. 外力作用点在截面核心区域之内时，截面正应力同号

　D. 截面核心与材料和外力大小相关

三、填空题（每空 2 分，共 10 分）

1. 如图 9-25 所示正方形等截面立柱，受纵向压力 F 作用。当力 F 作用点由 A 移至 B 时，柱内最大压应力的比 $\sigma_{A\max}/\sigma_{B\max}$ 为_____。

2. 偏心拉伸杆，弹性模量为 E，尺寸、受力如图 9-26 所示，则棱长 AB 的改变量为_____。

3. 实心圆杆 AD 和 BC 焊接成整体结构，结构及受力如图 9-27 所示。AD 杆的直径 $D=100\text{mm}$，则危险点处第三强度理论的相当应力为_____。

4. 如图 9-28 所示结构中，杆的 AC 部分发生的变形是_____。

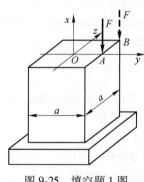

图 9-25　填空题 1 图

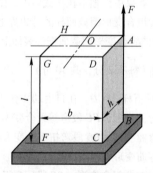

图 9-26　填空题 2 图

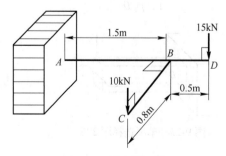

图 9-27　填空题 3 图

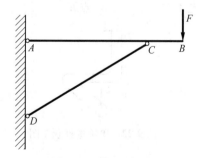

图 9-28　填空题 4 图

5. 圆杆横截面面积为 A，截面惯性矩为 W，同时受到轴力 F_N、扭矩 T 和弯矩 M 共同作用，则第四强度理论的相当应力为_____。

四、计算题（每题 10 分，共 70 分）

1. 如图 9-29 所示一厂房的牛腿柱，设由房顶传来的压力 $F_1 = 100kN$，由吊车梁传来的压力 $F_2 = 30kN$，已知 $e = 0.2m$，$b = 0.18m$，试问 h 为多少时，截面不出现拉应力？并求出这时的最大压应力。

2. 如图 9-30 所示短柱受载荷 F_1 和 F_2 作用，试求固定端角点 A、B、C 及 D 的正应力，并确定其中性轴的位置。（图中未注尺寸单位为 mm。）

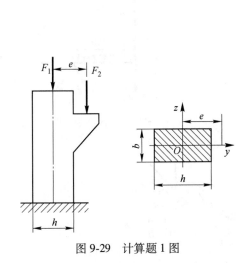

图 9-29　计算题 1 图

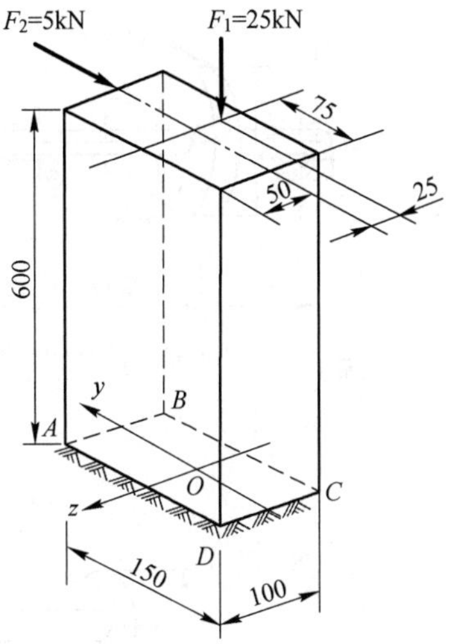

图 9-30　计算题 2 图

3. 如图 9-31 所示截面为矩形的悬臂木梁，$b = 9cm$，$h = 18cm$；承受载荷 $F_1 = 1kN$，作用在 xz 平面内；$F_2 = 1.6kN$，作用在 xy 平面内；木材的 $E = 10GPa$，试求：（1）梁内最大正应力及其作用点位置。（2）梁的最大挠度和最大转角。

4. 如图 9-32 所示钢制拐轴，承受铅垂载荷 F 作用。已知载荷 $F = 1kN$，材料的许用应力 $[\sigma] = 160MPa$，试按第三强度理论确定 AB 轴的直径。（图中未注尺寸单位为 mm。）

5. 如图 9-33 所示皮带轮传动轴尺寸及受力已知，B、D 两轮直径均为 500mm，$[\sigma] = 80MPa$，试按第四强度理论选择轴的直径 d。（图中未注尺寸单位为 mm。）

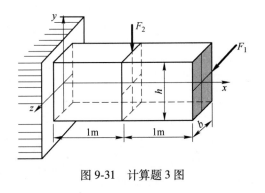

图 9-31　计算题 3 图

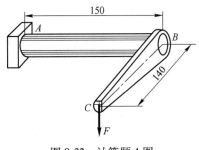

图 9-32　计算题 4 图

6. 直角杆结构受力如图 9-34 所示，F_y 沿 AB 方向，F_z 位于 xz 平面内且平行于 z 轴方向。BC 段长度为

2m，AB 段为钢制圆杆，直径为 10cm，长度为 3m。材料的许用应力 $[\sigma]$ = 160MPa，试校核 AB 段的强度。（图中未注尺寸单位为 mm。）

7. 如图 9-35 所示齿轮轴 B 端装有斜齿轮，其上作用有轴向力 F_{Bx} = 0.4kN，径向力 F_{Br} = 0.2kN，切向力 F_{Bt} = 1.2kN，A 端装有直齿轮，其上作用有径向力 F_{Ar} = 0.5kN，切向力 F_{At} = 2kN。轴的直径 d = 30mm，d_1 = 40mm，许用应力 $[\sigma]$ = 100MPa，试按第三强度理论校核轴的强度。（图中未注尺寸单位为 mm。）

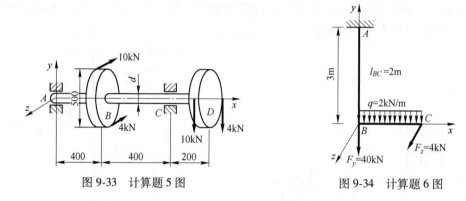

图 9-33　计算题 5 图　　　　　　　　　　图 9-34　计算题 6 图

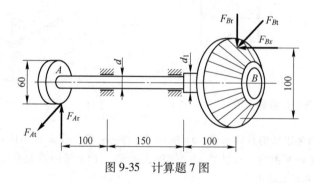

图 9-35　计算题 7 图

扫描二维码获取本章自测题参考答案

第十章 压杆稳定

+·+

【本章知识框架结构图】

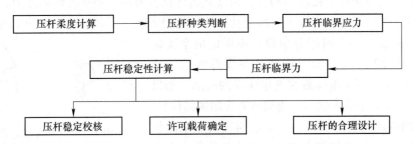

【知识导引】

工程中有些构件具有足够的强度、刚度，却不一定能安全可靠地工作，还需要满足稳定性。构件的承载能力包括强度、刚度和稳定性。通过前期学习，学生熟悉了强度、刚度的概念，但对稳定性概念了解较少。学生学完高等数学后，应用较少，本章将用微积分理论推导压杆的临界力计算公式。

【本章学习目标】

知识目标：

1. 理解失稳现象、临界力和临界应力等概念；了解两端铰支压杆临界力的计算方法，熟记压杆临界应力的一般公式，理解长度因数的意义。

2. 理解欧拉公式的适用范围；掌握压杆稳定的计算方法及稳定与弯曲综合问题的解题方法。

3. 了解提高压杆稳定性的常见措施。

能力目标：

1. 能够正确判断压杆的支承形式，根据压杆的柔度正确区分三类不同的压杆，并能按不同公式计算相应的临界力。

2. 能进行工程压杆的稳定性计算，会分析压杆稳定与弯曲的综合问题。

育人目标：

1. 介绍欧拉公式的发现历程，说明基础数学理论对科学发展的重要作用，学生要想成为对社会和国家有用的人才，必须打下扎实的知识基础。

2. 通过把复杂的压杆稳定问题简化为较简单的问题，再用数学方法解决问题，培养学生解决工程问题的能力。

3. 通过分析相关工程事故，让学生认识到结构设计的重要性，培养学生遵纪守法、有责任有担当的职业道德和工匠精神，以及求真务实、开拓创新的职业精神。

【本章重点及难点】

本章重点：压杆临界力计算和稳定性计算。

本章难点：如何根据工程问题建立力学模型，判断压杆的种类。

+—+

第一节　压杆稳定的概念

前面几章主要研究了强度和刚度。强度是构件抵抗破坏或塑性变形的能力，刚度是构件抵抗弹性变形的能力。本章主要研究受压构件的稳定性。下面通过一个简单的例子来理解稳定性的概念。一个钢球分别放在不同的两个支撑曲面上，如图 10-1（a）所示钢球放在支撑曲面的顶部，图 10-1（b）所示钢球放在支撑曲面的底部。如果对钢球施加一个微小的干扰力，使钢球离开原来的位置，图 10-1(a)的钢球就会向下滑落，不会再回到原来的位置；而图 10-1（b）的钢球由于地球引力的作用，会在

图 10-1　稳定平衡与不稳定平衡

支撑曲面的底部做往复滚动，当时间足够长时，小球最终还是要回到原来的位置。则图 10-1（a）的情况是不稳定的，而图 10-1（b）的情况是稳定的。因此稳定性可以这样定义：当一个实际的系统处于一个平衡状态时（相当于小球在支撑曲面上放置的状态），如果受到外来作用的影响（相当于对小球施加的力），系统经过一个过渡过程仍然能够回到原来的平衡状态，称这个系统是稳定的或称为稳定平衡，否则称系统是不稳定的或称为不稳定平衡。

受轴向压力的细长杆件的平衡也有稳定平衡与不稳定平衡之分。如图 10-2（a）所示两端铰支的细长杆件，受轴向压力 F 作用。当 F 小于某一极限值 F_{cr} 时，随着压力 F 逐渐增加，杆件一直保持直线形式的平衡状态，即使用微小的侧向干扰力使其发生轻微弯曲，如图 10-2（b）所示，当微小干扰力解除后，仍然能恢复直线形状，表明压杆直线形式的平衡状态是稳定的。当压力 F 逐渐增大到某一临界值 F_{cr} 时，同样用微小的侧向干扰力使其发生轻微弯曲，当微小干扰力解除后，压杆不能恢复直线形态，将保持曲线形式的平衡，如图 10-2（c）所示，这时压杆的平衡是不稳定的。压杆保持其原有直线形式平衡状态的能力称为压杆的稳定性。压杆突然改变原有直线形式平衡状态的现象称为丧失稳定性，简称失稳，也称为屈曲。

压杆由稳定平衡过渡到不稳定平衡时压力的临界值称为压杆的临界力，用 F_{cr} 表示，临界力是使压杆失稳的最小压力。

工程结构中有许多受压的细长杆件，如图 10-3 所示分别为内燃机气门阀的挺杆、桁架结构中的受压构件。这些压杆失稳后，压力的微小增加将引起弯曲变形的显著增大，杆件已丧失了承载能力，这种由失稳引起的构件失效会使压杆不能正常使用，如挺杆因失稳弯曲而不能正常工作；结构中压杆的失稳会引起结构的破坏，造成严重事故，如桁架中受压杆件发生局部失稳而引起结构破坏致使其不能工作，如图 10-4 所示。

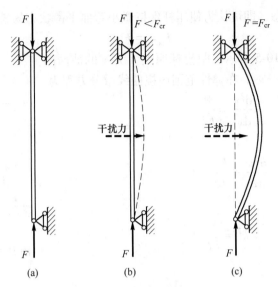

图 10-2 压杆的稳定平衡与不稳定平衡

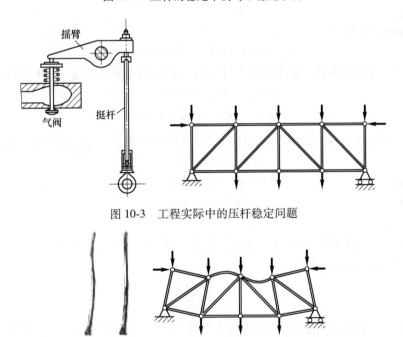

图 10-3 工程实际中的压杆稳定问题

图 10-4 压杆的失稳

工程上一般要求压杆具有一定的稳定性，压杆保持稳定的条件为

$$F < F_{cr}$$

第二节 细长压杆的临界力

一、两端铰支细长压杆的临界力

如图 10-5 所示为两端铰支的细长压杆，杆长为 l，抗弯刚度为 EI，在轴向压力 F 作用

下处于微弯的平衡状态，即可认为使压杆保持微小弯曲平衡状态的最小压力为临界力。

$$F_{\min} = F_{cr}$$

选取坐标系如图 10-5 所示，距坐标原点 A 为 x 的截面的挠度为 w，弯矩 $M = - Fw$。在弹性范围内挠曲线微分方程为

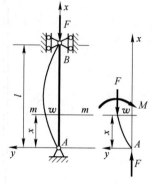

$$\frac{\mathrm{d}^2 w}{\mathrm{d} x^2} = \frac{M}{EI}$$

将弯矩代入上式得

$$\frac{\mathrm{d}^2 w}{\mathrm{d} x^2} + \frac{Fw}{EI} = 0$$

令

$$k^2 = \frac{F}{EI}$$

图 10-5　两端铰支细长压杆

挠曲线微分方程可写为

$$\frac{\mathrm{d}^2 w}{\mathrm{d} x^2} + k^2 w = 0$$

此微分方程的通解为

$$w = C_1 \sin kx + C_2 \cos kx$$

式中，C_1 和 C_2 为积分常数，根据边界条件确定。杆件的边界条件是 A、B 处的挠度为零。

$$w\big|_{x=0} = 0, \quad C_2 = 0$$
$$w\big|_{x=l} = 0, \quad C_1 \sin kl = 0$$

当 $C_1 = 0$ 时，$w = 0$，表示压杆保持直线形式的平衡状态，与假设不符，故

$$\sin kl = 0$$
$$kl = n\pi \quad (n = 0, 1, 2, \cdots)$$
$$F = \frac{n^2 \pi^2 EI}{l^2} \quad (n = 0, 1, 2, \cdots)$$

当 $n = 0$ 时，表示压杆不受力，与假设不符。当 $n = 1$ 时，表示压杆在微弯状态下保持平衡的最小压力，即临界力。

$$F_{cr} = \frac{\pi^2 EI}{l^2} \tag{10-1}$$

式（10-1）为两端铰支细长压杆临界力的计算公式，也称为两端铰支细长压杆的欧拉公式。

当压杆处于临界状态，且取 $n = 1$，这时压杆的挠曲线方程为

$$w = C_1 \sin(\pi x / l)$$

可见，压杆过渡为曲线平衡后，轴线弯曲成为半个正弦波曲线。C_1 为杆件中点的挠度。

当 E 增加时，F_{cr} 增加，故提高材料的弹性模量可增大临界力，即提高了压杆的稳定性（高强度钢和普通碳素钢弹性模量相差不大，不能提高稳定性）；当 I 增加时，F_{cr} 增加，故增大杆件横截面的惯性矩可增大临界力，即提高了压杆的稳定性；所以压杆失稳总是发生在最小刚度（$EI_{\min}$）平面内。当 l 降低时，F_{cr} 增加，所以减小压杆的跨度是提高

稳定性的有效措施。

二、其他约束条件下细长压杆的临界力

压杆两端除同为铰支座外，还可能有其他情况。如图 10-6（b）所示下端为固定端、上端为自由端的压杆，计算临界力的公式可用与图 10-6（a）所示两端铰支细长压杆相同的方法导出，但也可用比较简单的方法求出。

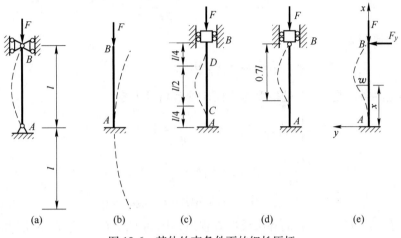

图 10-6　其他约束条件下的细长压杆

设杆以轻微弯曲的形状保持平衡，如图 10-6（b）所示。现将变形曲线延长一倍，如图 10-6（b）中虚线表示。比较图 10-6（a）和图 10-6（b），可见一端固定一端自由且长为 l 的压杆的挠曲线，与两端铰支且长为 $2l$ 的压杆的挠曲线的上半部分完全相同。所以，对于一端固定一端自由且长为 l 的压杆，其临界力等于两端铰支且长为 $2l$ 的压杆的临界力，即

$$F_{cr} = \frac{\pi^2 EI}{(2l)^2} \tag{10-2}$$

对于如 10-6（c）所示两端都是固定端约束的细长压杆，在压力作用下丧失稳定后的挠曲线形状如图 10-6（c）中虚线所示。距离两端 $l/4$ 处的 C、D 两点的挠曲线曲率为零，即这两点的弯矩等于零，因此，可以将 C、D 两点看作铰链，把长度为 $l/2$ 的中间部分 CD 段看作两端铰支的压杆，因此，两端固定的细长压杆的临界力为

$$F_{cr} = \frac{\pi^2 EI}{(l/2)^2} \tag{10-3}$$

若细长压杆的一端为固定端，另一端为铰支座，失稳时的挠曲线如图 10-6（d）所示。选取坐标系如图 10-6（e）所示，设铰支座的水平反力为 F_y，距坐标原点 A 为 x 的截面的挠度为 w，弯矩为

$$M = F_y(l - x) - Fw$$

在弹性范围内挠曲线微分方程为

$$\frac{\mathrm{d}^2 w}{\mathrm{d}x^2} = \frac{M}{EI}$$

将弯矩代入上式得

$$\frac{\mathrm{d}^2 w}{\mathrm{d}x^2} + \frac{Fw}{EI} = \frac{F_y(l-x)}{EI}$$

令

$$k^2 = \frac{F}{EI}$$

$$\frac{\mathrm{d}^2 w}{\mathrm{d}x^2} + k^2 w = \frac{F_y(l-x)}{EI}$$

此微分方程的通解为

$$w = C_1 \sin kx + C_2 \cos kx + \frac{F_y}{F}(l-x)$$

杆件的边界条件是 A、B 处挠度为零且 A 处转角等于零。

$$\begin{cases} w\mid_{x=0} = 0, & C_2 + \frac{F_y l}{F} = 0 \\[2mm] \frac{\mathrm{d}w}{\mathrm{d}x}\Big|_{x=0} = 0, & C_1 k - \frac{F_y}{F} = 0 \\[2mm] w\mid_{x=l} = 0, & C_1 \sin kl + C_2 \cos kl = 0 \end{cases}$$

这是关于 C_1、C_2、F_y/F 的齐次线性方程组，因为 C_1、C_2、F_y/F 不能同时为零，则上述方程组的系数行列式应等于零，即有

$$\begin{vmatrix} 0 & 1 & l \\ k & 0 & -1 \\ \sin kl & \cos kl & 0 \end{vmatrix} = 0$$

解得

$$\tan kl = kl$$

上式为超越方程，可以用数值法或图解法求解。利用数值法求得满足上述方程的最小非零解为

$$kl = 4.493$$

临界力为

$$F_{\mathrm{cr}} \approx \frac{\pi^2 EI}{(0.7l)^2} \tag{10-4}$$

式 （10-1）~式 （10-4） 可以统一写为

$$F_{\mathrm{cr}} = \frac{\pi^2 EI}{(\mu l)^2} \tag{10-5}$$

式 （10-5） 为欧拉临界力公式的普遍形式。式中，μl 为压杆折算成两端铰支细长压杆的长度，称为压杆的相当长度，μ 称为不同约束条件下压杆的长度因数。工程实际中的受压杆件，杆端的约束大都可简化为以上 4 种情形，表 10-1 为不同约束压杆的长度因数。

表 10-1 不同约束压杆的长度因数

杆端约束	一端固定一端自由	两端铰支	一端固定一端铰支	两端固定
长度因数 μ	2	1	0.7	0.5

【例题 10-1】 如图 10-3 所示内燃机配气机构的挺杆若为细长压杆，截面为圆环形。已知外径 $D = 10\text{mm}$，内径 $d = 7\text{mm}$，杆长 $l = 351\text{mm}$，$E = 210\text{GPa}$，试求该杆的临界力。若改用面积相同的实心圆截面，两者临界力之比为多少？

解： 挺杆为两端铰支的细长压杆，故长度因数为 $\mu = 1$。环形截面的惯性矩为

$$I = \frac{\pi(D^4 - d^4)}{64}$$

压杆的临界力为

$$F_{\text{cr}} = \frac{\pi^2 EI}{(\mu l)^2} = \frac{\pi^3 E(D^4 - d^4)}{64(\mu l)^2} = \frac{\pi^3 \times 210 \times 10^9 \times (10^4 - 7^4) \times 10^{-12}}{64 \times (1 \times 0.351)^2} = 6.27\text{kN}$$

设实心圆截面直径为 d'，由面积相等得

$$d' = \sqrt{D^2 - d^2} = 7.13\text{mm}$$

$$F'_{\text{cr}} = \frac{\pi^2 EI'}{(\mu l)^2} = \frac{\pi^3 E d'^4}{64(\mu l)^2} = \frac{\pi^3 \times 210 \times 10^9 \times 7.13^4 \times 10^{-12}}{64 \times (1 \times 0.351)^2} = 2.13\text{kN}$$

两者临界力之比为

$$\frac{F_{\text{cr}}}{F'_{\text{cr}}} = 2.94$$

由此例可见，在面积相同的情况下，增大压杆横截面的惯性矩可显著提高压杆的临界力。

第三节　压杆的临界应力

前面已经导出了计算压杆临界力的公式，若用压杆的横截面面积除临界力 F_{cr}，得到与临界力对应的应力为

$$\sigma_{\text{cr}} = \frac{F_{\text{cr}}}{A} \tag{10-6}$$

式（10-6）为压杆处于临界状态时横截面上的平均应力，称为压杆的临界应力。对于细长压杆，将临界力公式（10-5）代入式（10-6），得到临界应力计算公式

$$\sigma_{\text{cr}} = \frac{\pi^2 EI}{(\mu l)^2 A}$$

把横截面的惯性矩写为

$$I = i^2 A$$

式中，i 为横截面的惯性半径。则有

$$\sigma_{\text{cr}} = \frac{\pi^2 E}{\left(\dfrac{\mu l}{i}\right)^2}$$

引入记号

$$\lambda = \frac{\mu l}{i} \tag{10-7}$$

式中，λ 为压杆的柔度或长细比，是一个量纲为 1 的量。它综合反映了压杆的长度、约束

条件、横截面形状和尺寸等因素对临界应力的影响。引入柔度 λ 后，临界应力计算公式可写为

$$\sigma_{cr} = \frac{\pi^2 E}{\lambda^2} \qquad (10\text{-}8)$$

对同一材料而言，$\pi^2 E$ 是个常数，因此 λ 值决定着 σ_{cr} 的大小，长细比 λ 越大，临界应力 σ_{cr} 越小。式（10-8）是欧拉公式的另一种表达形式。

由于欧拉公式是由挠曲线近似微分方程导出的，因此欧拉公式的适用范围是临界应力 σ_{cr} 不超过材料的比例极限 σ_p，即

$$\sigma_{cr} = \frac{\pi^2 E}{\lambda^2} \leqslant \sigma_p$$

上式取等号时，λ 的值最小。若用 λ 的最小值 λ_p 表示欧拉公式的适用范围，则

$$\lambda \geqslant \sqrt{\frac{\pi^2 E}{\sigma_p}} = \lambda_p \qquad (10\text{-}9)$$

式中，λ_p 为与比例极限 σ_p 对应的柔度。满足式（10-9）条件的压杆称为大柔度杆或细长杆，其临界应力可用式（10-8）计算，但在使用欧拉公式前须先按式（10-7）计算压杆的工作柔度 λ，只有 $\lambda \geqslant \lambda_p$ 时才可使用式（10-8）。

由 λ_p 定义式可见，λ_p 与材料的性质有关，材料不同，其 λ_p 也不相同。工程中常用的 Q235 钢，其 $E = 206\text{GPa}$，$\sigma_p = 200\text{MPa}$，则 λ_p 为

$$\lambda_p = \sqrt{\frac{\pi^2 E}{\sigma_p}} = \sqrt{\frac{\pi^2 \times 206 \times 10^9}{200 \times 10^6}} \approx 100$$

对于 Q235 钢制成的压杆，只有当 $\lambda \geqslant 100$ 时才可以应用欧拉公式计算临界应力。

若压杆的柔度 $\lambda < \lambda_p$，这类压杆称为非细长压杆或中小柔度杆，此时临界应力大于材料的比例极限 σ_p，因此压杆的临界应力不能使用欧拉公式计算，工程中使用以试验结果为依据的经验公式。下面介绍两种经常使用的经验公式，即直线公式和抛物线公式。

直线公式把临界应力 σ_{cr} 与柔度 λ 表示为以下的直线关系：

$$\sigma_{cr} = a - b\lambda \qquad (10\text{-}10)$$

式中，a、b 为与材料性质有关的常数，单位为 MPa。如 Q235 钢制成的压杆，$a = 304\text{MPa}$，$b = 1.12\text{MPa}$，常用材料的 a、b 值见表 10-2。

表 10-2 常用材料的 a、b、λ_p、λ_s 值

材料	a/MPa	b/MPa	λ_p	λ_s
Q235 钢（$\sigma_s = 235\text{MPa}$）	304	1.12	100	61.6
优质碳钢（$\sigma_s = 306\text{MPa}$）	461	2.57	100	60
硅钢（$\sigma_s = 353\text{MPa}$）	578	3.74	100	60
铬钼钢	981	5.30	55	
灰铸铁	332	1.45	80	
高强度铝合金	373	2.14	50	
松木	29	0.20	59	

对于长度较短、柔度很小的压杆，受压时不会像大柔度杆那样出现弯曲失稳，而是会因应力达到材料的屈服强度（塑性材料）或抗压强度（脆性材料）时，因强度不足而失效，这类压杆失效属于强度问题。因此对于塑性材料，式（10-10）计算得出的最大应力只能小于等于σ_s，等于σ_s时的柔度为最小临界值，用λ_s表示，即

$$\lambda_s = \frac{a - \sigma_s}{b} \tag{10-11}$$

式中，λ_s为与屈服强度σ_s对应的柔度。如 Q235 钢的$\sigma_s = 235\text{MPa}$，则$\lambda_s = 61.6$。

通常把$\lambda_s \leqslant \lambda < \lambda_p$的压杆称为中柔度杆或中长杆，此时临界应力用式（10-10）计算。把$\lambda < \lambda_s$的压杆称为小柔度杆或短粗杆，此时临界应力等于材料的屈服强度，即

$$\sigma_{cr} = \sigma_s \tag{10-12}$$

对于脆性材料，只需把上述公式中的σ_s用抗压强度σ_b代替即可。

综上所述，对于$\lambda < \lambda_s$的小柔度压杆，临界应力使用式（10-12）计算；对于$\lambda_s \leqslant \lambda < \lambda_p$的中柔度压杆，临界应力用式（10-10）计算；对于$\lambda \geqslant \lambda_p$的大柔度压杆，临界应力用式（10-8）计算。

将不同柔度压杆的临界应力σ_{cr}与柔度λ之间的关系描绘成曲线，如图 10-7 所示，该曲线称为临界应力总图。临界应力总图直观地描述了压杆临界应力σ_{cr}随柔度λ的变化规律。

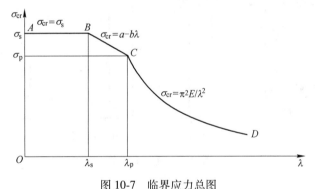

图 10-7　临界应力总图

我国钢结构规范中，对于临界应力σ_{cr}超出材料比例极限的中、小柔度杆，采用抛物线经验公式，即把临界应力σ_{cr}与柔度λ表示为下面的抛物线关系：

$$\sigma_{cr} = \sigma_s \left[1 - \alpha \left(\frac{\lambda}{\lambda_c} \right)^2 \right] \tag{10-13}$$

式中，α与λ_c为与材料有关的常数，可查阅相关规范。对于 Q235 钢，$\alpha = 0.43$，λ_c与λ_p略有差别，由下式计算：

$$\lambda_c = \sqrt{\frac{\pi^2 E}{0.57 \sigma_s}} = \sqrt{\frac{\pi^2 \times 206 \times 10^9}{0.57 \times 235 \times 10^6}} \approx 123$$

当$\lambda \geqslant \lambda_c$时使用欧拉公式（10-8），否则使用式（10-13）。采用抛物线经验公式后的临界应力总图如图 10-8 所示。

压杆稳定性计算模型是以压杆整体结构变形为基础的，局部削弱对杆件的整体变形影

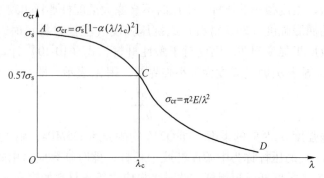

图 10-8 采用抛物线经验公式的临界应力总图

响很小，所以计算临界应力时，可以忽略局部削弱特征，而采用未经削弱的横截面面积和惯性矩。但使用式（10-12）时，属于强度计算，此时应该使用削弱后的面积计算。

【例题 10-2】 已知如图 10-9 所示四根压杆的材料及横截面面积均相同，试确定哪一根最易失稳，哪一根最不易失稳。

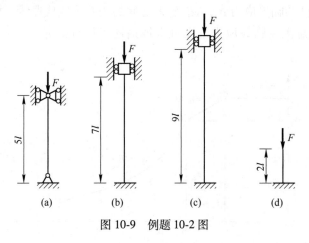

图 10-9 例题 10-2 图

解： 压杆的失稳与柔度有关，柔度越大越容易失稳，故根据式（10-7）计算各压杆的柔度。

$$\lambda_a = \frac{1 \times 5l}{i} = \frac{5l}{i}$$

$$\lambda_b = \frac{0.7 \times 7l}{i} = \frac{4.9l}{i}$$

$$\lambda_c = \frac{0.5 \times 9l}{i} = \frac{4.5l}{i}$$

$$\lambda_d = \frac{2 \times 2l}{i} = \frac{4l}{i}$$

因为 $\lambda_a > \lambda_b > \lambda_c > \lambda_d$，所以图 10-9（a）所示压杆最易失稳，图 10-9（d）所示压杆最不易失稳。

【例题 10-3】 已知如图 10-10 所示三根圆形截面压杆的材料均为 Q235 钢，横截面面积均相同，两端铰支，材料常数为 $E = 206\mathrm{GPa}$，$\sigma_\mathrm{p} = 200\mathrm{MPa}$，$\sigma_\mathrm{s} = 240\mathrm{MPa}$，$a = 304\mathrm{MPa}$，$b = 1.12\mathrm{MPa}$，截面直径为 $d = 160\mathrm{mm}$，三杆长度为 $l_1 = 2l_2 = 4l_3 = 5\mathrm{m}$，试求各杆的临界力。

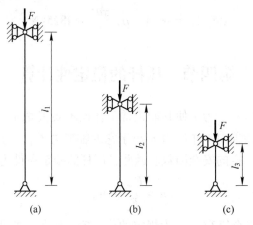

图 10-10　例题 10-3 图

解： 三杆均为两端铰支，长度因数为 $\mu = 1.0$。圆形截面的惯性半径为

$$i = \sqrt{\frac{I}{A}} = \frac{d}{4} = \frac{160}{4} = 40\mathrm{mm}$$

由式（10-7）计算各压杆的柔度。

$$\lambda_{l_1} = \frac{\mu l_1}{i} = \frac{1 \times 5000}{40} = 125$$

$$\lambda_{l_2} = \frac{\mu l_2}{i} = \frac{1 \times 2500}{40} = 62.5$$

$$\lambda_{l_3} = \frac{\mu l_3}{i} = \frac{1 \times 1250}{40} = 31.25$$

对于 Q235 钢，材料常数为 $a = 304\mathrm{MPa}$，$b = 1.12\mathrm{MPa}$，$E = 206\mathrm{GPa}$，$\sigma_\mathrm{p} = 200\mathrm{MPa}$，$\sigma_\mathrm{s} = 235\mathrm{MPa}$，则 λ_p 和 λ_s 为

$$\lambda_\mathrm{p} = \sqrt{\frac{\pi^2 E}{\sigma_\mathrm{p}}} = \sqrt{\frac{\pi^2 \times 206 \times 10^9}{200 \times 10^6}} \approx 100$$

$$\lambda_\mathrm{s} = \frac{a - \sigma_\mathrm{s}}{b} = \frac{304 - 235}{1.12} \approx 61.6$$

$$\lambda_{l_1} = 125 > \lambda_\mathrm{p}$$

如图 10-10（a）所示杆为大柔度杆，按欧拉公式计算临界力。

$$(F_\mathrm{cr})_{l_1} = \sigma_\mathrm{cr} A = \frac{\pi^2 E}{\lambda_{l_1}^2} \frac{\pi d^2}{4} = 2540\mathrm{kN}$$

$$\lambda_\mathrm{s} < \lambda_{l_2} = 62.5 < \lambda_\mathrm{p}$$

如图 10-10（b）所示杆为中柔度杆，按直线公式计算临界力。

$$(F_\mathrm{cr})_{l_2} = \sigma_\mathrm{cr} A = (a - b\lambda_{l_2}) \frac{\pi d^2}{4} = 4705\mathrm{kN}$$

$$\lambda_{l_3} = 31.25 < \lambda_s$$

如图 10-10（c）所示杆为小柔度杆，按强度公式计算临界力。

$$(F_{cr})_{l_3} = \sigma_{cr}A = \sigma_s \frac{\pi d^2}{4} = 4825\text{kN}$$

第四节　压杆的稳定性计算

对于工程实际中的压杆，为了使其能正常工作而不丧失稳定，必须进行稳定性计算，也就是应使压杆所承受的轴向工作压力 F 小于它的临界力 F_{cr}。为安全起见，应使压杆有足够的稳定性，即考虑一定的安全因数。因此，压杆的稳定条件为

$$n = \frac{F_{cr}}{F} \geqslant n_{st} \tag{10-14}$$

式中，n 为压杆的工作安全因数；n_{st} 为规定的稳定安全因数。临界力 F_{cr} 等于压杆的临界应力乘以横截面面积。

压杆的规定稳定安全因数一般高于强度安全因数。这是因为工程实际中存在一些难以避免的因素，如杆件的初始弯曲、压力偏心、材料不均匀和支座缺陷等，这些因素会严重影响压杆的稳定性，降低压杆的临界力。而同样是这些因素，对杆件强度的影响并不像对稳定性那么严重。

常用零件或材料的规定稳定安全因数如表 10-3 所示。

表 10-3　常用零件或材料的规定稳定安全因数的参考数值

零件或材料	n_{st}	零件或材料	n_{st}
金属结构中的压杆	1.8~3.0	高速发动机挺杆	2~5
机床丝杆	2.5~4	起重螺旋	3.5~5
水平长丝杠或精密丝杠	>4	铸铁	5.0~5.5
磨床油缸活塞杆	4~6	木材	2.8~3.2
低速发动机挺杆	4~6		

与强度条件类似，压杆的稳定性条件同样可解决 3 种类型压杆的稳定性计算：

第一种为稳定性校核，即已知外力（可通过静力平衡方程求出压杆的工作压力）、杆端约束、尺寸、材料性质，验证稳定性条件是否满足。

第二种为确定许可载荷，即已知杆端约束、尺寸、材料性质，通过 $[F] = F_{cr}/n_{st}$ 确定许可工作压力，再由平衡方程确定许可载荷。

第三种为设计横截面尺寸，即已知工作压力、杆端约束、压杆长度、材料性质，通过惯性半径确定横截面尺寸。

压杆的稳定条件也可用应力表示，将式（10-14）变形为

$$F \leqslant \frac{F_{cr}}{n_{st}}$$

两端除以压杆的横截面面积 A 得

$$\sigma \leqslant \frac{\sigma_{\mathrm{cr}}}{n_{\mathrm{st}}} = [\sigma_{\mathrm{st}}] \tag{10-15}$$

式中，σ 为压杆的工作应力；$[\sigma_{\mathrm{st}}]$ 为压杆的稳定许用应力。

压杆的稳定许用应力 $[\sigma_{\mathrm{st}}]$ 是随压杆的柔度变化的一个量。有些工程计算中将变化的稳定许用应力 $[\sigma_{\mathrm{st}}]$ 用强度许用应力 $[\sigma]$ 乘以一个折减因数 φ 来表示，即

$$[\sigma_{\mathrm{st}}] = \varphi[\sigma]$$

式中，φ 为一个与压杆材料和压杆柔度有关的因数，$0 \leqslant \varphi \leqslant 1$。表 10-4 为几种材料的折减因数，计算时可查用。用折减因数与强度许用应力表示的压杆稳定性条件为

$$\sigma = \frac{F}{A} \leqslant \varphi[\sigma] \tag{10-16}$$

式（10-16）即为用应力表示的压杆的稳定条件，从形式上可理解为压杆在强度破坏之前便丧失稳定，故由降低强度的许用应力来保证压杆的安全。

表 10-4 压杆的折减因数

λ	φ				λ	φ			
	Q235 钢	16Mn 钢	铸铁	木材		Q235 钢	16Mn 钢	铸铁	木材
0	1.000	1.000	1.000	1.000	110	0.536	0.384		0.248
10	0.995	0.993	0.97	0.971	120	0.466	0.325		0.208
20	0.981	0.973	0.91	0.932	130	0.401	0.279		0.178
30	0.958	0.940	0.81	0.883	140	0.349	0.242		0.153
40	0.927	0.895	0.69	0.822	150	0.306	0.213		0.133
50	0.888	0.840	0.57	0.751	160	0.272	0.188		0.117
60	0.842	0.776	0.44	0.688	170	0.243	0.168		0.104
70	0.789	0.705	0.34	0.575	180	0.218	0.151		0.093
80	0.731	0.627	0.26	0.470	190	0.197	0.136		0.083
90	0.669	0.546	0.20	0.370	200	0.180	0.124		0.075
100	0.604	0.462	0.16	0.300					

压杆稳定性计算的总体思路如图 10-11 所示。

【例题 10-4】 一压杆长 $l = 1.5\mathrm{m}$，由两根 56mm×56mm×8mm 等边角钢组成，如图 10-12 所示，两端铰支，工作压力 $F = 150\mathrm{kN}$，角钢为 Q235 钢，$n_{\mathrm{st}} = 2$，试求临界压力并校核其稳定性。

解： 查附录表得一根 56mm×56mm×8mm 等边角钢几何性质为

$$A = 8.367\mathrm{cm}^2, \quad I_y = 23.63\mathrm{cm}^4, \quad I_z = 47.24\mathrm{cm}^4$$

压杆的失稳总是发生在柔度最大的平面内，当不同平面内约束情况和长度相同时，惯性矩最小的平面柔度最大。两根角钢如图 10-12 所示组合之后，有 $2I_y < 2I_z$。

$$I_{\min} = 2I_y = 2 \times 23.63 = 47.26 \text{ cm}^4$$

$$i_{\min} = \sqrt{\frac{I_{\min}}{2A}} = \sqrt{\frac{47.26}{2 \times 8.367}} = 1.68\mathrm{cm}$$

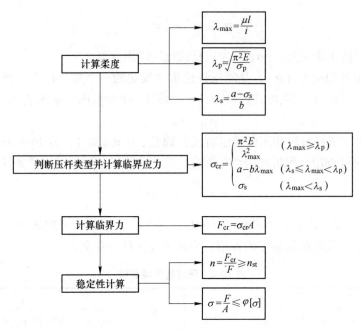

图 10-11　压杆稳定性计算的总体思路

$$\lambda_{max} = \frac{\mu l}{i_{min}} = \frac{1 \times 150}{1.68} = 89.3$$

Q235 钢：$a = 304\text{MPa}$，$b = 1.12\text{MPa}$；$E = 206\text{GPa}$，
$\sigma_p = 200\text{MPa}$，$\sigma_s = 235\text{MPa}$。

$$\lambda_p = \sqrt{\frac{\pi^2 E}{\sigma_p}} = \sqrt{\frac{\pi^2 \times 206 \times 10^9}{200 \times 10^6}} \approx 100$$

$$\lambda_s = \frac{a - \sigma_s}{b} = \frac{304 - 235}{1.12} = 61.6$$

$$\lambda_s < \lambda_{max} < \lambda_p$$

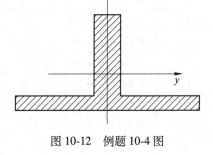

图 10-12　例题 10-4 图

因此，应由直线公式求临界应力。

$$\sigma_{cr} = a - b\lambda_{max} = 304 - 1.12 \times 89.3 = 204\text{MPa}$$

$$F_{cr} = 2A\sigma_{cr} = 2 \times 8.367 \times 10^{-4} \times 204 \times 10^6 = 341.3\text{kN}$$

$$n = \frac{F_{cr}}{F} = \frac{341.3}{150} = 2.28 > n_{st} = 2$$

结论：安全。

【例题 10-5】已知蒸汽机车摇杆的横截面为工字形，如图 10-13 所示，最大承载量 $F = 465\text{kN}$，材料为 Q235 钢，在 xy 平面内可视为两端铰支，在 xz 平面内可视为两端固定，试求摇杆的工作安全因数。（图中未注尺寸单位为 mm。）

解： 因为压杆总是在柔度最大的平面内失稳，故计算 xy 平面内和 xz 平面内的柔度。

截面的面积和惯性矩为

$$A = 6.47 \times 10^{-3}\text{m}^2, \quad I_y = 4.07 \times 10^{-6}\text{m}^4, \quad I_z = 17.76 \times 10^{-6}\text{m}^4$$

截面的惯性半径为

$$i_y = \sqrt{\frac{I_y}{A}} = 0.025\text{m} \ , \ i_z = \sqrt{\frac{I_z}{A}} = 0.052\text{m}$$

xy 平面内的柔度为

$$\lambda_{xy} = \frac{\mu_{xy}l}{i_z} = \frac{1 \times 3.1}{0.052} = 59.6$$

xz 平面内的柔度为

$$\lambda_{xz} = \frac{\mu_{xz}l}{i_y} = \frac{0.5 \times 3.1}{0.025} = 62$$

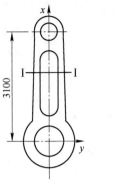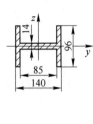

图 10-13 例题 10-5 图

Q235 钢：$a = 304\text{MPa}$，$b = 1.12\text{MPa}$；$E = 206\text{GPa}$，$\sigma_p = 200\text{MPa}$，$\sigma_s = 235\text{MPa}$。

$$\lambda_p = 100, \quad \lambda_s = 61.6$$
$$\lambda_{max} = \lambda_{xz}$$

因此，应由直线公式求临界应力。

$$\sigma_{cr} = a - b\lambda_{max} = 304 - 1.12 \times 62 = 234.56\text{MPa}$$
$$F_{cr} = A\sigma_{cr} = 6.47 \times 10^{-3} \times 234.56 \times 10^6 = 1517.6\text{kN}$$

工作安全因数为

$$n = \frac{F_{cr}}{F} = \frac{1517.6}{465} = 3.26$$

【例题 10-6】 如图 10-14 所示结构，AB 为圆杆，直径 $d = 80\text{mm}$，A 端固定，B 端为球铰；BC 为方截面杆，边长为 $a = 80\text{mm}$，两端为球铰。若 AB、BC 各自独立变形，互相不影响，两杆材料均为 Q235 钢，$E = 206\text{GPa}$，$\sigma_p = 200\text{MPa}$，$\sigma_s = 235\text{MPa}$，试计算临界压力 F_{cr}。

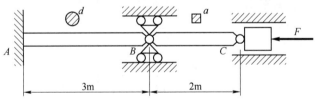

图 10-14 例题 10-6 图

解：（1）AB 杆一端固定，一端铰支，$\mu = 0.7$。

$$i_{AB} = \sqrt{\frac{I_{AB}}{A_{AB}}} = \sqrt{\frac{\dfrac{\pi d^4}{64}}{\dfrac{\pi d^4}{4}}} = \frac{d}{4} = \frac{80}{4} = 20\text{mm}$$

$$\lambda_{AB} = \frac{\mu_{AB}l_{AB}}{i_{AB}} = \frac{0.7 \times 3000}{20} = 105$$

Q235 钢：$a = 304\text{MPa}$，$b = 1.12\text{MPa}$；$E = 206\text{GPa}$，$\sigma_p = 200\text{MPa}$，$\sigma_s = 235\text{MPa}$。

$$\lambda_p = 100, \quad \lambda_s = 61.6$$

$\lambda_{AB} > \lambda_p$，为大柔度杆，采用欧拉公式计算临界应力和临界力。

$$(\sigma_{cr})_{AB} = \frac{\pi^2 E}{\lambda_{AB}^2} = \frac{\pi^2 \times 206 \times 10^9}{105^2} = 184 \text{MPa}$$

$$(F_{cr})_{AB} = (\sigma_{cr})_{AB} \frac{\pi d^2}{4} = 184 \times 10^6 \times \frac{\pi \times 0.08^2}{4} = 924.9 \text{kN}$$

（2）BC 杆两端铰支，$\mu = 1$。

$$i_{BC} = \sqrt{\frac{I_{BC}}{A_{BC}}} = \sqrt{\frac{a^4/12}{a^2}} = \frac{a}{\sqrt{12}} = \frac{80}{\sqrt{12}} = 23.1 \text{mm}$$

$$\lambda_{BC} = \frac{\mu_{BC} l_{BC}}{i_{BC}} = \frac{1 \times 2000}{23.1} = 86.6$$

$\lambda_p > \lambda_{BC} > \lambda_s$，为中柔度杆，采用直线公式计算临界应力。

$$(\sigma_{cr})_{BC} = a - b\lambda_{BC} = 304 - 1.12 \times 86.6 = 207 \text{MPa}$$

$$(F_{cr})_{BC} = (\sigma_{cr})_{BC} a^2 = 207 \times 10^6 \times 0.08^2 = 1324.8 \text{kN}$$

比较 AB 和 BC 的临界力，取较小值，$F_{cr} = 924.9 \text{kN}$。

【例题 10-7】 如图 10-15 所示一简单托架，若托架上受集度为 $q = 50 \text{kN/m}$ 的均布载荷作用，撑杆 AB 为圆木杆，两端铰支，材料的许用应力 $[\sigma] = 11 \text{MPa}$，试求 AB 杆的直径 d。

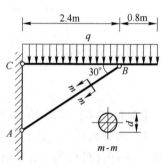

图 10-15　例题 10-7 图

解： 设 AB 杆的轴向压力为 F，根据平衡方程

$$\sum M_C = 0, F\sin 30° \times 2.4 - q \times 3.2 \times 1.6 = 0, F = 213 \text{kN}$$

现用式（10-16）设计截面尺寸。因为杆的直径 d 未知，故无法计算压杆的柔度 λ，也无法确定式中的折减因数 φ。所以先假设一个 φ 求出对应的 λ，然后根据表 10-4 查出对应的 φ'，逐步逼近。

由式（10-16）可得

$$\sigma = \frac{F}{A} = \frac{4F}{\pi d^2} \leqslant \varphi[\sigma]$$

取等号时，直径为

$$d = \sqrt{\frac{4F}{\pi \varphi[\sigma]}}$$

设 $\varphi_1 = 0.5$，则 $d_1 = 0.222 \text{m}$。AB 杆长度为 $l_{AB} = 2.77 \text{m}$。与 φ_1 对应的柔度为

$$\lambda_1 = \frac{\mu l_{AB}}{i} = \frac{4\mu l_{AB}}{d_1} = 50$$

查表 10-4，$\varphi_1' = 0.751$，与假设相距甚远。

设 $\varphi_2 = \frac{\varphi_1 + \varphi_1'}{2} = \frac{0.5 + 0.751}{2} = 0.6255$，则 $d_2 = 0.199 \text{m}$。与 φ_2 对应的柔度为

$$\lambda_2 = \frac{\mu l_{AB}}{i} = \frac{4\mu l_{AB}}{d_2} = 55.8$$

查表 10-4，$\varphi_2' = 0.7144$。

设 $\varphi_3 = \dfrac{\varphi_2 + \varphi_2'}{2} = \dfrac{0.6255 + 0.7144}{2} = 0.67$，则 $d_3 = 0.192\text{m}$。与 φ_3 对应的柔度为

$$\lambda_3 = \frac{\mu l_{AB}}{i} = \frac{4\mu l_{AB}}{d_3} = 57.76$$

查表 10-4，$\varphi_3' = 0.7021$。

设 $\varphi_4 = \dfrac{\varphi_3 + \varphi_3'}{2} = \dfrac{0.67 + 0.7021}{2} = 0.686$，则 $d_4 = 0.190\text{m}$。与 φ_4 对应的柔度为

$$\lambda_4 = \frac{\mu l_{AB}}{i} = \frac{4\mu l_{AB}}{d_4} = 58.45$$

查表 10-4，$\varphi_4' = 0.6978$。

设 $\varphi_5 = \dfrac{\varphi_4 + \varphi_4'}{2} = \dfrac{0.686 + 0.6978}{2} = 0.692$，则 $d_5 = 0.189\text{m}$。与 φ_5 对应的柔度为

$$\lambda_5 = \frac{\mu l_{AB}}{i} = \frac{4\mu l_{AB}}{d_5} = 58.7$$

查表 10-4，$\varphi_5' = 0.6962$，该值已接近假设的 φ_5。故取 $d = 0.189\text{m}$。

【例题 10-8】 如图 10-16 所示结构中，梁 AB 为 16 号工字钢，CD 杆为圆钢，直径 $d = 60\text{mm}$，已知材料的弹性模量为 $E = 206\text{GPa}$，屈服强度为 $\sigma_s = 275\text{MPa}$，中柔度杆的临界应力计算公式为 $\sigma_{cr} = 338 - 1.21\lambda$，与比例极限对应的柔度为 $\lambda_p = 90$，与屈服强度对应的柔度为 $\lambda_s = 50$，强度安全因数 $n = 2$，规定的稳定安全因数 $n_{st} = 3$，试求许可载荷 $[F]$。

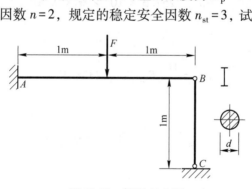

图 10-16 例题 10-8 图

解： 此结构为一次超静定结构，梁 AB 发生弯曲变形，杆 BC 为压杆，则变形协调方程为

$$w_B = \frac{F_{BC} l_{AB}^3}{3EI} - \frac{F\left(\dfrac{l_{AB}}{2}\right)^3}{3EI} - \frac{F\left(\dfrac{l_{AB}}{2}\right)^2}{2EI}\left(\dfrac{l_{AB}}{2}\right) = -\frac{F_{BC} l_{BC}}{EA}$$

式中，F_{BC} 为 BC 杆的工作压力；EI 为 AB 梁的抗弯刚度；EA 为杆 BC 的抗压刚度。解得

$$F_{BC} = \frac{5F}{16 + 6\dfrac{I}{A}}$$

16 号工字钢的惯性矩为 $I = 1.13 \times 10^{-5} \mathrm{m}^4$，杆 BC 的面积 $A = 2.83 \times 10^{-3} \mathrm{m}^2$，代入得

$$F_{BC} = \frac{5F}{16.024} \approx \frac{5F}{16}$$

由此可见，压杆 BC 的轴向位移对约束反力影响很小，在建立变形协调方程时可不考虑 BC 未发生失稳时的轴向位移。

按梁 AB 的强度条件确定许可载荷。梁的最大弯矩在固定端。

$$M_{\max} = \frac{3F}{8}$$

16 号工字钢的抗弯截面模量为 $W_z = 1.41 \times 10^{-4} \mathrm{m}^3$，由弯曲正应力强度条件有

$$\sigma_{\max} = \frac{M_{\max}}{W_z} = \frac{3F}{8W_z} \leqslant [\sigma]$$

$$F \leqslant \frac{8}{3}[\sigma]W_z = \frac{8}{3}\frac{\sigma_s}{n}W_z = \frac{8 \times 275 \times 10^6 \times 1.41 \times 10^{-4}}{3 \times 2} = 51.7 \mathrm{kN}$$

按杆 BC 的稳定性条件确定许可载荷。

$$\lambda = \frac{\mu l_{BC}}{i} = \frac{4\mu l_{BC}}{d} = \frac{4 \times 1 \times 1}{0.06} = 66.7$$

$\lambda_s < \lambda < \lambda_p$，杆 BC 为中柔度杆，临界应力为 $\sigma_{cr} = 338 - 1.21\lambda = 257.3 \mathrm{MPa}$。杆 BC 的临界力为

$$(F_{BC})_{cr} = \sigma_{cr}\frac{\pi d^2}{4} = \frac{257.3 \times 10^6 \times \pi \times 0.06^2}{4} = 727.6 \mathrm{kN}$$

结构的临界载荷为

$$F_{cr} = \frac{16}{5}(F_{BC})_{cr} = 2328.3 \mathrm{kN}$$

由稳定条件得

$$F' \leqslant \frac{F_{cr}}{n_{st}} = \frac{2328.3}{3} = 776.1 \mathrm{kN}$$

故取 $[F] = 51.7 \mathrm{kN}$。

第五节　压杆的合理设计

工程中为保证压杆安全工作，必须合理设计压杆，提高压杆的稳定性。根据压杆的稳定性条件，主要是提高压杆的临界力或临界应力，可以从以下几方面考虑。

一、减小压杆的长度

细长压杆临界力的大小与杆长平方成反比，缩小杆件长度可以大大提高临界力，即提高抵抗失稳的能力，因此压杆应尽量避免细而长。若是能在压杆中间增加支承，也可起到有效作用。根据临界应力总图，降低中长杆的柔度也可提高其临界应力，因此减小压杆长度也可提高中长杆的稳定性。

二、改善杆端约束

由压杆柔度公式可知，杆端约束刚性越强，则压杆长度因数越小，柔度也越小，可使临界应力提高。因此，尽可能改善杆端约束情形，加强杆端约束的刚性，可提高压杆的稳定性。

三、选择合理的截面形状

柔度 λ 与惯性半径 i 成反比，因此，要提高压杆的稳定性，应尽量增大 i。由于 $i = \sqrt{I/A}$，所以在截面面积一定的情况下，要尽量增大惯性矩 I。例如采用空心截面或组合截面，尽量使截面材料远离中性轴。

当压杆在各个弯曲平面内的支撑情况相同时，为避免在最小刚度平面内先发生失稳，应尽量使各个方向的惯性矩相同。例如采用圆形、方形截面。

若压杆的两个弯曲平面支承情况不同，则采用两个方向惯性矩不同的截面，与相应的支承情况对应。例如采用矩形、工字形截面。在具体确定截面尺寸时，抗弯刚度大的方向对应约束刚性弱的方向，抗弯刚度小的方向对应约束刚性强的方向，尽可能使两个方向的柔度相等或接近，抗失稳的能力大体相同。

四、合理选用材料

对于大柔度杆，欧拉公式表明，临界力或临界应力与材料的弹性模量 E 有关，在其他条件相同的情况下选用 E 值较大的材料即高弹性模量，可以提高压杆的临界力。但应注意，钢材的 E 值大致相等，所以采用高强度钢材是不能提高细长压杆稳定性的，反而造成浪费。对于中长杆，临界应力与材料的强度有关，采用高强度钢材，提高了屈服强度 σ_s 和比例极限 σ_p，在一定程度上可以提高压杆的临界力。柔度很小的短粗杆，本来就是强度问题，优质钢的强度高，其优越性自然是明显的。

自 测 题

一、判断题（正确写 T，错误写 F。每题 2 分，共 10 分）

1. 压杆的临界压力与作用载荷大小有关。（　　　）
2. 两根材料、长度、截面面积和约束条件都相同的压杆，其临界压力也一定相同。（　　　）
3. 压杆的临界应力值与材料的弹性模量成正比。（　　　）
4. 对于轴向受压杆来说，由于横截面上的正应力均匀分布，因此不必考虑横截面的合理形状问题。（　　　）
5. 压杆上的压力等于临界载荷，是压杆稳定平衡的前提。（　　　）

二、单项选择题（每题 2 分，共 20 分）

1. 压杆失稳将在（　　　）的纵向平面内发生。
   A. 长度因数 μ 最大　　B. 截面惯性半径 i 最小　　C. 柔度 λ 最大　　D. 柔度 λ 最小
2. 两根细长压杆 a、b 的长度，以及横截面面积、约束状态和材料均相同，若其横截面形状分别为正方形和圆形，则两压杆的临界压力 F_{acr} 和 F_{bcr} 的关系为（　　）。

A. $F_{acr} > F_{bcr}$　　　　B. $F_{acr} = F_{bcr}$　　　　C. $F_{acr} < F_{bcr}$　　　　D. 不可确定

3. 如图 10-17 所示矩形截面细长连杆，两端用圆柱形铰连接。其约束状态在纸面内可视为两端铰支，在垂直于纸面的平面内可视为两端固定。从连杆受压时的稳定性角度考虑，截面合理的高宽比为 $h/b =$（　　）。

A. 2　　　　　　　B. 1　　　　　　　C. 7/10　　　　　　　D. 1/2

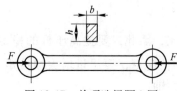

图 10-17　单项选择题 3 图

4. 一正方形截面压杆，其横截面边长 a 和杆长 l 成比例增加，则它的长细比的变化为（　　）。

A. 成比例增加　　　B. 保持不变　　　C. 按 $(l/a)^2$ 变化　　　D. 按 $(a/l)^2$ 变化

5. 细长压杆，若其长度因数增加 1 倍，则临界力（　　）。

A. 增加 1 倍　　　B. 增加到原来的 4 倍　　　C. 为原来的 1/2　　　D. 为原来的 1/4

6. 两种材料、杆端约束相同的圆形截面细长压杆，已知 $l_2 = 2l_1$，若两杆的临界力相等，则 $d_2 =$（　　）d_1。

A. 4　　　　　　　B. 2　　　　　　　C. $\sqrt{3}$　　　　　　　D. $\sqrt{2}$

7. 长方形截面细长压杆，$b/h = 1/2$，如果将 b 改为 h 后仍为细长杆，则临界压力 F_{cr} 是原来的（　　）倍。

A. 2　　　　　　　B. 4　　　　　　　C. 8　　　　　　　D. 16

8. 若压杆在两个方向上的约束情况不同，且 $\mu_y > \mu_z$，那么该压杆的最合理截面应满足的条件是（　　）。

A. $I_y = I_z$　　　　B. $I_y < I_z$　　　　C. $I_y > I_z$　　　　D. $\lambda_y = \lambda_z$

9. 一正方形截面细长压杆，因实际需要在 n-n 横截面处钻一横向小孔如图 10-18 所示，在计算压杆的临界力时，所用的惯性矩为（　　）。

A. $\dfrac{b^4}{12}$　　　　　　　B. $\dfrac{b^4}{12} - \dfrac{\pi d^4}{64}$

C. $\dfrac{b^4}{12} - \dfrac{bd^3}{12}$　　　　D. $\dfrac{b^4}{12} - \dfrac{db^3}{12}$

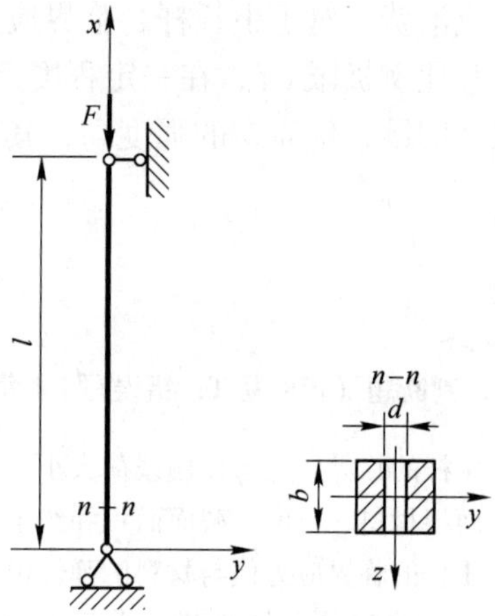

10. 如图 10-19 所示 4 根压杆的材料、截面均相同，它们在纸面内失稳的先后次序为（　　）。

A. (a) → (b) → (c) → (d)

B. (d) → (c) → (b) → (a)

C. (c) → (d) → (a) → (b)

D. (b) → (c) → (d) → (a)

图 10-18　单项选择题 9 图

三、多项选择题（每题 2 分，共 10 分）

1. 决定压杆柔度的因素有（　　）。

A. 杆端约束情况　　　　B. 杆长　　　　C. 横截面的形状和尺寸

D. 弹性模量　　　　E. 载荷

2. 关于压杆稳定的说法，正确的有（　　）。

A. 若压杆中的实际应力小于该压杆的临界应力，则杆件不会失稳

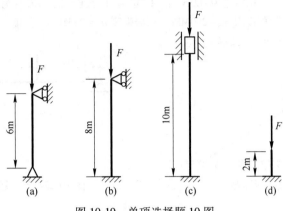

图 10-19　单项选择题 10 图

B. 受压杆件的破坏均由失稳引起

C. 压杆临界应力的大小可以反映压杆稳定性的好坏

D. 若压杆中的实际应力大于 $\dfrac{\pi^2 E}{\lambda^2}$，则压杆必定破坏

E. 压杆失稳主要是由于外界干扰力的影响

3. 若两根细长压杆的柔度相等，当（　　）相同时，它们的临界应力相等。

A. 材料　　　　　　　　　B. 弹性模量　　　　　　　C. 屈服强度

D. 比例极限　　　　　　　E. 泊松比

4. 在材料相同的情况下，随着压杆柔度的增加，（　　）。

A. 细长压杆的临界应力是减小的　　　　　　B. 中长压杆的临界应力是减小的

C. 短粗压杆的临界应力是减小的　　　　　　D. 中长压杆的临界应力是不变的

E. 短粗压杆的临界应力是不变的

5. 细长压杆的临界力与（　　）有关。

A. 杆的材质　　　　　　　B. 横截面形状与尺寸　　　C. 杆端约束

D. 杆承受压力的大小　　　E. 杆的长度

四、计算题（每题 10 分，共 60 分）

1. 如图 10-20 所示连杆，其约束情况为在 xy 平面内弯曲时是两端铰支，在 xz 平面内弯曲时是两端固支。材料的弹性模量 $E = 200\text{GPa}$，$\lambda_{\text{p}} = 100$，试求该杆的临界力。（图中未注尺寸单位为 mm。）

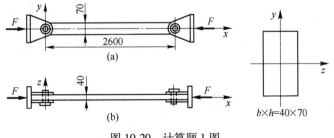

图 10-20　计算题 1 图

2. 如图 10-21 所示铰接杆系 ABC 由两根具有相同截面和同样材料的细长杆所组成。为避免杆件在平面 ABC 内失稳而引起毁坏，试确定载荷 F 为最大时的 θ 角（假设 $0 < \theta < 90°$，β 为已知）。

3. 如图 10-22 所示梁杆结构，材料均为 Q235 钢。AB 梁为 16 号工字钢，BC 杆为 $d = 60\text{mm}$ 的圆杆。已知弹性模量 $E = 200\text{GPa}$，比例极限 $\sigma_\text{p} = 200\text{MPa}$，屈服强度 $\sigma_\text{s} = 235\text{MPa}$，强度安全因数 $n = 1.4$，规定的稳定安全因数 $n_\text{st} = 3$，试求许可载荷 [F]。

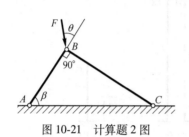

图 10-21　计算题 2 图

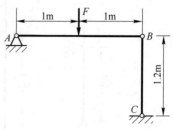

图 10-22　计算题 3 图

4. 如图 10-23 所示结构，AB 杆为钢杆，许用应力 $[\sigma] = 160\text{MPa}$，横截面面积 $A = 21.5\text{cm}^2$，抗弯截面模量 $W_z = 102\text{cm}^3$。圆截面钢杆 CD，其直径 $d = 20\text{mm}$，材料的弹性模量 $E = 200\text{GPa}$，$\sigma_\text{p} = 200\text{MPa}$，$\sigma_\text{s} = 235\text{MPa}$，中柔度杆直线公式中 $a = 304\text{MPa}$，$b = 1.12\text{MPa}$。A、C、D 三处均为球铰约束，已知 $l_1 = 0.65\text{m}$，$l_2 = 0.55\text{m}$，$F = 25\text{kN}$，规定稳定安全因数 $n_\text{st} = 1.8$，试校核此结构是否安全。

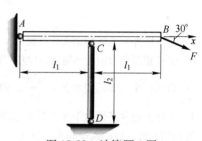

图 10-23　计算题 4 图

5. 如图 10-24 所示立柱长 $l = 6\text{m}$，由两根 No. 10 槽钢组成，立柱顶部为球形铰支，根部为固定端。已知材料的弹性模量 $E = 200\text{GPa}$，比例极限 $\sigma_\text{p} = 200\text{MPa}$，试问当 a 为多大时立柱的临界力取得最大值？该最大值是多少？

6. 图 10-25 中 AB、BC 两杆截面均为正方形，AB 杆边长为 a，BC 杆边长为 $a/3$，已知 $l = 5a$。两杆材料相同，弹性模量为 E，设材料可采用欧拉公式计算的临界柔度为 100，试求 BC 杆失稳时均布载荷 q 的临界值。

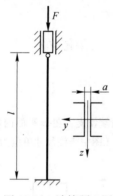

图 10-24　计算题 5 图

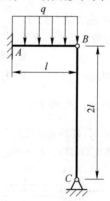

图 10-25　计算题 6 图

扫描二维码获取本章自测题参考答案

第十一章 能 量 法

+·+

【本章知识框架结构图】

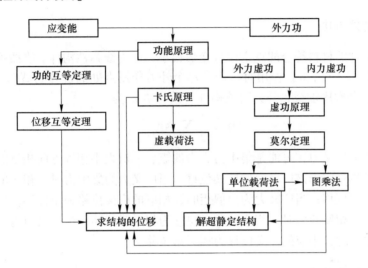

【知识导引】

固体力学中，将与功和能有关的定理统称为能量原理。弹性构件或结构在外力作用下发生变形，会引起力的作用点沿力作用方向的位移，外力因此做功。另外，弹性构件或结构因变形而储存了应变能。如果不考虑加载过程中其他形式的能量损耗，根据能量守恒原理，弹性构件或结构的应变能在数值上等于外力所做的功。据此可通过计算构件或结构的应变能确定力的作用点处沿力的方向的位移。但若要确定构件或结构上任意点和任意方向的位移，则需应用适应范围更为广泛的能量方法。本章介绍工程上常用的莫尔定理、卡氏定理、互等定理等。

【本章学习目标】

知识目标：

掌握杆件变形能和外力功的计算，熟练掌握功能原理、卡氏定理、互等定理、莫尔定理和图乘法，并掌握用能量法求解超静定结构。

能力目标：

能够运用能量方法求解工程中常用杆件和结构的位移。能求解超静定问题。

育人目标：

通过互等定理、虚功原理引导学生用辩证思维看问题，从专业角度理解掌握马克思主义哲学观点。通过图乘法帮助学生树立信心，使其敢于向尖端、向未来挑战。

【本章重点及难点】

本章重点：杆件变形能的计算，卡氏定理，莫尔定理，图乘法，用能量法解超静定结构。

本章难点：用能量法解超静定结构。

·+·

第一节　外力功与应变能

一、构件的外力功

假设组成构件的材料符合胡克定律且变形很小，即为线弹性构件。当线弹性构件上有多个力 $F_i(i = 1, 2, \cdots, n)$ 作用时，若设每个外力作用点处的位移为 $\Delta_i(i = 1, 2, \cdots, n)$，则不论按何种次序加载，外力对该构件所做的功 W 为

$$W = \frac{1}{2} \sum_{i=1}^{n} F_i \Delta_i \tag{11-1}$$

式中外力应理解为广义力，可能是集中力、力偶矩、一对大小相等方向相反的力或力偶矩等。式中位移是指相应于该广义力的广义位移，当广义力为集中力时，相应的广义位移为该力作用方向的线位移；当广义力为力偶矩时，相应的广义位移为角位移；当广义力为一对大小相等、方向相反的力时，相应的广义位移为相对线位移；当广义力为一对大小相等方向相反的力偶矩时，相应的广义位移为相对角位移。

二、杆件应变能的计算

构件在外力作用下发生弹性变形时，外力功转变为一种能量，储存于构件内，从而使构件具有对外做功的能力，这种能量称为弹性应变能，简称应变能，用 V_ε 表示。

若外力从零开始缓慢增加到最终值，构件在变形中的每一瞬间都处于平衡，动能和其他能量皆可不计，则构件的应变能 V_ε 在数值上等于外力所做的功 W，即

$$V_\varepsilon = W \tag{11-2}$$

式（11-2）称为应变能原理或功能原理。

考虑微段杆件的受力和变形，应用弹性范围内内力与变形的线性关系，可以得到微段杆件的应变能表达式，然后通过积分即可得计算杆件应变能的公式。

（一）轴向拉伸或压缩杆件

如图 11-1（a）所示为轴向拉伸杆的一个微段 $\mathrm{d}x$，该微段上作用的轴力为 $F_N(x)$，在轴力作用下产生的线位移为 $\Delta(\mathrm{d}x)$。在线弹性范围内，轴力与位移成正比，如图 11-1(b)所示。轴力做功 $\mathrm{d}W$ 为

$$\mathrm{d}W = \frac{1}{2} F_N(x) \Delta(\mathrm{d}x)$$

根据功能原理，微段内储存的应变能为

$$\mathrm{d}V_\varepsilon = \frac{1}{2} F_N(x) \Delta(\mathrm{d}x)$$

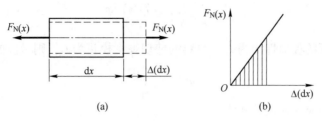

图 11-1　轴向拉伸杆的应变能

设杆件的横截面面积为 A，材料的弹性模量为 E，则微段的线变形为

$$\Delta(\mathrm{d}x) = \frac{F_N(x)\mathrm{d}x}{EA}$$

微段内储存的应变能表达式为

$$\mathrm{d}V_\varepsilon = \frac{F_N^2(x)\mathrm{d}x}{2EA}$$

长度为 l 的轴向拉伸或压缩杆件中的应变能表达式为

$$V_\varepsilon = \int_0^l \frac{F_N^2(x)}{2EA}\mathrm{d}x \qquad (11\text{-}3)$$

若轴力 F_N 沿杆件长度方向不变，则应变能为

$$V_\varepsilon = \frac{F_N^2 l}{2EA} \qquad (11\text{-}4)$$

对于由 n 根直杆组成的桁架结构，由于每根杆均为轴向拉伸或压缩杆，故整个结构的应变能为

$$V_\varepsilon = \sum_{i=1}^n \frac{F_{Ni}^2 l_i}{2E_i A_i} \qquad (11\text{-}5)$$

式中，F_{Ni}、l_i、E_i、A_i 分别为结构中第 i 根杆的轴力、杆长、弹性模量和横截面面积。

（二）受扭圆轴

对于长度为 l 承受扭转的等截面圆轴，设作用在微段 $\mathrm{d}x$ 的扭矩为 $T(x)$，使微段 $\mathrm{d}x$ 相邻两截面产生的相对扭转角为 $\mathrm{d}\varphi$，如图 11-2（a）所示。

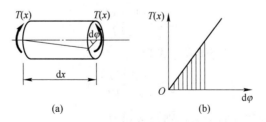

图 11-2　圆轴扭转的应变能

在线弹性范围内，扭矩与相对扭转角成正比，如图 11-2（b）所示。则微段 $\mathrm{d}x$ 内储存的应变能为

$$dV_\varepsilon = dW = \frac{T(x)\,d\varphi}{2}$$

设圆轴横截面的极惯性矩为 I_p，材料的剪切弹性模量为 G，则微段的相对扭转角为

$$d\varphi = \frac{T(x)\,dx}{GI_p}$$

微段内储存的应变能表达式为

$$dV_\varepsilon = \frac{T^2(x)\,dx}{2GI_p}$$

长度为 l 的圆轴中储存的应变能表达式为

$$V_\varepsilon = \int_0^l \frac{T^2(x)}{2GI_p}dx \tag{11-6}$$

若扭矩 T 沿轴线方向不变，则应变能为

$$V_\varepsilon = \frac{T^2 l}{2GI_p} \tag{11-7}$$

（三）平面弯曲梁

对于承受平面弯曲的等截面直梁，在细长梁的情况下，剪切应变能与弯曲应变能相比很小，可以不计，仅计算弯曲应变能。

设作用在微段 dx 上的弯矩为 $M(x)$，使微段 dx 相邻两截面绕中性轴产生的相对转角为 $d\theta$，如图 11-3（a）所示。在线弹性范围内，弯矩与两截面的相对转角成正比，如图 11-3（b）所示。则微段 dx 内储存的应变能为

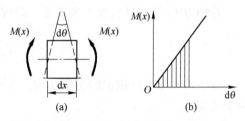

图 11-3 平面弯曲梁的应变能

$$dV_\varepsilon = dW = \frac{M(x)\,d\theta}{2}$$

设梁横截面对中性轴的惯性矩为 I，材料的弹性模量为 E，根据平面弯曲时梁的变形公式，微段相邻两截面绕中性轴产生的相对转角为

$$d\theta = \frac{d^2 w}{dx^2}dx = \frac{M(x)}{EI}dx$$

微段内储存的应变能表达式为

$$dV_\varepsilon = \frac{M^2(x)}{2EI}dx$$

长度为 l 的梁中储存的应变能表达式为

$$V_\varepsilon = \int_0^l \frac{M^2(x)}{2EI}dx \tag{11-8}$$

若弯矩 M 沿梁的轴线方向不变，则应变能为

$$V_\varepsilon = \frac{M^2 l}{2EI} \tag{11-9}$$

（四）组合变形杆件

对于组合变形的杆件，在小变形情况下，杆件横截面上同时有轴力、扭矩和弯矩，由

于这三种内力引起的变形是相互独立的，因而总应变能等于三者单独作用时的应变能之和。于是有微段 dx 内的应变能为

$$dV_\varepsilon = \frac{F_N^2(x)dx}{2EA} + \frac{T^2(x)dx}{2GI_p} + \frac{M^2(x)dx}{2EI}$$

对于杆长 l 范围内内力相等的情况，整个杆件的应变能为

$$V_\varepsilon = \frac{F_N^2 l}{2EA} + \frac{T^2 l}{2GI_p} + \frac{M^2 l}{2EI} \qquad (11\text{-}10)$$

对于杆件长度上各段内力分量不等的情况需分段计算然后相加：

$$V_\varepsilon = \sum_i \frac{F_{Ni}^2 l_i}{2EA} + \sum_i \frac{T_i^2 l_i}{2GI_p} + \sum_i \frac{M_i^2 l_i}{2EI} \qquad (11\text{-}11)$$

或者采用积分计算：

$$V_\varepsilon = \int_l \frac{F_N^2(x)}{2EA}dx + \int_l \frac{T^2(x)}{2GI_p}dx + \int_l \frac{M^2(x)}{2EI}dx \qquad (11\text{-}12)$$

【例题 11-1】线弹性杆件组成的结构在 A 点受力 F 作用，如图 11-4（a）所示，若两杆的抗拉（压）刚度均为 EA，$AB=l$，$BC=0.8l$，$AC=0.6l$，试利用功能原理求 A 点的铅垂位移。

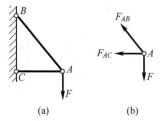

解：选 A 为对象，受力如图 11-4（b）所示，根据平衡方程可求得 AB 杆和 AC 杆的轴力分别为

图 11-4 例题 11-1 图

$$F_{AB} = \frac{5}{4}F, \quad F_{AC} = -\frac{3}{4}F$$

结构的应变能等于两杆的应变能之和，即

$$V_\varepsilon = \frac{F_{AB}^2 l_{AB}}{2EA} + \frac{F_{BC}^2 l_{BC}}{2EA} = \frac{\left(\frac{5}{4}F\right)^2 l}{2EA} + \frac{\left(-\frac{3}{4}F\right)^2 (0.6l)}{2EA} = \frac{1.9F^2 l}{2EA}$$

设 A 点的铅垂位移为 Δ_{Ay}，则外力做功为

$$W = \frac{1}{2}F\Delta_{Ay}$$

根据功能原理，外力做功等于结构的应变能，有

$$\frac{1}{2}F\Delta_{Ay} = \frac{1.9F^2 l}{2EA}$$

得

$$\Delta_{Ay} = \frac{1.9Fl}{EA}$$

第二节 互 等 定 理

对线弹性结构，利用功能原理和叠加原理可导出功的互等定理和位移互等定理。

一、功的互等定理

假设两个不同的力系 $F_{\mathrm{I}i}$（$i=1$，2，$\cdots$，m）、$F_{\mathrm{II}j}$（$j=1$，2，$\cdots$，n）作用在两个相同的结构上，在弹性范围内加载和小变形的条件下，有下列重要结论：力系 $F_{\mathrm{I}i}$（$i=1$，2，$\cdots$，m）在力系 $F_{\mathrm{II}j}$（$j=1$，2，$\cdots$，n）引起的位移上所做之功，等于力系 $F_{\mathrm{II}j}$（$j=1$，2，$\cdots$，n）在力系 $F_{\mathrm{I}i}$（$i=1$，2，$\cdots$，m）引起的位移上所做之功。这一结论称为功的互等定理。这一定理的数学表达式为

$$\sum_{i=1}^{m} F_{\mathrm{I}i}\Delta_{ij} = \sum_{j=1}^{n} F_{\mathrm{II}j}\Delta_{ji} \tag{11-13}$$

式中，Δ_{ij} 为力系 $F_{\mathrm{II}j}$ 在 $F_{\mathrm{I}i}$ 作用点处沿 $F_{\mathrm{I}i}$ 方向引起的位移；Δ_{ji} 为力系 $F_{\mathrm{I}i}$ 在 $F_{\mathrm{II}j}$ 作用点处沿 $F_{\mathrm{II}j}$ 方向的位移。

下面以图 11-5 所示平面弯曲梁为例证明功的互等定理。考察两种加载过程：一种是先加 $F_{\mathrm{I}i}$（$i=1$，2，$\cdots$，m）后加 $F_{\mathrm{II}j}$（$j=1$，2，$\cdots$，n），如图 11-5（a）所示；另一种是先加 $F_{\mathrm{II}j}$（$j=1$，2，$\cdots$，n）后加 $F_{\mathrm{I}i}$（$i=1$，2，$\cdots$，m），如图 11-5（b）所示。

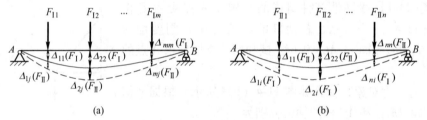

图 11-5　功的互等定理

对于线性问题，根据叠加原理，变形状态与加力的次序无关。因此两种加力过程所产生的最后变形状态是相同的，故两种加载过程所引起的应变能相等，即有

$$(V_{\varepsilon})_{\mathrm{I}\to\mathrm{II}} = (V_{\varepsilon})_{\mathrm{II}\to\mathrm{I}} \tag{11-14}$$

应用功能原理

$$\begin{cases} (V_{\varepsilon})_{\mathrm{I}\to\mathrm{II}} = \sum_{i=1}^{m} \frac{1}{2}F_{\mathrm{I}i}\Delta_{ii} + \sum_{j=1}^{n} \frac{1}{2}F_{\mathrm{II}j}\Delta_{jj} + \sum_{i=1}^{m} F_{\mathrm{I}i}\Delta_{ij} \\[2mm] (V_{\varepsilon})_{\mathrm{II}\to\mathrm{I}} = \sum_{j=1}^{n} \frac{1}{2}F_{\mathrm{II}j}\Delta_{jj} + \sum_{i=1}^{m} \frac{1}{2}F_{\mathrm{I}i}\Delta_{ii} + \sum_{j=1}^{n} F_{\mathrm{II}j}\Delta_{ji} \end{cases} \tag{11-15}$$

式中，Δ_{ii} 和 Δ_{jj} 分别为力 $F_{\mathrm{I}i}$ 和 $F_{\mathrm{II}j}$ 在自身作用点处，沿自身作用线方向引起的位移，因此等号右边第一项和第二项为各个力在加载过程中在自身位移上所做的功，为变力功；Δ_{ji} 和 Δ_{ij} 分别为一个力系中的力在另一个力系中力的作用点处的位移，第一个下标表示产生位移的点，第二个下标表示产生位移的力或力的作用点，因此等号右边第三项为先加力系中各个力在后加力系引起的位移上所做的功，为常力功。将式（11-15）代入式（11-14），即可得到式（11-13）。

考虑最简单力系，力系 $F_{\mathrm{I}i}$（$i=1$，2，$\cdots$，m）只有一个力 F_1，力系 $F_{\mathrm{II}j}$（$j=1$，2，$\cdots$，n）也只有一个力 F_2，如图 11-6 所示。图 11-6（a）中 Δ_{11} 为 F_1 引起的在作用点 1 处的位移，Δ_{21} 为 F_1 引起的在作用点 2 处的位移；图 11-6（b）中 Δ_{12} 为 F_2 引起的在作用点 1 处

的位移，图中 Δ_{22} 为 F_2 引起的在作用点 2 处的位移。根据式（11-13）可得

$$F_1\Delta_{12} = F_2\Delta_{21} \qquad (11\text{-}16)$$

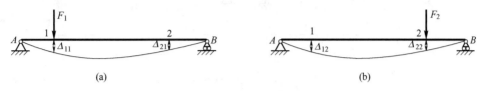

(a)   (b)

图 11-6　简单力系的功的互等定理

式（11-16）表明，力 F_1 在其作用点处由于力 F_2 引起的位移 Δ_{12} 上所做之功，等于力 F_2 在其作用点处由于力 F_1 引起的位移 Δ_{21} 上所做之功。

二、位移互等定理

在图 11-6 中，当力 F_1 和力 F_2 在数值上相等，则式（11-16）变为

$$\Delta_{12} = \Delta_{21} \qquad (11\text{-}17)$$

式（11-17）表明，若作用在线弹性体上的两个力 F_1 和 F_2 数值相等，则力 F_1 在力 F_2 作用点处引起的位移 Δ_{12} 等于力 F_2 在力 F_1 作用点处引起的位移 Δ_{21}，这就是位移互等定理。

需要说明的是，在式（11-16）中，若力 F_1 和 F_2 数值均等于 1 个单位，这时的位移为单位位移，用 δ_{12} 和 δ_{21} 表示，式（11-17）可写为

$$\delta_{12} = \delta_{21} \qquad (11\text{-}18)$$

功的互等定理和位移互等定理中力和位移都是广义的，且结构只发生变形位移，不发生刚性位移。

互等定理应用广泛，例如欲测量如图 11-7（a）所示桥梁在 F 作用下 n 个点的挠度。一种办法是用 n 个千分表或挠度计，将其分别放置在 n 个测点处。另一种办法是只用 1 个千分表，将其放置在靠近梁跨度中点 i 的位置，然后用 1 个大小为 F 的移动载荷从桥面上移动，如图 11-7（b）所示，当载荷移动到 1，2，$\cdots$，n 时，千分表的读数分别为 Δ_1，Δ_2，$\cdots$，Δ_n，根据位移互等定理，F 作用下桥梁 n 个点处的挠度分别为 Δ_1，Δ_2，$\cdots$，Δ_n。

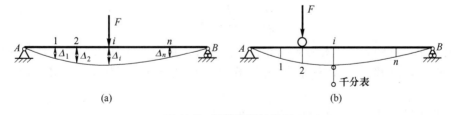

(a)   (b)

图 11-7　互等定理的应用

【例题 11-2】如图 11-8（a）所示简支梁，已知 C 点作用力 F 时，B 截面转角为 $\theta_B = \dfrac{Fl^2}{16EI}$。如在同一梁的 B 截面作用力偶矩 M，如图 11-8（b）所示，试确定此时 C 截面的挠度。

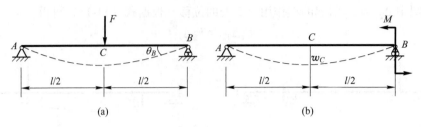

图 11-8　例题 11-2 图

解： 根据功的互等定理，力 F 在 M 作用下 F 作用处所引起的位移上所做的功等于力偶矩 M 在 F 作用下 M 作用处所引起的角位移上所做之功，即

$$Fw_C = M\theta_B$$

解得

$$w_C = \frac{M}{F}\theta_B = \frac{Ml^2}{16EI}$$

第三节　卡 氏 定 理

如图 11-9 所示为一在自由端受集中力 F 作用的悬臂梁，梁的跨度为 l，抗弯刚度为 EI，下面根据功能原理求自由端 A 处的竖直位移，即挠度。

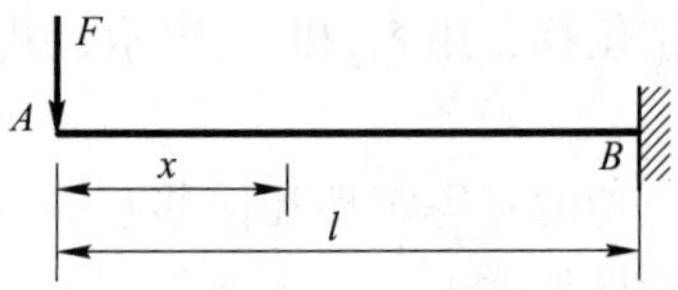

任意截面的弯矩为

$$M(x) = -Fx$$

代入式（11-8）得

$$V_\varepsilon = \int_0^l \frac{M^2(x)}{2EI}\mathrm{d}x = \int_0^l \frac{F^2x^2}{2EI}\mathrm{d}x = \frac{F^2l^3}{6EI}$$

图 11-9　悬臂梁

将应变能理解为载荷 F 的函数，即

$$V_\varepsilon = V_\varepsilon(F)$$

计算应变能对 F 的导数，得到

$$\frac{\mathrm{d}V_\varepsilon}{\mathrm{d}F} = \frac{Fl^3}{3EI} = w_A$$

由此可见，杆件应变能对力 F 的导数，正好等于集中力 F 作用下集中力作用点沿其作用线方向的位移，这是一个普遍的规律，称为卡氏定理（Second Castigliano's Theorem）。

下面以梁的弯曲变形为例证明卡氏定理。

设如图 11-10（a）所示简支梁在一组力 F_1，F_2，$\cdots$，F_k，$\cdots$，F_n 作用下发生弯曲变形，各力作用点处相应的位移分别为 Δ_1，Δ_2，$\cdots$，Δ_k，$\cdots$，Δ_n，则梁的应变能等于外力功，即

$$V_\varepsilon = W \tag{11-19}$$

现在计算力 F_k 的作用点在 F_k 方向上的位移 Δ_k。考虑给 F_k 一个微小增量 $\mathrm{d}F_k$，各力作

用点相应的微小位移增量为 $\mathrm{d}\Delta_i$($i=1$,2,$\cdots$,n),如图 11-10(b)所示。由于 V_ε 可表示为 F_1,F_2,$\cdots$,F_k,$\cdots$,F_n 的函数,即 $V_\varepsilon = V_\varepsilon(F_1$,$F_2$,$\cdots$,$F_k$,$\cdots$,$F_n)$,相应的梁的应变能也产生一增量 $\mathrm{d}V_\varepsilon$,于是梁的应变能为 $V_\varepsilon + \dfrac{\partial V_\varepsilon}{\partial F_k}\mathrm{d}F_k$。

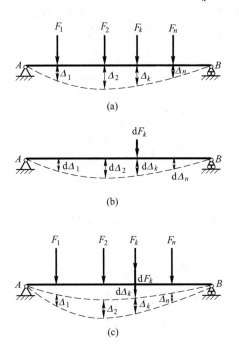

图 11-10 用简支梁证明卡氏定理

如果将上述加载次序改变,即先作用 $\mathrm{d}F_k$,然后再施加 F_1,F_2,$\cdots$,F_k,$\cdots$,F_n。$\mathrm{d}F_k$ 引起的原 F_1,F_2,$\cdots$,F_k,$\cdots$,F_n 作用点处沿各力方向上的位移为 $\mathrm{d}\Delta_1$,$\mathrm{d}\Delta_2$,$\cdots$,$\mathrm{d}\Delta_k$,$\cdots$,$\mathrm{d}\Delta_n$,此时梁中的应变能为 $\dfrac{1}{2}\mathrm{d}F_k\mathrm{d}\Delta_k$。

继续施加 F_1,F_2,$\cdots$,F_k,$\cdots$,F_n 后,小变形情况下,各力作用点处沿各力的方向产生的位移仍为 Δ_1,Δ_2,$\cdots$,Δ_k,$\cdots$,Δ_n,如图 11-10(c)所示,而且所做之功与式(11-19)相同,故施加 F_1,F_2,$\cdots$,F_k,$\cdots$,F_n 后引起的附加应变能仍为 V_ε。但在上述加载过程中,力 $\mathrm{d}F_k$ 随之下降了 Δ_k,所做功为 $\mathrm{d}F_k\Delta_k$。所以梁的总应变能为 $\dfrac{1}{2}\mathrm{d}F_k\mathrm{d}\Delta_k + V_\varepsilon + \mathrm{d}F_k\Delta_k$。

考虑到弹性体中应变能与加载次序无关,所以有

$$V_\varepsilon + \frac{\partial V_\varepsilon}{\partial F_k}\mathrm{d}F_k = \frac{1}{2}\mathrm{d}F_k\mathrm{d}\Delta_k + V_\varepsilon + \mathrm{d}F_k\Delta_k$$

上式中 $\mathrm{d}F_k\mathrm{d}\Delta_k/2$ 为高阶微量,可忽略不计,于是得到

$$\Delta_k = \frac{\partial V_\varepsilon}{\partial F_k} \tag{11-20}$$

式(11-20)表明,应变能对任一载荷的偏导数,等于该载荷作用点处沿该载荷作用

方向上的位移。式（11-20）为卡氏定理的表达式。由于推导过程中使用了线弹性条件和小变形，因此卡氏定理只适用于线弹性体和小变形情形。另外卡氏定理中的载荷 F_k 和位移 Δ_k 应为广义力和广义位移。如计算所得位移 Δ_k 为正，表示位移 Δ_k 方向与力 F_k 的方向相同；计算所得位移 Δ_k 为负，则表示位移 Δ_k 方向与力 F_k 的方向相反。

将式（11-3）、式（11-5）、式（11-6）、式（11-8）代入式（11-20）中，得到轴向拉压杆、桁架、扭转圆轴、平面弯曲梁的卡氏定理表达式

$$\Delta_k = \int_l \frac{F_N(x)}{EA} \frac{\partial F_N(x)}{\partial F_k} \mathrm{d}x \tag{11-21}$$

$$\Delta_k = \sum_{i=1}^n \frac{F_{Ni} l_i(x)}{E_i A_i} \frac{\partial F_{Ni}}{\partial F_k} \tag{11-22}$$

$$\Delta_k = \int_l \frac{T(x)}{GI_p} \frac{\partial T(x)}{\partial F_k} \mathrm{d}x \tag{11-23}$$

$$\Delta_k = \int_l \frac{M(x)}{EI} \frac{\partial M(x)}{\partial F_k} \mathrm{d}x \tag{11-24}$$

对于小曲率平面曲杆，如只考虑弯矩，将式（11-24）中坐标 x 用弧坐标 s 表示，卡氏定理表达式为

$$\Delta_k = \int_s \frac{M(s)}{EI} \frac{\partial M(s)}{\partial F_k} \mathrm{d}s \tag{11-25}$$

对于由 n 个杆组成的平面刚架，只考虑弯矩时，卡氏定理表达式为

$$\Delta_k = \sum_{i=1}^n \int_{l_i} \frac{M(x)}{EI} \frac{\partial M(x)}{\partial F_k} \mathrm{d}x \tag{11-26}$$

对于组合变形杆件，卡氏定理表达式为

$$\Delta_k = \int_l \frac{F_N(x)}{EA} \frac{\partial F_N(x)}{\partial F_k} \mathrm{d}x + \int_l \frac{T(x)}{GI_p} \frac{\partial T(x)}{\partial F_k} \mathrm{d}x + \int_l \frac{M(x)}{EI} \frac{\partial M(x)}{\partial F_k} \mathrm{d}x \tag{11-27}$$

【例题 11-3】 如图 11-11 所示外伸梁的抗弯刚度为 EI，试求外伸端 C 的挠度和 A 截面的转角。

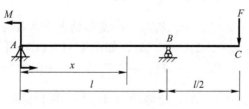

图 11-11　例题 11-3 图

解： 求约束反力，列弯矩方程并求导数。

$$F_A = \left(\frac{M}{l} - \frac{F}{2}\right)(\uparrow), \quad F_B = \left(\frac{3F}{2} - \frac{M}{l}\right)(\uparrow)$$

$$M(x) = \begin{cases} \left(\dfrac{M}{l} - \dfrac{F}{2}\right)x - M & (0 \leq x \leq l) \\ F\left(\dfrac{3}{2}l - x\right) & \left(l \leq x \leq \dfrac{3}{2}l\right) \end{cases}$$

$$\frac{\partial M(x)}{\partial F} = \begin{cases} -\dfrac{1}{2}x & (0 \leq x \leq l) \\ \dfrac{3}{2}l - x & (l \leq x \leq \dfrac{3}{2}l) \end{cases}$$

$$\frac{\partial M(x)}{\partial M} = \begin{cases} \dfrac{1}{l}x - 1 & (0 \leq x \leq l) \\ 0 & (l \leq x \leq \dfrac{3}{2}l) \end{cases}$$

利用卡氏定理求外伸端 C 的挠度 w_C。

$$w_C = \int_l \frac{M(x)}{EI} \frac{\partial M(x)}{\partial F}\mathrm{d}x = \int_0^l \frac{\left(\dfrac{M}{l} - \dfrac{F}{2}\right)x - M}{EI}\frac{-x}{2}\mathrm{d}x + \int_l^{\frac{3l}{2}} \frac{F\left(\dfrac{3l}{2} - x\right)}{EI}\left(\frac{3l}{2} - x\right)\mathrm{d}x$$

$$= \frac{Ml^2}{12EI} + \frac{Fl^3}{8EI}$$

利用卡氏定理求 A 截面的转角 θ_A。

$$\theta_A = \int_l \frac{M(x)}{EI} \frac{\partial M(x)}{\partial M}\mathrm{d}x = \int_0^l \frac{\left(\dfrac{M}{l} - \dfrac{F}{2}\right)x - M}{EI}\left(\frac{x}{l} - 1\right)\mathrm{d}x = \frac{Ml}{3EI} + \frac{Fl^2}{12EI}$$

用卡氏定理求结构某处某方向位移时，该处该方向需要有相应的载荷作用，如上例中求 C 截面挠度，在 C 截面作用有集中力 F，求 A 截面转角，在 A 截面作用集中力偶 M。如果该处该方向上没有与所求位移对应的载荷，则可以附加一个虚拟载荷，然后计算结构附加虚拟载荷后的应变能，并用卡氏定理计算所求位移，最后令所附加的虚拟载荷为零，即得到结构的真实位移。这种处理问题的方法称为虚载荷法或称为附加力法。

【例题 11-4】 已知梁的抗弯刚度为 EI，试用卡氏定理计算如图 11-12 所示简支梁跨度中点 C 处的挠度。

解： 由于简支梁 C 处没有与挠度相对应的集中力，为了应用卡氏定理，在 C 处虚加一集中力 F。求梁在 M 和 F 共同作用下的约束反力，并写出弯矩方程进行求导数。

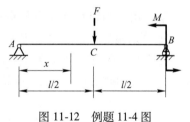

图 11-12 例题 11-4 图

$$F_A = \left(\frac{M}{l} + \frac{F}{2}\right)(\uparrow), \quad F_B = \left(\frac{F}{2} - \frac{M}{l}\right)(\uparrow)$$

$$M(x) = \begin{cases} \left(\dfrac{M}{l} + \dfrac{F}{2}\right)x & (0 \leq x \leq \dfrac{l}{2}) \\ M + \left(\dfrac{F}{2} - \dfrac{M}{l}\right)(l - x) & (\dfrac{l}{2} \leq x \leq l) \end{cases}$$

$$\frac{\partial M(x)}{\partial F} = \begin{cases} \dfrac{x}{2} & (0 \leq x \leq \dfrac{l}{2}) \\ \dfrac{l - x}{2} & (\dfrac{l}{2} \leq x \leq l) \end{cases}$$

利用卡氏定理求 C 处的挠度 w_C。

$$w_C = \int_l \frac{M(x)}{EI} \frac{\partial M(x)}{\partial F} dx = \int_0^{\frac{l}{2}} \frac{\left(\frac{M}{l} + \frac{F}{2}\right)x}{EI} \frac{x}{2} dx + \int_{\frac{l}{2}}^l \frac{M + \left(\frac{F}{2} - \frac{M}{l}\right)(l-x)}{EI} \frac{l-x}{2} dx$$

$$= \frac{Ml^2}{16EI} + \frac{Fl^3}{48EI}$$

令 $F=0$，得到 C 截面挠度的真实值为

$$w_C = \frac{Ml^2}{16EI}$$

【例题 11-5】 刚架是由梁和柱组成的结构，各杆件主要承受弯曲变形，连接梁柱的结点称为刚结点。已知 AB 和 BC 的抗弯刚度均为 EI，试用卡氏定理计算如图 11-13（a）所示刚架 C 处的铅垂位移和水平位移。

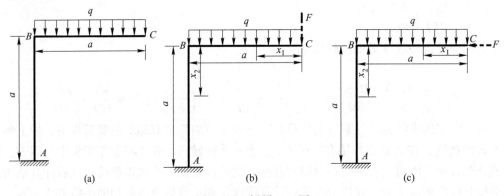

图 11-13　例题 11-5 图

解： 由于刚架 C 处没有与铅垂位移和水平位移相对应的集中力，为了应用卡氏定理，在 C 处分别虚加一铅垂集中力 F 和水平集中力 F，如图 11-13（b）和图 11-13（c）所示。

先求铅垂位移。列刚架在 q 和铅垂集中力 F 共同作用下的弯矩方程并进行求导数。需要说明的是刚架的弯矩是以内侧纤维受拉为正，通常弯矩图画在受拉侧且不标注正负号。

$$M(x) = \begin{cases} -Fx_1 - \frac{1}{2}qx_1^2 & (0 \leq x_1 \leq a) \\ -Fa - \frac{1}{2}qa^2 & (0 \leq x_2 \leq a) \end{cases}$$

$$\frac{\partial M(x)}{\partial F} = \begin{cases} -x_1 & (0 \leq x_1 \leq a) \\ -a & (0 \leq x_2 \leq a) \end{cases}$$

代入卡氏定理表达式并令 $F=0$，得 C 处的铅垂位移为

$$\Delta_{Cy} = \int_0^a \frac{-\frac{1}{2}qx_1^2}{EI}(-x_1)dx_1 + \int_0^a \frac{-\frac{1}{2}qa^2}{EI}(-a)dx_2 = \frac{5qa^4}{8EI}(\downarrow)$$

再求水平位移。列刚架在 q 和水平集中力 F 共同作用下的弯矩方程并进行求导数。

$$M(x) = \begin{cases} -\dfrac{1}{2}qx_1^2 & (0 \leq x_1 \leq a) \\ Fx_2 - \dfrac{1}{2}qa^2 & (0 \leq x_2 \leq a) \end{cases}$$

$$\frac{\partial M(x)}{\partial F} = \begin{cases} 0 & (0 \leq x_1 \leq a) \\ x_2 & (0 \leq x_2 \leq a) \end{cases}$$

代入卡氏定理表达式并令 $F=0$，得 C 处的水平位移为 .

$$\Delta_{Cx} = \int_0^a \frac{-\dfrac{1}{2}qa^2}{EI} x_2 \mathrm{d}x_2 = -\frac{qa^4}{4EI}(\rightarrow)$$

第四节 虚功原理

外力作用下处于平衡状态的杆件如图 11-14 所示，图中由实线表示的曲线为杆件轴线
的真实变形，产生的位移为真实位移。将由另外的
外力或温度变化等其他原因引起的杆件的变形用虚
线表示，由此产生的在平衡位置上再增加的位移称
为虚位移，用 δw 表示。虚位移只表示其他原因产生
的位移，以区别于杆件因原有外力引起的位移。

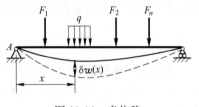

图 11-14 虚位移

在虚位移中，杆件的原有外力和内力保持不变，
且始终是处于平衡的。虚位移必须满足边界条件和
连续条件。例如在铰支座上虚位移应等于零；虚位移应是轴线坐标的连续函数，即
$\delta w(x)$。虚位移应符合小变形要求，它不改变原有外力的效应，建立平衡方程时，仍然
使用杆件变形前的位置和尺寸。满足上述要求的任一位移均可作为虚位移，因此虚位移也
是杆件实际上可能发生的位移。

杆件上的外力在虚位移所做的功称为外力虚功。设想把杆件分成无穷多微段，取出如
图 11-15 所示任一微段。微段上的外力为 $q\mathrm{d}x$，设梁在 x 截面处的虚位移为 $\delta w(x)$，则外
力的虚功为

$$\delta W_e = \int_l q\mathrm{d}x \delta w \tag{11-28}$$

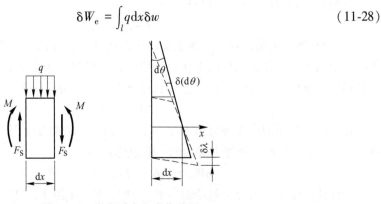

图 11-15 微段受力和虚位移图

根据载荷集度与弯矩的微分关系

$$q = \frac{\mathrm{d}^2 M}{\mathrm{d}x^2}$$

外力的虚功为

$$\delta W_\mathrm{e} = \int_l \frac{\mathrm{d}^2 M}{\mathrm{d}x^2}\mathrm{d}x\delta w = \left[\frac{\mathrm{d}M}{\mathrm{d}x}\delta w\right]_0^l - \left[M\frac{\mathrm{d}(\delta w)}{\mathrm{d}x}\right]_0^l + \int_l M\frac{\mathrm{d}^2(\delta w)}{\mathrm{d}x^2}\mathrm{d}x \tag{11-29}$$

虚位移必须满足边界条件，即

$$\delta w\big|_{x=0} = \delta w\big|_{x=l} = 0 \tag{11-30}$$

考虑边界处弯矩为零，即

$$M\big|_{x=0} = M_{x=l} = 0 \tag{11-31}$$

将式（11-30）和式（11-31）代入式（11-29），得外力虚功为

$$\delta W_\mathrm{e} = \int_l M\frac{\mathrm{d}^2(\delta w)}{\mathrm{d}x^2}\mathrm{d}x \tag{11-32}$$

考察如图 11-15 所示任意微段 $\mathrm{d}x$，两端横截面上的内力有弯矩 M、剪力 F_S；图中 $\mathrm{d}\theta$ 为梁真实位移引起的微段两截面的转角，根据转角与挠度的关系，有

$$\mathrm{d}\theta = \frac{\mathrm{d}w}{\mathrm{d}x}$$

当梁由平衡位置到达如图 11-14 所示虚线表示的位置时，设 x 截面处有一虚位移 $\delta w(x)$，微段两端截面的虚位移有相对转角 $\delta(\mathrm{d}\theta)$ 和相对错动 $\delta\lambda$，且虚拟相对转角与虚位移的关系为

$$\delta(\mathrm{d}\theta) = \mathrm{d}(\delta\theta) = \mathrm{d}\left[\frac{\mathrm{d}(\delta w)}{\mathrm{d}x}\right] = \frac{\mathrm{d}^2(\delta w)}{\mathrm{d}x^2}\mathrm{d}x \tag{11-33}$$

在上述微段的虚位移中，内力做功为 $M\delta(\mathrm{d}\theta) + F_\mathrm{S}\delta\lambda$ ，对其取积分得总虚功为

$$\delta W_\mathrm{i} = \int_l M\delta(\mathrm{d}\theta) + \int_l F_\mathrm{S}\delta\lambda$$

小变形时不计剪力做功，将式（11-33）代入上式，则有

$$\delta W_\mathrm{i} = \int_l M\delta(\mathrm{d}\theta) = \int_l M\frac{\mathrm{d}^2(\delta w)}{\mathrm{d}x^2}\mathrm{d}x \tag{11-34}$$

比较式（11-32）和式（11-34）可得

$$\delta W_\mathrm{e} = \delta W_\mathrm{i} \tag{11-35}$$

式（11-35）表明，对于平衡状态的构件或结构，作用在构件或结构上外力在虚位移所做之虚功等于构件或结构内力在虚位移所做之虚功，这就是虚功原理。上式右边可以看作是相应于虚位移的虚应变能，虚功原理可表示成外力虚功等于杆件的虚应变能，即

$$\delta W_\mathrm{e} = \delta V_\varepsilon \tag{11-36}$$

如构件上作用的广义外力为 F_1，F_2，$\cdots$，F_n，在外力作用点沿外力方向的广义虚位移为 δ_1，δ_2，$\cdots$，δ_n，则外力虚功的一般表达式为

$$\delta W_\mathrm{e} = F_1\delta_1 + F_2\delta_2 + \cdots + F_n\delta_n \tag{11-37}$$

若杆件截面的内力分量包括轴力 F_N、弯矩 M、扭矩 T，与之相应的虚位移为 δl、$\delta\theta$、$\delta\varphi$，内力总虚功为

$$\delta W_{\mathrm{i}} = \int_l F_{\mathrm{N}} \delta l + \int_l M \delta \theta + \int_l T \delta \varphi \qquad (11\text{-}38)$$

在导出虚功原理时，未使用应力与应变关系，故虚功原理与材料的性质无关，它可用于线弹性材料，也可用于非线性弹性材料。由于虚功原理不要求力和位移的关系一定是线性的，故可用于力与位移成非线性关系的结构。

第五节 莫 尔 定 理

利用虚功原理，通过建立单位力系统，并以真实位移作为单位力系统的虚位移，可以得到线弹性构件或结构上任意点沿任意方向的位移。

如图 11-16 (a) 所示承受均布载荷的悬臂梁，为确定点 A 处沿铅垂方向的位移 $\Delta_{A\mathrm{v}}$，需建立一个单位力系统，这一系统中的结构与所要求计算位移的结构完全相同，约束条件也相同，但在单位力系统的结构上与原结构上所要求计算位移的点 A 处沿位移方向施加单位力，如图 11-16 (b) 所示。然后将原来结构的真实位移 $w_1(x)$ 作为单位力系统的虚位移 δw，并应用虚功原理建立求解位移的公式。

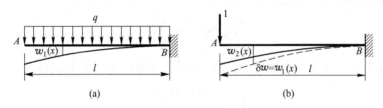

图 11-16 由虚功原理推导莫尔定理

设 $\overline{M}$ 为单位力系统中梁横截面上的弯矩，$\mathrm{d}\theta$ 为所求位移的梁在载荷作用下微段横截面相互转过的角度。根据虚功原理，外力的虚功等于内力的虚功。

$$1 \times \Delta_{A\mathrm{v}} = \int_l \overline{M} \times \mathrm{d}\theta \qquad (11\text{-}39)$$

如果材料满足胡克定律，在线弹性范围内加载时微段的变形与横截面上的内力成线性关系。对于平面弯曲梁有

$$\mathrm{d}\theta = \frac{M}{EI} \mathrm{d}x \qquad (11\text{-}40)$$

将式 (11-40) 代入式 (11-39)，得到

$$\Delta_{A\mathrm{v}} = \int_l \frac{M\,\overline{M}}{EI} \mathrm{d}x \qquad (11\text{-}41)$$

式 (11-41) 即为原结构在 A 处沿铅垂方向的位移 $\Delta_{A\mathrm{v}}$。

如果杆件横截面同时存在弯矩、扭矩和轴力时，根据上述分析过程可得到包含所有内力分量的积分表达式。

$$\Delta = \int_l \frac{M\,\overline{M}}{EI} \mathrm{d}x + \int_l \frac{T\,\overline{T}}{GI_{\mathrm{p}}} \mathrm{d}x + \int_l \frac{F_{\mathrm{N}} \overline{F}_{\mathrm{N}}}{EA} \mathrm{d}x \qquad (11\text{-}42)$$

式 (11-42) 为确定静定结构上任意一点沿任意方向的位移计算公式，称为莫尔定理，

式中积分称为莫尔积分。这种方法也称为单位载荷法或单位力法。式中，M、T、F_N 为所要求位移的结构在外载荷作用下杆件横截面上的弯矩、扭矩、轴力，$\overline{M}$、$\overline{T}$、$\overline{F}_N$ 为结构在单位力作用下杆件横截面上的弯矩、扭矩、轴力。

在应用式（11-42）计算位移时应注意单位力为与所求位移相对应的广义力，是个有单位的量。若 Δ 为某截面处的线位移，则单位力为施加于该处沿所求线位移方向的力，例如 1N 或 1kN。若 Δ 为某截面处的转角或扭转角，则单位力为施加于该处的弯曲力偶或扭转力偶，例如 1N·m 或 1kN·m。若 Δ 为结构上两点间的相对线位移，则单位力为施加于两点上沿两点连线的一对大小相等、指向相反的力。若所求位移 Δ 为正，表示位移方向与单位力方向一致；若所求位移 Δ 为负，表示位移方向与单位力方向相反。

一般情况下，所研究的构件或结构中，由实际载荷和单位力系引起的横截面上的内力并不一定包括轴力、弯矩和扭矩，因此需根据具体的研究对象，确定式（11-42）右端的项目。如梁只取第一项，圆轴扭转只取第二项，轴向拉压只取第三项，组合变形情形下三项均有可能出现。

对于仅受结点载荷作用的桁架，由于各杆在横截面上只有轴力，且轴力沿杆长为定值，因此计算桁架结点位移的表达式为

$$\Delta = \sum_{i=1}^{n} \frac{F_{Ni}\overline{F}_{Ni}l_i}{E_i A_i} \tag{11-43}$$

对于平面曲杆，如不考虑轴力和剪力对所求位移的影响，计算位移的表达式为

$$\Delta = \int_l \frac{M(s)\overline{M}(s)}{EI}ds \tag{11-44}$$

式中，s 为弧坐标。

【例题 11-6】已知梁的抗弯刚度为 EI，试用莫尔定理计算如图 11-17（a）所示悬臂梁自由端 A 处的挠度和转角。

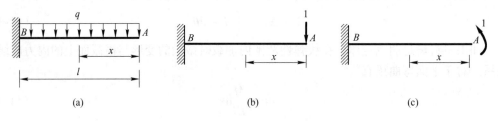

(a)   (b)   (c)

图 11-17　例题 11-6 图

解：为求 A 处挠度，需在所求位移 A 处施加一铅垂方向单位力，建立如图 11-17（b）所示的单位力系。列载荷作用下和单位力作用下的弯矩方程

$$M(x) = -\frac{qx^2}{2}, \quad \overline{M}(x) = -x$$

利用莫尔定理求 A 截面的挠度 w_A。

$$w_A = \int_l \frac{M\overline{M}}{EI}dx = \int_0^l \frac{\left(-\dfrac{qx^2}{2}\right)(-x)}{EI}dx = \frac{ql^4}{8EI}(\downarrow)$$

正号说明挠度与所加单位力的方向一致。

为求 A 处转角，需在所求位移 A 处施加一单位力偶，建立如图 11-17（c）所示的单位力系统。列载荷作用下和单位力偶作用下的弯矩方程

$$M(x) = -\frac{qx^2}{2}, \quad \overline{M}(x) = 1$$

利用莫尔定理求 A 截面的转角 θ_A。

$$\theta_A = \int_l \frac{M\overline{M}}{EI}\mathrm{d}x = \int_0^l \frac{\left(-\dfrac{qx^2}{2}\right) \times 1}{EI}\mathrm{d}x = -\frac{ql^3}{6EI}(\curvearrowleft)$$

负号说明 A 截面转角与单位力偶的方向相反。

【**例题 11-7**】静定桁架在结点 H 处受水平集中力 F 作用，如图 11-18（a）所示。桁架中各杆的抗拉（压）刚度均为 EA，试用莫尔定理求结点 A、D 间的相对线位移。

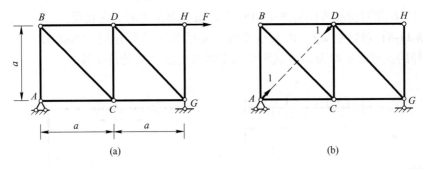

图 11-18　例题 11-7 图

解：为求 A、D 间的相对线位移，在 A、D 两结点连线方向各施加一对单位力，方向相反，建立如图 11-18（b）所示的单位力系统。

按桁架内力的分析方法，分别求出桁架在载荷和单位力作用下各杆的轴力，结果如表 11-1 所示，表中正号的轴力为拉力，负号的轴力为压力。

表 11-1　例题 11-7 计算表

杆　件	杆长 l	F_N	$\overline{F}_N$	$F_N \overline{F}_N l$
AB	a	$\dfrac{F}{2}$	$-\dfrac{\sqrt{2}}{2}$	$-\dfrac{\sqrt{2}}{4}Fa$
CD	a	$\dfrac{F}{2}$	$-\dfrac{\sqrt{2}}{2}$	$-\dfrac{\sqrt{2}}{4}Fa$
GH	a	0	0	0
BD	a	$\dfrac{F}{2}$	$-\dfrac{\sqrt{2}}{2}$	$-\dfrac{\sqrt{2}}{4}Fa$
DH	a	F	0	0
AC	a	F	$-\dfrac{\sqrt{2}}{2}$	$-\dfrac{\sqrt{2}}{2}Fa$

续表 11-1

杆 件	杆长 l	F_N	$\overline{F}_N$	$F_N \overline{F}_N l$
CG	a	$\dfrac{F}{2}$	0	0
BC	$\sqrt{2}\,a$	$-\dfrac{\sqrt{2}\,F}{2}$	1	$-Fa$
DG	$\sqrt{2}\,a$	$-\dfrac{\sqrt{2}\,F}{2}$	0	0

将表 11-1 中计算结果代入式（11-43），得到结点 A、D 间的相对线位移为

$$\Delta_{A\text{-}D} = \sum_{i=1}^{n} \frac{F_{Ni}\overline{F}_{Ni}l_i}{E_i A_i} = -\frac{(4 + 5\sqrt{2})Fa}{4EA}$$

负号说明 A、D 相对位移方向与图 11-18（b）所示单位力的方向相反。

【例题 11-8】 静定刚架在 AC 段受集度为 q 的均布载荷作用，如图 11-19（a）所示。刚架中各杆的抗弯刚度均为 EI，试用莫尔定理求支座 B 处的角位移。

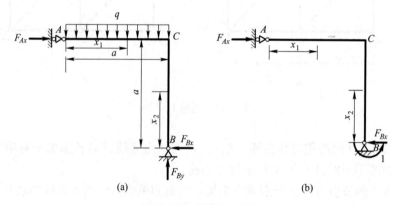

(a)   (b)

图 11-19 例题 11-8 图

解： 为求 B 处的角位移，在 B 处施加一单位力偶，建立如图 11-19（b）所示的单位力系统。求载荷作用下刚架的约束反力并写出弯矩方程。

$$\sum M_B = 0, \quad F_{Ax} = \frac{qa}{2}$$

$$\sum F_x = 0, \quad F_{Bx} = \frac{qa}{2}$$

$$\sum F_y = 0, \quad F_{By} = qa$$

$$M(x_1) = -\frac{qx_1^2}{2}, \quad M(x_2) = -\frac{qax_2}{2}$$

求单位力偶作用下刚架的约束反力并写出弯矩方程。

$$\sum M_B = 0, \quad F_{Ax} = \frac{1}{a}$$

$$\sum F_x = 0, \quad F_{Bx} = \frac{1}{a}$$

$$\sum F_y = 0, \quad F_{By} = 0$$

$$\overline{M}(x_1) = 0, \quad \overline{M}(x_2) = 1 - \frac{x_2}{a}$$

利用莫尔定理求 B 处角位移。

$$\theta_B = \int_0^a \frac{-\dfrac{qax_2}{2}\left(1 - \dfrac{x_2}{a}\right)}{EI}\mathrm{d}x_2 = -\frac{qa^3}{12EI}(\curvearrowleft)$$

【例题 11-9】 如图 11-20（a）所示曲杆为 1/4
圆，半径为 R，在 A 端受集中力 F 作用，曲杆的抗
弯刚度为 EI。忽略轴力及剪力对曲杆变形的影响，
试用莫尔定理求 A 处的水平位移。

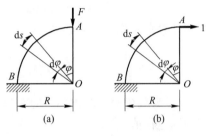

图 11-20　例题 11-9 图

　　解： 为求 A 处的水平位移，在 A 处施加一单
位力，建立如图 11-20（b）所示的单位力系统。列载荷作用下和单位力作用下曲杆的弯
矩方程

$$M(\varphi) = -FR\sin\varphi, \quad \overline{M}(\varphi) = -R(1 - \cos\varphi)$$

利用莫尔定理求 A 处的水平位移。

$$\Delta_{Ax} = \int_l \frac{M(s)\overline{M}(s)}{EI}\mathrm{d}s = \int_\varphi \frac{M(\varphi)\overline{M}(\varphi)}{EI}R\mathrm{d}\varphi = \int_0^{\frac{\pi}{2}} \frac{(FR\sin\varphi)R(1 - \cos\varphi)}{EI}R\mathrm{d}\varphi = \frac{FR^3}{2EI}(\rightarrow)$$

第六节　计算莫尔积分的图乘法

　　当杆件为等截面直杆时，莫尔积分公式中的分母 EA、EI、GI_p 均为常数，可以移到积
分号外面。这时单位力引起的内力图与载荷引起的内力图中，只要有一个是直线，另一个
无论是何种形状，都可采用图形相乘的方法计算莫尔积分，这种方法称为图乘法。

　　下面以仅含弯矩项的莫尔积分为例，说明图乘法的原理和应用。

　　当 EI 为常数时，莫尔积分表达式可写为

$$\Delta = \frac{1}{EI}\int_l M\overline{M}\mathrm{d}x \tag{11-45}$$

　　假设载荷引起的弯矩图 $M(x)$（简称载荷弯矩图）为任意形状，单位力引起的弯矩图
$\overline{M}(x)$（简称单位弯矩图）为任意斜直线，如图 11-21 所示，从图中可看出，载荷弯矩图
的微元面积为

$$\mathrm{d}A_\Omega = M(x)\mathrm{d}x \tag{11-46}$$

单位弯矩图上 x 截面处的纵坐标可表示为

$$\overline{M}(x) = a + x\tan\alpha \tag{11-47}$$

式中，α 为单位弯矩图直线与 x 轴的夹角。利用式（11-46）和式（11-47），莫尔积分式（11-45）可写为

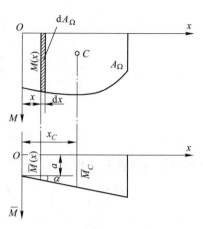

$$\Delta = \frac{1}{EI}\int_{A_\Omega}(a+x\tan\alpha)\mathrm{d}A_\Omega = \frac{aA_\Omega}{EI} + \frac{\tan\alpha}{EI}\int_{A_\Omega}x\,\mathrm{d}A_\Omega$$

$$= \frac{aA_\Omega}{EI} + \frac{\tan\alpha}{EI}x_C A_\Omega = \frac{A_\Omega}{EI}(a+x_C\tan\alpha) \quad (11\text{-}48)$$

式中，x_C 为载荷弯矩图形心 C 的 x 坐标。

$$\overline{M}_C = a + x_C\tan\alpha$$

故得到计算莫尔积分的表达式

$$\Delta = \frac{1}{EI}\int_l M(x)\overline{M}(x)\mathrm{d}x = \frac{A_\Omega\overline{M}_C}{EI} \quad (11\text{-}49)$$

图 11-21　计算莫尔积分的图乘法

式中，A_Ω 为载荷弯矩图 $M(x)$ 的面积；$\overline{M}_C$ 为单位弯矩图 $\overline{M}(x)$ 上与载荷弯矩图形心 C 所对应的纵坐标值。

当 $\overline{M}(x)$ 图为折线时，即斜率变化时，应分段图乘，保证每一段内的斜率必须相同，然后求总和，即

$$\Delta = \sum_{i=1}^{n}\frac{A_{\Omega i}\overline{M}_{Ci}}{EI} \quad (11\text{-}50)$$

上述图乘法也适用于刚架、小曲率曲杆、组合变形杆的莫尔积分。

应用图乘法时，要经常计算某些图形的面积和形心的位置，为方便计算，图 11-22 给出了几种常见图形的面积和形心位置的计算公式。其中抛物线顶点的切线平行于基线或与基线重合。

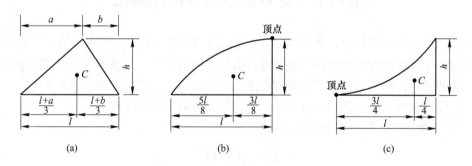

图 11-22　几种常见图形的面积和形心位置

（a）三角形 $A_\Omega=\frac{lh}{2}$；（b）二次抛物线 $A_\Omega=\frac{2lh}{3}$；（c）二次抛物线 $A_\Omega=\frac{lh}{3}$

【例题 11-10】 如图 11-23（a）所示外伸梁在 C 处受集中力 F 作用，已知梁的抗弯刚度为 EI，试求 C 截面挠度和 B 截面转角。

解：分别在 C 处作用单位集中力和在 B 处作用单位集中力偶，建立单位力系统，如

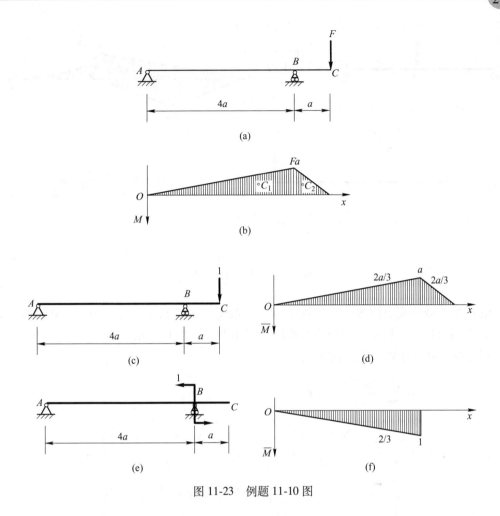

图 11-23　例题 11-10 图

图 11-23（c）和图 11-23（e）所示。作载荷弯矩图，如图 11-23（b）所示。作单位弯矩图，如图 11-23（d）和图 11-23（f）所示。

用分段图乘法计算 C 截面的挠度。

$$w_C = \sum_{i=1}^{2} \frac{A_{\Omega i}\overline{M}_{Ci}}{EI} = \frac{-\dfrac{4a \times Fa}{2} \times \left(-\dfrac{2a}{3}\right)}{EI} + \frac{-\dfrac{a \times Fa}{2} \times \left(-\dfrac{2a}{3}\right)}{EI} = \frac{5Fa^3}{3EI}(\downarrow)$$

正号说明位移方向与单位力方向一致。

用分段图乘法计算 B 截面的转角。

$$\theta_B = \sum_{i=1}^{2} \frac{A_{\Omega i}\overline{M}_{Ci}}{EI} = \frac{-\dfrac{4a \times Fa}{2} \times \dfrac{2}{3}}{EI} + \frac{-\dfrac{a \times Fa}{2} \times 0}{EI} = -\frac{4Fa^2}{3EI}(\curvearrowleft)$$

负号说明转角方向与单位力偶转向相反。

本例中进行图形互乘时，载荷弯矩图的面积和单位弯矩图上与载荷弯矩图形心处对应的弯矩值均有正负号之分，二者的正负号由弯矩图确定。

【例题 11-11】 如图 11-24（a）所示外伸梁在 D 处受集中力 qa 作用，BC 段受集度为 q 的均布载荷。已知梁的抗弯刚度为 EI，试求 C 截面挠度。

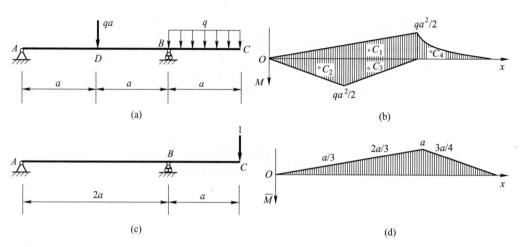

图 11-24　例题 11-11 图

解：在 C 处作用单位集中力，建立单位力系统，如图 11-24（c）所示。作载荷弯矩图，如图 11-24（b）所示。作单位弯矩图，如图 11-24（d）所示。

用分段图乘法计算 C 截面的挠度。

$$
\begin{aligned}
w_C &= \sum_{i=1}^{4} \frac{A_{\Omega i}\overline{M}_{Ci}}{EI} \\
&= \frac{\left(-\dfrac{1}{2}\times 2a\times\dfrac{qa^2}{2}\right)\left(-\dfrac{2a}{3}\right)}{EI} + \frac{\left(\dfrac{1}{2}\times a\times\dfrac{qa^2}{2}\right)\left(-\dfrac{a}{3}\right)}{EI} + \\
&\quad \frac{\left(\dfrac{1}{2}\times a\times\dfrac{qa^2}{2}\right)\left(-\dfrac{2a}{3}\right)}{EI} + \frac{\left(-\dfrac{1}{3}\times a\times\dfrac{qa^2}{2}\right)\left(-\dfrac{3a}{4}\right)}{EI} \\
&= \frac{5qa^4}{24EI}(\downarrow)
\end{aligned}
$$

正号说明位移方向与单位力方向一致。

【例题 11-12】 如图 11-25（a）所示刚架在 A 处受集中力 F 作用。已知各杆的抗弯刚度均为 EI，试求 A 处的水平位移和转角。

解：在 A 处分别作用单位集中力和单位集中力偶，建立单位力系统。作载荷弯矩图，如图 11-25（b）所示。作单位弯矩图，如图 11-25（c）和图 11-25（d）所示。

用图乘法计算 A 处水平位移。

$$
\Delta_{Ax} = \sum_{i=1}^{2} \frac{A_{\Omega i}\overline{M}_{Ci}}{EI} = \frac{Fa^2\,\dfrac{a}{2}}{EI} + 0 = \frac{Fa^3}{2EI}(\rightarrow)
$$

用图乘法计算 A 处转角。

$$
\theta_A = \sum_{i=1}^{2} \frac{A_{\Omega i}\overline{M}_{Ci}}{EI} = \frac{Fa\times a\times(-1)}{EI} + \frac{\dfrac{1}{2}\times Fa\times a\times(-1)}{EI} = -\frac{3Fa^2}{2EI}(\curvearrowleft)
$$

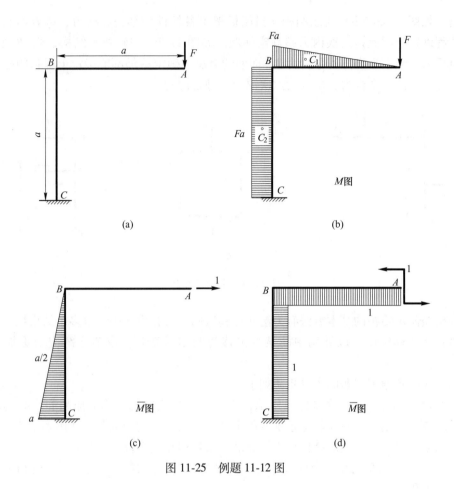

图 11-25　例题 11-12 图

注意刚架的弯矩图画在杆件受拉一侧。

第七节　用能量法求解超静定结构

由静力平衡方程可以求得全部未知力（内力和外力）的结构称为静定结构。工程中为了提高结构的刚度或强度，给结构增加约束，这样结构的约束反力的数目就会增加，使得结构未知力的数目多于结构独立的静力平衡方程的数目，这样仅仅依靠静力方程就不能将未知力全部求出来，这种结构称为超静定结构，此类问题称为超静定问题。前面章节中曾介绍了拉压超静定问题和简单超静定梁的解法。对于比较复杂的超静定结构，用能量法求解比较方便，本节以能量法为基础，介绍求解超静定问题的一般方法。

在超静定结构中，多余维持平衡所需的约束称为多余约束。多余约束对应的反力称为多余约束反力，简称多余力。多余约束反力的数目称为超静定次数，也即未知力的数目多于独立的静力平衡方程的数目。

根据结构的约束特点，超静定结构分为外力超静定、内力超静定、外力与内力都是超静定的混合超静定问题。如图 11-26（a）所示结构，A、B 处各有 3 个约束反力，独立平衡方程数目为 3，当约束反力确定后可确定杆件任一截面上的内力，所以为三次外力超静定问题。如图 11-26（b）所示结构，封闭框架中各杆件的轴力、剪力、弯矩不能由静力平衡方程确定，因此是三次内力超静定问题。如图 11-26（c）所示结构，A、B 处各有 3 个约束反力，独立平衡方程数目为 3，即使约束反力确定后仍不能确定上部封闭框架中杆件任一截面上的 3 个内力，所以为六次混合超静定问题。

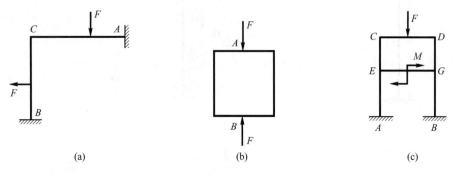

图 11-26　超静定结构

分析超静定结构的基本方法有力法和位移法两种。在力法中，以多余约束反力为基本未知量；在位移法中，以结构中的某些位移为基本未知量。本节介绍应用更加广泛的力法。

用力法解超静定问题的主要步骤如下：

（1）将超静定结构的多余约束解除，得到一个静定结构，称为原超静定结构的基本静定系统或静定基。在基本静定系统或静定基上作用原结构的载荷，并用多余约束反力代替多余约束的作用，得到的结构称为原超静定结构的相当系统。

（2）利用相当系统在多余约束处所应满足的变形协调条件，建立用载荷和多余力表示的补充方程。

（3）利用补充方程确定多余力。

（4）通过相当系统计算原超静定结构的内力、应力、位移等。

例如，对图 11-26（a）所示结构，解除 A 处的多余约束，用 F_{Ax}、F_{Ay}、M_A 代替固定端约束对原结构的作用，得到相当系统，如图 11-27（a）所示。

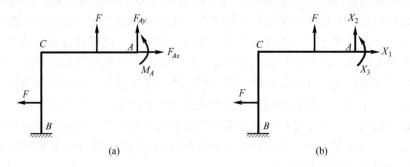

图 11-27　超静定结构的相当系统

为使相当系统与原问题完全等价，在相当系统上 A 处应满足变形协调条件，即 A 处

的水平位移 Δ_{Ax}、铅垂位移 Δ_{Ay}、转角 θ_A 均为零，即有

$$\begin{cases} \Delta_{Ax} = (\Delta_{Ax})_F + (\Delta_{Ax})_{F_{Ax}} + (\Delta_{Ax})_{F_{Ay}} + (\Delta_{Ax})_{M_A} = 0 \\ \Delta_{Ay} = (\Delta_{Ay})_F + (\Delta_{Ay})_{F_{Ax}} + (\Delta_{Ay})_{F_{Ay}} + (\Delta_{Ay})_{M_A} = 0 \\ \theta_A = (\theta_A)_F + (\theta_A)_{F_{Ax}} + (\theta_A)_{F_{Ay}} + (\theta_A)_{M_A} = 0 \end{cases} \tag{11-51}$$

式中，$(\Delta_{Ax})_F$、$(\Delta_{Ay})_F$、$(\theta_A)_F$ 分别为载荷单独作用于静定基时引起的截面 A 处的水平位移、铅垂位移、转角；$(\Delta_{Ax})_{F_{Ax}}$、$(\Delta_{Ay})_{F_{Ax}}$、$(\theta_A)_{F_{Ax}}$ 分别为多余力 F_{Ax} 单独作用于静定基时引起的截面 A 处的水平位移、铅垂位移、转角；$(\Delta_{Ax})_{F_{Ay}}$、$(\Delta_{Ay})_{F_{Ay}}$、$(\theta_A)_{F_{Ay}}$ 分别为多余力 F_{Ay} 单独作用于静定基时引起的截面 A 处的水平位移、铅垂位移、转角；$(\Delta_{Ax})_{M_A}$、$(\Delta_{Ay})_{M_A}$、$(\theta_A)_{M_A}$ 分别为多余力偶 M_A 单独作用于静定基时引起的截面 A 处的水平位移、铅垂位移、转角。为了不失一般性，将 3 个多余力分别用 X_1、X_2、X_3 表示，如图 11-27（b）所示，对应于多余力方向的位移用 Δ_1、Δ_2、Δ_3 表示，则式（11-51）可改写为

$$\begin{cases} \Delta_1 = \Delta_{1F} + \Delta_{11} + \Delta_{12} + \Delta_{13} = 0 \\ \Delta_2 = \Delta_{2F} + \Delta_{21} + \Delta_{22} + \Delta_{23} = 0 \\ \Delta_3 = \Delta_{3F} + \Delta_{31} + \Delta_{32} + \Delta_{33} = 0 \end{cases} \tag{11-52}$$

式中，Δ_{1F}、Δ_{2F}、Δ_{3F} 分别为载荷单独作用于静定基时引起的多余力作用点沿多余力 X_1、X_2、X_3 方向的广义位移；Δ_{ij} 为多余力 X_j 单独作用于静定基时引起的多余力 X_i 作用点沿多余力 X_i 方向的广义位移（$i=1,2,3$；$j=1,2,3$）。为计算 Δ_{ij}，引入系数 δ_{ij}，表示多余力 X_j 为 1 个单位广义力单独作用于静定基时引起的多余力 X_i 作用点沿多余力 X_i 方向的广义位移（$i=1,2,3$；$j=1,2,3$）。对线弹性结构，位移与力成正比，则 $\Delta_{ij}=\delta_{ij}X_j$。因此式（11-52）可写为

$$\begin{cases} \delta_{11}X_1 + \delta_{12}X_2 + \delta_{13}X_3 + \Delta_{1F} = 0 \\ \delta_{21}X_1 + \delta_{22}X_2 + \delta_{23}X_3 + \Delta_{2F} = 0 \\ \delta_{31}X_1 + \delta_{32}X_2 + \delta_{33}X_3 + \Delta_{3F} = 0 \end{cases} \tag{11-53}$$

式（11-53）为求解三次超静定结构多余力的线性方程组，称为力法典型方程或力法正则方程。

对于二次超静定结构，力法正则方程为

$$\begin{cases} \delta_{11}X_1 + \delta_{12}X_2 + \Delta_{1F} = 0 \\ \delta_{21}X_1 + \delta_{22}X_2 + \Delta_{2F} = 0 \end{cases} \tag{11-54}$$

对于一次超静定结构，力法正则方程为

$$\delta_{11}X_1 + \Delta_{1F} = 0 \tag{11-55}$$

对于 n 次超静定结构，力法正则方程为

$$\begin{cases} \delta_{11}X_1 + \delta_{12}X_2 + \cdots + \delta_{1n}X_n + \Delta_{1F} = 0 \\ \delta_{21}X_1 + \delta_{22}X_2 + \cdots + \delta_{2n}X_n + \Delta_{2F} = 0 \\ \qquad\qquad\qquad \vdots \\ \delta_{n1}X_1 + \delta_{n2}X_2 + \cdots + \delta_{nn}X_n + \Delta_{nF} = 0 \end{cases} \tag{11-56}$$

根据位移互等定理，正则方程中的系数有关系式

$$\delta_{ij} = \delta_{ji} \quad (i=1,2,\cdots,n;j=1,2,\cdots,n)$$

关于力法正则方程中多余力的系数项 δ_{ij} 和常数项 Δ_{iF}，可根据具体情况使用图乘法、莫尔积分、卡氏定理等进行计算。

【**例题 11-13**】如图 11-28（a）所示梁的抗弯刚度为 EI，在跨度中点 C 受集中力 F 作用，试作其弯矩图。

解：该梁为一次超静定问题，选支座 B 为多余约束，解除该约束得到相当系统，如图 11-28（b）所示。力法正则方程为

$$\delta_{11}X_1 + \Delta_{1F} = 0$$

用图乘法计算多余力的系数项 δ_{11} 和常数项 Δ_{1F}，作出静定基在载荷作用下的弯矩图 M_F 和单位多余力作用下的弯矩图 $\overline{M}$，如图 11-28（c）和图 11-28（d）所示。

$$\delta_{11} = \frac{\dfrac{l^2}{2} \times \dfrac{2l}{3}}{EI} = \frac{l^3}{3EI}$$

$$\Delta_{1F} = -\frac{\dfrac{1}{2} \times \dfrac{Fl}{2} \times \dfrac{l}{2} \times \dfrac{5l}{6}}{EI} = -\frac{5Fl^3}{48EI}$$

代入正则方程中，解得

$$X_1 = \frac{5F}{16}$$

作原结构的弯矩图，如图 11-28（e）所示。

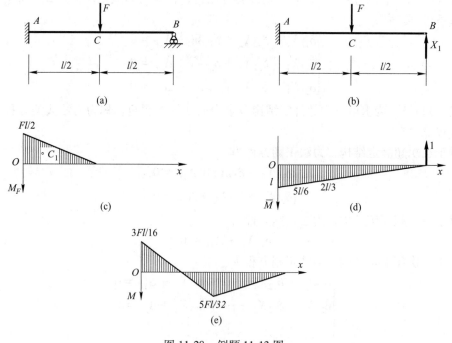

图 11-28 例题 11-13 图

【**例题 11-14**】如图 11-29（a）所示刚架各杆的抗弯刚度均为 EI，长度 a 已知，在 BC

段受集度为 q 的均布载荷作用。不计轴力、剪力对变形的影响，试作其弯矩图。

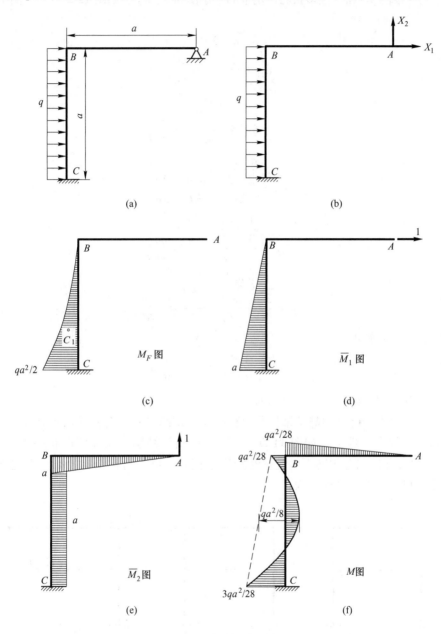

图 11-29　例题 11-14 图

解：该刚架为二次超静定问题，选支座 A 为多余约束，水平方向多余力为 X_1，铅垂方向多余力为 X_2，相当系统如图 11-29（b）所示。力法正则方程为

$$\begin{cases} \delta_{11}X_1 + \delta_{12}X_2 + \Delta_{1F} = 0 \\ \delta_{21}X_1 + \delta_{22}X_2 + \Delta_{2F} = 0 \end{cases}$$

用图乘法计算多余力的系数项 δ_{11}、$\delta_{12} = \delta_{21}$、$\delta_{22}$ 和常数项 Δ_{1F}、Δ_{2F}，作出静定基在载

荷作用下的弯矩图 M_F 和单位多余力作用下的弯矩图 $\overline{M}_1$、$\overline{M}_2$，如图 11-29（c）~图 11-29(e)
所示。

$$\delta_{11} = \frac{\dfrac{a^2}{2}\dfrac{2a}{3}}{EI} = \frac{a^3}{3EI}$$

$$\delta_{12} = \delta_{21} = -\frac{\dfrac{a^2}{2}a}{EI} = -\frac{a^3}{2EI}$$

$$\delta_{22} = \frac{\dfrac{a^2}{2}\dfrac{2a}{3}}{EI} + \frac{a^2 a}{EI} = \frac{4a^3}{3EI}$$

$$\delta_{1F} = \frac{\dfrac{1}{3} \times \dfrac{qa^2}{2}a\dfrac{3a}{4}}{EI} = \frac{qa^4}{8EI}$$

$$\delta_{2F} = \frac{\dfrac{1}{3} \times \dfrac{qa^2}{2}a(-a)}{EI} = -\frac{qa^4}{6EI}$$

代入正则方程中，解得

$$X_1 = -\frac{3}{7}qa, \ X_2 = -\frac{1}{28}qa$$

作原结构的弯矩图，如图 11-29（f）所示。

在实际工程中，许多超静定结构是对称结构，即结构具有对称的几何形状、对称的约
束条件和对称的力学性能，如图 11-30（a）所示刚架结构，其几何形状关于 y 轴对称，
A、B 处的约束条件完全相同，而且抗弯刚度也相同，则为对称结构。如果上述条件有一
个不满足，则不能称为对称结构。

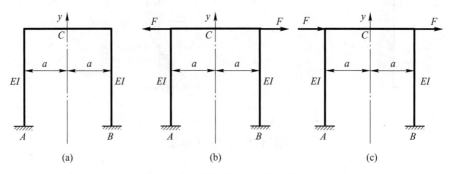

图 11-30　对称载荷与反对称载荷

作用在对称结构上的载荷中比较特殊的两种情形是对称载荷和反对称载荷。如果作用
在对称结构的对称位置的载荷，其大小相等、方位或指向均对称，则称为对称载荷；如果
其大小相等、方位对称而指向反对称则为反对称载荷。如图 11-30（b）所示载荷为对称
载荷，图 11-30（c）所示载荷为反对称载荷。

利用对称性，可以减少未知力的个数，使计算得以简化。将如图 11-30（b）所示刚架沿对称轴截开，一般情况下有三对内力分量：轴力 X_1、剪力 X_2、弯矩 X_3，如图 11-31 所示。由于结构对称、载荷对称，所以内力分量也对称，于是在截开截面上的内力中不对称的内力分量剪力 X_2 必然等于零。这样就只有轴力 X_1 和弯矩 X_3 两个内力分量，原来的三个未知量变为二个。如图 11-30（c）所示刚架结构对称、载荷为反对称时，截开截面的内力也必然是反对称的，则内力分量只有剪力 X_2，于是未知量简化为一个。

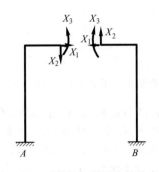

图 11-31　对称性与反对称性的应用

【例题 11-15】如图 11-30（c）所示刚架受两个力 F 作用，设刚架各杆的抗弯刚度均为 EI，长度均为 $2a$，试作该刚架的弯矩图。

解： 该刚架为对称结构承受反对称载荷。沿对称轴将刚架截开，根据反对称条件截开截面 C 处只有剪力，此时只有一个未知量，故用 X_1 表示，如图 11-32（a）所示。由于载荷反对称，刚架的变形也必为反对称，所以在 C 处铅垂方向的位移必为零，力法正则方程为

$$\delta_{11}X_1 + \Delta_{1F} = 0$$

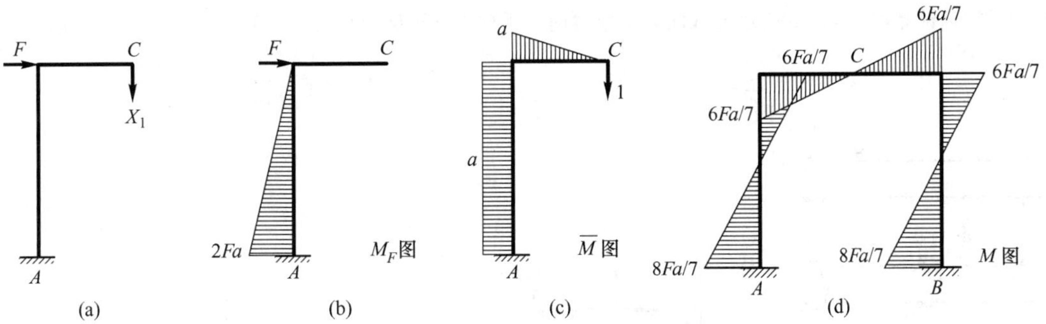

图 11-32　例题 11-15 图

用图乘法计算多余力的系数项 δ_{11} 和常数项 Δ_{1F}，作出静定基在载荷作用下的弯矩图 M_F 和单位多余力作用下的弯矩图 $\overline{M}$，如图 11-32（b）和图 11-32（c）所示。

$$\delta_{11} = \frac{\dfrac{a^2}{2}\dfrac{2a}{3}}{EI} + \frac{2a^2 a}{EI} = \frac{7a^3}{3EI}$$

$$\Delta_{1F} = \frac{\dfrac{4Fa^2}{2}a}{EI} = \frac{2Fa^3}{EI}$$

代入正则方程中，解得

$$X_1 = -\frac{6F}{7}$$

作原结构的弯矩图，如图 11-32（d）所示。

自 测 题 1

一、判断题（正确写 T，错误写 F。每题 2 分，共 10 分）

1. 功的互等定理适用于线性和非线性变形体系。（　　）

2. 虚功原理不涉及材料的物理性质，因此它适用于任何固体材料。（　　）

3. 应用单位载荷法计算所得结构某处的位移 Δ 在数值上等于该单位载荷所做的虚功。（　　）

4. 对于线弹性体，在小变形情况下位移可以叠加，应变能也可以叠加。（　　）

5. 应用卡氏定理时，结构上作用于不同点的若干个力符号相同（如两个力均为 F），求偏导时应将各载荷加以标记，以示区分。（　　）

二、单项选择题（每题 2 分，共 20 分）

1. 一圆轴在如图 11-33 所示两种受扭情况下，其（　　）。
   A. 应变能相同，自由端扭转角不同　　　　B. 应变能不同，自由端扭转角相同
   C. 应变能和自由端扭转角均相同　　　　　D. 应变能和自由端扭转角均不同

2. 如图 11-34 所示悬臂梁，当单独作用力 F 时，截面 B 的转角为 θ，若先加力偶 M，后加 F，则在加 F 的过程中，力偶 M（　　）。
   A. 不做功　　　　B. 做正功　　　　C. 做负功，数值为 $M\theta$　　D. 做负功，数值为 $M\theta/2$

3. 根据卡氏定理计算如图 11-35 所示梁截面 C 的挠度时，下列选项正确的是（　　）。
   A. $w_C = \dfrac{\partial V_\varepsilon}{\partial F}$　　　　B. $w_C = \dfrac{\partial V_\varepsilon}{2\partial F}$　　　　C. $w_C = \dfrac{2\partial V_\varepsilon}{\partial F}$　　　　D. $w_C = \dfrac{\partial^2 V_\varepsilon}{2\partial F^2}$

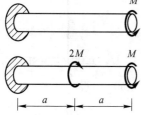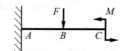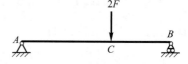

图 11-33　单项选择题 1 图　　　图 11-34　单项选择题 2 图　　　图 11-35　单项选择题 3 图

4. 一简支梁分别承受两种形式的单位力，受力及其变形情况如图 11-36 所示，由位移互等定理可得（　　）。
   A. $w_{C1} = w_{C2}$　　　　B. $\theta_{B1} = \theta_{B2}$　　　　C. $w_{C2} = \theta_{B1}$　　　　D. $w_{C1} = \theta_{B2}$

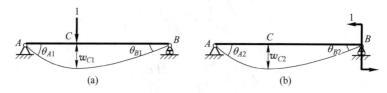

(a)　　　　　　　　　　　　　　(b)

图 11-36　单项选择题 4 图

5. 如图 11-37 所示长度为 l、宽度为 b 的等截面直杆受一对大小相等、方向相反的力 F 作用，若已知杆的抗拉（压）刚度为 EA，材料的泊松比为 μ，则根据功的互等定理，该杆的轴向变形为（　　）。

A. $\dfrac{Fl}{EA}$ B. $\dfrac{Fb}{EA}$ C. $\dfrac{\mu Fl}{EA}$ D. $\dfrac{\mu Fb}{EA}$

6. 如图 11-38 所示悬臂梁在自由端只受集中力 F 作用时，梁内的应变能为 $V_\varepsilon(F)$，自由端转角为 θ_F，挠度为 w_F。当只作用集中力偶 M 时，梁内的应变能为 $V_\varepsilon(M)$，自由端转角为 θ_M，挠度为 w_M。若在自由端同时作用 F 和 M 时，下列关于梁内应变能的表达式中，错误的是（   ）。

   A. $V_\varepsilon(F) + V_\varepsilon(M) + M\theta_F$
   B. $V_\varepsilon(F) + V_\varepsilon(M) + Fw_M$
   C. $V_\varepsilon(F) + V_\varepsilon(M) + M\theta_F/2 + Fw_M/2$
   D. $V_\varepsilon(F) + V_\varepsilon(M) + M\theta_M/2 + Fw_F/2$

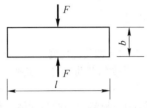

图 11-37 单项选择题 5 图

图 11-38 单项选择题 6 图

7. 外伸梁 ABC 如图 11-39 所示，若在位置 1 作用 $F_1 = 3\text{kN}$ 的集中力，测得支座 B 的转角为 0.006rad。若在外伸端 A 作用一顺时针的集中力偶 M，测得截面 1 处向下的挠度为 1mm，则所加力偶的力偶矩 M 为（   ）N·m。

   A. 500   B. 1000   C. 5000   D. 10000

8. 线弹性悬臂梁如图 11-40 所示，V_ε 为总应变能，w_B、w_C 分别为 B、C 处的挠度。关于偏导数 $\partial V_\varepsilon / \partial F_{\mathrm{p}}$ 的含义，正确的是（   ）。

   A. w_B B. w_C C. $w_B + w_C$ D. $2w_C$

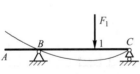

图 11-39 单项选择题 7 图

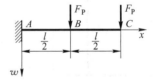

图 11-40 单项选择题 8 图

9. 如图 11-41 所示，承受均布载荷 q 的简支梁中点的挠度为 w_C，则该梁中点作用集中力 F 时的挠曲线与原轴线 x 之间的面积 A_w 与 w_C 的关系为（   ）。

   A. $qA_w = Fw_C$
   B. $qA_w = 2Fw_C$
   C. $qA_w = Fw_C^3$
   D. $qA_w = 2Fw_C^3$

10. 同一平面刚架两种受力情形如图 11-42（a）和图 11-42（b）所示。若集中力 F 和集中力偶 M 数值相等，下列等式中，正确的是（   ）。

   A. $\Delta_{yC}(M) = \Delta_{yC}(F)$
   B. $\theta_B(M) = \theta_B(F)$
   C. $\theta_B(M) = \Delta_{yC}(F)$
   D. $\theta_B(F) = \Delta_{yC}(M)$

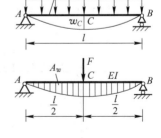

图 11-41 单项选择题 9 图

三、计算题（每题 10 分，共 70 分）

1. 如图 11-43 所示结构中各杆材料均为线弹性体，水平杆的抗弯刚度为 EI，铅垂杆的抗拉刚度为 EA，不计剪力的影响，试计算结构内的应变能，并求 A 截面的铅垂位移。

2. 如图 11-44 所示悬臂梁抗弯刚度为 EI，受三角形分布载荷作用，最大集度为 q_0，梁长为 l，梁的材料

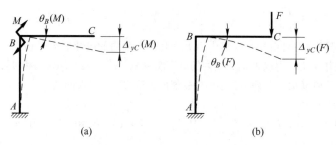

图 11-42　单项选择题 10 图

为线弹性体，不计剪力对变形的影响，试计算梁的应变能，并求 A 截面的挠度。

3. 如图 11-45 所示刚架，材料的弹性模量为 E，各杆的惯性矩、承受的载荷及尺寸如图，试求 A 点的水平位移和 B 截面的转角。

4. 如图 11-46 所示平面桁架中各杆的抗拉刚度与抗压刚度均为 EA，材料均为线弹性体，在 C 处受水平力 F 作用，试求 C 点的水平位移和铅垂位移。

5. 如图 11-47 所示刚架中各杆的 EI 皆相等，材料均为线弹性体，不计剪力和轴力对位移的影响，试求截面 A 的位移和截面 C 的转角。

6. 抗弯刚度为 EI 的等截面开口圆环受一对集中力 F 作用，如图 11-48 所示。圆环的材料为线弹性体，不计圆环内剪力和轴力对位移的影响，试计算圆环的应变能，并求圆环的张开位移。

7. 如图 11-49 所示刚架中各杆的抗弯刚度均为 EI，在 A 处和 B 处分别受集中力 F 作用，各杆材料均为线弹性体，不计剪力和轴力对位移的影响，试求 A、B 间的相对线位移和 C 点处两侧截面的相对角位移。

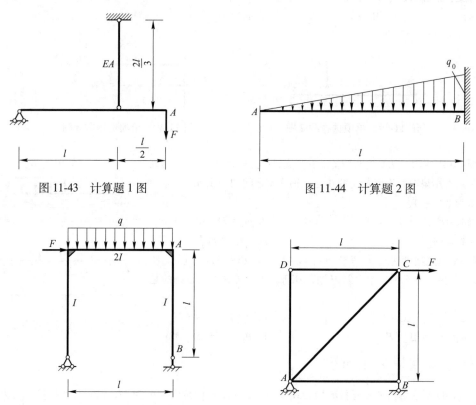

图 11-43　计算题 1 图　　　　　　　　图 11-44　计算题 2 图

图 11-45　计算题 3 图　　　　　　　　图 11-46　计算题 4 图

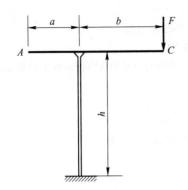

图 11-47　计算题 5 图

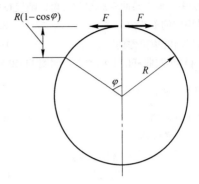

图 11-48　计算题 6 图

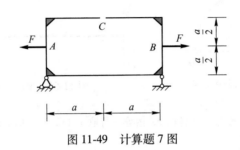

图 11-49　计算题 7 图

自 测 题 2

一、判断题（正确写 T，错误写 F。每题 2 分，共 10 分）

1. 若由载荷引起的内力图面积总和为零，则不论形心处所相应的由单位力引起的内力为何值，其总位移总等于零。（　　）
2. 超静定结构的相当系统和补充方程不是唯一的，但其计算结果总是唯一的。（　　）
3. 力法的正则方程是解超静定问题的变形协调方程。（　　）
4. 以莫尔积分求各种结构在载荷作用下的位移时都可以采用图形互乘法。（　　）
5. 结构中的内力与应力只与结构受力和结构尺寸有关，与材料无关。（　　）

二、单项选择题（每题 2 分，共 20 分）

1. 变形体虚功原理的应用条件是（　　）。
   A. 线弹性材料，小变形　　　　　　　B. 小变形下的平衡体
   C. 小变形　　　　　　　　　　　　　D. 平衡体

2. 力法正则方程的实质是（　　）。
   A. 静力平衡方程　　　　　　　　　　B. 变形协调条件
   C. 物理方程　　　　　　　　　　　　D. 功的互等定理

3. 在力法正则方程中，δ_{ij} 和 δ_{ji} 的（　　）。
   A. 数值一定相等，量纲一定相同　　　B. 数值一定相等，量纲不一定相同
   C. 数值不一定相等，量纲一定相同　　D. 数值不一定相等，量纲不一定相同

4. 在图乘法中，欲求某两点的相对转角，则应在两点虚设（　　）。

　　A. 一对反向的单位力　　　　　　　　B. 一对同向的单位力偶

　　C. 一对反向的单位力偶　　　　　　　D. 一个单位力偶

5. 线弹性材料半圆曲杆的支承和受力如图 11-50 所示，$M(\theta)$ 为外力引起的任意横截面上的弯矩，则积分 $\dfrac{1}{EI}\displaystyle\int_0^\pi M(\theta)R\mathrm{d}\theta$ 的含义为（　　）。

　　A. 截面 A 的转角　　　　　　　　　B. 截面 B 的转角

　　C. B 点的水平位移　　　　　　　　D. A、B 两截面的相对转角

6. 如图 11-51 所示结构的超静定次数为（　　）。

　　A. 1　　　　　　B. 2　　　　　　C. 3　　　　　　D. 4

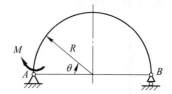

图 11-50　单项选择题 5 图

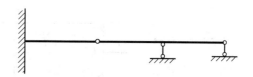

图 11-51　单项选择题 6 图

7. 如图 11-52 所示的封闭矩形框架，各杆的 EI 相等，若取 1/4 部分（ABC 部分）作为相当系统，则正确的是（　　）。

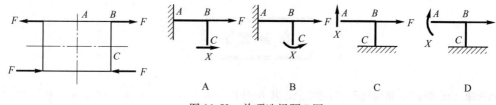

图 11-52　单项选择题 7 图

8. 如图 11-53 所示梁，C 点铰接，在力 F 作用下，端面 A、B 的弯矩之比为（　　）。

　　A. 1∶2　　　　　　B. 1∶1　　　　　　C. 2∶1　　　　　　D. 1∶4

9. 如图 11-54 所示，已知直杆抗拉（压）刚度为 EA，两端固定，在 C 处作用集中力 F，C 截面的位移为（　　）。

　　A. $\dfrac{Fl}{EA}$　　　　　　B. $\dfrac{Fl}{2EA}$　　　　　　C. $\dfrac{2Fl}{EA}$　　　　　　D. 0

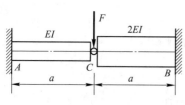

图 11-53　单项选择题 8 图

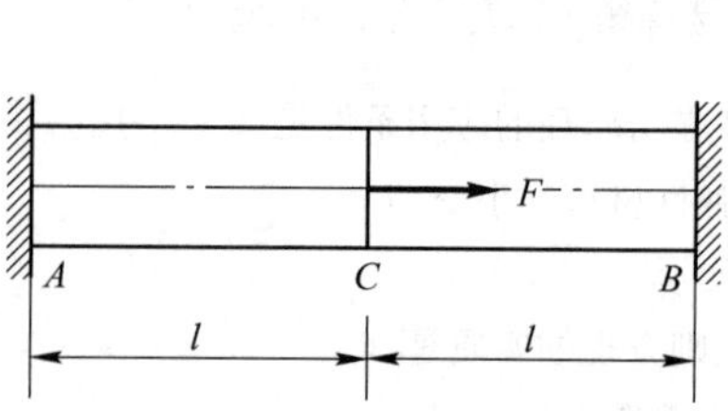

图 11-54　单项选择题 9 图

10. 如图 11-55 所示平面刚架各段抗弯刚度相同，则截面 C 上的内力有（　　）。

　　A. 轴力、剪力　　　　B. 弯矩、剪力　　　　C. 轴力、弯矩　　　　D. 剪力

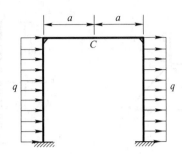

图 11-55　单项选择题 10 图

三、计算题（每题 10 分，共 70 分）

1. 如图 11-56 所示阶梯形简支梁，AD 段梁的抗弯刚度为 EI，DB 段梁的抗弯刚度为 $2EI$，承受载荷 F 作用，试用单位载荷法计算横截面 C 的挠度 w_C 与横截面 A 的转角 θ_A。

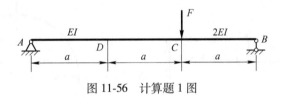

图 11-56　计算题 1 图

2. 如图 11-57 所示一水平面内的圆截面折杆，B 处为一刚结点，$\angle ABC = 90°$，在 C 处承受铅垂力 F，设两杆的抗弯刚度和抗扭刚度分别为 EI 和 GI_p，试求 C 点的铅垂位移。

3. 如图 11-58 所示开口刚架，EI 为常数，不计轴力和剪力对位移的影响，试求 A、B 两截面沿力 F 作用线方向的相对位移。

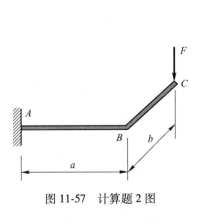

图 11-57　计算题 2 图

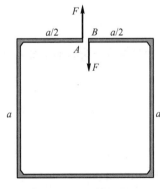

图 11-58　计算题 3 图

4. 平面桁架中各杆的抗拉刚度与抗压刚度均为 EA，材料均为线弹性体，受力和尺寸如图 11-59 所示，试求 C 点的铅垂位移和 B 点的水平位移。

5. 如图 11-60 所示刚架中各杆的 EI 皆相等，材料均为线弹性体，不计剪力和轴力对位移的影响，试求 C 处的约束反力并作出弯矩图。

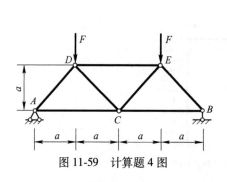

图 11-59 计算题 4 图

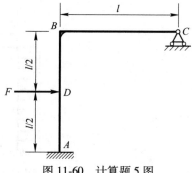

图 11-60 计算题 5 图

6. 材料为线弹性体，抗弯刚度为 EI 的超静定刚架如图 11-61 所示，不计剪力和轴力对位移的影响，试求 A 处的约束反力并作出弯矩图。

7. 如图 11-62 所示，在等截面圆环直径 AB 的两端，沿直径作用方向相反的一对力 F，圆环截面的抗弯刚度为 EI，材料为线弹性体，不计剪力和轴力对位移的影响，试求直径 AB 的变化。

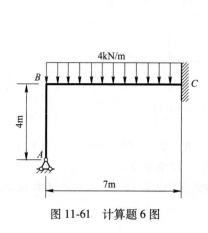

图 11-61 计算题 6 图

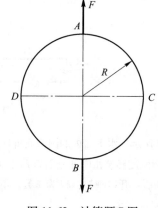

图 11-62 计算题 7 图

扫描二维码获取本章自测题参考答案

第十二章　动载荷与疲劳强度

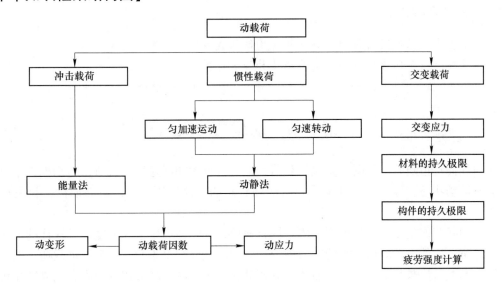

【本章知识框架结构图】

【知识导引】

前面研究构件所承受的载荷均是由零开始缓慢地增加到某一值后，就保持不变，在加载过程中，构件内各点的加速度很小，可以忽略不计。因此，可认为构件自始至终处于平衡状态。这类问题称为静载荷问题。在工程实际中，有许多高速运行的构件，如涡轮机的叶片旋转时由离心惯性力引起的应力可达到相当大的数值；高速转动的砂轮由于离心惯性力而有可能炸裂；汽锤在锻造坯件时，瞬间的冲出载荷能使锤杆的应力高出静应力几倍到几十倍。这种由加速度引起的载荷一般称为动载荷。

【本章学习目标】

知识目标：

1. 正确理解动载荷的概念，掌握匀加速运动问题和冲击杆件的应力和变形分析方法。

2. 正确理解交变应力、疲劳破坏、材料持久极限等概念，掌握确定材料持久极限和影响构件持久极限的主要因素，掌握对称循环构件疲劳强度计算方法。

能力目标：

1. 能够用动静法计算杆件的动应力和动变形。

2. 能够用能量法计算冲击时杆件的应力和变形。

3. 能够进行对称循环杆件疲劳强度计算；能针对工程构件提出提高杆件疲劳强度的措施。

育人目标：

1. 结合动载荷的特性，理解"动"和"静"的力学关系及所蕴含的哲学思想。

2. 通过对照前人和现代人对疲劳产生原因的解释，使学生明确科学是不断发展的，在学习的过程中不能迷恋书本和权威，要有批判精神。

3. 通过分析影响持久极限的因素，使学生体会任何事物的发展变化都是由量变到质变的哲学道理。

【本章重点及难点】

本章重点：动载荷因数的分析计算和构件的疲劳强度计算。

本章难点：不同循环特征下构件的疲劳强度计算。

第一节　动载荷的概念

动载荷是指随时间作明显变化的载荷，即具有较大加载速率的载荷，包括构件本身处于加速运动状态、静止的构件承受处于运动状态的物体作用、构件在周期性变化载荷下工作。

在动载荷作用下，构件内部各质点均有速度改变，即产生了加速度，且这样的加速度不可忽略。构件由动载荷引起的应力称为动应力。试验结果表明，材料在动载荷下的弹性性能基本上与静载荷下的相同，因此，只要动应力不超过材料的比例极限，胡克定律仍适用于动载荷下应力、应变的计算，弹性模量也与静载荷下的数值相同。

工程构件受动载荷作用的例子很多。例如，内燃机的连杆、机器的飞轮等，在工作时它们的每一微小部分都有相当大的加速度，因此是动载荷问题。当发生碰撞时，载荷在极短的时间内作用在构件上，在构件中所引起的应力可能很大，而材料的强度性质也与静载荷作用时不同，这种应力称为冲击应力。当载荷作用在构件上时，如果载荷的大小经常作周期性的改变，材料的强度性质也将不同，这种载荷作用下的应力称为交变应力。

对于一般加速度问题（包括线加速度与角加速度），此时尚未引起材料性质的改变，仍可用静载荷强度的许用应力，处理此类问题的基本方法是达朗贝尔原理。

对于构件受极大速度的冲击载荷问题，将引起材料力学性能的很大改变。由于问题的瞬时性与复杂性，工程上常采用基于能量守恒原理的能量法进行简化分析计算。

对于随时间作周期性变化的交变载荷问题，构件往往在应力低于屈服强度（塑性材料）或强度极限（脆性材料）的情况下突然发生疲劳断裂。即使是塑性材料，在断裂前也无明显的塑性变形。

第二节　构件做加速直线运动时的应力和变形

设有一绳索以匀加速度 a 提升一重量为 G 的重物，如图 12-1 所示。设绳索的轴力为

F_{Nd}，在重物上虚加惯性力 F_I，根据动静法平衡方程得

$$F_{Nd} - G - F_I = 0$$

$$F_{Nd} - G - \frac{G}{g}a = 0$$

$$F_{Nd} = G\left(1 + \frac{a}{g}\right)$$

所以，绳索中出现的动应力为

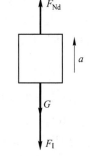

$$\sigma_d = \frac{F_{Nd}}{A} = \frac{G}{A}\left(1 + \frac{a}{g}\right) = \sigma_{st}\left(1 + \frac{a}{g}\right) \qquad （12-1）$$

式中，σ_{st} 为静力平衡时绳索中的静应力，$\sigma_{st} = \dfrac{G}{A}$。令

图 12-1　重物匀加速运动受力分析

$$K_d = 1 + \frac{a}{g} \qquad (12-2)$$

则有

$$\sigma_d = K_d\sigma_{st} \qquad (12-3)$$

式中，K_d 为动载荷因数。式（12-3）表明，绳索中的动应力 σ_d 为静应力 σ_{st} 乘以动载荷因数 K_d。同理，绳索的静伸长 Δl_{st} 乘以动载荷因数 K_d 为绳索的动伸长 Δl_d，即

$$\Delta l_d = K_d\Delta l_{st} \qquad (12-4)$$

同理，动应变 ε_d 为静应变 ε_{st} 乘以动载荷因数 K_d，即

$$\varepsilon_d = K_d\varepsilon_{st} \qquad (12-5)$$

【例题 12-1】如图 12-2（a）所示一长为 l 的直杆 AB 以匀加速 a 向上提升，设杆的横截面面积为 A，材料的容重为 γ，试求杆内的动应力。

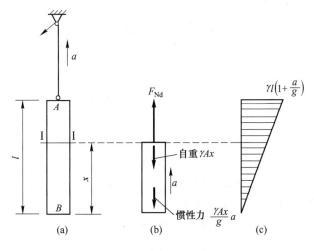

图 12-2　例题 12-1 图

解：用截面 I - I 截出杆的下部长为 x 的一段，设截面 I - I 上的轴向力为 F_{Nd}，该段在 F_{Nd}、自重 γAx 和惯性力 $\dfrac{\gamma Ax}{g}a$ 作用下形成平衡力系，如图 11-2（b）所示。由动静法

平衡方程得

$$F_{Nd} = \gamma A x + \frac{\gamma A x}{g} \cdot a = \gamma A x \left(1 + \frac{a}{g} \right)$$

横截面上的动应力为

$$\sigma_d = \gamma x \left(1 + \frac{a}{g} \right)$$

杆内的动应力沿杆长按直线规律变化，如图 12-2（c）所示。

【例题 12-2】如图 12-3 所示起重机的重力为 $W_1 = 20kN$，装在由两根 No. 32a 工字钢组成的梁上。现用绳索起吊 $W_2 = 60kN$ 的重物，若在第一秒内匀加速上升 2.5m，求绳子拉力及梁内最大的应力（考虑梁的自重）。

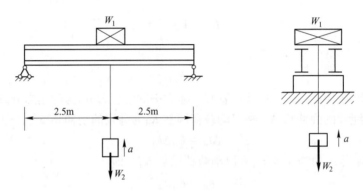

图 12-3　例题 12-2 图

解： 重物的加速度 a 为

$$a = \frac{2 \times 2.5}{1^2} = 5 m/s^2$$

绳子的拉力 F_{Nd} 为

$$F_{Nd} = W_2 \left(1 + \frac{a}{g} \right) = 60 \times \left(1 + \frac{5}{9.8} \right) = 90.6 kN$$

梁的集中载荷 F 为

$$F = F_{Nd} + W_1 = 90.6 + 20 = 110.6 kN$$

查型钢表得两根 No. 32a 工字钢单位长度的理论重量 q 为

$$q = 2 \times 52.717 \times 9.8 = 1033 N/m$$

两根 No. 32a 工字钢抗弯截面系数为

$$W_z = 2 \times 692 = 1384 cm^3$$

梁的最大弯矩为

$$M_{max} = \frac{Fl}{4} + \frac{ql^2}{8} = 141.6 kN \cdot m$$

梁的最大正应力为

$$\sigma_{max} = \frac{M_{max}}{W_z} = 102.3 MPa$$

第三节 构件做匀速转动时的应力和变形

如图 12-4（a）所示一平均直径为 D 的细圆环，以匀角速度 ω 绕 O 点所在中心轴转动，圆环上各点的向心加速度为

$$a_{\mathrm{n}} = \frac{D}{2}\omega^2$$

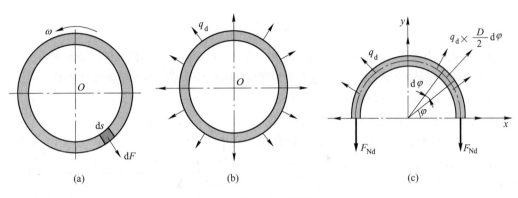

图 12-4 匀角速度转动的细圆环

在圆环上取一微段 $\mathrm{d}s$，微段上的惯性力 $\mathrm{d}F$ 为

$$\mathrm{d}F = \frac{\gamma A \mathrm{d}s}{g}a_{\mathrm{n}} = \frac{\gamma A D \mathrm{d}s}{2g}\omega^2$$

式中，γ 为材料的单位体积重量；A 为细圆环的横截面面积。沿圆环中心线均匀分布的惯性力如图 12-4（b）所示，分布集度 q_{d} 为

$$q_{\mathrm{d}} = \frac{\mathrm{d}F}{\mathrm{d}s} = \frac{\gamma A D}{2g}\omega^2$$

用半截面截取一半为研究对象，如图 12-4（c）所示，圆环的内力 F_{Nd} 为

$$F_{\mathrm{Nd}} = \frac{1}{2}\int_0^\pi \frac{D q_{\mathrm{d}}}{2}\sin\varphi\,\mathrm{d}\varphi = \frac{\gamma A D^2}{4g}\omega^2$$

则环向应力 σ_θ 为

$$\sigma_\theta = \frac{F_{\mathrm{Nd}}}{A} = \frac{\gamma D^2}{4g}\omega^2 = \frac{\gamma v^2}{g} \tag{12-6}$$

式中，v 为线速度，$v = \dfrac{D}{2}\omega$。

强度条件为

$$\sigma_\theta = \frac{\gamma D^2}{4g}\omega^2 = \frac{\gamma}{g}v^2 \leqslant [\sigma] \tag{12-7}$$

由式（12-7）可求出转速 n：

$$n = \frac{60\omega}{2\pi} \leqslant \frac{60}{\pi D}\sqrt{\frac{g[\sigma]}{\gamma}}$$

许可线速度为

$$[v] = \sqrt{\frac{g[\sigma]}{\gamma}} \qquad (12\text{-}8)$$

圆环的径向应变 ε_r 和环向应变 ε_θ 为

$$\varepsilon_r = \frac{\Delta D}{D} = \varepsilon_\theta = \frac{\pi \Delta D}{\pi D} = \frac{\sigma_\theta}{E} = \frac{\gamma D^2}{4Eg}\omega^2 = \frac{\gamma}{Eg}v^2$$

圆环直径的变化量 ΔD 为

$$\Delta D = \frac{\gamma D}{Eg}v^2$$

由上可知,当圆环匀速转动时,环内的动应力只与材料的单位体积重量和圆环的线速度有关,而与圆环的横截面面积无关。因此对于旋转构件的设计,速度控制是至关重要的。

【**例题 12-3**】 在 AB 轴的 B 端有一个质量很大的飞轮,如图 12-5 所示。与飞轮相比,轴的质量可忽略不计。轴的另一端 A 装有刹车离合器。已知飞轮的转速为 $n = 100\text{r/min}$,转动惯量为 $J_x = 0.5\text{kN} \cdot \text{m/s}^2$。轴的直径 $d = 100\text{mm}$,刹车时使轴在 10s 内均匀减速停止,试求轴内最大动应力。

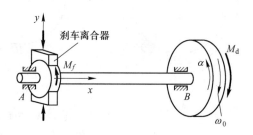

图 12-5　例题 12-3 图

解: 飞轮与轴的转动角速度为

$$\omega_0 = \frac{2\pi n}{60} = \frac{\pi \times 100}{30} = \frac{10\pi}{3}\text{rad/s}$$

当飞轮与轴同时做均匀减速转动时,其角加速度为

$$\alpha = \frac{\omega_t - \omega_0}{t} = \frac{0 - \dfrac{10\pi}{3}}{10} = -\frac{\pi}{3}\text{rad/s}^2$$

式中,负号表示 α 与 ω_0 的方向相反。按动静法,在飞轮上加一方向与 α 相反的惯性力偶矩 M_d,且

$$M_d = -J_x\alpha = -0.5 \times \left(-\frac{\pi}{3}\right) = \frac{0.5\pi}{3}\text{kN} \cdot \text{m}$$

设作用于轴上的摩擦力矩为 M_f,由平衡方程得

$$M_f = M_d = \frac{0.5\pi}{3}\text{kN} \cdot \text{m}$$

AB 轴由于摩擦力矩 M_f 和惯性力偶矩 M_d 引起扭转变形,横截面上的扭矩 T 为

$$T = \frac{0.5\pi}{3}\text{kN} \cdot \text{m}$$

横截面上的最大扭转切应力 τ_{max} 为

$$\tau_{max} = \frac{T}{W_p} = \frac{\dfrac{0.5\pi}{3} \times 10^3}{\dfrac{\pi}{16} \times (100 \times 10^{-3})^3} = 2.67 \times 10^6\text{Pa} = 2.67\text{MPa}$$

【例题 12-4】 如图 12-6 所示结构中的轴 AB 及杆 CD 的直径均为 $d = 80\text{mm}$，$\omega = 40\text{rad/s}$，材料的 $[\sigma] = 70\text{MPa}$，容重 $\gamma = 78\text{kN/m}^3$，不考虑 AB 轴传递的功率，试校核 AB、CD 的强度。（图中未注尺寸单位为 mm。）

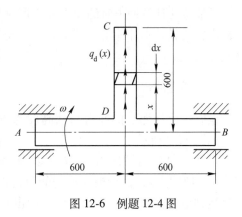

图 12-6　例题 12-4 图

解： 由于 AB 的匀速转动，CD 杆产生由向心加速度引起的惯性力，所以 CD 杆为轴向拉伸变形，AB 轴产生弯曲变形。

CD 杆上距 AB 轴为 x 处的向心加速度为

$$a_n(x) = \omega^2 x = 1600x \text{ m/s}^2$$

CD 杆上 x 处单位长度上的惯性力为

$$q_d(x) = \frac{\pi}{4} \times 0.08^2 \times \frac{78 \times 10^3}{g} \times 1600x = 6.4 \times 10^4 x \text{ N/m}$$

CD 杆危险截面 D 上轴力最大。

$$F_{ND} = \int_{0.04}^{0.6} 6.4 \times 10^4 x\,\mathrm{d}x + \frac{\pi}{4} \times 0.08^2 \times (0.6 - 0.04) \times 78 \times 10^3 = 11.69\text{kN}$$

CD 杆的正应力为

$$\sigma_{d\max} = \frac{F_{ND}}{A_{CD}} = \frac{11.69 \times 10^3}{\frac{\pi}{4} \times 0.08^2} = 2.32\text{MPa} < [\sigma]$$

AB 轴的最大弯矩为

$$M_{d\max} = \frac{F_{ND} l_{AB}}{4} = \frac{11.69 \times 10^3 \times 1.2}{4} = 3.507\text{kN} \cdot \text{m}$$

AB 轴的弯曲正应力为

$$\sigma_d = \frac{M_{d\max}}{W} = \frac{3.507 \times 10^3}{\frac{\pi}{32} \times 0.08^3} = 69.8\text{MPa} < [\sigma]$$

结论：安全。

第四节　构件受冲击时的应力和变形

当运动物体（冲击物）以一定速度作用于静止构件（被冲击物）上时，运动物体在与静止构件接触的非常短暂的时间内速度发生很大变化，这种现象称为冲击。例如在锻造时，锻锤与锻件接触时间非常短暂，速度变化很大；落锤打桩、冲床冲压零件都属于冲击问题。

冲击物冲击构件时，其速度在很短时间内发生很大变化，冲击物获得很大的加速度，于是冲击物将给被冲击物很大的惯性力。但是由于冲击时间难以测定，加速度很难计算，惯性力难以确定，于是工程中常采用能量法，利用能量守恒原理来计算冲击时的位移和应力。

用能量法计算冲击时的应力和变形时，通常假设冲击物为刚体，冲击物不反弹，不计被冲击物质量，不计冲击过程中的声、光、热等能量损耗（能量守恒），冲击过程为线弹性变形过程。

一、垂直冲击

设有一重量为 Q 的冲击物从高度为 H 处自由落下，冲击到被冲击物体 AB 的顶面 A 上，如图 12-7 所示。

设冲击物 Q 与被冲击物 AB 开始接触的瞬间动能为 T，速度为 v，由于被冲击物的阻抗作用，当冲击物达到最低位置时，冲击物与被冲击物组成的体系速度为零，被冲击物的变形为 Δ_d。在这个过程中冲击物动能变化为

$$T = Qv^2/(2g) = QH \qquad (12\text{-}9)$$

势能变化为

$$V = Q\Delta_d \qquad (12\text{-}10)$$

若以 $V_{\varepsilon d}$ 表示被冲击物的应变能，并省略冲击中变化不大的其他能量（如热能），根据能量守恒定律，冲击系统的动能和势能的变化应等于被冲击物的应变能，即

$$T + V = V_{\varepsilon d} \qquad (12\text{-}11)$$

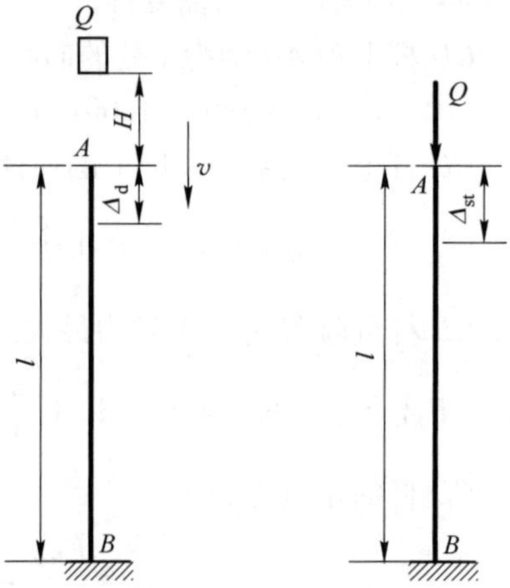

图 12-7　垂直冲击

设体系的速度为零时被冲击物的动载荷为 F_d，在材料服从胡克定律的情况下，它与被冲击物的变形 Δ_d 成正比，且都是从零开始增加到最终值，故

$$V_{\varepsilon d} = \frac{1}{2} F_d \Delta_d \qquad (12\text{-}12)$$

在线弹性范围内，载荷与变形、应力成正比，故

$$\frac{F_d}{Q} = \frac{\Delta_d}{\Delta_{st}} = \frac{\sigma_d}{\sigma_{st}} \qquad (12\text{-}13)$$

或

$$F_d = \frac{\Delta_d}{\Delta_{st}} Q, \quad \sigma_d = \frac{\Delta_d}{\Delta_{st}} \sigma_{st} \qquad (12\text{-}14)$$

式中，Δ_{st} 为构件在静载荷 Q 作用时的静位移；σ_{st} 为构件在静载荷 Q 作用时的静应力；σ_d 为构件在冲击载荷 F_d 作用时的动应力。将式（12-14）代入式（12-12）得

$$V_{\varepsilon d} = \frac{\Delta_d^2}{2\Delta_{st}} Q \qquad (12\text{-}15)$$

将式（12-10）和式（12-15）代入式（12-11）得

$$\Delta_d^2 - 2\Delta_{st}\Delta_d - \frac{2T\Delta_{st}}{Q} = 0 \qquad (12\text{-}16)$$

解得

$$\Delta_d = \Delta_{st}\left(1 + \sqrt{1 + \frac{2T}{Q\Delta_{st}}}\right) \tag{12-17}$$

将式（12-9）代入式（12-17）得

$$\Delta_d = \Delta_{st}\left(1 + \sqrt{1 + \frac{2H}{\Delta_{st}}}\right) \tag{12-18}$$

引入冲击动载荷因数 K_d：

$$K_d = \frac{\Delta_d}{\Delta_{st}} = 1 + \sqrt{1 + \frac{2H}{\Delta_{st}}} \tag{12-19}$$

则

$$\Delta_d = K_d\Delta_{st}, \quad F_d = K_dQ, \quad \sigma_d = K_d\sigma_{st} \tag{12-20}$$

式中，Δ_d、F_d、σ_d 分别为冲击时变形、载荷、应力的瞬时最大值。

若 $H = 0$，即突加载荷（载荷由零突然加到 Q 值），则 $K_d = 2$，即突加载荷作用下，构件的应力与变形比静载荷时要大一倍。

若已知在冲击开始时冲击物自由落体的速度为 v，则式（12-19）中的高度 H 可用速度 v 来代替，即

$$K_d = 1 + \sqrt{1 + \frac{v^2}{g\Delta_{st}}} \tag{12-21}$$

二、水平冲击

设重量为 Q 的冲击物，以速度 v 水平冲击被冲击物，如图 12-8 所示。由能量守恒定律

$$T + V = V_{\varepsilon d}$$

$$\frac{Qv^2}{2g} + 0 = V_{\varepsilon d} = \frac{\Delta_d^2}{2\Delta_{st}}Q$$

$$\Delta_d = \sqrt{\frac{v^2}{g\Delta_{st}}}\Delta_{st}$$

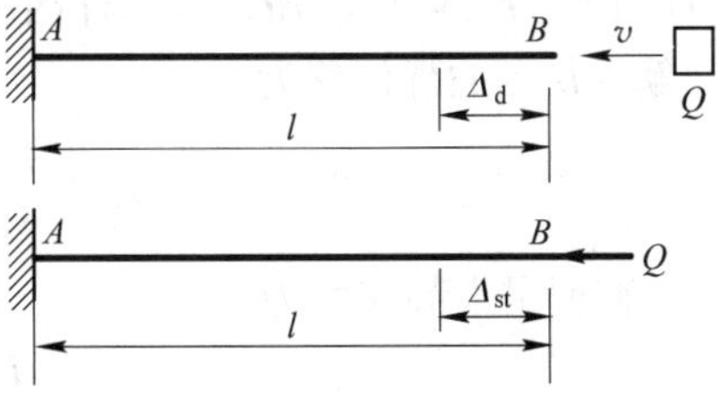

水平冲击的动载荷因数为

$$K_d = \frac{\Delta_d}{\Delta_{st}} = \sqrt{\frac{v^2}{g\Delta_{st}}} = \frac{v}{\sqrt{g\Delta_{st}}} \tag{12-22}$$

图 12-8 水平冲击

冲击时的 Δ_d、F_d、σ_d 仍然使用式（12-20）计算。

受冲击时构件的强度条件为

$$\sigma_d = K_d\sigma_{st} \leqslant [\sigma] \tag{12-23}$$

【例题 12-5】重为 $Q = 1$kN 的重物，从高度 $H = 40$mm 处自由下落到悬壁梁的自由端，如图 12-9 所示。已知梁的跨度 $l = 2$m，梁的截面为矩形，宽度 $b = 120$mm，高度 $h = 200$mm，材料的弹性模量 $E = 10$GPa，试求梁内最大正应力和最大位移。

解：截面的惯性矩和抗弯截面模量为

$$I_z = 120 \times 200^3/12 = 8 \times 10^7 \text{mm}^4$$

$$W_z = 120 \times 200^2/6 = 8 \times 10^5 \text{mm}^3$$

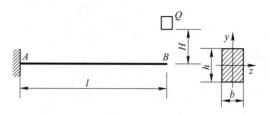

图 12-9　例题 12-5 图

梁自由端 B 点的静位移为

$$\Delta_{st} = \frac{Ql^3}{3EI_z} = \frac{1000 \times 2^3}{3 \times 10 \times 10^9 \times 8 \times 10^{-5}} = \frac{10}{3}\text{mm}$$

A 截面弯矩最大，为危险截面，最大静应力为

$$\sigma_{st} = \frac{Ql}{W_z} = \frac{1000 \times 2}{8 \times 10^{-4}} = 2.5\text{MPa}$$

动载荷因数为

$$K_d = 1 + \sqrt{1 + \frac{2H}{\Delta_{st}}} = 1 + \sqrt{1 + \frac{2 \times 40}{10/3}} = 6$$

梁自由端 B 点的动位移为

$$\Delta_{dmax} = K_d\Delta_{st} = 20\text{mm}$$

最大动应力为

$$\sigma_{dmax} = K_d\sigma_{st} = 15\text{MPa}$$

【例题 12-6】如图 12-10 所示自重为 P 的重物，以水平速度 v 撞击到竖直杆 AB 上，若 AB 杆的 E、I、W 均已知，试求杆内的最大正应力 σ_{dmax}。

解： B 点的静位移为

$$\Delta_{st} = \frac{Pl^3}{3EI}$$

A 截面最大静应力为

$$\sigma_{st} = \frac{Pl}{W}$$

动载荷因数为

$$K_d = \sqrt{\frac{v^2}{g\Delta_{st}}} = \sqrt{\frac{3EIv^2}{gPl^3}}$$

最大动应力为

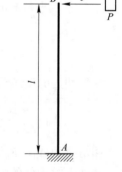

图 12-10　例题 12-6 图

$$\sigma_{dmax} = K_d\sigma_{st} = \frac{v}{W}\sqrt{\frac{3PEI}{gl}}$$

【例题 12-7】如图 12-11（a）所示矩形截面梁长为 $l = 2$m，其宽度 $b = 75$mm，高 $h = 25$mm，材料的 $E = 200$GPa；弹簧的刚度 $k = 10$kN/m。现有重量 $Q = 250$N 的重物从高度 $H = 50$mm 处自由下落，试求被冲击时梁内的最大正应力。若将弹簧置于梁的上边，如图 12-11（b)所示，则受冲击时梁内的最大正应力又为何值？

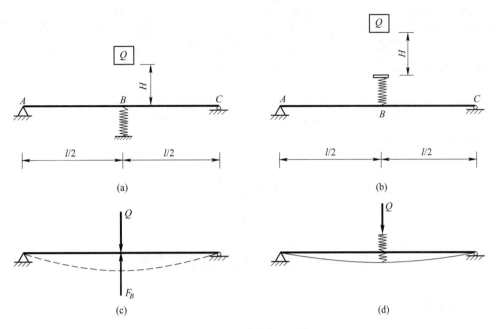

图 12-11　例题 12-7 图

解：第一种情况。静载荷 Q 作用时如图 12-11（c）所示，F_B 为弹簧的弹性力，由弹簧支承 B 处的变形协调方程

$$\frac{(Q - F_B)l^3}{48EI} = \frac{F_B}{k}$$

解出

$$F_B = \frac{Q}{1 + \dfrac{48EI}{kl^3}} = \frac{250}{1 + \dfrac{48 \times 200 \times 10^9 \times \dfrac{1}{12} \times 75 \times 25^3 \times 10^{-12}}{10 \times 10^3 \times 2^3}} = 19.6\text{N}$$

B 截面的静位移为

$$\Delta_{st} = \frac{F_B}{k} = \frac{19.6}{10 \times 10^3} = 1.96 \times 10^{-3}\text{m}$$

动载荷因数为

$$K_d = 1 + \sqrt{1 + \frac{2H}{\Delta_{st}}} = 1 + \sqrt{1 + \frac{2 \times 5 \times 10^{-3}}{1.96 \times 10^{-3}}} = 8.21$$

梁内的最大正应力为

$$\sigma_d = K_d \sigma_{st} = K_d \times \frac{\dfrac{1}{4}(Q - F_B)l}{W} = 8.21 \times \frac{\dfrac{1}{4}(250 - 19.6) \times 2}{\dfrac{1}{6} \times 75 \times 25^2 \times 10^{-9}} = 121\text{MPa}$$

第二种情况。静载荷作用时如图 12-11（d）所示，重物 Q 以静载方式作用于弹簧顶部时的静位移为

304

$$\Delta_{st} = \frac{Ql^3}{48EI} + \frac{Q}{k} = \frac{250 \times 2^3}{48 \times 200 \times 10^9 \times \frac{1}{12} \times 75 \times 25^3 \times 10^{-12}} + \frac{250}{10 \times 10^3} = 27.13 \times 10^{-3} \text{m}$$

动载荷因数为

$$K_d = 1 + \sqrt{1 + \frac{2H}{\Delta_{st}}} = 1 + \sqrt{1 + \frac{2 \times 50 \times 10^{-3}}{27.13 \times 10^{-3}}} = 3.16$$

梁内的最大正应力为

$$\sigma_d = K_d \sigma_{st} = K_d \times \frac{\frac{1}{4}Ql}{W} = 3.16 \times \frac{\frac{1}{4} \times 250 \times 2}{\frac{1}{6} \times 75 \times 25^2 \times 10^{-9}} = 50.6 \text{MPa}$$

第五节　交变应力与持久极限

一、交变应力

工程上将随时间作周期性变化的载荷称为交变载荷。机器零部件受到交变载荷或由于本身的旋转而产生的随时间周期性变化的应力称为交变应力。

交变应力随时间变化的过程称为应力-时间历程。如果应力与时间之间有确定的函数关系式，且能用这一关系式确定未来任一瞬时的应力，则称为确定性的应力-时间历程，否则称为随机性应力-时间历程。确定性时间历程又分为周期性应力-时间历程（应力是时间的周期函数）和非周期性应力-时间历程。如图 12-12 所示为周期性应力-时间历程的曲线。其特征量有应力循环、最大应力、最小应力、平均应力、应力幅和应力循环特征。

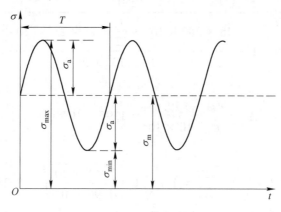

图 12-12　交变应力

应力循环是指应力由某值再变回该值的过程。在交变应力曲线中应力重复出现一次称为一个应力循环，完成一个应力循环所需要的时间称为循环周期，用 T 表示，重复出现的次数称为循环数。

一个应力循环中，代数值最大的应力称为最大应力，用 σ_{max} 表示。一个应力循环中，代数值最小的应力称为最小应力，用 σ_{min} 表示。最大应力 σ_{max} 与最小应力 σ_{min} 的均值称为平均应力，用 σ_m 表示，即

$$\sigma_m = \frac{\sigma_{max} + \sigma_{min}}{2} \qquad (12\text{-}24)$$

最大应力 σ_{max} 与最小应力 σ_{min} 差值的一半称为应力幅，用 σ_a 表示，即

$$\sigma_a = \frac{\sigma_{max} - \sigma_{min}}{2} \qquad (12\text{-}25)$$

应力的变动幅度还可用应力变化范围 $\Delta\sigma = \sigma_{max} - \sigma_{min} = 2\sigma_a$ 表示。

最小应力 σ_{min} 与最大应力 σ_{max} 的比值称为循环特征或应力比，用 r 表示，即

$$r = \frac{\sigma_{min}}{\sigma_{max}} \qquad (12\text{-}26)$$

应力循环按应力幅是否为常量分为常幅应力循环和变幅应力循环；按循环特征分为对称循环（$r = -1$）和非对称循环（$r \neq -1$）两类。在非对称循环中，如最小应力等于零，则 $r = 0$，称为脉动循环。构件在静应力下，各点处的应力保持恒定，即 $\sigma_{max} = \sigma_{min}$，若将静应力视作交变应力的一种特例，则其循环特征 $r = 1$。

二、疲劳失效

当构件长期在交变应力下工作时，往往在应力低于屈服强度或强度极限的情况而突然发生断裂，即使是塑性材料，在断裂前也无明显的塑性变形，这种现象称为疲劳失效。

绝大多数机器零件都是在交变载荷下工作，例如转轴、连杆、涡轮机的叶片、轧钢机的机架等，这些零部件的失效方式主要是疲劳失效。疲劳失效的特点是在低应力时无征兆的突然脆性断裂，断口分为光滑区和粗糙区，如图 12-13 所示。

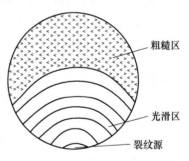

图 12-13　疲劳失效断口

大量的实验及金相分析证明，发生疲劳失效的原因是在金属材料中位置最不利或者较弱的晶体沿最大切应力作用面形成滑移带开裂形成微观裂纹，或者在物件外形突变（圆角、切口、沟槽等）、表面刻痕、材料内部缺陷等部位因较大的应力集中引起微观裂纹。在交变应力作用下，微观裂纹集结沟通形成宏观裂纹，使物件截面削弱，削弱到一定程度时，构件突然断裂。裂纹的形成和扩展是导致构件失效的根源。

三、持久极限

疲劳失效时工作应力往往低于屈服强度，因此不能用静强度指标进行疲劳强度计算，必须引入新的强度指标——持久极限，它是试样经历无限次循环而不发生疲劳失效的交变应力极限值，也称疲劳极限，用 σ_r 表示。

材料的持久极限是材料本身所固有的性质，因循环特征、试件变形的形式以及材料所处的环境等不同而不同，需通过疲劳试验确定。对称循环的持久极限需要用若干光滑小尺寸试样在专用的疲劳试验机上进行测定。

试验时一般使第一根试件受到的最大应力 σ_{max1} 为强度极限的 70% 左右，若它经历 N_1 次应力循环发生疲劳破坏，则 N_1 称为应力为 σ_{max1} 时的疲劳寿命。然后，对其余试件逐一减小其最大应力值，并分别记录其相应的疲劳寿命。这样，如以应力 σ_{max} 为纵坐标，以寿命 N 为横坐标，将上述试验结果绘成一条光滑曲线，称为应力寿命曲线或 σ_{max}-N 曲线，如最大应力为切应力时，称为 τ_{max}-N 曲线，引入广义应力记号 S（泛指正应力和切应力），则统称为 S-N 曲线，如图 12-14 所示。

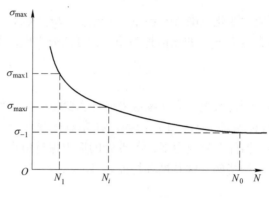

图 12-14　疲劳曲线

一般来说，随着应力水平的降低，疲劳寿命迅速增加。钢试件的疲劳试验表明，当应力降到某一极限值 σ_{-1} 时，S-N 曲线趋近于水平线。这表明只要应力不超过这一极限值，N 可无限增长，即试件可以经历无限次应力循环而不发生疲劳，这一极限值 σ_{-1} 即为材料在对称循环下的持久极限。

所谓"无穷多次"应力循环，在试验中是难以实现的。工程设计中通常规定：对于 S-N 曲线有水平渐近线的材料，如果钢制试件常温下经历 10^7 次应力循环仍未疲劳，则再增加循环次数也不会疲劳。所以就把在 10^7 次循环下仍未疲劳的最大应力规定为钢材的持久极限 σ_{-1}，并把 $N_0=10^7$ 称为循环基数。

光滑小试样的持久极限，并不是实际构件的持久极限。实际构件的持久极限与构件的外形、尺寸、表面加工质量等因素有关。因此必须将光滑小试件的持久极限 σ_{-1} 进行修正，得到式（12-27）表示的构件的持久极限 σ_{-1}^0 才能用于构件的设计。

$$\sigma_{-1}^0 = \frac{\varepsilon_\sigma \beta}{K_\sigma}\sigma_{-1} \tag{12-27}$$

式中，K_σ 为有效应力集中因数；ε_σ 为尺寸因数；β 为表面质量因数。

有效应力集中因数 K_σ 表示构件外形对持久极限的影响，用无应力集中的光滑试件测得的持久极限 σ_{-1} 与带槽、孔、缺口或轴肩的试样试验测得的持久极限 $(\sigma_{-1})_K$ 相比所得，即

$$K_\sigma = \frac{\sigma_{-1}}{(\sigma_{-1})_K} \tag{12-28}$$

工程中为使用方便，把有效应力集中因数整理成曲线或表格，图 12-15 为轴肩圆角处有效应力集中因数 K_σ 曲线，表 12-1 为有效应力集中因数 K_σ 值，其他图线和表格可查阅《机械设计手册》。

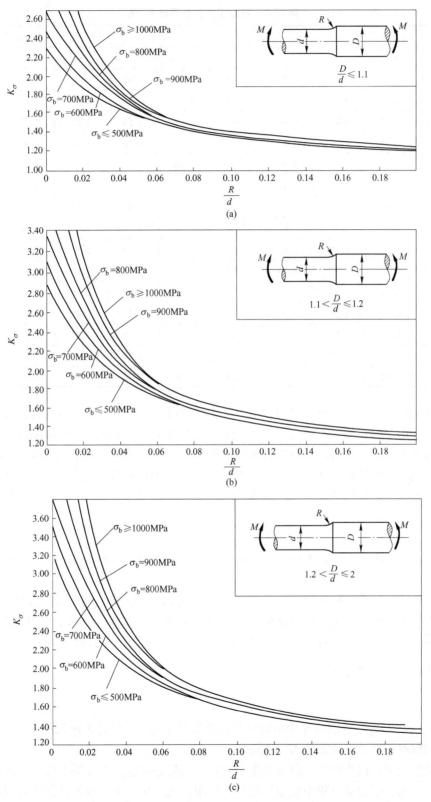

图 12-15 轴肩圆角处有效应力集中因数 K_σ 曲线

表 12-1 有效应力集中因数 K_σ 值

$\dfrac{D-d}{R}$	$\dfrac{R}{d}$	K_σ							
		σ_b/MPa							
		400	500	600	700	800	900	1000	1200
2	0.01	1.34	1.36	1.38	1.40	1.41	1.43	1.45	1.49
	0.02	1.41	1.44	1.47	1.49	1.51	1.54	1.57	1.62
	0.03	1.59	1.63	1.67	1.71	1.76	1.80	1.84	1.92
	0.05	1.54	1.59	1.64	1.69	1.73	1.78	1.83	1.93
	0.10	1.38	1.44	1.50	1.55	1.61	1.66	1.72	1.83
4	0.01	1.51	1.54	1.57	1.59	1.62	1.64	1.67	1.72
	0.02	1.76	1.81	1.86	1.91	1.96	2.01	2.06	2.16
	0.03	1.76	1.82	1.88	1.94	1.99	2.05	2.11	2.23
	0.05	1.70	1.76	1.82	1.88	1.95	2.01	2.07	2.19
6	0.01	1.86	1.90	1.94	1.99	2.03	2.08	2.12	2.21
	0.02	1.90	1.96	2.02	2.08	2.13	2.19	2.25	2.37
	0.03	1.89	1.96	2.03	2.10	2.16	2.23	2.30	2.44
10	0.01	2.07	2.12	2.17	2.23	2.28	2.34	2.39	2.50
	0.02	2.09	2.16	2.23	2.30	2.38	2.45	2.52	2.66

在轴向拉伸与压缩一章中提到，应力集中处的最大应力与名义应力之比称为理论应力集中因数。理论应力集中因数可用弹性力学方法和有限元方法确定，常用结构的理论应力集中因数可查阅相关手册。理论应力集中因数只与结构形式、尺寸有关，没有考虑材料的性质。由图 12-15 和表 12-1 可以看出，有效应力集中因数不仅与构件的形状、尺寸有关，而且与材料的强度极限有关。在已知理论应力集中因数 K 时，可通过下列经验公式计算有效应力集中因数 K_σ：

$$K_\sigma = 1 + \xi(K - 1) \tag{12-29}$$

式中，ξ 为与材料有关的缺口敏感性因数，通常用光滑试样与缺口试样试验测定的强度比值表示。

材料的持久极限一般是用直径为 $7 \sim 10$mm 的光滑小试样测定的，随着试样横截面尺寸的增大，测得的持久极限相应降低。而且对于钢材，强度越高，持久极限下降越明显。因此，当构件尺寸大于标准试样尺寸时，必须考虑尺寸的影响。构件尺寸对持久极限的影响用尺寸因数 ε_σ 度量，表示为

$$\varepsilon_\sigma = \frac{(\sigma_{-1})_d}{\sigma_{-1}} \tag{12-30}$$

式中，σ_{-1} 和 $(\sigma_{-1})_d$ 分别为光滑小试样和构件在对称循环下的持久极限。

常用钢材的尺寸因数如表 12-2 所示。

一般情况下，构件的最大应力发生于表层，疲劳裂纹也多在表层生成。因此表面加工的刀痕、擦伤会引起应力集中从而降低持久极限，表面加工质量最明显影响表现在表面粗糙度。另外，如构件淬火、渗碳、氮化等热处理或化学处理使表层强化，或者滚压、喷丸

表 12-2 尺寸因数

直径 d/mm	ε_σ		ε_τ
	碳钢	合金钢	各种钢
(20, 30]	0.91	0.83	0.89
(30, 40]	0.88	0.77	0.81
(40, 50]	0.84	0.73	0.78
(50, 60]	0.81	0.70	0.76
(60, 70]	0.78	0.68	0.74
(70, 80]	0.75	0.66	0.73
(80, 100]	0.73	0.64	0.72
(100, 120]	0.70	0.62	0.70
(120, 150]	0.68	0.60	0.68
(150, 500]	0.60	0.54	0.60

等机械处理，使表层形成预压应力，减弱引起裂纹的工作应力，可明显提高构件的持久极限。表面加工质量对持久极限的影响，用表面质量因数 β 度量，表示为

$$\beta = \frac{(\sigma_{-1})_\beta}{\sigma_{-1}} \tag{12-31}$$

式中，σ_{-1} 和 $(\sigma_{-1})_\beta$ 分别为磨削加工和其他加工情况时对称循环下的持久极限。表 12-3 为不同加工方法的表面质量因数，表 12-4 为各种表面强化方法的表面质量因数。

表 12-3 不同加工方法的表面质量因数 β

加工方法	表面粗糙度 $R_a/\mu\mathrm{m}$	σ_b/MPa		
		400	600	1200
磨削	0.4~0.1	1	1	1
车削	3.2~0.8	0.95	0.90	0.83
粗车	25~6.3	0.85	0.80	0.65
未加工表面	—	0.75	0.65	0.45

表 12-4 各种表面强化方法的表面质量因数 β

强化方法	σ_b/MPa	β		
		光轴	低应力集中的轴 $K_\sigma \leqslant 1.5$	高应力集中的轴 $K_\sigma \geqslant 1.8$
高频淬火	600~800	1.5~1.7	1.6~1.7	2.4~2.8
	800~1000	1.3~1.5		
氮化	900~1200	1.1~1.25	1.5~1.7	1.7~2.1
渗碳	400~600	1.8~2.0	3	
	700~800	1.4~1.5		
	1000~1200	1.2~1.3	2	
喷丸硬化	600~1500	1.1~1.25	1.5~1.6	1.7~2.1
滚子滚压	600~1500	1.1~1.3	1.3~1.5	1.6~2.0

前面三个影响因素已经制作成相关图表，可以在图表中查阅。还有一些因素，如载荷状况、工作温度和环境介质等对零件的持久极限也有影响。过载将造成过载损伤，使材料的疲劳强度降低。工作温度升高会使材料的疲劳强度降低。零件在腐蚀性介质中工作时，零件表面被腐蚀形成缺口，产生应力集中而使材料的疲劳强度降低。具体影响程度需要通过相应的疲劳试验，采用修正因数进行修正。

用切应力表示的持久极限与式（12-27）相似，表示为

$$\tau_{-1}^0 = \frac{\varepsilon_\tau \beta}{K_\tau} \tau_{-1} \tag{12-32}$$

式中，τ_{-1}^0 为用切应力表示的构件的持久极限；τ_{-1} 为用切应力表示的材料的持久极限；K_τ 为有效应力集中因数；ε_τ 为尺寸因数；β 为表面质量因数。

第六节　对称循环构件的疲劳强度计算

对称循环下实际构件的持久极限由式（12-27）计算，将计算得出的持久极限除以规定的安全因数 n，得到对称循环下构件的许用应力 $[\sigma_{-1}]$。

$$[\sigma_{-1}] = \frac{\sigma_{-1}^0}{n}$$

对称循环下的疲劳强度条件为

$$\sigma_{\max} \leqslant [\sigma_{-1}] = \frac{\sigma_{-1}^0}{n}$$

式中，$\sigma_{\max}$ 为构件危险点的最大工作应力。上式可写为

$$\frac{\sigma_{-1}^0}{\sigma_{\max}} \geqslant n$$

令

$$n_\sigma = \frac{\sigma_{-1}^0}{\sigma_{\max}}$$

式中，n_σ 为工作安全因数。则对称循环下的疲劳强度条件为

$$n_\sigma = \frac{\sigma_{-1}^0}{\sigma_{\max}} = \frac{\sigma_{-1}}{\dfrac{K_\sigma}{\varepsilon_\sigma \beta} \sigma_{\max}} \geqslant n \tag{12-33}$$

对于交变切应力，强度条件为

$$n_\tau = \frac{\tau_{-1}^0}{\tau_{\max}} = \frac{\tau_{-1}}{\dfrac{K_\tau}{\varepsilon_\tau \beta} \tau_{\max}} \geqslant n \tag{12-34}$$

【例题 12-8】 如图 12-16 所示旋转阶梯碳钢轴上，作用有一不变的弯矩 $M = 1\,\mathrm{kN \cdot m}$，已知材料的 $\sigma_b = 600\,\mathrm{MPa}$，$\sigma_{-1} = 250\,\mathrm{MPa}$，$D = 70\,\mathrm{mm}$，$d = 50\,\mathrm{mm}$，$R = 7.5\,\mathrm{mm}$，表面粗糙度为 0.4。若规定的安全因数 $n = 1.5$，试校核此轴的强度。

解： 轴的变形为旋转弯曲，属于对称循环，$r = -1$。危险截面上的最大正应力为

$$\sigma_{\max} = \frac{M}{W_{\min}} = \frac{1000 \times 32}{\pi \times 0.05^3} = 81.5\text{MPa}$$

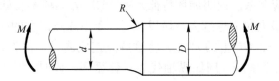

图 12-16　例题 12-8 图

确定各影响因素。

$$\frac{D}{d} = \frac{70}{50} = 1.4, \quad \frac{R}{d} = \frac{7.5}{50} = 0.15, \quad \sigma_b = 600\text{MPa}$$

$$K_\sigma = 1.38, \quad \varepsilon_\sigma = 0.84, \quad \beta = 1.0$$

强度计算。

$$n_\sigma = \frac{\sigma_{-1}}{\dfrac{K_\sigma}{\varepsilon_\sigma \beta}\sigma_{\max}} = \frac{250 \times 10^6}{\dfrac{1.38}{0.84 \times 1} \times 81.5 \times 10^6} = 1.87 > n = 1.5$$

结论：安全。

第七节　非对称循环构件的疲劳强度计算

一、持久极限曲线

解决非对称循环下构件的疲劳强度问题必须测定材料在非对称循环下的持久极限 σ_r，测试原理与对称循环相同。如图 12-17 所示为不同应力循环特征下的持久极限测试结果。

计算不同循环特征 r 时的 σ_m、σ_a，如以 σ_m 为横轴，σ_a 为纵轴建立坐标系，将测定的结果在 σ_m-σ_a 坐标系内描点，对任一应力循环，可在坐标系内确定一个对应点 P（σ_m，σ_a），如图 12-18 所示。该点对应的最大应力 $\sigma_{\max}$ 为

$$\sigma_{\max} = \sigma_m + \sigma_a$$

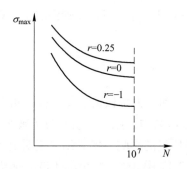

图 12-17　不同 r 下的持久极限

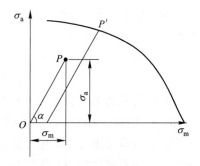

图 12-18　持久极限曲线

由原点出发过 P 点引出射线 OP，则 OP 与 σ_m 轴夹角 α 的正切，即 OP 的斜率为

$$\tan\alpha = \frac{\sigma_a}{\sigma_m} = \frac{\sigma_{\max} - \sigma_{\min}}{\sigma_{\max} + \sigma_{\min}} = \frac{1 - r}{1 + r}$$

可见 r 与 α 有对应关系。说明循环特征 r 相同的应力循环都在同一射线上，离原点越远的点，应力循环的最大应力也越大。所以在每一条由原点出发的射线上，都有一个由持久极限确定的临界点，如 OP 上的 P' 点，将这些点连成曲线，称为材料的持久极限曲线。当然不同的射线对应不同的 r。例如纵轴代表对称循环，此时 $r = -1$；横轴代表静载，此时 $r = 1$；$45°$ 方向的射线代表脉动循环，此时 $r = 0$。

由于需要较多的试验资料才能得到持久极限曲线，所以通常用对称循环、脉动循环和静载荷作用下的持久极限临界值确定 A、B、C 三点，然后用折线连接来代替持久极限曲线，称为持久极限简化折线，如图 12-19 所示。

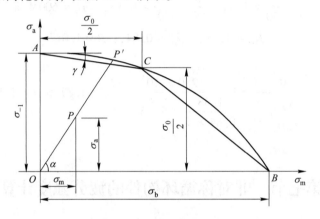

图 12-19　持久极限曲线的简化折线

持久极限简化折线中，A 点的纵坐标 σ_{-1} 为对称循环时的持久极限，B 点的横坐标 σ_b 为静载荷作用时的强度极限，C 点对应脉动循环，横坐标和纵坐标均为此时持久极限 σ_0 的 $1/2$。AC 的斜率为

$$\psi_\sigma = \tan\gamma = \frac{2\sigma_{-1} - \sigma_0}{\sigma_0}$$

式中，γ 为 AC 与 σ_m 轴的夹角；ψ_σ 为平均应力影响因数，ψ_σ 与材料有关。对于拉伸、压缩和弯曲，碳钢的 $\psi_\sigma = 0.1 \sim 0.2$，合金钢的 $\psi_\sigma = 0.2 \sim 0.3$。对于扭转，碳钢的 $\psi_\tau = 0.05 \sim 0.1$，合金钢的 $\psi_\tau = 0.1 \sim 0.15$。

斜线 AC 上各点纵坐标可写为

$$\sigma_{ra} = \sigma_{-1} - \psi_\sigma \sigma_{rm}$$

式中，σ_{rm} 和 σ_{ra} 分别为循环特征为 r 时的平均应力极值和应力幅极值。持久极限折线与轴 σ_m、σ_a 围成一个区域，若工作应力所确定的点落在该区域内，则不会引起疲劳破坏。

对于实际构件应考虑应力集中、构件尺寸和表面质量的影响。实验结果表明上述因素只影响应力幅，而对平均应力并无影响。由此在图 12-19 中 AC 的横坐标不变，而纵坐标应乘以 $\dfrac{\varepsilon_\sigma \beta}{K_\sigma}$，得到构件的持久极限简化折线如图 12-20 中的 EFB 所示。

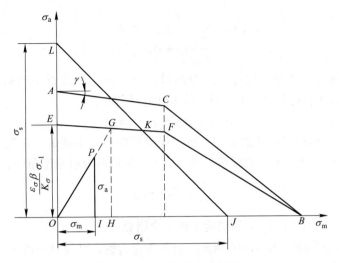

图 12-20 构件的持久极限折线

二、非对称循环构件的疲劳强度计算

构件工作时，若危险点的应力循环由 P 点表示，则延长 OP 与 EF 相交于 G 点，G 点的纵坐标与横坐标之和就是实际构件的疲劳极限 σ_r。构件的工作安全因数 n_σ 为

$$n_\sigma = \frac{\sigma_r}{\sigma_{\max}} = \frac{OH + HG}{OI + IP} = \frac{\sigma_{rm} + HG}{\sigma_m + \sigma_a} \tag{12-35}$$

因为 G 点在直线 EF 上，故

$$HG = \frac{\varepsilon_\sigma \beta}{K_\sigma}(\sigma_{-1} - \psi_\sigma \sigma_{rm}) \tag{12-36}$$

利用三角形 OPI 和 OGH 的相似关系

$$\frac{HG}{IP} = \frac{OH}{OI}, \quad HG = \frac{\sigma_a}{\sigma_m}\sigma_{rm} \tag{12-37}$$

联立式（12-36）和式（12-37）解得

$$\sigma_{rm} = \frac{\sigma_{-1}\sigma_m}{\dfrac{K_\sigma}{\varepsilon_\sigma \beta}\sigma_a + \psi_\sigma \sigma_m}, \quad HG = \frac{\sigma_{-1}\sigma_a}{\dfrac{K_\sigma}{\varepsilon_\sigma \beta}\sigma_a + \psi_\sigma \sigma_m} \tag{12-38}$$

将式（12-38）代入式（12-35）得

$$n_\sigma = \frac{\sigma_{-1}}{\dfrac{K_\sigma}{\varepsilon_\sigma \beta}\sigma_a + \psi_\sigma \sigma_m} \tag{12-39}$$

设规定的安全因数为 n，则非对称循环下构件的疲劳强度条件为

$$n_\sigma = \frac{\sigma_{-1}}{\dfrac{K_\sigma}{\varepsilon_\sigma \beta}\sigma_a + \psi_\sigma \sigma_m} \geqslant n \tag{12-40}$$

若为切应力，则疲劳强度条件为

$$n_\tau = \frac{\tau_{-1}}{\dfrac{K_\tau}{\varepsilon_\tau \beta}\tau_a + \psi_\tau \tau_m} \geq n \qquad (12\text{-}41)$$

除满足疲劳强度条件外，构件危险点的最大应力 σ_{max} 还应低于材料的屈服强度 σ_s。在如图 12-20 所示 σ_m-σ_a 坐标系中，斜直线 LJ 的方程为

$$\sigma_{max} = \sigma_a + \sigma_m = \sigma_s$$

故最大应力的点应落在直线 LJ 的下方。所以保证构件不发生疲劳也不发生屈服失效的区域是折线 EKJ 与坐标轴所围成的区域。通常当 $r>0$ 时应补充静强度条件，即

$$n_{\sigma_s} = \frac{\sigma_s}{\sigma_{max}} \geq n_s \qquad (12\text{-}42)$$

式中，n_s 为屈服安全因数；n_{σ_s} 为静载荷工作安全因数。

【例题 12-9】 阶梯轴如图 12-16 所示。材料为合金钢，已知材料的 $\sigma_b = 920\text{MPa}$，$\sigma_s = 520\text{MPa}$，$\sigma_{-1} = 420\text{MPa}$，$D = 50\text{mm}$，$d = 40\text{mm}$，$R = 5\text{mm}$，表面粗糙度为 0.4。作用有不对称交变弯矩，$M_{max} = 1200\text{N·m}$，$M_{min} = 300\text{N·m}$，若规定的疲劳安全因数 $n = 2$，屈服安全因数 $n_s = 2.5$，试校核此轴的强度。

解： 应力计算。

$$\sigma_{max} = \frac{M_{max}}{W_{min}} = \frac{1200 \times 32}{\pi \times 0.04^3} = 191.1\text{MPa}$$

$$\sigma_{min} = \frac{M_{min}}{W_{min}} = \frac{300 \times 32}{\pi \times 0.04^3} = 47.8\text{MPa}$$

$$\sigma_a = \frac{\sigma_{max} - \sigma_{min}}{2} = 71.7\text{MPa}$$

$$\sigma_m = \frac{\sigma_{max} + \sigma_{min}}{2} = 119.5\text{MPa}$$

$$r = \frac{\sigma_{min}}{\sigma_{max}} = 0.25$$

确定各影响因素。

$$\frac{D}{d} = \frac{50}{40} = 1.25, \qquad \frac{R}{d} = \frac{5}{40} = 0.125, \qquad \sigma_b = 920\text{MPa}$$

$$K_\sigma = 1.52, \qquad \varepsilon_\sigma = 0.77, \qquad \beta = 1.0$$

合金钢的 $\psi_\sigma = 0.2 \sim 0.3$，取 $\psi_\sigma = 0.25$。

疲劳强度计算。

$$n_\sigma = \frac{\sigma_{-1}}{\dfrac{K_\sigma}{\varepsilon_\sigma \beta}\sigma_a + \psi_\sigma \sigma_m} = \frac{420}{\dfrac{1.52}{0.77 \times 1} \times 71.7 + 0.25 \times 119.5} = 2.45 > n = 2$$

静强度计算。

$$n_{\sigma_s} = \frac{\sigma_s}{\sigma_{max}} = \frac{520}{191.1} = 2.52 > n_s$$

结论：安全。

第八节　弯扭组合交变应力的强度计算

光滑小试样试验资料表明，在同步弯扭组合对称循环交变应力下，持久极限中的弯曲正应力 σ_{rM} 和扭转切应力 τ_{rT} 满足椭圆关系

$$\left(\frac{\sigma_{rM}}{\sigma_{-1}}\right)^2 + \left(\frac{\tau_{rT}}{\tau_{-1}}\right)^2 = 1 \tag{12-43}$$

式中，σ_{-1} 为单一弯曲对称循环持久极限；τ_{-1} 为单一扭转对称循环持久极限。

对于实际构件，应将应力集中、构件尺寸和表面质量等因素考虑在内，构件弯扭组合交变持久极限中的弯曲正应力为

$$(\sigma_{rM})_d = \frac{\varepsilon_\sigma\beta}{K_\sigma}\sigma_{rM}$$

构件弯扭组合交变持久极限中的扭转切应力为

$$(\tau_{rT})_d = \frac{\varepsilon_\tau\beta}{K_\tau}\tau_{rT}$$

构件同步弯扭组合时椭圆关系化为

$$\left[\frac{(\sigma_{rM})_d}{\dfrac{\varepsilon_\sigma\beta}{K_\sigma}\sigma_{-1}}\right]^2 + \left[\frac{(\tau_{rT})_d}{\dfrac{\varepsilon_\tau\beta}{K_\tau}\tau_{-1}}\right]^2 = 1 \tag{12-44}$$

以式（12-44）作椭圆的 $1/4$，如图 12-21 所示。显然椭圆所围成的区域是不引起疲劳失效的范围。

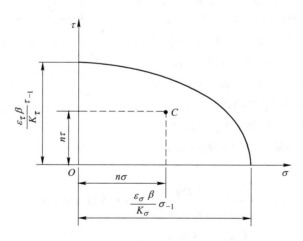

图 12-21　弯扭组合交变持久极限曲线

在弯扭组合交变应力作用下，设构件工作弯曲正应力为 σ，扭转切应力为 τ，设想扩大 n 倍（n 为规定的安全因数），则 $n\sigma$ 和 $n\tau$ 确定的 C 点应该落在椭圆内部，或者最多落在椭圆上，即

$$\left(\frac{n\sigma}{\dfrac{\varepsilon_\sigma\beta}{K_\sigma}\sigma_{-1}}\right)^2 + \left(\frac{n\tau}{\dfrac{\varepsilon_\tau\beta}{K_\tau}\tau_{-1}}\right)^2 \leqslant 1 \qquad (12\text{-}45)$$

由对称循环下构件的工作安全因数

$$n_\sigma = \frac{\sigma_{-1}}{\dfrac{K_\sigma}{\varepsilon_\sigma\beta}\sigma}, \quad n_\tau = \frac{\tau_{-1}}{\dfrac{K_\tau}{\varepsilon_\tau\beta}\tau} \qquad (12\text{-}46)$$

式中，n_σ 为单一弯曲对称循环的工作安全因数；n_τ 为单一扭转对称循环的工作安全因数。将式（12-46）代入式（12-45）得

$$\left(\frac{n}{n_\sigma}\right)^2 + \left(\frac{n}{n_\tau}\right)^2 \leqslant 1$$

整理得

$$\frac{n_\sigma n_\tau}{\sqrt{n_\sigma^2 + n_\tau^2}} \geqslant n$$

将上式左端记为 $n_{\sigma\tau}$，称为构件弯扭组合对称循环交变应力下的工作安全因数，则强度条件为

$$n_{\sigma\tau} = \frac{n_\sigma n_\tau}{\sqrt{n_\sigma^2 + n_\tau^2}} \geqslant n \qquad (12\text{-}47)$$

式中，n 为规定的安全因数。在弯扭组合非对称循环交变下，仍可用上述强度条件，只不过式中 n_σ 和 n_τ 应由非对称循环的公式求出。

【例题 12-10】阶梯轴如图 12-22 所示。材料为合金钢，已知材料的 $\sigma_b = 920\text{MPa}$，$\tau_{-1} = 240\text{MPa}$，$\sigma_{-1} = 410\text{MPa}$，$D = 60\text{mm}$，$d = 50\text{mm}$，$R = 5\text{mm}$，表面粗糙度为 0.4。作用于轴上的交变弯矩 M 变化于 $-1000\text{N}\cdot\text{m}$ 到 $1000\text{N}\cdot\text{m}$ 之间，交变扭矩 T 变化于 0 到 $1500\text{N}\cdot\text{m}$ 之间，若规定的安全因数 $n = 2$，试校核此轴的疲劳强度。（设弯曲正应力的有效应力集中因数为 $K_\sigma = 1.57$，扭转切应力的有效应力集中因数为 $K_\tau = 1.23$。）

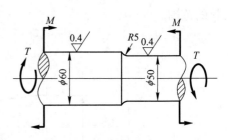

图 12-22 例题 12-10 图

解：应力计算。

$$\sigma_{\max} = \frac{M_{\max}}{W_{\min}} = \frac{1000 \times 32}{\pi \times 0.05^3} = 81.5\text{MPa} = -\sigma_{\min}$$

$$\tau_{\max} = \frac{T_{\max}}{W_{\min}} = \frac{1500 \times 16}{\pi \times 0.05^3} = 61.1\text{MPa}$$

$$\tau_{\min} = 0$$

$$\tau_a = \tau_m = \frac{\tau_{\max}}{2} = 30.6\text{MPa}$$

确定各影响因素。

$$\frac{D}{d} = \frac{60}{50} = 1.2, \quad \frac{R}{d} = \frac{5}{50} = 0.1, \quad \sigma_b = 920\text{MPa}$$

$$K_\sigma = 1.57, \quad \varepsilon_\sigma = 0.73, \quad \beta = 1.0$$

$$K_\tau = 1.23, \quad \varepsilon_\tau = 0.78, \quad \beta = 1.0$$

合金钢的 $\psi_\tau = 0.1 \sim 0.15$，取 $\psi_\sigma = 0.125$。

疲劳强度计算。

$$n_\sigma = \frac{\sigma_{-1}}{\frac{K_\sigma}{\varepsilon_\sigma \beta}\sigma_{max}} = \frac{410}{\frac{1.57}{0.73 \times 1} \times 81.5} = 2.34$$

$$n_\tau = \frac{\tau_{-1}}{\frac{K_\tau}{\varepsilon_\tau \beta}\tau_a + \psi_\tau \tau_m} = \frac{240}{\frac{1.23}{0.78 \times 1} \times 30.6 + 0.125 \times 30.6} = 4.61$$

$$n_{\sigma\tau} = \frac{n_\sigma n_\tau}{\sqrt{n_\sigma^2 + n_\tau^2}} = \frac{2.34 \times 4.61}{\sqrt{2.34^2 + 4.61^2}} = 2.09 > n$$

结论：安全。

第九节　提高构件疲劳强度的措施

抗疲劳设计已广泛应用于各种专业机械设计中，特别是在航空、航天、原子能、汽车、拖拉机、动力机械、化工机械、重型机械等领域中，抗疲劳设计更为重要。由疲劳强度条件可知，在不改变构件基本尺寸和材料的前提下，可通过改变构件疲劳极限的影响因素来提高构件疲劳强度，如消除或降低零件上的应力集中和附加应力、增强表层强度、降低表面粗糙度等。

一、消除或降低应力集中

尽可能消除或降低构件上的应力集中的影响，是提高构件疲劳强度的首要措施。构件截面改变越剧烈，应力集中因数就越大。因此工程上常采用改变构件外形尺寸的方法来减小应力集中。如采用较大的过渡圆角半径，使截面的改变尽量缓慢，如果圆角半径太大而影响装配时，可采用间隔环。既降低了应力集中又不影响轴与轴承的装配。

此外还可采用凹圆角或卸载槽以达到应力平缓过渡。在设计构件外形时，应尽量避免带有尖角的孔和槽。在截面尺寸突然变化处（阶梯轴），当结构需要直角时，可在直径较大的轴段上开卸载槽或退刀槽减小应力集中；当轴与轮毂采用静配合时，可在轮毂上开减荷槽或增大配合部分轴的直径，并采用圆角过渡，从而可缩小轮毂与轴的刚度差距，减缓配合面边缘处的应力集中。

二、提高构件表面质量

一般来说，构件表层的应力都很大，例如在承受弯曲和扭转的构件中，其最大应力均发生在构件的表层。同时由于加工的原因，构件表层的刀痕或损伤处又将引起应力集中。

因此，对疲劳强度要求高的构件，应采用精加工方法，以获得较高的表面质量。特别是高强度钢这类对应力集中比较敏感的材料，其加工更需要精细。

三、提高构件表面强度

采用能够提高材料疲劳强度的热处理方法及表面强化工艺，尽可能减少或消除零件表面可能发生的初始裂纹，对于延长零件的疲劳寿命有着比提高材料性能更为显著的作用。常用的方法有表面热处理和表面机械强化两种方法。表面热处理通常采用高频淬火、渗碳、氰化、氮化等措施，以提高构件表层材料的抗疲劳强度能力。表面机械强化通常采用对构件表面进行滚压、喷丸等，使构件表面形成预压应力层，以降低最容易形成疲劳裂纹的拉应力，从而提高表层强度。

四、选用疲劳强度高的材料

疲劳破坏是机械零件失效的主要原因之一。据统计，在机械零件失效中大约有 80% 以上属于疲劳破坏，而且疲劳破坏前没有明显的变形，所以疲劳破坏经常造成重大事故，对于轴、齿轮、轴承、叶片、弹簧等承受交变载荷的零件要选择疲劳强度高的材料来制造。

自 测 题

一、判断题（正确写 T，错误写 F。每题 2 分，共 10 分）

1. 动载荷作用下，构件内的动应力与构件材料的弹性模量有关。（　　）
2. 凡是运动的构件都存在动载荷问题。（　　）
3. 构件由突加载荷引起的应力，是由相应的静载荷所引起的应力的两倍。（　　）
4. 在交变应力作用下，考虑构件表面加工质量的表面质量因数总是小于 1。（　　）
5. 疲劳是指金属材料在交变应力作用下，在工作应力高于材料的屈服强度时，经过较长时间的工作而产生裂纹或突然发生完全断裂的现象。（　　）

二、单项选择题（每题 2 分，共 10 分）

1. 构件受冲击载荷，若要降低其动应力，可以采取的措施是（　　）。
   A. 增加构件的刚度　　　B. 增加构件的强度　　　C. 减少构件的刚度　　　D. 减少构件的强度
2. 如图 12-23 所示等截面直杆在自由端承受水平冲击，若其他条件均保持不变，仅杆长 l 增加，则杆内的最大冲击应力将（　　）。
   A. 增加　　　　　　B. 减小　　　　　　C. 保持不变　　　　　　D. 可能增加或减小
3. 重量为 P 的物体以匀速 v 下降，当吊索长度为 l 时，制动器刹车，起重卷筒以等减速在 t 秒后停止转动，如图 12-24 所示。设吊索的横截面面积为 A，弹性模量为 E，则动载荷因数为（　　）。
   A. $\dfrac{v}{t}\sqrt{\dfrac{EA}{gPl}}$　　　　B. $v\sqrt{\dfrac{EA}{gPl}}$　　　　C. $\dfrac{v}{gt}$　　　　D. $1+\dfrac{v}{gt}$
4. 材料的持久极限与试件的（　　）无关。
   A. 材料种类　　　　　　B. 变形形式　　　　　　C. 循环特征　　　　　　D. 最大应力
5. 在以下措施中，（　　）将会降低构件的持久极限。

A. 增加构件表面光洁度   B. 增加构件表面强度

C. 加大构件的几何尺寸   D. 减缓构件的应力集中

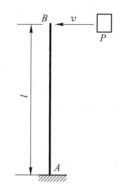

图 12-23 单项选择题 2 图   图 12-24 单项选择题 3 图

三、多项选择题（每题 2 分，共 10 分）

1. 矩形截面简支梁的中点处受到自由落下重物的冲击作用，为了减小冲击时的动应力，在下列措施中，正确的有（   ）。

     A. 提高梁材料的弹性模量

     B. 减小重物的下落高度

     C. 减小梁的跨度

     D. 在梁中点的上表面处加上弹性垫

     E. 减小梁截面的惯性矩

2. 关于动载荷特性的说法，正确的有（   ）。

     A. 动载荷和静载荷的本质区别是前者构件内各点的加速度必须考虑而后者可忽略不计

     B. 匀速直线运动时的动载荷因数为 0

     C. 自由落体冲击时的动载荷因数为 2

     D. 增大静变形是减小冲击载荷的主要途径

     E. 增大强度是减小冲击载荷的主要途径

3. 关于交变应力特征的说法，正确的有（   ）。

     A. 对称循环的循环特征等于 1

     B. 脉动循环的循环特征等于 0

     C. 脉动循环的最小应力等于 0

     D. 对称循环的平均应力等于 1

     E. 静应力的循环特征等于 0

4. 关于在交变应力作用下疲劳失效特征的说法，正确的有（   ）。

     A. 断裂时没有明显的宏观塑性变形，断裂前没有预兆，而是突然破坏

     B. 引起断裂的应力很低，常常低于材料的屈服强度

     C. 断口明显分为光滑区和粗糙区

     D. 脆性材料应力达到强度极限后发生的断裂

     E. 韧性材料颈缩后发生的断裂

5. 提高构件疲劳强度的主要措施有（   ）。

     A. 消除或减缓应力集中

B. 增加构件的刚度

C. 改善构件表面加工质量

D. 表面强化处理

E. 增加构件尺寸

四、计算题（每题 10 分，共 70 分）

1. 用两根吊索以向上的匀加速平行地起吊一根 18 号工字钢梁。加速度 $a = 10\text{m/s}^2$，工字钢梁的长度 $l = 12\text{m}$，吊索的横截面面积 $A = 60\text{mm}^2$，吊点及梁的放置情况如图 12-25 所示。若只考虑梁的质量（不计吊索的质量），试计算工字钢梁内的最大动应力和吊索的动应力。

2. 杆 OC 以角速度 ω 绕过 O 点的铅垂轴在水平面内转动。已知杆长为 l，杆的横截面面积为 A，重量为 P_1。另有一重量为 P_2 的重物连接在杆的端点 C，如图 12-26 所示（俯视图），试求杆的伸长。

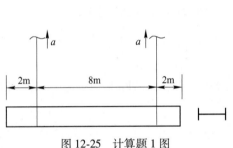

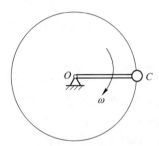

图 12-25　计算题 1 图　　　　　　　　　图 12-26　计算题 2 图

3. 材料、长度相同的等截面杆和变截面杆均为圆截面，受到重量为 $P = 180\text{N}$ 的重物自高度 $H = 50\text{mm}$ 处自由落下，如图 12-27 所示。已知 $l = 500\text{mm}$，$d = 20\text{mm}$，$E = 200\text{GPa}$，试求各杆内的最大动应力。

4. 若如图 12-28（a）所示 AC 杆在水平面内绕过 A 点的铅垂轴以匀角速度 ω 转动，杆端 C 点有一重量为 P 的重物，如因故障在 B 点突然卡住，使之突然停止转动，如图 12-28（b）所示。设杆的质量省略不计，杆的抗弯截面模量为 W，惯性矩为 I，弹性模量为 E，试求 AC 杆内的最大冲击应力。

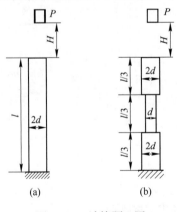

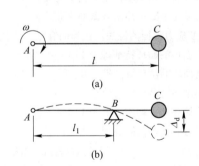

图 12-27　计算题 3 图　　　　　　　　　图 12-28　计算题 4 图

5. 已知冲击物的重量 $Q = 500\text{kN}$，冲击载荷 Q 与弹簧接触时的水平速度 $v = 0.35\text{m/s}$，弹簧的刚度 $k = 100 \times 10^6\text{N/m}$，冲击载荷及弹簧作用在梁的中点处，梁的抗弯截面系数 $W = 10 \times 10^{-3}\text{m}^3$，截面对中性轴的惯性矩 $I = 5 \times 10^{-3}\text{m}^4$，钢的弹性模量 $E = 200\text{GPa}$，$[\sigma] = 160\text{MPa}$，试校核如图 12-29 所示梁在承受水平冲击载荷作用时的强度。

6. 自由落体冲击如图 12-30 所示，冲击物重量为 P，离梁顶面的高度为 H，梁的跨度为 l，矩形截面尺寸

为 $b \times h$，材料的弹性模量为 E，试求梁的最大挠度。

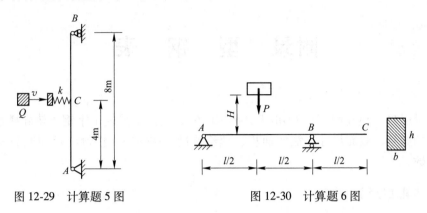

图 12-29　计算题 5 图　　　　　　　图 12-30　计算题 6 图

7. 如图 12-31 所示阶梯形圆截面碳钢轴，危险截面 A-A 上的内力为对称循环的交变弯矩，其最大值为 $M_{max} = 1.0 \mathrm{kN \cdot m}$，轴表面经过精车加工，$\sigma_b = 500 \mathrm{MPa}$，$\sigma_{-1} = 200 \mathrm{MPa}$，规定的疲劳安全因数 $n = 1.9$，试校核轴的强度。（图中未注尺寸单位为 mm。）

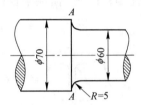

图 12-31　计算题 7 图

　扫描二维码获取本章自测题参考答案

附录 型钢表

本附录引自《热轧型钢》（GB/T 706—2016），给出了热轧工字钢、热轧槽钢、热轧等边角钢的型号、截面尺寸、截面面积、理论重量、惯性矩、惯性半径和截面模数（抗弯截面系数）。

一、热轧工字钢

附图 1 为热轧工字钢截面图，附表 1 为热轧工字钢截面尺寸、截面面积、理论重量和截面特性。图中和表中各符号意义如下：

h——高度；b——翼缘宽度；d——腹板宽度；t——翼缘平均厚度；r——内圆弧半径；r_1——外圆弧半径；I——惯性矩；i——惯性半径；W——抗弯截面系数（截面模数）；S——半截面的静矩。

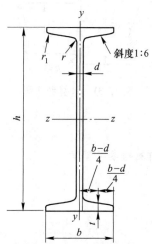

附图 1 热轧工字钢截面图

附表 1 热轧工字钢截面尺寸、截面面积、理论重量和截面特性

型号	尺寸/mm						截面面积 /cm²	理论重量 /kg·m⁻¹	惯性矩/cm⁴		惯性半径/cm		截面模数/cm³		$\dfrac{I_z}{S_z}$/cm
	h	b	d	t	r	r_1			I_z	I_y	i_z	i_y	W_z	W_y	
10	100	68	4.5	7.6	6.5	3.3	14.33	11.3	245	33.0	4.14	1.52	49.0	9.72	8.59
12	120	74	5.0	8.4	7.0	3.5	17.80	14.0	436	46.9	4.95	1.62	72.7	12.7	—
12.6	126	74	5.0	8.4	7.0	3.5	18.10	14.2	488	46.9	5.20	1.61	77.5	12.7	10.8
14	140	80	5.5	9.1	7.5	3.8	21.5	16.9	712	64.4	5.76	1.73	102	16.1	12.0
16	160	88	6.0	9.9	8.0	4.0	26.11	20.5	1130	93.1	6.58	1.89	141	21.2	13.8
18	180	94	6.5	10.7	8.5	4.3	30.74	24.1	1660	122	7.36	2.00	185	26.0	15.4

续附表 1

型号	尺寸/mm						截面面积 /cm²	理论重量 /kg·m⁻¹	惯性矩/cm⁴		惯性半径/cm		截面模数/cm³		$\frac{I_z}{S_z}$/cm
	h	b	d	t	r	r_1			I_z	I_y	i_z	i_y	W_z	W_y	
20a	200	100	7.0	11.4	9.0	4.5	35.55	27.9	2370	158	8.15	2.12	237	31.5	17.2
20b		102	9.0				39.55	31.1	2500	169	7.96	2.06	250	33.1	16.9
22a	220	110	7.5	12.3	9.5	4.8	42.10	33.1	3400	225	8.99	2.31	309	40.9	18.9
22b		112	9.5				46.50	36.5	3570	239	8.78	2.27	325	42.7	18.7
24a	240	116	8.0	13.0	10.0	5.0	47.71	37.5	4570	280	9.77	2.42	381	48.4	—
24b		118	10.0				52.51	41.2	4800	297	9.57	2.38	400	50.4	—
25a	250	116	8.0	13.0	10.0	5.0	48.51	38.1	5020	280	10.2	2.40	402	48.3	21.6
25b		118	10.0				53.51	42.0	5280	309	9.94	2.40	423	52.4	21.3
27a	270	122	8.5	13.7	10.5	5.3	54.52	42.8	6550	345	10.9	2.51	485	56.6	—
27b		124	10.5				59.92	47.0	6870	366	10.7	2.47	509	58.9	—
28a	280	122	8.5	13.7	10.5	5.3	55.37	43.5	7110	345	11.3	2.50	508	56.6	24.6
28b		124	10.5				60.97	47.9	7480	379	11.1	2.49	534	61.2	24.2
30a	300	126	9.0	14.4	11.0	5.5	61.22	48.1	8950	400	12.1	2.55	597	63.5	—
30b		128	11.0				67.22	52.8	9400	422	11.8	2.50	627	65.9	—
30c		130	13.0				73.22	57.5	9850	445	11.6	2.46	657	68.5	—
32a	320	130	9.5	15.0	11.5	5.8	67.12	52.7	11100	460	12.8	2.62	692	70.8	27.5
32b		132	11.5				73.52	57.7	11600	502	12.6	2.61	726	76.0	27.1
32c		134	13.5				79.92	62.7	12200	544	12.3	2.61	760	81.2	26.8
36a	360	136	10.0	15.8	12.0	6.0	76.44	60.0	15800	552	14.4	2.69	875	81.2	30.7
36b		138	12.0				83.64	65.7	16500	582	14.1	2.64	919	84.3	30.3
36c		140	14.0				90.84	71.3	17300	612	13.8	2.60	962	87.4	29.9
40a	400	142	10.5	16.5	12.5	6.3	86.07	67.7	21700	660	15.9	2.77	1090	93.2	34.1
40b		144	12.5				94.07	73.8	22800	692	15.6	2.71	1140	96.2	33.6
40c		146	14.5				102.1	80.1	23900	727	15.2	2.65	1190	99.6	33.2
45a	450	150	11.5	18.0	13.5	6.8	102.4	80.4	32200	855	17.7	2.89	1430	114	38.6
45b		152	13.5				111.4	87.4	33800	894	17.4	2.84	1500	118	38.0
45c		154	15.5				120.4	94.5	35300	938	17.1	2.79	1570	122	37.6
50a	500	158	12.0	20.0	14.0	7.0	119.2	93.6	46500	1120	19.7	3.07	1860	142	42.8
50b		160	14.0				129.2	101	48600	1170	19.4	3.01	1940	146	42.4
50c		162	16.0				139.2	109	50600	1220	19.0	2.96	2080	151	41.8
55a	550	166	12.5	21.0	14.5	7.3	134.1	105	62900	1370	21.6	3.19	2290	164	—
55b		168	14.5				145.1	114	65600	1420	21.2	3.14	2390	170	—
55c		170	16.5				156.1	123	68400	1480	20.9	3.08	2490	175	—
56a	560	166	12.5	21.0	14.5	7.3	135.4	106	65600	1370	22.0	3.18	2340	165	47.7
56b		168	14.5				146.6	115	68500	1490	21.6	3.16	2450	174	47.2
56c		170	16.5				157.8	124	71400	1560	21.3	3.16	2550	183	46.7

续附表 1

型号	尺寸/mm						截面面积 /cm²	理论重量 /kg·m⁻¹	惯性矩/cm⁴		惯性半径/cm		截面模数/cm³		$\frac{I_z}{S_z}$/cm
	h	b	d	t	r	r_1			I_z	I_y	i_z	i_y	W_z	W_y	
63a		176	13.0				154.6	121	93900	1700	24.5	3.31	2980	193	54.2
63b	630	178	15.0	22.0	15.0	7.5	167.2	131	98100	1810	24.2	3.29	3160	204	53.5
63c		180	17.0				179.8	141	102000	1920	23.8	3.27	3300	214	52.9

注：表中最后一列数据在 GB/T 706—2016 中没有给出，引自原标准 GB 706—88。

二、热轧槽钢

附图 2 为热轧槽钢截面图，附表 2 为热轧槽钢截面尺寸、截面面积、理论重量和截面特性。图中和表中各符号意义如下：

h——高度；b——腿宽度；d—— 腰宽度；t——腿平均厚度；r—— 内圆弧半径；r_1——外圆弧半径；I—— 惯性矩；i—— 惯性半径；W—— 抗弯截面系数（截面模数）；z_0—— 重心距离。

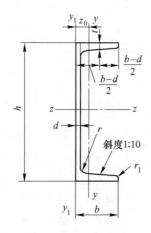

附图 2　热轧槽钢截面图

附表 2　热轧槽钢截面尺寸、截面面积、理论重量和截面特性

型号	尺寸/mm						截面面积 /cm²	理论重量 /kg·m⁻¹	惯性矩 /cm⁴			惯性半径 /cm		截面模数 /cm³		重心距离 /cm
	h	b	d	t	r	r_1			I_z	I_y	I_{y_1}	i_z	i_y	W_z	W_y	z_0
5	50	37	4.5	7.0	7.0	3.5	6.925	5.44	26.0	8.30	20.9	1.94	1.10	10.4	3.55	1.35
6.3	63	40	4.8	7.5	7.5	3.8	8.446	6.63	50.8	11.9	28.4	2.45	1.19	16.1	4.50	1.36
6.5	65	40	4.3	7.5	7.5	3.8	8.292	6.51	55.2	12.0	28.3	2.54	1.19	17.0	4.59	1.38
8	80	43	5.0	8.0	8.0	4.0	10.24	8.04	101	16.6	37.4	3.15	1.27	25.3	5.79	1.43
10	100	48	5.3	8.5	8.5	4.2	12.74	10.0	198	25.6	54.9	3.95	1.41	39.7	7.80	1.52
12	120	53	5.5	9.0	9.0	4.5	15.36	12.1	346	37.4	77.7	4.75	1.56	57.7	10.2	1.62
12.6	126	53	5.5	9.0	9.0	4.5	15.69	12.3	391	38.0	77.1	4.95	1.57	62.1	10.2	1.59

续附表 2

型号	尺寸/mm						截面面积 /cm²	理论重量 /kg·m⁻¹	惯性矩 /cm⁴			惯性半径 /cm		截面模数 /cm³		重心距离 /cm
	h	b	d	t	r	r_1			I_z	I_y	I_{y_1}	i_z	i_y	W_z	W_y	z_0
14a	140	58	6.0	9.5	9.5	4.8	18.51	14.5	564	53.2	107	5.52	1.70	80.5	13.0	1.71
14b		60	8.0				21.31	16.7	609	61.1	121	5.35	1.69	87.1	14.1	1.67
16a	160	63	6.5	10.0	10.0	5.0	21.95	17.2	866	73.3	144	6.28	1.83	108	16.3	1.80
16b		65	8.2				25.15	19.8	935	83.4	161	6.10	1.82	117	17.6	1.75
18a	180	68	7.0	10.5	10.5	5.2	25.69	20.2	1270	98.6	190	7.04	1.96	141	20.0	1.88
18b		70	9.0				29.29	23.0	1370	111	210	6.84	1.95	152	21.5	1.84
20a	200	73	7.0	11.0	11.0	5.5	28.83	22.6	1780	128	244	7.86	2.11	178	24.2	2.01
20b		75	9.0				32.83	25.8	1910	144	268	7.64	2.09	191	25.9	1.95
22a	220	77	7.0	11.5	11.5	5.8	31.83	25.0	2390	158	298	8.67	2.23	218	28.2	2.10
22b		79	9.0				36.23	28.5	2570	176	326	8.42	2.21	234	30.1	2.03
24a		78	7.0				34.21	26.9	3050	174	325	9.45	2.25	254	30.5	2.10
24b	240	80	9.0	12.0	12.0	6.0	39.01	30.6	3280	194	355	9.17	2.23	274	32.5	2.03
24c		82	11.0				43.81	34.4	3510	213	388	8.96	2.21	293	34.4	2.00
25a		78	7.0				34.91	27.4	3370	176	322	9.82	2.24	270	30.6	2.07
25b	250	80	9.0	12.0	12.0	6.0	39.91	31.3	3530	196	353	9.41	2.22	282	32.7	1.98
25c		82	11.0				44.91	35.3	3690	218	384	9.07	2.21	295	35.9	1.92
27a		82	7.5				39.27	30.8	4360	216	393	10.5	2.34	323	35.5	2.13
27b	270	84	9.5	12.5	12.5	6.2	44.67	35.1	4690	239	428	10.3	2.31	347	37.7	2.06
27c		86	11.5				50.07	39.3	5020	261	467	10.1	2.28	372	39.8	2.03
28a		82	7.5				40.02	31.4	4760	218	388	10.9	2.33	340	35.7	2.10
28b	280	84	9.5	12.5	12.5	6.2	45.62	35.8	5030	242	428	10.6	2.30	366	37.9	2.02
28c		86	11.5				51.22	40.2	5500	268	463	10.4	2.29	393	40.3	1.95
30a		85	7.5				43.89	34.5	6050	260	467	11.7	2.43	403	41.1	2.17
30b	300	87	9.5	13.5	13.5	6.8	49.89	39.2	6500	289	515	11.4	2.41	433	44.0	2.13
30c		89	11.5				55.89	43.9	6950	316	560	11.2	2.38	463	46.4	2.09
32a		88	8.0				48.50	38.1	7600	305	552	12.5	2.50	475	46.5	2.24
32b	320	90	10.0	14.0	14.0	7.0	54.90	43.1	8140	336	593	12.2	2.47	509	49.2	2.16
32c		92	12.0				61.30	48.1	8690	374	643	11.9	2.47	543	52.6	2.09
36a		96	9.0				60.89	47.8	11900	455	818	14.0	2.73	660	63.5	2.44
36b	360	98	11.0	16.0	16.0	8.0	68.09	53.5	12700	497	880	13.6	2.70	703	66.9	2.37
36c		100	13.0				75.29	59.1	13400	536	948	13.4	2.67	746	70.0	2.34
40a		100	10.5				75.04	58.9	17600	592	1070	15.3	2.81	879	78.8	2.49
40b	400	102	12.5	18.0	18.0	9.0	83.04	65.2	18600	640	1140	15.0	2.78	932	82.5	2.44
40c		104	14.5				91.04	71.5	19700	688	1220	14.7	2.75	986	86.2	2.42

三、热轧等边角钢

附图 3 为热轧等边角钢截面图，附表 3 为热轧等边角钢截面尺寸、截面面积、理论重量和截面特性。图中和表中各符号意义如下：

b—— 边宽度；d—— 边厚度；r—— 内圆弧半径；r_1—— 边端圆弧半径，$r_1 = d/3$，I—— 惯性矩；i—— 惯性半径；W—— 抗弯截面系数（截面模数）；y_1—— 重心距离。

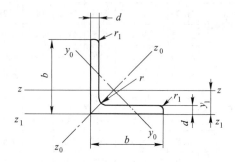

附图 3　热轧等边角钢截面图

附表 3　热轧等边角钢截面尺寸、截面面积、理论重量和截面特性

型号	尺寸/mm			截面面积 /cm²	理论重量 /kg·m⁻¹	惯性矩/cm⁴				惯性半径/cm			截面模数/cm³			重心距离/cm
	b	d	r			I_z	I_{z_1}	I_{z_0}	I_{y_0}	i_z	i_{z_0}	i_{y_0}	W_z	W_{z_0}	W_{y_0}	y_1
2	20	3	3.5	1.132	0.89	0.40	0.81	0.63	0.17	0.59	0.75	0.39	0.29	0.45	0.20	0.60
		4		1.459	1.15	0.50	1.09	0.78	0.22	0.58	0.73	0.38	0.36	0.55	0.24	0.64
2.5	25	3		1.432	1.12	0.82	1.57	1.29	0.34	0.76	0.95	0.49	0.46	0.73	0.33	0.73
		4		1.859	1.46	1.03	2.11	1.62	0.43	0.74	0.93	0.48	0.59	0.92	0.40	0.76
3.0	30	3	4.5	1.749	1.37	1.46	2.71	2.31	0.61	0.91	1.15	0.59	0.68	1.09	0.51	0.85
		4		2.276	1.79	1.84	3.63	2.92	0.77	0.90	1.13	0.58	0.87	1.37	0.62	0.89
3.6	36	3		2.109	1.66	2.58	4.68	4.09	1.07	1.11	1.39	0.71	0.99	1.61	0.76	1.00
		4		2.756	2.16	3.29	6.25	5.22	1.37	1.09	1.38	0.70	1.28	2.05	0.93	1.04
		5		3.382	2.65	3.95	7.84	6.24	1.65	1.08	1.36	0.70	1.56	2.45	1.00	1.07
4	40	3	5	2.359	1.85	3.59	6.41	5.69	1.49	1.23	1.55	0.79	1.23	2.01	0.96	1.09
		4		3.086	2.42	4.60	8.56	7.29	1.91	1.22	1.54	0.79	1.60	2.58	1.19	1.13
		5		3.792	2.98	5.53	10.7	8.76	2.30	1.21	1.52	0.78	1.96	3.10	1.39	1.17
4.5	45	3		2.659	2.09	5.17	9.12	8.20	2.14	1.40	1.76	0.89	1.58	2.58	1.24	1.22
		4		3.486	2.74	6.65	12.2	10.6	2.75	1.38	1.74	0.89	2.05	3.32	1.54	1.26
		5		4.292	3.37	8.04	15.2	12.7	3.33	1.37	1.72	0.88	2.51	4.00	1.81	1.30
		6		5.077	3.99	9.33	18.4	14.8	3.89	1.36	1.70	0.80	2.95	4.64	2.06	1.33
5	50	3	5.5	2.971	2.33	7.18	12.5	11.4	2.98	1.55	1.96	1.00	1.96	3.22	1.57	1.34
		4		3.897	3.06	9.26	16.7	14.7	3.82	1.54	1.94	0.99	2.56	4.16	1.96	1.38
		5		4.803	3.77	11.2	20.9	17.8	4.64	1.53	1.92	0.98	3.13	5.03	2.31	1.42
		6		5.688	4.46	13.1	25.1	20.7	5.42	1.52	1.91	0.98	3.68	5.85	2.63	1.46

续附表3

型号	b	d	r	截面面积/cm²	理论重量/kg·m⁻¹	I_z	I_{z_1}	I_{z_0}	I_{y_0}	i_z	i_{z_0}	i_{y_0}	W_z	W_{z_0}	W_{y_0}	y_1
						惯性矩/cm⁴				惯性半径/cm			截面模数/cm³			重心距离/cm
5.6	56	3	6	3.343	2.62	10.2	17.6	16.1	4.24	1.75	2.20	1.13	2.48	4.08	2.02	1.48
		4		4.390	3.45	13.2	23.4	20.9	5.46	1.73	2.18	1.11	3.24	5.28	2.52	1.53
		5		5.415	4.25	16.0	29.3	25.4	6.61	1.72	2.17	1.10	3.97	6.42	2.98	1.57
		6		6.420	5.04	18.7	35.3	29.7	7.73	1.71	2.15	1.10	4.68	7.49	3.40	1.61
		7		7.404	5.81	21.2	41.2	33.6	8.82	1.69	2.13	1.09	5.36	8.49	3.80	1.64
		8		8.367	6.57	23.6	47.2	37.4	9.89	1.68	2.11	1.09	6.03	9.44	4.16	1.68
6	60	5	6.5	5.829	4.58	19.9	36.1	31.6	8.21	1.85	2.33	1.19	4.59	7.44	3.48	1.67
		6		6.914	5.43	23.4	43.3	36.9	9.60	1.83	2.31	1.18	5.41	8.70	3.98	1.70
		7		7.977	6.26	26.4	50.7	41.9	11.0	1.82	2.29	1.17	6.21	9.88	4.45	1.74
		8		9.020	7.08	29.5	58.0	46.7	12.3	1.81	2.27	1.17	6.98	11.0	4.88	1.78
6.3	63	4	7	4.978	3.91	19.0	33.4	30.2	7.89	1.96	2.46	1.26	4.13	6.78	3.29	1.70
		5		6.143	4.82	23.2	41.7	36.8	9.57	1.94	2.45	1.25	5.08	8.25	3.90	1.74
		6		7.288	5.72	27.1	50.1	43.0	11.2	1.93	2.43	1.24	6.00	9.66	4.46	1.78
		7		8.412	6.60	30.9	58.6	49.0	12.8	1.92	2.41	1.23	6.88	11.0	4.98	1.82
		8		9.515	7.47	34.5	67.1	54.6	14.3	1.90	2.40	1.23	7.75	12.3	5.47	1.85
		10		11.66	9.15	41.1	84.3	64.9	17.3	1.88	2.36	1.22	9.39	14.6	6.36	1.93
7	70	4	8	5.570	4.37	26.4	45.7	41.8	11.0	2.18	2.74	1.40	5.14	8.44	4.17	1.86
		5		6.876	5.40	32.2	57.2	51.1	13.3	2.16	2.73	1.39	6.32	10.3	4.95	1.91
		6		8.160	6.41	37.8	68.7	59.9	15.6	2.15	2.71	1.38	7.48	12.1	5.67	1.95
		7		9.424	7.40	43.1	80.3	68.4	17.8	2.14	2.69	1.38	8.59	13.8	6.34	1.99
		8		10.67	8.37	48.2	91.9	76.4	20.0	2.12	2.68	1.37	9.68	15.4	6.98	2.03
7.5	75	5	9	7.412	5.82	40.0	70.0	63.3	16.6	2.33	2.92	1.50	7.32	11.9	5.77	2.04
		6		8.797	6.91	47.0	84.6	74.4	19.5	2.31	2.90	1.49	8.64	14.0	6.67	2.07
		7		10.16	7.98	53.6	98.7	85.0	22.2	2.30	2.89	1.48	9.93	16.0	7.44	2.11
		8		11.50	9.03	60.0	113	95.1	24.9	2.28	2.88	1.47	11.2	17.9	8.19	2.15
		9		12.83	10.1	66.1	127	105	27.5	2.27	2.86	1.46	12.4	19.8	8.89	2.18
		10		14.13	11.1	72.0	142	114	30.1	2.26	2.84	1.46	13.6	21.5	9.56	2.22
8	80	5	9	7.912	6.21	48.8	85.4	77.3	20.3	2.48	3.13	1.60	8.34	13.7	6.66	2.15
		6		9.397	7.38	57.4	103	91.0	23.7	2.47	3.11	1.59	9.87	16.1	7.65	2.19
		7		10.86	8.53	65.6	120	104	27.1	2.46	3.10	1.58	11.4	18.4	8.58	2.23
		8		12.30	9.66	73.5	137	117	30.4	2.44	3.08	1.57	12.8	20.6	9.46	2.27
		9		13.73	10.8	81.1	154	129	33.6	2.43	3.06	1.56	14.3	22.7	10.3	2.31
		10		15.13	11.9	88.4	172	140	36.8	2.42	3.04	1.56	15.6	24.8	11.1	2.35

型号	尺寸/mm			截面面积 /cm²	理论重量 /kg·m⁻¹	惯性矩/cm⁴				惯性半径/cm			截面模数/cm³			重心距离/cm
	b	d	r			I_z	I_{z_1}	I_{z_0}	I_{y_0}	i_z	i_{z_0}	i_{y_0}	W_z	W_{z_0}	W_{y_0}	y_1
9	90	6	10	10.64	8.35	82.8	146	131	34.3	2.79	3.51	1.80	12.6	20.6	9.95	2.44
		7		12.30	9.66	94.8	170	150	39.2	2.78	3.50	1.78	14.5	23.6	11.2	2.48
		8		13.94	10.9	106	195	169	44.0	2.76	3.48	1.78	16.4	26.6	12.4	2.52
		9		15.57	12.2	118	219	187	48.7	2.75	3.46	1.77	18.3	29.4	13.5	2.56
		10		17.17	13.5	129	244	204	53.3	2.74	3.45	1.76	20.1	32.0	14.5	2.59
		12		20.31	15.9	149	294	236	62.2	2.71	3.41	1.75	23.6	37.1	16.5	2.67
10	100	6	12	11.93	9.37	115	200	182	47.9	3.10	3.90	2.00	15.7	25.7	12.7	2.67
		7		13.80	10.8	132	234	209	54.7	3.09	3.89	1.99	18.1	29.6	14.3	2.71
		8		15.64	12.3	148	267	235	61.4	3.08	3.88	1.98	20.5	33.2	15.8	2.76
		9		17.46	13.7	164	300	260	68.0	3.07	3.86	1.97	22.8	36.8	17.2	2.80
		10		19.26	15.1	180	334	285	74.4	3.05	3.84	1.96	25.1	40.3	18.5	2.84
		12		22.80	17.9	209	402	331	86.8	3.03	3.81	1.95	29.5	46.8	21.1	2.91
		14		26.26	20.6	237	471	374	99.0	3.00	3.77	1.94	33.7	52.9	23.4	2.99
		16		29.63	23.3	263	540	414	111	2.98	3.74	1.94	37.8	58.6	25.6	3.06
11	110	7	12	15.20	11.9	177	311	281	73.4	3.41	4.30	2.20	22.1	36.1	17.5	2.96
		8		17.24	13.5	199	355	316	82.4	3.40	4.28	2.19	25.0	40.7	19.4	3.01
		10		21.26	16.7	242	445	384	100	3.38	4.25	2.17	30.6	49.4	22.9	3.09
		12		25.20	19.8	283	535	448	117	3.35	4.22	2.15	36.1	57.6	26.2	3.16
		14		29.06	22.8	321	625	508	133	3.32	4.18	2.14	41.3	65.3	29.1	3.24
12.5	125	8	14	19.75	15.5	297	521	471	123	3.88	4.88	2.50	32.5	53.3	25.9	3.37
		10		24.37	19.1	362	652	574	149	3.85	4.85	2.48	40.0	64.9	30.6	3.45
		12		28.91	22.7	423	783	671	175	3.83	4.82	2.46	41.2	76.0	35.0	3.53
		14		33.37	26.2	482	916	764	200	3.80	4.78	2.45	54.2	86.4	39.1	3.61
		16		37.74	29.6	537	1050	851	224	3.77	4.85	2.43	60.9	96.3	43.0	3.68
14	140	10	14	27.37	21.5	515	915	817	212	4.34	5.46	2.78	50.6	82.6	39.2	3.82
		12		32.51	25.5	604	1100	959	249	4.31	5.53	2.76	59.8	96.9	45.0	3.90
		14		37.57	29.5	689	1280	1090	284	4.28	5.40	2.75	68.8	110	50.5	3.98
		16		42.54	33.4	770	1470	1220	319	4.26	5.36	2.74	77.5	123	55.6	4.06
15	150	8	14	23.75	18.6	521	900	827	215	4.69	5.90	3.01	47.4	78.0	38.1	3.99
		10		29.37	23.1	638	1130	1010	262	4.66	5.87	2.99	58.4	95.5	45.5	4.08
		12		34.91	27.4	749	1350	1190	308	4.63	5.84	2.97	69.0	112	52.4	4.15
		14		40.37	31.7	856	1580	1360	352	4.60	5.80	2.95	79.5	128	58.8	4.23
		15		43.06	33.8	907	1690	1440	374	4.59	5.78	2.95	84.6	136	61.9	4.27
		16		45.74	35.9	958	1810	1520	395	4.58	5.77	2.94	89.6	143	64.9	4.31

续附表 3

型号	尺寸/mm			截面面积 /cm²	理论重量 /kg·m⁻¹	惯性矩/cm⁴				惯性半径/cm			截面模数/cm³			重心距离/cm
	b	d	r			I_z	I_{z_1}	I_{z_0}	I_{y_0}	i_z	i_{z_0}	i_{y_0}	W_z	W_{z_0}	W_{y_0}	y_1
16	160	10	16	31.50	24.7	780	1370	1240	322	4.98	6.27	3.20	66.7	109	52.8	4.31
		12		37.44	29.4	917	1640	1460	377	4.95	6.24	3.18	79.0	129	60.7	4.39
		14		43.30	34.0	1050	1910	1670	432	4.92	6.20	3.16	91.0	147	68.2	4.47
		16		49.07	38.5	1180	2190	1870	485	4.89	6.17	3.14	103	165	75.3	4.55
18	180	12	16	42.24	33.2	1320	2330	2100	543	5.59	7.05	3.58	101	165	78.4	4.89
		14		48.90	38.4	1510	2720	2410	622	5.56	7.02	3.56	116	189	88.4	4.97
		16		55.47	43.5	1700	3120	2700	699	5.54	6.98	3.55	131	212	97.8	5.05
		18		61.96	48.6	1880	3500	2990	762	5.50	6.94	3.51	146	235	105	5.13
20	200	14	18	54.64	42.9	2100	3730	3340	864	6.20	7.82	3.98	145	236	112	5.46
		16		62.01	48.7	2370	4270	3760	971	6.18	7.79	3.96	164	266	124	5.54
		18		69.30	54.4	2620	4810	4160	1080	6.15	7.75	3.94	182	294	136	5.62
		20		76.51	60.1	2870	5350	4550	1180	6.12	7.72	3.93	200	322	147	5.69
		24		90.66	71.2	3340	6460	5290	1380	6.07	7.64	3.90	236	374	167	5.87
22	220	16	21	68.67	53.9	3190	5680	5060	1310	6.81	8.59	4.37	200	326	154	6.03
		18		76.75	60.3	3540	6400	5620	1450	6.79	8.55	4.35	223	361	168	6.11
		20		84.76	66.5	3870	7110	6150	1590	6.76	8.52	4.34	245	395	182	6.18
		22		92.68	72.8	4200	7830	6670	1730	6.73	8.48	4.32	267	429	195	6.26
		24		100.5	78.9	4520	8550	7170	1870	6.71	8.45	4.31	289	461	208	6.33
		26		108.3	85.0	4830	9280	7690	2000	6.68	8.41	4.30	310	492	221	6.41
25	250	18	24	87.84	69.0	5270	9380	8370	2170	7.75	9.76	4.97	290	473	224	6.84
		20		97.05	76.2	5780	10400	9180	2380	7.72	9.73	4.95	320	519	243	6.92
		22		106.2	83.3	6280	11500	9970	2580	7.69	9.69	4.93	349	564	261	7.00
		24		115.2	90.4	6770	12500	10700	2790	7.67	9.66	4.92	378	608	278	7.07
		26		124.2	97.5	7240	13600	11500	2980	7.64	9.62	4.90	406	650	295	7.15
		28		133.0	104	7700	14600	12200	3180	7.61	9.58	4.89	433	691	311	7.22
		30		141.8	111	8160	15700	12900	3380	7.58	9.55	4.88	461	731	327	7.30
		32		150.5	118	8600	16800	13600	3570	7.56	9.51	4.87	488	770	342	7.37
		35		163.4	128	9240	18400	14600	3850	7.52	9.46	4.86	527	827	364	7.48

参 考 文 献

［1］ 孙训方. 材料力学（Ⅰ）［M］. 6 版. 北京：高等教育出版社，2019.

［2］ 孙训方. 材料力学（Ⅱ）［M］. 6 版. 北京：高等教育出版社，2019.

［3］ 刘鸿文. 材料力学（Ⅰ）［M］. 6 版. 北京：高等教育出版社，2017.

［4］ 刘鸿文. 材料力学（Ⅱ）［M］. 6 版. 北京：高等教育出版社，2017.

［5］ 俞茂宏. 统一强度理论及应用［M］. 2 版. 西安：西安交通大学出版社，2019.

［6］ 邱棣华. 材料力学［M］. 北京：高等教育出版社，2004.

［7］ 单辉祖. 材料力学（Ⅰ）（Ⅱ）［M］. 4 版. 北京：高等教育出版社，2016.

［8］ GERE J M, GOODNO B J. Strength of materials［M］. 7 版. 北京：机械工业出版社，2011.

［9］ BEER F P, JOHNSTON E R, DEWOLF J T, et al. Mechanics of materials［M］. 7th ed. New York：McGraw-Hill，2015.

［10］ HIBBELER R C. 材料力学［M］. 5 版. 北京：高等教育出版社，2004.

［11］ 陈乃立. 材料力学学习指导书［M］. 北京：高等教育出版社，2004.

［12］ 顾志荣，吴永生. 材料力学学习方法及解题指导［M］. 2 版. 上海：同济大学出版社，2000.

［13］ 中华人民共和国国家质量监督检验检疫总局. GB/T 706—2016，热轧型钢［S］. 北京：中国标准出版社，2017.